高熵合金及其性能

乔珺威　张　勇　王志华　编著

科学出版社

北　京

内 容 简 介

本书内容主要包括高熵合金的相形成、力学性能、腐蚀和磨损、锯齿流变行为、辐照硬化行为、磁性能、功能特性等以及共晶成分设计、低维设计等，客观地介绍了高熵合金的基础理论知识、发展状况以及潜在应用价值。

本书可作为材料科学与工程领域的专业教材，主要对象是高等院校材料科学与工程相关专业高年级本科生和研究生，也可供其他专业，如机械工程、冶金工程、工程力学、金属物理等相关专业的学生以及科研和工程技术人员参考。

图书在版编目（CIP）数据

高熵合金及其性能／乔珺威，张勇，王志华编著 . -- 北京：科学出版社，2025. 5. -- ISBN 978-7-03-081928-4

Ⅰ．TG13

中国国家版本馆 CIP 数据核字第 2025N20N46 号

责任编辑：霍志国／责任校对：杨　赛
责任印制：赵　博／封面设计：东方人华

科 学 出 版 社 出版

北京东黄城根北街 16 号
邮政编码：100717
http://www.sciencep.com

北京华宇信诺印刷有限公司印刷
科学出版社发行　各地新华书店经销

*

2025 年 5 月第 一 版　开本：720×1000　1/16
2025 年 7 月第二次印刷　印张：23 1/4
字数：466 000

定价：128.00 元
（如有印装质量问题，我社负责调换）

前　言

高熵合金是金属材料领域发展最为迅速的新材料之一。高熵合金的出现打破了传统合金的设计理念，通过高浓度添加主元实现多主元、无基元、以固溶体为基的新型合金。传统的稀释固溶体合金元素之间焓的作用是主导因素，而多元高熵固溶体合金中熵发挥了主导作用。熵焓竞争是相形成的物理基础。相比传统的稀释固溶体合金，高熵合金具有更多的亚稳状态，因而具有更广的物态参量和性能的调控范围，可能突破传统金属材料的性能极限，发挥其在极端条件下性能的优势。

高熵合金的研究已经走过了二十年的历程，取得了一系列的优秀成果。本书作者之一张勇教授是中国最早从事高熵合金的研究学者，开展了很多原创性研究。例如，张勇教授开发了本领域第一个单相块体体心立方结构高熵合金；首次发现了高熵合金具有抗辐照的性能特点；提出的相形成指标已经成为高熵合金领域的新成分开发必不可少的经验判据。本书作者之一乔珺威教授师承于张勇教授，从 2010 年起开展低温高强韧高熵合金的开发，发明了吨级单相面心结构高熵合金的热轧成型技术；首次提出高速率加载条件下"越高速、越强韧"是面心立方结构高熵合金的"王牌"。本书主要围绕三位作者课题组二十年来在高熵合金方面的主要研究成果，同时也摘选了有关高熵合金的前沿研究成果，并参考大量最新资料文献，著作成书。

本书内容主要由太原理工大学和北京科技大学高熵合金研究团队的教师完成。第 1 章由乔珺威和王志华完成；第 2 章由侯晋雄、乔珺威、王志华完成；第 3 章由乔珺威、张勇和王志华完成；第 4 章由乔珺威、刘博浩和张勇完成；第 5 章由乔珺威、张倩、王志华完成；第 6 章由晋玺和乔珺威完成；第 7 章由乔珺威、刘丹、王志华和王重完成；第 8 章由杨慧君、杨瑞和乔珺威完成；第 9 章由乔珺威、兰爱东、杨慧君和王志华完成；第 10 章由张勇和乔珺威完成；第 11 章由张勇、李蕊轩和乔珺威完成；第 12 章由张勇、乔珺威和马胜国完成；第 13 章由乔珺威、张勇、王志华完成；第 14 章由乔珺威、王重和王志华完成。

本书编写过程中，李智超、王泽明、王迪、穆佳宇、白婧等研究生参与了部分章节内容撰写和图表绘制，在排版和校对方面作了认真细致的工作，作者对此表示衷心感谢和崇高的敬意。本书在出版过程中得到了国家自然科学基金

（52271110、52201188 和 12225207）的资助。

　　本书可以作为高等学校材料科学与工程相关专业高年级本科生和研究生教材，也可供非材料专业研究生以及科研和工程技术人员参考。由于作者水平和学识有限，编著内容难免有不妥之处，敬请广大读者批评指正。

作　者
2025 年 2 月

目　　录

第 1 章　高熵合金的发现与发展

自青铜器时代以来，先人们掌握了合金熔炼技术，极大地促进了生产力的发展。但不论是青铜器时代，还是铁器时代，合金的发展都是围绕一种金属（例如铜和铁）作为主要元素，其他金属少量或者微量合金化，起到合金强化的效果。以蒸汽机发明为代表的第一次工业革命之后，钢铁材料成为工业装备的基础支撑。20 世纪以来，随着第一次世界大战的爆发，各种武器装备与飞机均需要耐高温合金材料，由此铁基和镍基高温合金迅猛发展。其后，包括钛基、钴基、铝基、镁基、铜基、锆基、钨基等合金材料如雨后春笋般地涌现出来。如今，在元素周期表中的几乎所有金属元素都被广泛使用。

然而，几乎所有的工业合金都是以一种或者两种元素为主元，其他元素少量或者微量添加而形成的合金。从事合金研发的人员为什么没有考虑高浓度添加合金元素呢？实际上，合金元素的添加都是从相图角度考虑的。例如图 1-1 为 Al-Cu 二元相图，可以看到，Cu 在 Al 中的固溶度很低，仅有百分之几，该相图中一共有 13 种金属间化合物相。众所周知，金属间化合物都比较脆，Al 合金中一旦过量添加 Cu，基体将析出多个脆性金属间化合物相，进而使得 Al 合金脆性增加，影响使用性能。由此得知，传统合金的开发主要基于热力学上焓的角度，而标示相稳定性的吉布斯自由能包括了焓和熵。

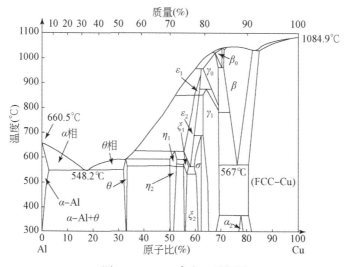

图 1-1　Al-Cu 合金二元相图

2004 年由中国台湾清华大学的 Yeh 教授和英国牛津大学的 Cantor 教授课题组撰写的两篇学术论文，开启了对该新型合金世界的探索[1,2]。通过不断地实验和研究，进而引入了全新的合金概念——"高熵合金（high- entropy alloys，HEA）"或"多主元合金（multi-principal elements alloys，MPEAs）"。这种新的合金概念是合金发展史上的一个重要的里程碑。2024 年是高熵合金概念正式提出的第二十年，为此，著者将课题组里近二十年中对高熵合金的研究进行了总结。

1.1　高熵合金的定义

在介绍高熵合金的定义之前，需要理解合金的混合焓和混合熵，两者的差异是由纯组元的混合所引起的。根据统计热力学，玻尔兹曼方程计算系统的混合熵[3]：

$$\Delta S_{conf} = k_B \ln \omega \qquad (1-1)$$

式中，k_B 是玻尔兹曼常数，ω 是可用能量在系统中的粒子之间混合或共享的方式的数量。对于随机的 n 组分固溶体，其中第 i 组分具有摩尔分数 X_i，其每摩尔的理想构型熵是[4]：

$$\Delta S_{conf} = -R \sum_{i=1}^{n} X_i \ln X_i \qquad (1-2)$$

式中，R 是摩尔气体常数，8.314J/（mol·K）。

表 1-1　不同主元的等原子比合金的理想混合熵[1]

n	1	2	3	4	5	6	7	8	9	10
ΔS_{conf}	0	0.69R	1.1R	1.39R	1.61R	1.79R	1.95R	2.08R	2.2R	2.3R

等原子比合金处于液态或固溶体状态的摩尔混合熵计算公式为[1]：

$$\Delta S_{conf} = k \ln \omega = -R \left(\frac{1}{n} \ln \frac{1}{n} + \frac{1}{n} \ln \frac{1}{n} + \cdots \frac{1}{n} \ln \frac{1}{n} \right)$$

$$= -R \ln \frac{1}{n} = R \ln n \qquad (1-3)$$

尽管总混合熵有四个部分：混合熵、原子的振动、磁偶极子和电子随机性，但混合熵处于主导地位[1]，与 Chaps 提出的理论预测是一致的。因此，用混合熵通常表示总的混合熵，以避免难以计算其他三个部分。表 1-1 列出了等原子比合金就气体常数 R 而言的混合熵。随着主元数量的增加，混合熵也不断增加。金属熔化期间从固体到液体的摩尔熵变 ΔS_f 数值上约为 R［8.314J/（mol·K）］。此外，熔化过程摩尔的焓变或潜热 ΔH_f 通过下式与 ΔS_f 相关：$T_m \Delta S_f = \Delta H_f$，因为自由能变化 ΔG_f 为零。根据固体和液体中的键数差异，ΔH_f 被认为是破坏 1mol 密堆积固体中所有键的约 1/12 所需的能量。因此，$T_m R$ 约等于 1mol 密排堆积固体中所有键能的 1/12。这表明合金的摩尔混合熵是很高的，并且 RT 相比合金态与非合金态的键能所引起的摩尔混合焓是有差异的。因此，在将混合自由能降低一定量时，R 的摩尔混合熵非常大，特别是在高温下（例如在 1000K 时，RT=8.314kJ/mol）。

如果忽略由原子尺寸差异引起的应变能效应，则混合熵和源于化学键的混合焓是决定平衡状态的两个主要因素。与负的混合焓（形成化合物的驱动力）和正混合焓（形成独立相的驱动力）相反，混合熵是形成无序固溶体的驱动力。因此，实际平衡状态取决于不同状态的相对值之间的竞争。例如，将两种典型的强金属间化合物 NiAl 和 TiAl 的形成焓除以它们各自的熔点分别得到 1.38R 和 2.06R[5]。这意味着形成这种化合物的驱动力是符合这种法则的。另一方面，Cr-Cu 和 Fe-Cu 的形成焓分别为 12kJ/mol 和 13kJ/mol。将形成焓除以铜的熔点分别得到 1.06R 和 1.15R。因此与混合焓相比，认为摩尔混合熵 1.5R 相对较大是合理的，并且认为形成固溶体的可能性更高。如表 1-1 所示，5 元系合金的理想混合熵为 1.61R。因此，具有至少五元系的合金将具有更大概率的形成固溶体。尽管在大多数情况下可能不会形成无序固溶体，但更容易获得高度有序的固溶体。因此，高的混合熵增强了元素之间的互溶性并有效地减少了相的数量，特别是在高温下。

基于上述考虑，"高熵合金"有两种定义[1]。一种基于成分，另一种基于混合熵。对于前者，高熵合金更偏向于定义为含有至少五种主要元素的合金，每种主要元素的原子百分比在 5%~35% 之间。因此，每个次要元素的原子百分比（若存在）小于 5%。此定义可以表示为

$$n_{major} \geq 5 \quad 5\% \leq X_i \leq 35\%$$
$$\text{和} \quad n_{minor} \geq 0 \quad X_j \leq 5\% \tag{1-4}$$

式中，n_{major} 和 n_{minor} 分别是主要元素和次要元素的数量。X_i 和 X_j 分别是主要元素 i 和次要元素 j 的原子百分比。

对于后者，高熵合金被定义为在无序态下的混合熵大于 1.5R 的合金，无论它们在室温下是单相还是多相。表示为

$$\Delta S_{conf} = 1.5R \tag{1-5}$$

尽管每种定义都涵盖了多个合金，但两种定义在很大程度上是重叠的。非重叠区域中的成分也被视为高熵合金。例如 $Co_{29.4}Cr_{29.4}Cu_{5.9}Fe_{5.9}Ni_{29.4}$ 被称为高熵合金，因此 $CoCrCu_{0.2}Fe_{0.2}Ni$ 原子比（或摩尔比）也是高熵合金。然而，它们的混合熵约为 1.414R，不适用于高熵合金的定义。在这种情况下，该合金仍被认为是高熵合金。另一个例子是具有 25 种组元的等摩尔合金。尽管该成分中每种组元的原子百分比为 4%，但由于混合熵 3.219R，因此该合金仍然是高熵合金。因此，具有仅适合两种定义之一的合金也可以被视为高熵合金。对于四元等摩尔合金

CoCrFeNi，它有时在文献中也被认为是高熵合金，因为其成分和混合熵接近两个定义的下限。因此，高熵合金的定义仅仅是一个指导，并不是一个物理准则。

根据高熵合金的两个定义，认识到具有多个主要元素的高熵合金，其形成原理是具有高混合熵以增强固溶相的形成并抑制金属间化合物的形成。因此，该原理对于避免高熵合金的复杂结构及其导致的脆性非常重要。它进一步保证了大多数高熵合金可以合理地制备、处理、分析、成型和使用。在各种热力学因素如混合焓、混合熵、原子尺寸差异、价电子浓度和电负性中，唯有混合熵是随着主成分数量的增加而增加。

由于 1.5R 是高熵合金的下限，我们进一步定义中熵合金（MEA）和低熵合金（LEA）来区分混合熵效应所产生的差异。在这里由于小于 1R 的混合熵与较大的混合焓相比，竞争性小得多，所以 1R 是中熵合金和低熵合金的边界条件。于是

$$\text{MEA}:1.0R \leqslant \Delta S_{\text{conf}} \leqslant 1.5R \tag{1-6}$$

$$\text{LEA}:\Delta S_{\text{conf}} \leqslant 1.0R \tag{1-7}$$

表 1-2 给出了典型传统合金在液态或无序状态下计算的混合熵[4]。该表显示大多数合金的混合熵都处于低熵范围。此外，一些浓缩合金如 Ni 基、Co 基超合金和 BMG 具有介于 1R ~ 1.5R 之间的中等熵。图 1-2 显示了基于混合熵的合金世界中的合金类型。这表明高熵合金是从熵角度来看低熵合金和中熵合金的扩展。如传统经验和概念所预测的，高熵合金不完全是具有复杂结构和无用特性的合金。

表 1-2　典型传统合金在液态或无序态下的混合熵[4]

系统	合金	液态时的 ΔS_{conf}
低合金钢	4030	0.22R，低
不锈钢	304	0.96R，低
	316	1.15R，中
高速钢	M2	0.73R，低
Mg 合金	AZ91D	0.35R，低
Al 合金	2024	0.29R，低
	7075	0.43R，低
Cu 合金	7-3 brass	0.61R，低
Ni 基高温合金	Inconel 718	1.31R，中
	Hastelloy X	1.37R，中
Co 基高温合金	Stellite 6	1.13R，中
非晶合金（BMG）	$Cu_{47}Zr_{11}Ti_{34}Ni_8$	1.17R，中
	$Zr_{53}Ti_5Cu_{16}Ni_{10}Al_{16}$	1.30R，中

随着高熵合金研究的逐渐深入，非等原子比高熵合金逐步出现在了大家的视野中，受降低成本和进一步提高高熵合金的某些性能的驱动，Jo 等[6] 近期提出 $V_{10}Cr_{15}Mn_{10}Fe_{30}Co_{10}Ni_{25}$（at%）的合金成分，相比 CrMnFeCoNi 合金，进一步降低了成本，提高了合金低温下的拉伸性能，结果表明，屈服和抗拉强度分别为760MPa 和 1230MPa，同时具有 54% 的拉伸塑性。目前，非等原子比高熵合金的研究已经成为目前大家最关注的研究体系，成为当前乃至今后一段时间研究的重要方向。

在高熵合金提出的二十年里，全世界的科研工作者都对该领域进行广泛的研究。图 1-3 表明了与高熵合金相关的期刊出版物数量急剧增加。

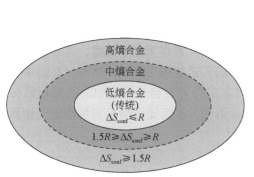

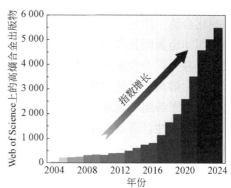

图 1-2　基于混合熵的合金　　　　图 1-3　不同年份（2004～2024）在 Web of
世界中的合金类型　　　　　　　　　Science 上的高熵合金相关期刊数量

1.2　高熵合金的四大效应

与传统合金不同，高熵合金以其复杂多元的成分体系著称。Yeh 等[1] 开创性地总结了高熵合金的四种主要效应，从不同角度揭示了其独特性能的来源。这四种效应分别是：高熵效应（从热力学角度揭示多组元混合的稳定优势）、迟滞扩散效应（动力学层面表现为扩散速率的显著降低）、晶格畸变效应（结构上的显著畸变对性能的影响）以及鸡尾酒效应（不同元素相互作用产生的综合性能增强）。本节将围绕这四种效应展开详细介绍，探讨它们在高熵合金中的具体体现与意义。

1.2.1　高熵效应

高熵效应是指合金体系中由于高构型熵的存在，抑制了金属间化合物的析出，从而使高熵合金倾向于保持单一结构（如面心立方、体心立方或密排六方结构）。Yeh 等[1] 提出了一种新的观点：当体系中的主要金属元素以接近等原子比存在时，体系的构型熵显著增加。在合金的熔点（T_m）温度下，构型熵对自由能的贡献（$-T_m\Delta S_{mix}$）足以抵消金属间化合物的形成焓，从而抑制了金属间化合物的生成（某些形成焓极高的化合物如陶瓷化合物、氧化物、碳化物、氮化物和硅化物等除外）。根据吉布斯自由能公式：

$$\Delta G_{mix} = \Delta H_{mix} - T\Delta S_{mix} \tag{1-8}$$

式中，ΔH_{mix} 和 ΔS_{mix} 分别为混合焓和混合熵，T 为温度。在混合焓不变条件下，增加混合熵能够有效降低体系的吉布斯自由能，从而提高合金体系的稳定性。这一理论进一步阐释了高熵合金倾向于形成固溶体结构的热力学基础。

根据吉布斯相律[4]［式（1-9）］，多主元合金理论上能够生成许多种类的金属间化合物。然而，大量研究表明，高熵合金的相组成更倾向于形成固溶体结构，而非金属间化合物[1,2,7,8]，其中相的数目远少于吉布斯相律所确定的最大相数[9]。在传统合金形成的固溶相中，一般以一种元素作为基本元素，这种金属元素被称为溶剂，其他的所有相相对含量较少的元素被称为溶质。然而，在高熵合金中，由于各组元元素以接近等原子比的方式均匀混合，溶质和溶剂难以区分开。这个特性显著增强了不同元素之间的互溶性，从而使高熵相更加稳定，这是高熵效应的特点之一。

$$P = C + 1 - F \tag{1-9}$$

式中，P 为合金中的相数，C 为合金中的主元数，F 为热力学自由度。然而，并非所有等原子比的高熵合金都能形成单相固溶体。事实上，仅有少部分高熵合金能够形成理想的单相固溶体结构。例如，等原子比的 FeCoCrNi 高熵合金由于化学长程有序的缺失，通常形成无序的面心立方（FCC）结构。而在另一些等原子比的高熵合金（如 AlCoCrCuFeNi）中，往往会出现由不同元素组成的多相结构。这种差异的根本原因在于平衡态下原子间结合力的差异性。当合金中不同原子对的结合力较为接近时，固溶相更容易占主导地位，从而促使形成简单的固溶体；相反，当结合力差异较大时，更易生成金属间化合物。George 等[10] 系统阐述了多主元合金中可能发生的三种主要反应机制，包括调幅分解、固溶体的形成以及金属间化合物的析出（图 1-4）。在多主元合金中，由于存在更多种类的原子对，这些原子对的短程有序效应[11,12]，可能进一步促进金属间化合物的生成。然而，许多实验研究表明，由三种或更多主元（通常五种或以上）组成的合金更倾向于形成无序固溶体或非晶态结构，而非具有稳定晶体相的结构。

因此，为了直观地看出高熵效应减少了高熵合金可能的晶体结构数量，本节从不同元素带来的晶体结构的数量角度进行讨论。此前，预期多主元合金晶体结构数量会是天文数字（10^{90}）[13]。然而，随着元素数量的增加，晶体结构数量急剧增长，使得应用复杂成分合金变得困难，因为合金中可能会形成许多复杂且脆

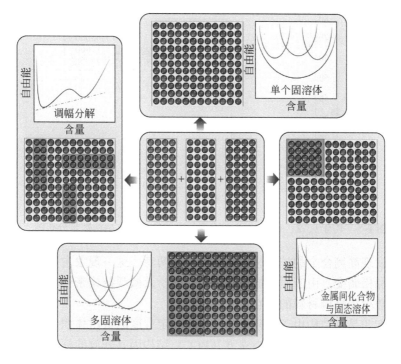

图 1-4　三种合金元素之间可能的混合反应[10]

性的相[14]。然而，已有研究绘制了晶体结构分布随元素数量变化的趋势图，该趋势与此前预期完全不同，如图 1-5 所示。图中的点代表了具有 N 种不同元素的晶体结构数量。据报道，2001 年 $N=3$ 时的最大晶体结构数量为 19000[15]，而 2014 年无机晶体数据库（ICSD）记录的 $N=3$ 的结构数量为 65000[17]。到 2021 年，ICSD 报告的 $N=3$ 的结构数量进一步增加到 79000。在 $N=3$ 后晶体结构数量的大幅减少，与高熵合金的定义相呼应。当主要元素达到至少 5 种时，高熵效应对晶体结构影响显著；当元素数量为 3~5 种时，这种效应为中等；当元素数量为 1~2 种时，这种效应较弱。因此，从 1 种元素增加到 3 种元素时，晶体结构数量迅速增加，这归因于较弱的熵效应，使焓效应占主导地位，从而形成化合物结构；从 3 种元素增加到 5 种元素时，熵效应的增强导致晶体结构数量增长放缓甚至呈现下降趋势；当元素数量超过 5 种时，高熵效应进一步增强，从而减少晶体结构的数量，并促进了固溶体的形成，其中不同元素占据晶体结构的相同位置。

1.2.2　迟滞扩散效应

相比于传统合金，高熵合金中元素的扩散速率显著降低。Yeh 等[1]研究了高熵合金中空位的形成与扩散，并且比较了高熵合金、纯金属和不锈钢中的元素扩

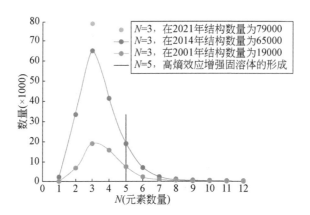

图 1-5　具有 1、2、3、…、N 个不同元素的合金晶体结构数量分布图[15]

散系数，发现高熵合金的扩散速率显著低于后两者。这一现象主要归因于高熵合金严重的晶格畸变。由于原子扩散与相变动力学及微观结构密切相关，迟滞扩散效应被单独列为高熵材料的核心效应之一。

晶态和非晶态结构由于其开放的结构和一定程度的自由体积，通常具有较高的扩散速率。在纯金属中，体心立方（BCC）结构因其开放的框架，与密排的面心立方（FCC）相比，在熔点下通常具有更高的扩散速率。此外，相同晶体结构和键类型的材料在相同的温度下，其 $D(T/T_m)$ 值通常相近，其中 D 为扩散系数。换言之，扩散激活能与熔点之比 E_{act}/T_m 接近恒定[16]。因此，研究晶格畸变对扩散速率的影响尤为重要，因为归一化可消除键强度的影响，从而使晶格畸变成为影响扩散的主导因素[17]。

与纯金属和低固溶度合金中离散的畸变晶格位点不同，高熵材料中畸变的晶格是遍布整个溶质基体的。这种畸变结构会显著影响扩散行为。例如，在 CoCrFeMnNi 高熵合金中的研究表明，该体系的扩散速率确实较慢。在畸变晶格中，每个晶格位点的相邻原子在扩散前后的相互作用，与纯金属和二元合金存在显著差异［图 1-6（a）］[18]。此外，这种畸变结构导致晶格势的不规则波动，与纯金属完美晶格中规则的晶格势波动形成鲜明对比［图 1-6（b）］。处于低能量位点的原子更难跳跃，从而扩散速率可能会减慢。同时，晶格势能波动的加剧会产生更多的原子陷阱，增加扩散能垒和活化能。

实验表明，通过同位素示踪扩散方法测得 CoCrFeNi 和 CoCrFeMnNi 等高熵合金中 Cr、Mn、Fe、Co 和 Ni 扩散系数，高熵合金的体扩散效率相对于含有较少主要元素的 FCC 基体明显减慢［图 1-6（c）］。此外，高熵合金中扩散所需的空位浓度与传统合金类似，均都受到混合熵 ΔS_{mix} 和正形成焓之间的竞争影响，从而在某一温度下达到平衡空位浓度[21]。然而，空位浓度并非限制高熵合金中相变

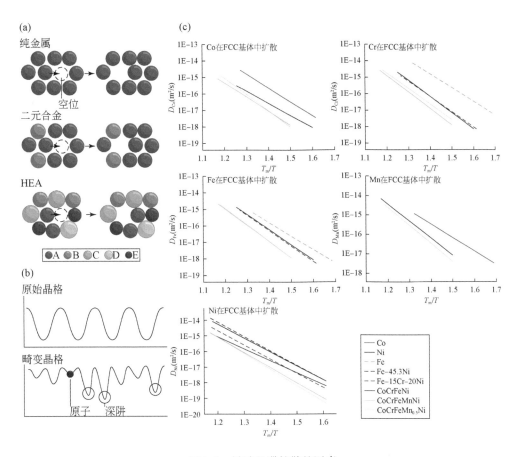

图 1-6 导致迟滞扩散的因素

（a）不同基体中，原子在跳入空位前后与相邻原子的相互作用示意图；（b）原子在扩散路径上经历的晶格势能波动示意图；（c）高熵合金中构成元素的扩散系数 D 与纯 FCC 结构的 Fe、Co、Ni 金属及 FCC 不锈钢相比的情况[19,20]

的主要因素，影响相变的两个关键因素是：①扭曲晶格中所有扩散元素的扩散效率较低；②各种原子需要协同扩散以完成新相的成分分配，其中扩散速率最慢的元素决定了整体的相变速率。此外，在冷却速率约为 1~10K/s 的传统铸造中，由于停留时间短，冷却过程中的相分离通常在冷却过程中的较高温度下受到阻碍，从而延迟到较低的温度[22]。这也解释了为什么高熵合金在铸造过程中经常包含纳米级析出物，并具备显著析出强化效应。如图 1-7 所示为 CuCoNiCrAlFe 合金的 TEM 表征图，可以看出纳米级析出相分布在 FCC 相中间[1]。

简而言之，迟滞扩散效应显著降低了原子扩散和相变速率，是高熵合金的重要特性之一。

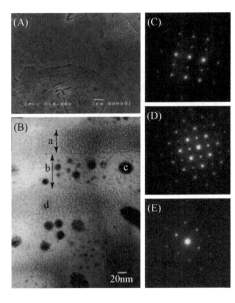

图 1-7　铸态 CuCoNiCrAlFe 高熵合金的
微观结构[1]

1.2.3　晶格畸变效应

在传统合金中，晶格的位点大部分被主要的金属元素占据，而在高熵合金中，若忽略可能存在的化学短程有序，几乎每一种元素都有相同的概率去占据晶格的任一点位。这些元素的原子半径差异非常大，由此引发了高熵合金中非常剧烈的晶格畸变效应。这种晶格畸变效应打破了完美的晶体结构，进而对高熵合金的力学性能产生了显著影响。这种晶格畸变效应导致的晶格失配严重，使得体心立方高熵合金具有超高强度[23]。

高熵材料（HEM）中的晶格畸变效应是由于高熵效应造成的，这种效应发生在固溶体相中，无论其结构是面心立方（FCC）、体心立方（BCC）还是密排六方（HCP）。在多元素基体中，每个原子周围都有不同大小的原子，这会导致晶格应变［图 1-8（a）］。虽然每个点的应变很小，但整体应变会积累成显著效应。除了原子大小的差异，不同晶体结构和元素之间的键能差异也会加剧晶格畸变，影响原子的位置[18,24]。当原子 A 与 B 的键合相互作用强于与 C 的键合相互作用时，原子 A 与 B 的距离将比与 C 的距离更近［图 1-8（b）］。这与传统合金形成鲜明对比，在传统合金中，基体原子具有相似的相邻原子，从而导致整体晶格畸变较小。晶格畸变的证据可以通过 X 射线衍射图来观察，因为畸变会导致峰变宽并由于漫散射效应而降低峰强度[24,25]。尽管元素之间的原子尺寸和结合能非常接近，但通过 CoCrFeMnNi HEA 的高角度环形暗场成像报告了反映晶格畸变和短程有序性的不规则原子位置偏差的直接证据[11]。

晶格畸变会影响材料的各种性质。例如，CoCrFeMnNi 高熵合金的屈服强度比纯 Ni 和 Ni-W 合金高，这是因为溶质原子作为障碍物，阻止位错的移动，从而增强了材料的强度，如图 1-8（c）所示。此外，晶格畸变还会影响材料的电子性能，特别是高熵氧化物中，畸变会导致带隙内局部电子态的形成，从而影响电子传输性能，如图 1-8（d）所示。

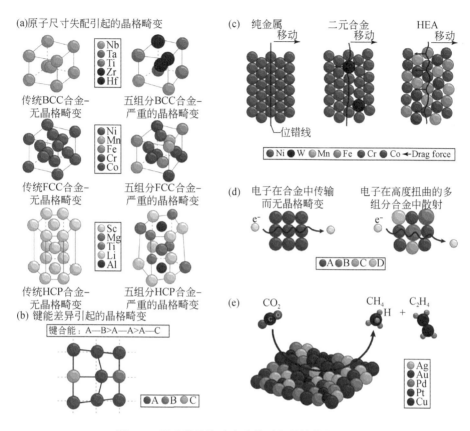

图 1-8　严重的晶格畸变及其对各种性能的影响

（a）原子尺寸差异引起的畸变的示意图；（b）键合能差异引起的变形的示意图；（c）纯 Ni、Ni-W 合金与 CoCrFeMnNi 高熵合金（HEA）中位错运动与晶格的相互作用；（d）晶格的严重变形阻碍了电子传输；（e）AgAuPdPtCu HEA 的高度扭曲表面诱导的 CO_2 还原催化反应示意图[13,29,30]

晶格畸变还会改变材料的化学特性，比如改变键合强度、吸附能等，这对催化反应有重要影响[26]。高熵材料的表面畸变能够创造更多活性位点，提升催化效果[26]。例如，AgAuPdPtCu 高熵合金具有高异质性表面，能更有效地吸附 CO_2 用于还原反应并提供更多的表面形核位点，如图 1-8（e）所示。

晶格畸变通常与原子大小的差异有关，并可以与原子尺寸 δ 的差异直接相关[27,28]，如下所示：

$$\delta = 100 \sqrt{\sum_{i=1}^{n} c_i \left(1 - \frac{r_i}{\bar{r}}\right)^2} \tag{1-10}$$

式中，$\bar{r}$ 为平均原子半径，c_i 和 r_i 分别为第 i 个元素的原子百分比和原子半径。虽然 CoCrFeMnNi 合金中的原子半径差异很小，但仍然表现出较强的畸变效应，这也解释了为何这些高熵合金能表现出较高的强度。

1.2.4 "鸡尾酒"效应

"鸡尾酒"效应指的是合金中不同元素通过相互协同作用提升性能的现象。这个概念最早由 Ranganathan[31] 提出，用于合金设计和开发。虽然传统合金中也有类似效应，但在高熵合金（HEA）中尤为突出，因为这些合金通常包含至少 5 种主要元素，通过它们的协同作用来增强材料性能。鸡尾酒效应实际上是指"偏离简单混合规则"的现象，涉及导致这种偏差的所有因素和机制。鸡尾酒效应在高熵合金中可能带来一些意想不到的优异性能，如高强度、耐磨性和高温稳定性。

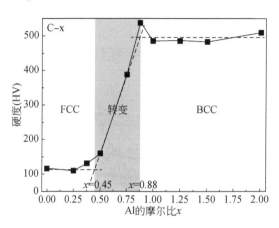

图 1-9　铸态 Al_xFeCoCrNi 高熵合金的
显微硬度随 Al 含量的增加而上升[32]

例如，在铸态 Al_xFeCoCrNi 高熵合金中，随着 Al 含量的增加，合金结构由 FCC 相逐渐转变为具有高强度的 BCC 相，导致了高熵合金显微硬度增加[32]，如图 1-9 所示。此外，研究表明，相比 CoCrCuFeNiAl$_x$ 高熵合金，CoCrFeNiAl$_x$ 高熵合金的 FCC+BCC 两相区变得更小，说明这类高熵合金中 Cu 元素有稳定 FCC 结构的作用[33,34]。除此之外，高熵合金还具备磁性，特别是当其含有较多的铁磁元素（如 Fe、Co 和 Ni）时，表现为铁磁性或顺磁性。例如，等摩尔比的 FeCoNi 合金具有较高的高饱和磁化强度和低矫顽力，而 CoCrNi 合金则因其中的 Cr 元素呈反铁磁性，导致其磁矩较小[35]。

总体而言，鸡尾酒效应是成分、原子尺度相互作用、晶体结构与微观结构等多个因素共同作用的结果，可以实现 1+1>2 的性能效果。因此，理解这些因素对材料整体性能的影响，并根据这一理解选择合适的成分和工艺至关重要。通过消除不利因素并放大有利因素，可以设计出更优异的高熵材料以满足工业需求。

1.3　高熵合金研究在中国的起源

2004 年，中国台湾叶筠蔚和英国 Cantor 两位学者独立发表学术著作，提出了高熵合金的概念，这一年份也被公认为合金发展史上具有里程牌意义的年份。2004 年 TMS 会议在美国召开，北京科技大学陈国良院士应邀参会，陈院士返回学校后提到叶筠蔚教授提出的多元高熵合金很有创新意义，随即安排张勇教授带领研究生开展高熵合金的研究。张勇教授以其扎实的材料学功底，在高熵合金领域开拓进取，取得了一系列原创性成果。

实际上，张勇教授早在攻读博士学位期间（1994～1998 年）就合成了由碳化铀（UC）、碳化钛（TiC）、碳化钨（WC）、碳化硅（SiC）和氮化硅（Si$_3$N$_4$）等组成的五元高熵陶瓷装甲板。但当时尚未提及"高熵"的设计理念。2005 年，张勇教授指导硕士研究生王雪飞开展了 CoCrCuFeNiTi$_x$ 合金体系的相形成和力学以及磁性能研究。其中，CoCrCuFeNiTi$_{0.5}$ 合金室温的压缩强度达到 1650MPa，压缩断裂塑性达到 22%（Intermetallics 2007，15：357-362）。在此基础上，2006 年，张勇教授指导博士研究生郭洪开展了该合金体系大铸棒的性能研究。2007 年，张勇教授等基于多元固溶体严重晶格畸变引起相变的理论基础，设计开发了本领域首个单相块体体心立方结构 Ti$_x$CrFeCoNiAl 高熵合金体系（Applied Physics Letters 2007，90：181904；Applied Physics Letters 2008，92：241917），通过熵调控，筛选优化得到 Ti$_{0.5}$CrFeCoNiAl 合金，其室温屈服强度和断裂强度分别达到 2.26GPa 和 3.14GPa，塑性真应变达到 23.2%。该成果被 *Nature China* 两次以研究亮点专门予以评述，题目为 "Alloys：Six of one"。

至此，关于高熵合金的成分设计和开发，张勇教授已经有了初步的构想，在开组会时，多次给研究生提到高熵合金由于多主元，没有现成相图可以参考，应当从金属物理角度重视相形成规律，经过凝练提出高熵合金领域的"相律"概念。随着对高熵合金相形成规律研究的不断深入，张勇教授发现高熵合金的相形成不仅与系统的熵值和混合焓值有关，还受合金组成元素的原子半径差（δ）以及电负性等参数的影响，提出了将熵值、焓值和原子尺寸差作为高熵合金相形成的判据，据此可以划分高熵形成合金固溶体、金属间化合物和金属玻璃的区域（Advanced Engineering Materials 2008，10：534-538）。同时考虑焓值和熵值对高熵合金相形成的影响，提出了利用焓熵之比（Ω）和 δ 作为判断高熵合金形成固溶体的条件（Materials Chemistry and Physics 2012，132：233-238）。据此提出高熵合金形成固溶体需满足：①$\delta \leq 6.6\%$、$\Omega \geq 1.1$；②$12 < \Delta S_{mix} < 17.5$J/（mol·K）、$-15 < \Delta H_{mix} < 5$kJ/mol。基于这种判据，一些三元和四元的等原子比和近等原子比的合金也属于高熵合金的范畴。当前，张勇教授等提出的相形成指标已经成为高熵合金领域的新成分开发必不可少的理论依据。此外，张勇教授提出了第二代高熵的定义：四种或者四种以上的主元形成的以固溶体为基的单相或多相高性能合金。第二代高熵合金主要体现出以高性能和面向应用为主的设计理念。因此，甚至所谓的中熵合金也可以泛称之为高熵合金。高熵合金不唯定义。

在高熵合金发展的 20 年中，我国的若干研究团队始终作为高熵合金前沿领域的扩荒者。例如，大连理工大学研究团队提出了共晶高熵合金的概念，并将其应用于船舶领域；中南大学研究团队率先开展了高熵合金的粉末冶金成型；北京科技大学研究团队提出难熔高熵合金增韧的"亚稳工程"途径；中国科学院力学研究所戴兰宏教授课题组率先开展了高熵合金动态加载行为的研究。

此外，本著作的作者之一乔珺威教授，师承于张勇教授，早在 2010 年就发现高熵合金具有低温高韧性的性能优势（Materials Science Forum 2011，688：419），发明了低温高强韧 $Fe_{40}Mn_{20}Cr_{20}Ni_{20}$（C）高熵不锈钢，开发了吨级单相高熵不锈钢热成型技术（Journal of Alloys and Compounds 2020，827：153981）。2016 年，首次开发了具有完全单相密排六方结构的块体 GdHoLaTbY 高熵合金，并发现合金体弹模量、晶格常数和室温力学性能与组成元素之间存在"混合定则"，固溶强化作用微弱，颠覆了人们对于高熵合金均具有显著固溶强化的认知（Materials and Design 2016，96：10-15）。2020 年，本著作的两位作者乔珺威和王志华合作提出"越高速、越强韧"是面心立方结构高熵合金的一张新"名片"（International Journal of Plasticity 2020，124：226-246）。

当下，在合金研究领域，高熵合金异军突起，展现了一些优异的力学和物理化学性能，成为高端金属材料发展的优先方向。本书作者从构型熵的角度绘制了金属材料的发展，如图 1-10 所示。可以看出，高熵合金是高端金属材料发展的必然趋势。

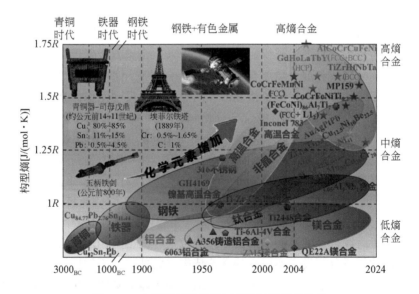

图 1-10　金属材料的发展历程伴随熵增的趋势

1.4　高熵合金的性能研究现状

高熵合金因其独特的多主元组成以及优异的综合性能，近年来已成为材料科学领域的重要研究热点。相比传统合金，高熵合金具有更加广泛的性能调控空间，其在力学性能、耐腐蚀性能、抗辐照性能等方面展现出显著的优势。前面已详细讨论了高熵合金的基本定义、发展过程及其四大效应，并通过实例分析了这些效应。本节将从结构性能、服役环境适应性能和功能应用 3 个方面，对高熵合金的综合性能进行简单综述。

1.4.1　高熵合金的结构性能研究

高熵合金作为新一代结构材料，其多主元合金化特性赋予材料出色的强塑性协同效应，显著超越传统合金的力学性能极限。根据不同的相结构（如 BCC、FCC、HCP），该材料体系展现出不同的力学响应特征。以下将从不同相结构的高熵合金性能差异进行详细讨论。

1. FCC 高熵合金

Cantor 等[2]首先报道的等原子比 CoCrFeMnNi 高熵合铸态组织为树枝晶结构，并且具有单面心立方（FCC）晶体结构。由于该合金具有优异的塑性，易于后期加工处理，成为研究者关注的模板材料。与此相关的衍生合金，如 CoCrNi、CoCrFeNi、FeMnCrNi 等，也得到了广泛的研究，如图 1-11 所示。这类高熵合金

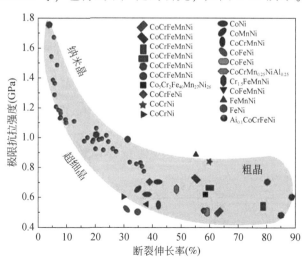

图 1-11　室温下单相 HEA、MEA 和传统纳米晶合金在成分变化时的强度–断裂延伸

通常具有高滑移系数量、低层错能以及显著的晶格畸变效应，使其在室温下表现出低屈服强度、高断裂延伸率以及较强的加工硬化能力等优异特性。

在实际工程应用中，结构件常常承受动态高强度冲击，而非仅仅是准静态载荷。因此，除了考虑合金的准静态力学性能外，还需要关注其动态力学性能。本书作者课题组开发的低成本、非等原子比 $Fe_{40}Mn_{20}Cr_{20}Ni_{20}$ 在室温动态加载条件下表现出显著的强度提升，随着应变率从 $10^{-4}s^{-1}$ 增加 $3000s^{-1}$，合金的屈服强度显著提高，塑性同时增加，并且经过透射电子显微镜观察发现在动态拉伸过程中存在大量纳米孪晶。如图 1-12 展示了不同应变速率下的屈服强度、极限应变以及屈服强度极限应变变化率图。从图 1-12（b）可以明显看出，CoCrFeNi 高熵合金即使在 $6000s^{-1}$ 的应变速率下仍然保持 80% 左右的极限应变[33]。相较于传统 FCC 合金，FCC 高熵合金表现优异动态力学性能的原因主要有两点：首先，FCC 高熵合金具有较低的堆垛层错能，这使得孪晶和相变更容易发生，孪晶界或相界

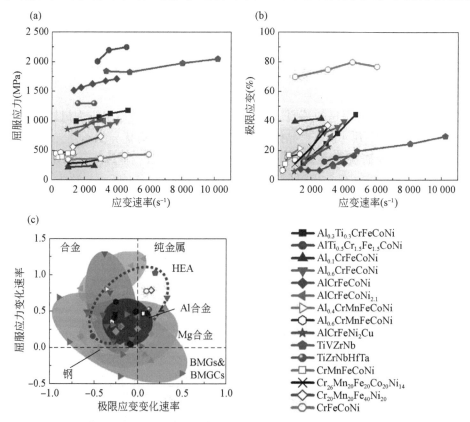

图 1-12　室温下代表性 HEA 的（a）屈服强度和（b）极限应变-应变速率依赖性，空心和实心标记分别表示压缩性能和拉伸性能；（c）应变速率为 $10^{-3}\sim10^3 s^{-1}$ 时屈服强度的变化率与极限应变变化速率[33]

阻碍位错的运动，从而提高其屈服强度和加工硬化率；其次，FCC 高熵合金的高热导率和较低的温升敏感性，使其在动态加载条件下仍能保持较高的强度。

除了在室温（298K）下，FCC 高熵合金表现出良好的综合力学性能外，在低温（77K）下，FCC 高熵合金仍然具有出色的力学性能。这主要得益于其低层错能特性，促使变形孪晶甚至相变的发生。孪晶界面和相界面能够有效抑制位错的运动，在提高合金强度的同时，保持良好的塑性，因此表现出"越低温、越强韧"的特性。2016 年，Gludovatz 等[34] 研究了 CoCrNi 中熵合金从室温 293K 到低温 77K 的拉伸力学性能和断裂韧性，如图 1-13 所示。研究表明，合金在室温下具有较高的抗拉强度和较大的断裂延伸率，并且其断裂韧性 K_{JIc} 为 200MPa · m$^{1/2}$。当温度下降到 77K 时，合金的抗拉强度与断裂延伸率同时大幅提升，并且断裂韧性 K_{JIc} 也提升到 275MPa · m$^{1/2}$。CoCrNi 合金这种优异的力学性能源于连续而稳定的应变硬化能力，从而改善了塑性变形的不稳定性。

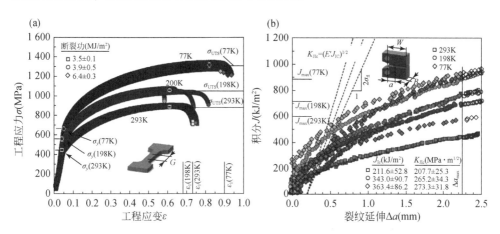

图 1-13　CoCrNi 中熵合金从 293K 到 77K 的力学性能和断裂韧性

（a）拉伸应力–应变曲线；（b）断裂韧性[34]

2. BCC 高熵合金

尽管 FCC 高熵合金在某些情况下展现了优异的综合力学性能，但在高温、高强度应用环境下，如航空航天、核反应堆等，FCC 高熵合金的强度和高温力学性能往往无法满足苛刻的应用需求。在这种情况下，屈服强度更高的 BCC 高熵合金则能够更好地满足需求。这主要是由于 BCC 高熵合金中较大的原子尺寸差异和显著的晶格畸变，这些因素有效地阻碍了位错的运动，从而显著提高了合金的屈服强度和抗变形能力。除此之外，BCC 高熵合金通常含有耐高温元素（如Nb、Ta、W 等），使其在高温条件下具有较好的稳定性和力学性能。此外，BCC高熵合金的变形方式主要以螺位错为主，螺位错核的核心通常呈非平面分布，导致位错运动需要克服更高的能量势垒。因此，位错移动变得更加困难，从而提升了合金的强度。

在 BCC 难熔高熵合金的力学性能研究中，本书作者课题组向 NbTaV 合金中添加 Ti 和 W 元素，开发出具有优异室温压缩性能的 NbTaTiVW 合金（屈服强度 1420MPa，断裂应变 20%）。同时通过调整成分配比或优化制备工艺，本书作者课题组还制备了一系列具有优异强塑性匹配的合金，包括 $Ti_{37}V_{15}Nb_{22}Hf_{23}W_3$（屈服强度 980MPa，断裂应变 19.8%）、$TiZrHfNbMo_{0.1}$（屈服强度 802MPa，断裂应变 19.8%）、$Ti_2ZrHfV_{0.5}Mo_{0.2}$（屈服强度 955MPa，断裂应变 14.1%）和 $Ti_2ZrHfV_{0.5}Mo_{0.2}Ta_{0.25}$（屈服强度 1044MPa，断裂应变 13.3%）。此外，张勇教授等研究了 $Ti_xCoCrFeNiAl$ 系高熵合金的室温压缩力学性能，研究发现 Ti 元素的添加使合金获得了不亚于 FCC 的高强度、高塑性以及高加工硬化能力。当 Ti 的添加量为 0.5 时，$Ti_{0.5}CoCrFeNiAl$ 合金其屈服强度达到 2.26GPa 的同时塑性变形量达到 23.3%。

在核反应堆应用中，合金不仅需要具备足够的高强度还必须具备卓越的抗辐照性能，以应对高能粒子（如中子、离子等）长期辐照引发的微观结构损伤。相比于 FCC 高熵合金，BCC 高熵合金展现了更高的抗辐照性能，主要得益于其独特的晶体结构和相关的微观机制。首先，BCC 高熵合金的原子尺寸差异较大，导致严重的晶格畸变，这种畸变导致更复杂的能垒，不仅提高了位错运动的难度，也使辐照产生的点缺陷（如空位和间隙原子）难以扩散和聚集，从而发挥出明显的迟滞扩散效应。这种迟滞扩散效应有助于限制辐照缺陷的扩散与团聚，减少了位错环、空位和氦泡等辐照损伤的形成概率，进而提高了合金在长期辐照下的稳定性。并且 BCC 中的螺位错运动相对困难，也为辐照缺陷提供了天然的钉扎位点，有助于固定辐照产生的位错和点缺陷，防止它们迁移和聚集，从而抑制了辐照损伤的发展。本书作者课题组通过对 $TiZrHfNbMo_{0.1}$、$Ti_2ZrHfV_{0.5}Mo_{0.2}$ 和 $Ti_2ZrHfV_{0.5}Mo_{0.2}Ta_{0.25}$BCC 难熔高熵合金进行离子辐照，发现 Ta 的加入增强了对辐照产生的氦泡的抑制能力，使氦泡更小、更密集。氦泡作为障碍物，增加位错的滑移难度，显著影响材料的塑性变形。并且氦泡生长过程中产生的应力场能够驱动原子离位，形成位错环，位错环周围的应力梯度可能改变氦泡的生长路径，导致氦泡的聚集或分散。此外 Moschetti 等[35]研究了 TiZrNbHfTa 难熔高熵合金在 He 离子照射后的室温力学性能，结果发现该合金屈服强度增加了 13.9%，而伸长率增加了 4.5%，如图 1-14 所示，表

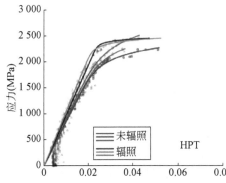

图 1-14　辐照和未辐照 TiZrNbHfTa 难熔高熵合金的拉伸应力-应变曲线[35]

明该合金对 He 诱导的硬化和脆化具有很高的抵抗。

3. HCP 高熵合金

除了 BCC 和 FCC 两种相结构，关于 HCP 结构高熵合金的研究并不多，工业应用并不广泛，主要原因是 HCP 结构的金属（如 Ti、Mg 等）本身滑移系较少，虽然强度很高，但塑性较差，导致其在制备和性能优化等方面面临诸多挑战。2014 年，Takeuchi 等[36]采用电弧熔炼的方法制备了 YGdTbDyLu 和 GdTbDyTmLu 高熵合金，研究发现这两个合金基体为 HCP 相，但存在少量未知相。同年，Youssef 等[37]制备了具有低密度和高硬度的 $Al_{20}Li_{20}Mg_{10}Sc_{20}Ti_{30}$ 高熵合金，并且在 500℃下退火 1h 后可形成单相 HCP 结构。本书作者课题组开发并制备了块体 Gd-HoLaTbY，首次研究了 HCP 稀土高熵合金的力学性能，结果发现该合金在室温压缩时几乎不存在固溶强化。Lou 等[38]和 Tracy 等[39]同年发现 CoCrFeMnNi 高熵合金在高压作用下，由 FCC 结构转变为 HCP 结构。2018 年，本书作者课题组设计开发了 DyGdHoLaTbY、ErGdHoLaTbY 和 DyErGdHoLuScTbY 三种 HCP 结构的高熵合金，其中 DyErGdHoLuScTbY 合金包括 8 种金属元素，并且研究了这三种合金的室温压缩性能。图 1-15 为合金及其组成元素的压缩应力-应变曲线和硬度对比图，可以看出 3 个合金在压缩时发生了较弱的强化。HCP 结构的高熵合金自 2014 年问世以来，所取得的研究成果较少。结合上述的研究进展发现 HCP 结构高熵合金目前存在一定的研究壁垒，可做出如下总结：①主元数：组成 HCP 结构高熵合金的主元数，目前最高为本书作者课题组制备的 DyErGdHoLuScTbY 八主元高熵合金，合金的主元数仍有一定的局限性；②制备技术：部分 HCP 结构高熵合金的制备需要通过特殊的处理方式，如等静压、高压扭转和化学合成等，制备工艺较为复杂且合金形成 HCP 结构后是否相结构稳定，也需要进一步验证；③相结构：目前关于 HCP 结构高熵合金多为双相或多相结构，而形成 HCP 结构简单固溶体的合金较少，由于其他相可能对合金的性能产生影响，因此制备单相 HCP 结构的高熵合金是基础研究的需要。因此，关于仅单相 HCP 在力学性能上的研究并不广泛，大多数研究集中于其磁热性能的研究上。HCP 高熵合金在磁热性能上具有显著的磁熵变化、较低的热滞后，能快速适应磁场的变化，在磁制冷应用上有广泛潜力。

4. 双相高熵合金

在前面提到过 FCC 高熵合金虽然塑性较高，但其强度并不理想，而 BCC 和 HCP 高熵合金强度虽高但其塑性并不理想。因此，部分研究人员将研究重点集中于 BCC/FCC、FCC/HCP、BCC/HCP 双相高熵合金的研究上，以打破强度和塑性的权衡。BCC 结构高熵合金中滑移系数量较少导致其室温塑性不佳，研究人员发

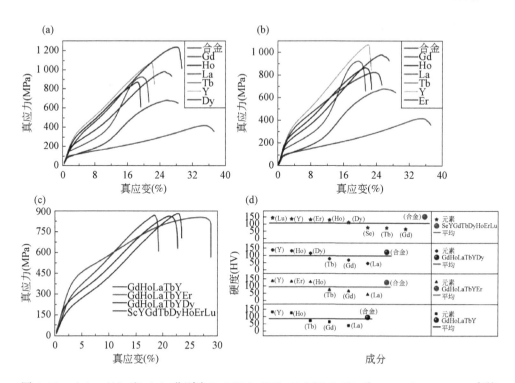

图 1-15 （a）、（b）和（c）分别为 DyGdHoLaTbY、ErGdHoLaTbY 和 DyErGdHoLuScTbY 高熵
合金的压缩应力–应变曲线， （d）为 DyGdHoLaTbY、ErGdHoLaTbY、DyErGdHoLuScTbY 和
GdHoLaTbY 高熵合金及其组成元素的硬度值

现调整合金成分，可以使 BCC 结构高熵合金的塑性变形从螺型位错运动转变为
相变，改善 BCC 合金的塑性。对于 $Ta_x HfZrTi$ 高熵合金体系，减少高熵合金中 Ta
元素含量，可以降低 BCC 相的稳定性，促使高熵合金发生 BCC-HCP 相变[40]。
目前关于 FCC/BCC 双相高熵合金变形机理研究主要聚焦于共晶高熵合金。Lu
等[41]制备了 $L1_2/B2$ 交替层片结构的 $AlCoCrFeNi_x$（$x=2.0$、2.1、2.2）共晶高熵
合金，在室温和低温下进行拉伸测试，结果表明，FCC 相中位错滑移使共晶高熵
合金具有良好的塑性，位错在 FCC/B2 相界面处堆积使其具有高强度。Li 等[42]
提出 FCC/HCP 双相 $Fe_{50}Mn_{30}Co_{10}Cr_{10}$ 高熵合金中 FCC-HCP 相变诱发塑性使其表
现出优异的强度与韧性结合，主要机理是变形过程中 FCC 软相先发生塑性变形，
此时 HCP 相还处在弹性变形阶段，FCC 与 HCP 相界面处产生应变梯度，这会使
大量位错在 FCC 与 HCP 相界面处堆积。位错堆积对 FCC 软相产生与外力方向相
反的背应力，对 HCP 相产生与外力方向相同的正应力，背应力会阻碍 FCC 软相
中的位错运动，从而提高合金的强度，正应力会促使 HCP 相发生塑性变形，具
体机理如图 1-16 所示。

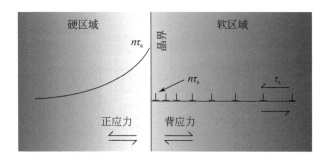

图 1-16　异质变形诱导应力强化示意图

1.4.2　高熵合金的表面工程研究

合金在服役过程中可能受到摩擦磨损、腐蚀等影响，高熵合金作为新型多主元合金，不仅在力学性能、抗辐照性能等方面展现出独特优势，同时在腐蚀和摩擦磨损性能上也显示出优势，为表面工程应用提供更全面的性能保障。以下分别从腐蚀和摩擦磨损两个角度进行简述。

1. 高熵合金的腐蚀性能研究

传统金属材料提高耐腐蚀性能的常规路线是在基础元素中添加相对较低浓度的耐腐蚀元素（Cr、Ni 和 Mo），在合金表面生成钝化膜，防止合金基体被进一步腐蚀。然而合金化的过程会造成合金析出金属间化合物或者元素偏析从而影响腐蚀性能。由于 HEA 的高熵效应，使其易于形成单一的固溶体结构，避免了因不同相之间的电位差而产生的电偶腐蚀，并提高其耐腐蚀性。此外，本书作者课题组通过研究 $Fe_{40}Mn_{20}Cr_{20}Ni_{20}$ 高熵合金的腐蚀机理，发现稀土元素掺杂（如 Ce）能够显著提升钝化膜的致密性，减少缺陷密度，还能增强合金的耐腐蚀性。同时不同元素的掺杂会带来不同的耐腐蚀效果，比如 Dai 等[43]研究了 Mo 添加对钝化膜组成和结构的影响，揭示了 $CoCrFeNiMo_x$（$x=0$、0.1、0.3、0.6）合金的腐蚀机制，其钝化膜为双层结构，主要由 Cr 氧化物/氢氧化物组成的内层和富含 Cr/Fe 氧化物/氢氧化物的外层组成，图 1-17 表明 Fe 和 Cr 的氧化物/氢氧化物是 CoCrFeNi 和 $CoCrFeNiMo_{0.1}$ 钝化膜中的主要成分。又比如 Tong 等[44]研究了 Cr 含量对 $FeCoNiCr_x$（$x=0$、0.5、1.0）腐蚀行为的影响，发现适量的 Cr 明显增强高熵合金在硫酸溶液和含氯水溶液中的钝化能力，从而促进钝化膜的稳定性并增加了耐点蚀性，但由于枝晶间区域发生的 Cr 偏析，过量的 Cr 添加会导致严重点蚀。

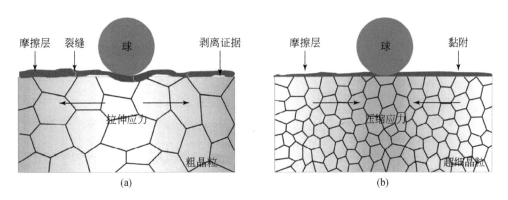

图 1-17　激光喷丸处理前后 CoCrFeMnNi 合金的磨损机理示意图:
(a) 未处理及 (b) 激光喷丸[44]

2. 高熵合金的摩擦性能研究

在讨论了高熵合金的耐腐蚀性能后,进一步关注其在摩擦磨损方面的表现。实际上,腐蚀与摩擦磨损在实际工程中往往是同时存在的服役问题,两者之间存在一定的内在联系。例如,合金表面形成的致密钝化层不仅能阻隔腐蚀介质的侵入,还能降低表面摩擦系数,减少磨损。通过添加不同元素(低密度金属元素、高熔点金属元素、3d 过渡族金属元素和非金属元素)、表面改性(如表面机械强化能引入残余压应力和细化晶粒提高耐磨性)、表面离子注入、表面化学热处理(渗氮、渗硼、渗铬、渗铝等),可以显著调控合金的摩擦磨损性能。本书作者课题组研究分析了固体粉末包埋渗铬对 $Fe_{40}Mn_{20}Cr_{20}Ni_{20}$ 高熵合金的微观结构和摩擦学行为的影响。实验结果表明,渗铬处理后合金形成了 BCC 结构的单相 α-Fe-Cr 固溶体,并且渗铬层中 Cr 的含量显著高于基体,且元素分布均匀。渗铬层的显微硬度显著提高,且硬度随着 Cr 含量的增加而增大。此外,本书作者课题组还研究了离子氮化工艺对热轧态 $Fe_{40}Mn_{20}Cr_{20}Ni_{20}$ 高熵合金微观结构及力学性能的影响,并发现氮化后合金的平均摩擦系数略有上升,但磨损率显著降低,耐磨性大幅提升。除此之外,Tong 等[44]基于表面改性原理,对增材制造 CoCrFeMnNi 高熵合金进行了激光喷丸处理,在试样表面产生了严重塑性变形,细化晶粒的同时引入了残余压应力,提高了合金的表面硬度。未经激光喷丸处理时,合金内部存在的拉应力使摩擦层开裂而剥落。在磨损测试中,对磨副小球对裸露的合金基体持续磨损,增大了磨损率。经激光喷丸处理后,表面硬度的增加降低了磨损率。同时,合金内部的残余压应力减少了摩擦层中的裂纹,且增大了摩擦层与合金基体间的结合力,进一步改善了耐磨性。

1.4.3　高熵合金的功能性能研究

高熵合金在电学、磁学、热学、化学和生物医用等多方面表现出优异的性能。电学性能上，高熵合金因高电阻率和低电阻温度系数，有望作为电子器件中的电阻材料，且在超导性能方面表现出色。磁学功能中，高熵合金展现出良好的软磁性能和电磁波吸收能力，合金的相结构和元素组成对磁性能有显著影响。热学功能涵盖导热性和热电性能，部分合金低热导率使其成为隔热材料，而高熵热电合金则能提高热电转换效率。化学功能方面，高熵合金在催化作用和储氢性能上表现出色，为能源转换和储存提供新方案。

1. 高熵合金的磁学性能

高熵合金的磁学性能表现出独特而可调的特性，主要归因于其多主元近等摩尔组成所带来的化学无序性与局部短程有序现象。在这类体系中，铁磁性元素（如 Fe、Co、Ni）与反磁性或顺磁性元素（如 Cr、Mn）共同存在，导致内部磁交换作用呈现复杂的竞争状态，使得磁性可以通过调整各元素比例在强铁磁性与弱磁性甚至顺磁性之间平滑转变。此外，严重的晶格畸变不仅改变了原子间的磁交换路径，还对 d 带电子的能级分布和载流子浓度产生重要影响，从而促进局部磁有序的形成。这种多因素综合作用赋予高熵合金在磁制冷、自旋电子学及磁传感等领域独特的应用潜力。例如，CoFeNi 高熵合金其饱和磁化强度（M_s）可达 151.3emu/g。当向其中添加 Al 或 Si 时，合金的相结构和磁性性能会发生显著变化。具体来说，添加 Al 后，合金的相结构从 FCC 逐渐转变为 BCC，M_s 值下降，而矫顽力（H_c）值呈现先增加后减少的趋势。此外，添加 Si 后，同样出现 M_s 值下降，但 H_c 值先缓慢增加再大幅提高[45]。此外，Larsen 等[46]制备了不同 Mn 含量的 AlCoCrFeMn$_x$Ni 高熵合金，发现 Mn 的加入引起晶格膨胀、磁饱和度从 348kA/m 提高至 587kA/m，如图 1-18 所示。

2. 高熵合金的电催化性能

高熵合金由于多主元效应、严重的晶格畸变、丰富的表面活性位点、电子结构调控以及高热稳定性，导致其具有良好的电催化性能，并受到广泛关注。多种金属元素的均匀混合使其表面拥有多样化的催化活性位点，增强对反应物的吸附和活化。此外，晶格畸变和化学无序性引入大量结构缺陷（如位错、空位），进一步提升电催化性能。在电子结构方面，多元素相互作用能够调控 d 带中心，优化中间体的吸附能，实现高效的催化动力学。同时，高混合熵效应使高熵合金形成稳定的固溶体结构，避免相分离和不可逆衰减，从而保证在高温、强酸碱等极端环境下的长期催化稳定性。这些特点使高熵合金在析氢反应（HER）、析氧反

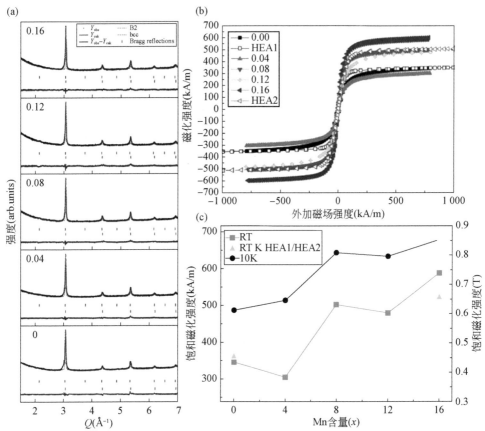

图 1-18　（a）AlCoCrFeMn$_x$Ni HEA（x=0.0、0.04、0.08、0.12 和 0.16）及其
（b）MH 曲线。其中 HEA1 表示 AlCoCrFeNi，HEA2 表示 AlCoCrFeMnNi[46]。
（c）不同 Mn 含量时合金的磁学性能

应（OER）、氧还原反应（ORR）及二氧化碳还原（CO$_2$RR）等电催化反应中展现出优异的活性和耐久性。近期刚开始的关于高熵合金二氧化碳还原电催化反应中，Rittiruam 等[47]通过机器学习加速密度泛函理论高通量筛选方法，具体流程如图 1-19 所示，系统性地研究了 Cu-Mn-Ni-Zn 合金催化剂在二氧化碳还原（CO$_2$RR）中的应用，通过优化成分确定了关键合金组成：CH$_4$ 路径以 Cu$_{0.2}$Mn$_{0.4}$Ni$_{0.1}$Zn$_{0.3}$为代表，而 CH$_3$OH 路径以 Cu$_{0.3}$Mn$_{0.2}$Ni$_{0.3}$Zn$_{0.2}$等富 Mn/Ni 组合为最优，Mn 原子作为主要活性位点，Cu、Ni 和 Zn 作为邻近原子协同提升催化活性。结果表明 Cu-Mn-Ni-Zn 合金能有效抑制竞争性氢析出反应（HER），同时该合金催化剂性能优于传统 Cu。本书作者课题组开发的 FeCoCrNi 高熵合金薄膜在电催化析氧反应（OER）中表现出卓越的性能，并发现 Cr 元素对其他元素电子结构的调以及非晶态结构中大量活性位点的暴露，使得该合金在碱性溶液中表现出高效的 OER 性能。

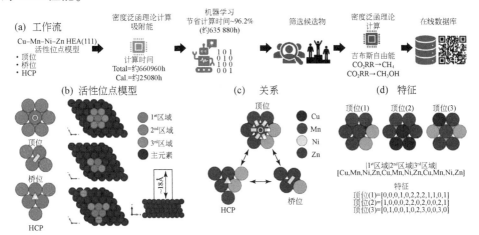

图 1-19 （a）高通量筛选用于将 CO_2 选择性还原为甲烷（CH_4）和甲醇（CH_3OH）的 Cu-Mn-Ni-Zn 高熵合金电催化剂的工作流程；（b）活性位模型及其在铜母体中的结构；（c）顶位、桥位和 HCP 位点之间的关系；（d）活性位点模型特征示例[47]

参 考 文 献

[1] Yeh J W, Chen S K, Lin S J, et al. Nanostructured high-entropy alloys with multiple principal elements: novel alloy design concepts and outcomes. Adv Eng Mater, 2004, 6: 299-303

[2] Cantor B, Chang I T H, Knight P, et al. Microstructural development in equiatomic multicomponent alloys. Mater Sci Eng A, 2004, 375-377: 213-218

[3] Swalin R A, Arents J. Thermodynamics of solids. Journal of The Electrochemical Society, 1962, 109 (12): 308C.

[4] Miracle D B, Senkov O N. A critical review of high entropy alloys and related concepts. Acta materialia, 2017, 122: 448-511.

[5] Okamoto H, Okamoto H. Phase diagrams for binary alloys. Materials Park, OH: ASM international, 2000.

[6] Jo Y H, Choi W M, Sohn S S, et al. Role of brittle sigma phase in cryogenic-temperature-strength improvement of non-equi-atomic Fe-rich VCrMnFeCoNi high entropy alloys. Materials Science and Engineering: A, 2018, 724: 403-410.

[7] Zhang Y, Yang X, Liaw P K. Alloy design and properties optimization of high-entropy alloys. Jom, 2012, 64: 830-838.

[8] Zhang Y, Zhou Y J, Lin J P, et al. Solid-solution phase formation rules for multi-component alloys. Advanced Engineering Materials, 2008, 10 (6): 534-538.

[9] Zhang Y, Zhou Y J, Hui X D, et al. Minor alloying behavior in bulk metallic glasses and high-entropy alloys. Science in China Series G: Physics, Mechanics and Astronomy, 2008, 51: 427-437.

[10] George E P, Raabe D, Ritchie R O. High-entropy alloys. Nature Reviews Materials, 2019, 4

(8)：515-534.

[11] Ding Q, Zhang Y, Chen X, et al. Tuning element distribution, structure and properties by composition in high-entropy alloys. Nature, 2019, 574 (7777)：223-227.

[12] Chen X, Wang Q, Cheng Z, et al. Direct observation of chemical short-range order in a medium-entropy alloy. Nature, 2021, 592 (7856)：712-716.

[13] Hsu W L, Tsai C W, Yeh A C, et al. Clarifying the four core effects of high-entropy materials. Nature Reviews Chemistry, 2024：1-15.

[14] Allmann R, Hinek R. The introduction of structure types into the inorganic crystal structure database (ICSD). Acta Crystallographica Section A: Foundations of Crystallography, 2007, 63 (5)：412-417.

[15] Mackay A L. On complexity. Crystallography Reports, 2001, 46 (4).

[16] Vaidya M, Pradeep K G, Murty B S, et al. Bulk tracer diffusion in CoCrFeNi and CoCrFeMnNi high entropy alloys. Acta Materialia, 2018, 146：211-224.

[17] Hsu W L, Tsai C W, Yeh A C, et al. Clarifying the four core effects of high-entropy materials. Nature Reviews Chemistry, 2024, 8 (6)：471-485.

[18] Tsai K Y, Tsai M H, Yeh J W. Sluggish diffusion in Co-Cr-Fe-Mn-Ni high-entropy alloys. Acta Materialia, 2013, 61 (13)：4887-4897.

[19] Vaidya M, Pradeep K G, Murty B S, et al. Bulk tracer diffusion in CoCrFeNi and CoCrFeMnNi high entropy alloys. Acta Materialia, 2018, 146：211-224.

[20] Vaidya M, Trubel S, Murty B S, et al. Ni tracer diffusion in CoCrFeNi and CoCrFeMnNi high entropy alloys. Journal of Alloys and Compounds, 2016, 688：994-1001.

[21] Swalin R A. Thermodynamics of solids. New York：Wliey, 1972.

[22] Tong C J, Chen Y L, Yeh J W, et al. Microstructure characterization of Al$_x$ CoCrCuFeNi high-entropy alloy system with multiprincipal elements. Metallurgical and Materials Transactions A, 2005, 36：881-893.

[23] Yeh J W, Lin S J, Chin T S, et al. Formation of simple crystal structures in Cu-Co-Ni-Cr-Al-Fe-Ti-V alloys with multiprincipal metallic elements. Metallurgical and Materials Transactions A, 2004, 35：2533-2536.

[24] Yeh J W, Chang S Y, Hong Y D, et al. Anomalous decrease in X-ray diffraction intensities of Cu-Ni-Al-Co-Cr-Fe-Si alloy systems with multi-principal elements. Materials chemistry and physics, 2007, 103 (1)：41-46.

[25] Cheng C Y, Yang Y C, Zhong Y Z, et al. Physical metallurgy of concentrated solid solutions from low-entropy to high-entropy alloys. Current Opinion in Solid State and Materials Science, 2017, 21 (6)：299-311.

[26] Katiyar N K, Biswas K, Yeh J W, et al. A perspective on the catalysis using the high entropy alloys. Nano Energy, 2021, 88：106261.

[27] Yang X, Zhang Y. Prediction of high-entropy stabilized solid-solution in multi-component alloys. Materials Chemistry and Physics, 2012, 132 (2-3)：233-238.

[28] Huang P K, Yeh J W. Inhibition of grain coarsening up to 1000 C in (AlCrNbSiTiV) N superhard coatings. Scripta Materialia, 2010, 62 (2)：105-108.

[29] Katiyar N K, Biswas K, Yeh J W, et al. A perspective on the catalysis using the high entropy alloys. Nano Energy, 2021, 88：106261.

[30] Pedersen J K, Batchelor T A A, Bagger A, et al. High-entropy alloys as catalysts for the CO$_2$ and CO reduction reactions. ACS Catalysis, 2020, 10 (3)：2169-2176.

[31] Ranganathan S. Alloyed pleasures: Multimetallic cocktails. Current science, 2003, 85 (5): 1404-1406.

[32] Kao Y F, Chen T J, Chen S K, et al. Microstructure and mechanical property of as-cast, -homogenized, and-deformed Al$_x$CoCrFeNi (0 ≤ x ≤ 2) high-entropy alloys. Journal of Alloys and Compounds, 2009, 488 (1): 57-64.

[33] Tang Y, Wang R, Xiao B, et al. A review on the dynamic-mechanical behaviors of high-entropy alloys. Progress in Materials Science, 2023, 135: 101090.

[34] Gludovatz B, Hohenwarter A, Thurston K V S, et al. Exceptional damage-tolerance of a medium-entropy alloy CrCoNi at cryogenic temperatures. Nature communications, 2016, 7 (1): 10602.

[35] Moschetti M, Xu A, Hohenwarter A, et al. The influence of phase formation on irradiation tolerance in a nanocrystalline TiZrNbHfTa refractory high-entropy alloy. Advanced Engineering Materials, 2024, 26 (4): 2300863.

[36] Takeuchi A, Amiya K, Wada T, et al. High-entropy alloys with a hexagonal close-packed structure designed by equi-atomic alloy strategy and binary phase diagrams. JOM, 2014, 66: 1984-1992.

[37] Youssef K M, Zaddach A J, Niu C, et al. A novel low-density, high-hardness, high-entropy alloy with close-packed single-phase nanocrystalline structures. Materials Research Letters, 2015, 3 (2): 95-99.

[38] Zhang F, Wu Y, Lou H, et al. Polymorphism in a high-entropy alloy. Nat Commun, 2017, 8: 1-7.

[39] Tracy C L, Park S, Rittman D R, et al. High pressure synthesis of a hexagonal close-packed phase of the high-entropy alloy CrMnFeCoNi. Nat Commun, 2017, 8: 1-6.

[40] Huang H, Wu Y, He J, et al. Phase-transformation ductilization of brittle high-entropy alloys via metastability engineering. Advanced Materials, 2017, 29 (30): 1701678.

[41] Lu Y, Gao X, Jiang L, et al. Directly cast bulk eutectic and near-eutectic high entropy alloyswith balanced strength and ductility in a wide temperature range. Acta Materialia, 2017, 124: 143-150.

[42] Li Z, Pradeep K G, Deng Y, et al. Metastable high-entropy dual-phase alloys overcome the strength-ductility trade-off. Nature, 2016, 534 (7606): 227-230.

[43] Dai C, Zhao T, Du C, et al. Effect of molybdenum content on the microstructure and corrosion behavior of FeCoCrNiMo$_x$ high-entropy alloys. Journal of Materials Science & Technology, 2020, 46: 64-73.

[44] Tong Z, Pan X, Zhou W, et al. Achieving excellent wear and corrosion properties in laser additive manufactured CrMnFeCoNi high-entropy alloy by laser shock peening. Surface and Coatings Technology, 2021, 422: 127504.

[45] Zuo T T, Li R B, Ren X J, et al. Effects of Al and Si addition on the structure and properties of CoFeNi equal atomic ratio alloy. Journal of magnetism and magnetic materials, 2014, 371: 60-68.

[46] Larsen S R, Hedlund D, Stopfel H, et al. Magnetic properties and thermal stability of B2 and BCC phases in AlCoCrFeMnxNi. Journal of Alloys and Compounds, 2021, 861: 158450.

[47] Rittiruam M, Khamloet P, Ektarawong A, et al. Screening of Cu-Mn-Ni-Zn high-entropy alloy catalysts for CO$_2$ reduction reaction by machine-learning-accelerated density functional theory. Applied Surface Science, 2024, 652: 159297.

第2章 面心立方高熵合金的轧制织构演化及其力学性能

热机械加工是提高工程结构金属材料机械性能的重要手段。热机械处理的路线通常涉及变形和热处理，这会显著影响加工材料的微观结构和织构，从而打开调节机械性能的窗口。目前，针对高熵合金的热机械处理方式主要包括冷轧[1]、热轧[2]、热锻[3]、高压扭转[4]、旋锻拉拔[5]等。其中，轧制作为最常用的方法之一，开展的相关研究也最多[6]。

太原理工大学 Ma 等通过冷轧工艺提高了 $Al_{0.5}CrCuFeNi_2$、$Al_{0.25}CoCrFe_{1.25}Ni_{1.25}$、$Al_{0.5}Cu_{1.25}CoFeNi_{1.25}$、$Al_{0.25}CoCrFeNi$ 和 $Al_{0.6}CoCrFeNi$[7-9]等高熵合金的强度。研究发现，冷轧压下量越高，高熵合金的屈服强度越高，但是塑性越低（图2-1），其中 $Al_{0.25}CoCrFe_{1.25}Ni_{1.25}$ 高熵合金经过80%压下量的冷轧后抗强度达到702MPa，

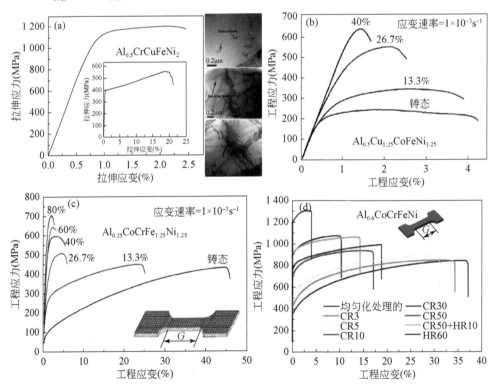

图 2-1 冷轧 （a） $Al_{0.5}CrCuFeNi_2$、（b） $Al_{0.5}Cu_{1.25}CoFeNi_{1.25}$；
（c） $Al_{0.25}CoCrFe_{1.25}Ni_{1.25}$；（d） $Al_{0.6}CoCrFeNi$ 高熵合金的拉伸工程应力–应变曲线[7-9]

接近铸态强度的 1.62 倍。通过对多种成分体系面心立方高熵合金 $Al_{0.5}CrCuFeNi_2$、
$Al_{0.25}CoCrFe_{1.25}Ni_{1.25}$、$Al_{0.5}Cu_{1.25}CoFeNi_{1.25}$ 和 $Al_{0.6}CoCrFeNi$ 高熵合金的研究表明，
冷轧是强化高熵合金最行之有效的方法之一。

　　作为最具代表性的两类面心立方固溶体高熵合金，$Al_xCoCrFeNi$（$x = 0 \sim 0.3$）
和 $CoCrFeMnNi$[10] 合金不但可以通过传统的铸造工艺获得，而且这两种体系的合
金均具有优异的低温强塑性与韧性[11,12]，然而这两类合金铸态下屈服强度都不
过 200MPa[13,14]。因此，通过冷轧与热处理优化其力学性就变得尤为迫切。现有
的研究表明，$Al_{0.1}CoCrFeNi$ 与 $CoCrFeMnNi$ 高熵合金都具有较低或者居中的堆垛
层错能（SFE）（$18.3 \sim 30mJ/m^2$）[15]。众所周知，在锰钢中可以通过调节堆垛层
错能实现位错滑移、孪生、剪切带和相变等变形方式诱发塑性。目前，针对低堆
垛层错 $CoCrFeMnNi$ 合金的冷轧研究表明，$CoCrFeMnNi$ 合金经冷轧 90% 后变形机
制主要由位错滑移与形变孪晶主导，而低温轧制后获得的晶粒更破碎，形变孪晶
数量增多，两种轧制方式下的主要织构均为黄铜织构（brass），而低温轧制后黄
铜织构强度更高[16,17]。在中等层错能的合金中，例如 $MnFeCoNiCu$ 高熵合金在冷
轧 90% 后出现了强的高斯与黄铜织构[18]。

　　本章总结了本书作者在面心立方高熵合金在轧制过程中关于显微组织、织构
演化以及力学性能方面的一系列研究结果。并且总结了部分其他面心立方高熵合
金的冷轧过程中组织演化，织构演化及力学性能。

2.1　轧制量对 $Al_xCoCrFeNi$ 高熵合金显微结构与力学性能的影响

2.1.1　轧制量对 $Al_{0.1}CoCrFeNi$ 高熵合金显微组织的影响

　　图 2-2 为 1100℃均匀化热处理 5h 后的 $Al_{0.1}CoCrFeNi$ 高熵合金试样沿着长度
方向分别冷轧 50% 和 70% 的三维显微组织形貌，其中 S1、S2 和 S3 分别代表横
剖面、纵剖面和轧制平面。由图 2-2（a）可知，$Al_{0.1}CoCrFeNi$ 合金经过 50% 冷
轧后，轧面上出现了大量沿主滑移面（111）面互相平行的滑移线，这些互相平
行的滑移线呈现与冷轧方向垂直分布且在晶界处终止的特征。同时，在某些特定
取向的晶粒中，沿着第二个甚至第三个易滑移（111）面发生滑移，这种情况被
称为交滑移，平面滑移与交滑移使晶粒进一步细化。由平面位错滑移主导产生的
滑移线之间的新生滑移带，形成了类似新的细小晶粒，但是这些晶粒之间的取向
并没有产生显著变化，而形成小角度晶界甚至是一些亚晶界（小角度晶界相邻晶
粒取向差<10°，亚晶界取向差<2°）。因此，在冷轧量为 50% 的合金中，发生的
变形主要是由位错的平面滑移主导，滑移线之间的平均距离约为 4.58μm。如图

2-2（b）所示，当冷轧量增加到 70%，随着冷轧应力的增加，交滑移加剧，同时滑移线的密度增加，随着冷轧量增加，滑移线逐渐演变为剪切带。在纵剖面（S2）和轧面（S3）上晶粒再次被拉长，从横剖面（S1）可以观察到滑移线之间的平均距离缩短为 $3.25\mu m$。此外，其他一些变形特征，比如亚晶粒和类河流状晶粒流都可以在冷轧 70% 变形量的 $Al_{0.1}CoCrFeNi$ 高熵合金中观察到。

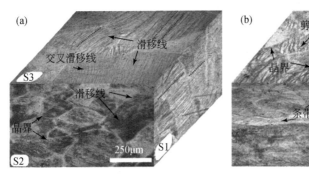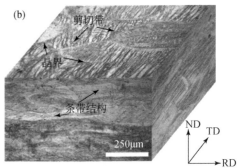

图 2-2　不同冷轧量 $Al_{0.1}CoCrFeNi$ 高熵合金的金相照片
(a) CR50%；(b) CR70%

　　正如之前提到的，由于 $Al_{0.1}CoCrFeNi$ 合金的堆垛层错能（$18.3\sim30mJ/m^2$）相对较低，因此，在冷轧过程中形变孪晶的激活对塑性变形的影响也应该引起重视。但是，仅通过金相照片不能准确分辨出哪些是滑移带哪些属于形变孪晶。图 2-3 为不同冷轧量下的衍射带衬度图、晶粒取向图、晶界特征图和晶粒位向关系图。图 2-3（a）、(b) 为冷轧 50% 的衍射带衬度图与晶粒取向图，从衍射带衬度图可以观察到大量的滑移线（包括交滑移），在有些晶界附近甚至可以观察到少量剪切带的产生。通过放大图 2-3（a）的 e 区域，如图 2-3（e）所示，冷轧后出现大量的滑移线，滑移线的产生增加了小角度晶界的数量。通过对黄虚线 g 区域进行取向分析，发现除了在变形晶粒处产生滑移线之外，也有少量形变孪晶出现［图 2-3（e）］，形变孪晶的晶粒取向与母体取向差为 60°。进一步从图 2-3（f）选择了具有孪晶取向的区域 g，并绘制了该区域的（111）极图［图 2-3（h）］，发现形变孪生（$1\bar{1}\bar{1}$）面与基体的（$\bar{1}\bar{1}1$）面平行。

　　为了充分理解冷轧样品中的位错、滑移线、孪晶和剪切带的特征，利用透射电子显微镜进一步研究。图 2-4（a）为冷轧 50% 样品的透射明场像照片，首先根据图中的衍射斑点确定了（111）的面滑移。其次，在图 2-4（b）中可以观察到少量的形变孪晶束和位错堆积形成的位错通道，Girardin 等[19]利用原子力显微镜与透射电镜证明这些高密度位错通道为面心立方晶体表面的滑移线。当冷轧量增加到 70%［图 2-4（c）(d)］，在初始晶界附近会产生位错胞，高密度位错通

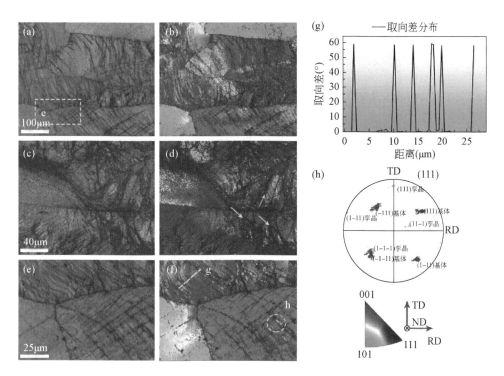

图 2-3　不同冷轧量 $Al_{0.1}CoCrFeNi$ 高熵合金的 EBSD 衍射带衬度图和晶粒取向图：（a，b）CR50% 和（c，d）CR70%；（e）和（f）为 CR50% 样品区域 e 放大图中的滑移线和形变孪晶；（g）和（h）分别为（f）中虚线的取向差分布图和黄线区域的（111）极图

道在晶界处被隔断，同时由于冷轧应力的增加晶界处会产生部分剪切带协调变形，通过微观 TEM 与 EBSD 观察的形貌与 OM 形貌非常符合。除了位错、高密度位错通道和剪切带之外，在基体晶粒中还存在孪晶束，形成孪晶（twin）与基体（matrix）交替分布的 T-M 板条。这些微观结构的变化影响着显微织构、宏观织构和力学性能。

　　Gholinia 等[20]认为，合金在传统的冷轧过程中，产生压缩应变，显微组织通常被拉长，严重变形后晶界被挤压形成带状组织。随着冷轧量的增加，如图 2-5（a）所示，小角度晶界（LAGB）的频率逐渐增加。晶粒内部的位错滑移产生大量的小角度晶界。在 CR70% 后，晶粒内部的 Σ3 孪晶取向的频率有所增加。同时，如图 2-5（b）所示，变形过程中存储的几何位错随着变形发生动态恢复和剧烈的塑性变形增大的取向差，都会使小角度晶界逐渐转变为大角度晶界（HAGB）[21]。

　　通过冷轧增加了均匀化退火合金中的位错密度，并且冷轧过程中产生了大量的滑移线，同时从 EBSD 图中可以分析冷轧 50% 样品中出现了 8%（体积分数）

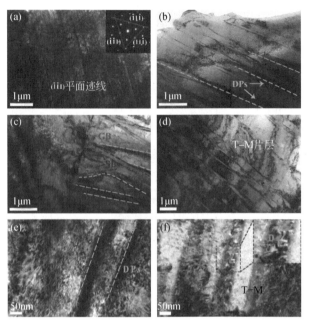

图 2-4　不同冷轧量下明场像的 TEM 照片

（a，b）CR50%；（c，d，e，f）CR70%

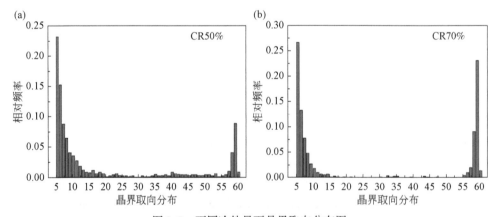

图 2-5　不同冷轧量下晶界取向分布图

（a）CR50%；（b）CR70%

的形变孪晶。随着冷轧量增加到 70%，冷轧样品中出现了大量剪切带。冷轧形成的滑移线与形变孪晶充当新的晶界，从 TEM 图 2-4（e）、（f）可以观察到，新形成的界面阻碍了位错的进一步运动，从而进一步提高冷轧样品的强度。

2.1.2　冷轧量对 $Al_{0.1}CoCrFeNi$ 高熵合金织构演化的影响

一般而言，多晶体材料中各晶粒的取向是随机分布的。而经过冷加工，如冷轧、冷拔、冷锻、冲压、冷挤压等；或者其他特种冶金，如定向凝固、特种铸造；或者热处理方式，如气相沉积、热加工、退火等都会使多晶体中各个晶粒的取向偏离原始位置，朝特殊方向偏移从而形成织构。织构作为晶体材料的一种重要微观结构参数，在材料科学与工程中有着重要作用，有时甚至是至关重要的。织构影响材料性能的典型例子有取向硅钢的戈斯织构（Goss）、汽车深冲 IF 钢的 {111}、焦耳效应、高压阳极电容铝箔的立方织构（cube），以及超导带材的镍基带的立方织构（cube）[22]。

为了具体描述织构，通常把择优取向的晶体学方向（晶向）和晶体学平面（晶面）与多晶体宏观参考系相联系，譬如丝状材料通常采用轴向板状材料多采用轧面与轧向。具体而言，轴向拉伸或者压缩会产生丝织构，理想的织构通常沿着材料流变方向对称排列，其织构通常用与其平行的晶向指数<UVW>表示；锻压或者压缩会产生面织构，其织构通常用与其平行的晶面指数 {HKL} 来表示；轧制样品在长度方向延长，在厚度方向被压缩，会产生板织构，其织构通常用轧面反向平行的面 {HKL} 以及轧制方向平行的方向<UVW>表示[22]。

通常，描述多晶体织构空间取向的方法有极图（PF）、反极图（IPF）和取向分布函数（ODF）三种。极图是将各晶粒中某一低指数的 {HKL} 晶面和外观坐标轴（例如轧面的轧向、法向、横向）同时投影到某个外观特征面（如轧面）；反极图与极图的差别在于，反极图是将各晶粒对应的外观方向（如轧面的轧向、法向、横向）在晶体学取向坐标系中所作的极射赤面投影图；由于极图和反极图都是将三维空间的晶体取向投影到二维平面，Bunge 和 Roe 提出了利用三维取向分布函数（ODF）来表示织构的方法，ODF 可以将各个晶粒的轧面法向、轧向和横向三维一体地在晶体学取向空间表示出来，能够完整、确切和定量地表达织构组分[23]。本书作者将会依次利用不同的表示方法对冷轧后样品的织构进行分析。

借助 EBSD 测量了变形后的显微织构，利用牛津仪器的 Chanel 5 软件计算出轧面（110）、（112）、（111）和（100）极图并对极图进行分析。同时，利用 X 射线衍射测量轧面的宏观织构，并利用 JTEX[24] 软件计算不同冷轧量下的（110）、（111）和（100）的极图。通过对显微织构与宏观织构的分析和比较，构建织构组分含量与显微组织之间的联系。首先，利用 EBSD 研究微观的晶粒取向关系，同时可以表征出各个取向分量的占比与分布。冷轧 50% 后，（110）、（112）、（111）和（100）的显微织构极图如图 2-6 所示[23]。从图 2-6 可知，冷轧 50% 后样品主要形成了铜织构（copper {111} <112>）和戈斯织构（Goss

｛011｝ ＜100＞）。虽然（110）面的投影与理想位置有一些偏离，但是结合
（111）面与（100）面的投影，可以确定产生了这两种织构。

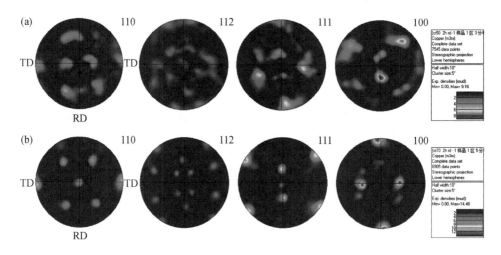

图 2-6　EBSD 测量不同轧制量 $Al_{0.1}CoCrFeNi$ 高熵合金轧面的（110）、（112）、
（111）和（100）极图 (a) 50%；(b) 70%

对于冷轧 70% 的样品，各个极图都表现出完美的对称性，结合（111）和
（110）极图可以确认出现了戈斯织构与黄铜织构（brass ｛110｝ <112>），并且
这两种织构都处于理想位置。从显微织构的分析看出，冷轧主要是产生了铜织
构、戈斯织构和黄铜织构，并且随着冷轧量的增加，戈斯织构与黄铜织构的强度
增加。

利用 X 射线衍射进一步对轧面的宏观织构进行分析，研究发现冷轧之后产生
的宏观织构与微观织构吻合得很好，一方面证明了实验的准确性，另一方面也表
明宏观组织和显微组织之间的统一性。如图 2-7（a）所示，冷轧 50% 后，发现
产生了戈斯织构和铜织构。当冷轧量增加到 70% 以后，如图 2-7（b）所示，戈
斯织构和黄铜织构增强，铜织构减弱。

图 2-8 为冷轧后样品的 ODF 部分截图，对于立方系材料，通常用 $\varphi_2 = 0°$、
45° 和 65° 的 ODF 截图就基本能把主要织构组分表达清楚。表 2-1 为各主要织构
对应的欧拉角、米勒指数以及织构类型。由图 2-8 和表 2-1 可知，冷轧 50% 之后
形成了由强的戈斯与黄铜组成的 α 丝织构，在 $\varphi_2 = 45°$ 和 65° 中，观察到了铜织构
和 S（｛123｝ <634>）织构。随着冷轧量增加到 70%，戈斯/黄铜（G/B ｛110｝
<110>）织构强度增加，表明戈斯织构向黄铜织构进行转变。此外，有部分微弱
的 γ-fiber（<111>//ND）织构开始形成。

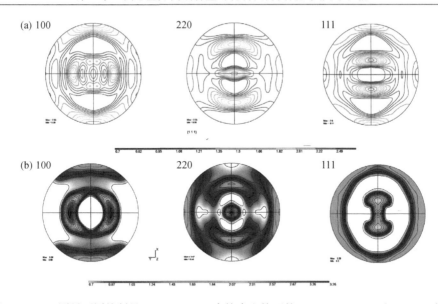

图 2-7　XRD 测量不同轧制量 $Al_{0.1}CoCrFeNi$ 高熵合金轧面的（100）、（220）和（111）极图
(a) 50%；(b) 70%

表 2-1　冷轧合金的织构成分、欧拉角和米勒指数

织构组成	符号	欧拉角 $(\varphi_1, \Phi, \varphi_2)$	米勒指数	丝织构
cube（C）	■	(0, 0, 0)	{001} <100>	/
copper（Cu）	●	(90, 35, 45)	{112} <111>	γ，τ
brass（Bs）	▲	(35, 45, 0)	{110} <112>	α，β
Goss（G）	◆	(0, 45, 0)	{110} <001>	α，τ
Goss/brass（G/B）	★	(90, 45, 0)	{110} <110>	α
copper twin（CuT）	▲	(74, 90, 45)	{110} <115>	τ
E	△	(0/60, 55, 45)	{111} <110>	γ
F	◇	(30/90, 55, 45)	{111} <112>	γ
S	▼	(59, 37, 63)	{123} <634>	β

α-织构<110>//ND
β-织构<110>倾斜 60°从 ND 朝 RD
γ-织构<111>//ND
τ-织构<110>//TD

　　堆垛层错能决定面心立方金属及合金变形过程中的位错运动，而位错运动在决定显微形貌的同时也决定了织构组分。通常来讲，对于高堆垛层错能（85 ~

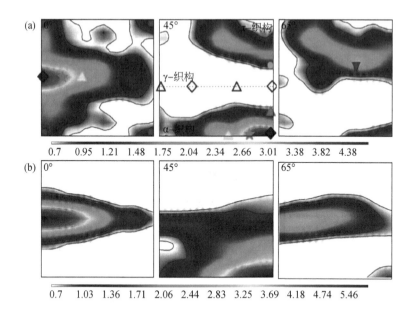

图 2-8 （a）CR50% 和（b）CR70% 合金的 0°、45° 和 65°ODF 截面（通过 XRD 测量）
中形成的板织构和丝织构

120mJ/m²）的合金变形过程中由于位错的平面扩展会形成显微带，而高层错能的纯金属位错通常为波浪状滑移；对于中高层错能（40~90mJ/m²）的金属如纯 Al 和 Cu，由于位错滑移为主导的变形机制，故形成铜织构；而对于堆垛层错能相对更低的合金（20~40mJ/m²）经过中等或者更高程度变形，由于形变孪晶的产生形成戈斯或者黄铜织构[25]；当降低层错能到 20mJ/m² 以下，应变过程中 FCC 相会转变为 HCP 相，实现相变诱导塑性。之前的研究报道通过降低层错能到 12~35mJ/m²[26] 或者 14~50mJ/m²[27] 可以产生形变孪晶。Zaddach 等[15]研究了 CoCrFeNi 和 CoCrFeNiMn 合金的堆垛层错能（大约 20~30mJ/m²），少量的 Al 会适当增加 CoCrFeNi 合金的层错能，所以本合金的层错能处于形变诱发孪晶区域[28]。Bhattacharjee 等研究了 CoCrFeMnNi[16] 和 CoCrFeNi[17] 冷轧 90% 应变量的织构演化规律，研究表明黄铜织构是主要的织构组成。

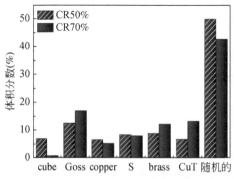

图 2-9 不同冷轧量下的主要织构
组分的体积分数

图 2-9 为不同冷轧量下的主要织构组分的体积含量分布图。由图可见，当

增加冷轧量为 70% 后，Goss/brass 织构增加，copper 织构进一步转化为 Goss 织构，在转化过程中形成 CuT 中间织构，这种转化现象与中间织构的形成都表明形变孪晶的数量在逐渐增加[29]，在冷轧样品中自由取向的晶粒数量占到 40% 以上。从图 2-4 的透射照片可以观察到形变孪晶的形成，同时从金相照片、EBSD 衍射带衬度图以及透射照片中都可以观察到剪切带的产生。剪切带的形成归因于之前形成的 T-M 板条和滑移线在压应力作用下发生了严重的切割。剪切带的产生会形成一种微弱的 γ 丝织构（F {111} <112>和 E {111} <110>)[30-32]。上述织构的演化与低堆垛层错能的奥氏体 TWIP 钢相类似，但是并没有发现类似 TWIP 钢中数量庞大的孪晶体积分数。

　　总的来说，低堆垛层错能的 $Al_{0.1}CoCrFeNi$ 高熵合金在轧制过程中组织对织构组分响应的影响可以概括为：①变形早期由位错滑移主导形成 Cu、S 和 Goss 织构组分，部分变形孪晶激活引起 brass 织构产生；②加大压下量后，形变孪生数量增加，brass、Goss 和 CuT 织构组分同时增加，剧烈变形后剪切变形开动，产生了由 E 和 F 织构组分组成的 γ 丝织构。如果从晶粒取向与临界分切应力的角度考虑，冷轧面心合金中形成黄铜型织构有利于提升拉伸方向的力学性能。

2.1.3　冷轧量对 $Al_{0.1}CoCrFeNi$ 高熵合金力学性能的影响

　　图 2-10（a）为冷轧 50% 和 70% 的 $Al_{0.1}CoCrFeNi$ 高熵合金分别沿着 RD 和 TD 方向拉伸的应力–应变曲线，其中插图为 1100℃均匀化 5h 后样品的拉伸曲线。表 2-2 为不同冷轧压下率的 $Al_{0.1}CoCrFeNi$ 合金分别沿 RD 和 TD 拉伸的屈服强度（YS）、极限抗拉强度（UTS）和断裂伸长率（EL）的具体值。从图 2-10 和表 2-2 可以看出，均匀化后的合金屈服强度约为 136MPa，且塑性十分优异，能达到 70% 的延伸率，并伴有较强的加工硬化能力，最终抗拉强度能达到 400MPa。冷轧后的样品整体表现为：随着冷轧量的增加，强度提高塑性降低。沿着 RD 方向冷轧 50% 与 70% 后的屈服强度分别为 939MPa 和 1068MPa。沿 TD 方向的屈服强度相比沿 RD 方向的屈服强度略微降低，而抗拉强度却表现为沿着 TD 方向的结果更高。采用纳米压痕实验对冷轧 50% 样品的 RD 和 TD 方向进行恒压入深度为 2μm 的压痕实验 [图 2-10（b）]，结果表明：沿着 RD 与 TD 方向的压痕测得的模量分别为 197GPa 和 183GPa，两者相差不大，但是沿着 TD 方向的压入力稍微大于沿着 RD 方向的，表明在一定的塑性变形下，TD 方向具有更高的加工硬化能力。这个结果与拉伸曲线一致，即 RD 方向具有更高的屈服，而 TD 方向具有更大的加工硬化，表明沿着 TD 方向的位错或者孪生运动更容易进行，产生了更高的加工硬化从而获得更高的断裂强度。虽然纳米压痕的测量范围十分有限，很可能仅测到某个特殊晶粒取向的值而不具备整体性，但是，应该注意到本研究的合金显微组织织构与宏观组织织构具有统一性。

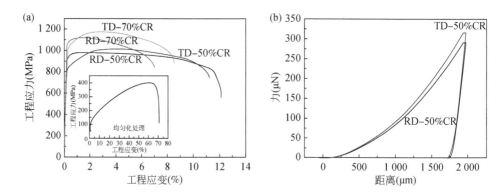

图 2-10 （a）沿 RD 和 TD 方向的拉伸工程应力-应变曲线；（b）CR 50% 样品在 S1 和 S2 面上纳米压痕的力-位移曲线

表 2-2 不同冷轧压下率的 Al$_{0.1}$CoCrFeNi 合金分别沿 RD 和 TD 拉伸的屈服强度（YS）、极限抗拉强度（UTS）和断裂伸长率（EL）

压下量	拉伸方向	屈服强度（MPa）	抗拉强度（MPa）	延伸率（%）
50%	RD	939±8	975±5	12.3±2
	TD	833±4	1010±4	13.6±0.5
70%	RD	1068±4	1117±2	6.5±1
	TD	1033±9	1186±10	8.2±0.2

从图 2-11 可以观察到冷轧之后出现大量互相平行的滑移线或者剪切带，这些滑移线和剪切带已经被证实为高密度的位错通道，由滑移线和剪切带相互切割大大细化了晶粒。在高层错能的纯金属变形中，通常位错为波浪状滑移，而堆垛层错介于孪生与显微带之间的高浓度固溶体中位错为平面滑移。Al$_{0.1}$CoCrFeNi 高熵合金平面状位错滑移的主要原因包括：①较低的堆垛层错能促进不全位错转为

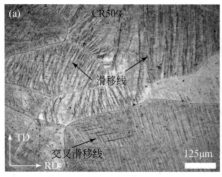
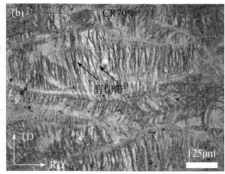

图 2-11 不同冷轧量合金轧面的金相照片
（a）CR50%；（b）CR70%

肖克莱不全位错，抑制位错交滑移；②高的晶格摩擦力使单个位错上的剪应力不足以克服位错滑移，促进位错在同一个滑移面滑移；③晶体中短程有序结构促进了位错滑移的临界应力，位错平面滑移切割了短程有序相，促进后续位错在同一滑移平面上的传播。通过进一步观察发现，大部分滑移线或者剪切带与 RD 方向垂直，互相平行的滑移线或者剪切带类似形成了板条状的晶粒。因此，当沿着与剪切带平行的方向拉伸（即 TD 方向）或者沿与剪切带方向垂直的方向（即 RD 方向）拉伸，便会产生力学性能的各向异性。

晶粒的初始取向对滑移、孪生、织构和力学性能等都有至关重要的影响。根据 Gutierrez-Urrutia 等[33] 和 Sato[34] 等的研究，取向对无畸变晶粒初始变形阶段的影响完全由施密特因子（m）决定。众所周知，在面心立方合金中的变形模式主要是 {111} <110>滑移系的开动与 {111} <112>孪生系的激活。在冷轧 $Al_{0.1}CoCrFeNi$ 合金中观察到位错的平面滑移、缠结和形变孪晶，甚至有少量剪切带的产生。因此，有理由认为冷轧后的样品的主要变形方式为 {111} 面上的滑移与孪生。通常来讲，单轴拉伸下滑移系启动的难易程度由滑移系的临界分切应力（CRSS）和 m 值决定。表 2-3 列出了织构组分、体积分数、拉伸方向与对应的施密特因子。

表 2-3　冷轧 50% 样品中的织构组分及对应的体积分数、加载方向与施密特因子

织构组分	体积分数（%）		拉伸方向	施密特因子（m）	
	CR50	CR70		滑移	孪生
cube	6.9	0.8	<100>//RD	0.41	0.23
			<010>//TD	0.41	0.23
Goss	12.5	17.3	<001>//RD	0.41	0.47
			<110>//TD	0.41	0.47
brass	8.8	12.2	<112>//RD	0.41	0.31
			<111>//TD	0.27	0.31
copper	6.6	5.2	<111>//RD	0.27	0.31
			<110>//TD	0.41	0.47
CuT	6.7	13.3	<115>//RD	0.45	0.48
			<110>//TD	0.41	0.47
随机的	59.1	51	/	/	/

假设冷轧板由主要织构组分的晶粒组成，其取向参照 ODF 图。无论拉伸方向是沿 RD 还是 TD，Goss 和 CuT 织构拉伸方向的施密特因子的最大值几乎相同。黄铜织构沿 TD 方向的 m 值比沿 RD 处方向的 m 值低，表明沿 TD 方向的变形临界应力较大，即在 TD 方向的屈服强度比沿 RD 方向的屈服强度高[35]。实验结果

与取向理论分析获得的结果出现了不一致，这表明仅考虑晶体学取向（忽略微观晶粒形态）的简化观点不能准确解释冷轧 $Al_{0.1}CoCrFeNi$ 合金的拉伸行为[36]。此外，图 2-12 中互相平行的亚晶界（滑移线/孪晶界/剪切带）的出现也会影响拉伸过程中滑移系的选择。这些晶粒被细分为互相平行的滑移带，且大多数滑移线与 TD 方向平行。互相平行的滑移线将晶粒切割为柱状晶粒，类似于纳米柱状晶粒铜[37]。

表 2-4 列出了 CR50% $Al_{0.1}CoCrFeNi$ 合金的泊松比、剪切模量和杨氏模量等。用宽带为 5MHz 的聚焦换能器测量了 S1、S2 和 S3 三个平面的纵波速度、横波速度和纵向背散射系数，计算出三个平面的杨氏模量分别为 163GPa、172.5GPa 和 176.5GPa。测量结果与冷轧马氏体 Ti-V-Sn 合金相似，S1 面轧制的 $Al_{0.1}CoCrFeNi$ 合金的杨氏模量低于 S2 面[38]。考虑到初始均匀化合金晶粒取向是随机分布的，而冷轧后具有黄铜和戈斯的轧制织构，所以将杨氏模量的各向异性归因于轧制织构的形成。冷轧后除了宏观织构的影响外还应考虑晶粒形状的影响。因此，依靠超声波背散射在传播方向上的各向异性行为只能说明这些因素共同导致了轧制 $Al_{0.1}CoCrFeNi$ 合金的杨氏模量各向异性[39]。

表 2-4　CR50% 样品 RD、ND 和 TD 方向的 C11、C44、泊松比、体积模量、杨氏模量和剪切模量

方向	C11	C44	泊松比	体积模量（GPa）	杨氏模量（GPa）	剪切模量（GPa）
RD	263.64	60.30	0.35	183.24	163.03	60.30
ND	270.20	64.17	0.34	184.64	172.53	64.17
TD	237.43	67.93	0.30	146.86	176.56	67.93

2.1.4　冷轧量对 $Al_{0.25}CoCrFeNi$ 高熵合金显微组织和织构的影响

图 2-12 为不同冷轧量 $Al_{0.25}CoCrFeNi$ 高熵合金的显微组织图。由图 2-13（a）可知，铸造合金的组织为典型的树枝晶组织，其中灰色部分为枝晶组织，黑灰色部分为枝晶间组织。表 2-5 为铸态合金不同区域的化学成分，晶粒的整体化学成分与名义成分十分接近，表明铸态 $Al_{0.25}CoCrFeNi$ 合金的偏析程度很小。而铸态 CoCrFeMnNi 合金却表现出明显的成分偏析现象，也就是说枝晶间富集有 Cr、Fe 和 Co，而枝晶间富集 Mn 和 Ni 元素[40]。本研究制备的铸态 $Al_{0.25}CoCrFeNi$ 合金在枝晶区域 Al 含量略低于枝晶间区域，主要是由于 Al 的熔点（660℃）较低，类似于 CoCrFeMnNi 合金中低熔点的 Mn 和 Ni 元素富集在枝晶。另外，晶粒、枝晶和枝晶间的 Ni 元素含量都稍微高于名义成分的原因，可能与机器测量的不确定性或者实验熔炼过程中的不可控因素有关。

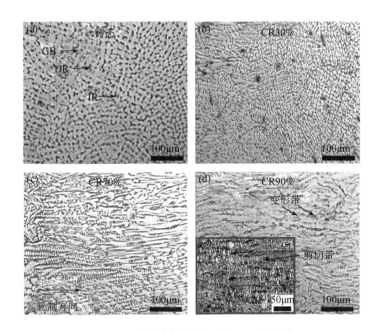

图 2-12 不同冷轧量轧面的 OM 显微组织

(a) 0%；(b) 30%；(c) 70%；(d) 90%（插图为电解抛光后的组织。GB：晶界，DR：枝晶，
IR：枝晶间）

表 2-5 $Al_{0.25}CoCrFeNi$ 合金在晶粒、枝晶和枝晶间区域的化学成分

（单位：at.%）

元素	Al	Co	Cr	Fe	Ni
名义	5.8	23.5	23.5	23.5	23.5
面分布	5.6±0.3	24±0.7	22.3±0.7	22.1±1.3	25.9±0.8
枝晶	4.3±0.3	24±1.7	23.8±1.8	22.3±1.2	25.5±2.4
枝晶间	5.9±0.9	22.3±1	23.9±0.8	22.3±3.6	25.7±2.5

随着冷轧量的增加，晶粒沿着轧制方向被拉长，枝晶与枝晶间的宽度逐渐减小。当冷轧量达到 90% 时，树枝晶组织已经完全分辨不出来，平行于轧制方向出现板条状的几何必要晶界（GNBs）[41]。将冷轧 90% 的样品进行电解抛光，发现板条状几何必要晶界中有大量的剪切带产生，而这些互相平行的剪切带之间的晶粒取向差低于 15°，也被称为伴生位错晶界（IDB），这意味着大量小角度晶界的出现。剪切带的出现预示随着冷轧压下量的增加，$Al_{0.25}CoCrFeNi$ 合金的变形机制逐渐从由位错滑移为主导的机制转变为由剪切变形为主导的机制。下面进一步利用显微织构的演化来分析变形过程中的机制转变。

图 2-13 为铸态与不同冷轧压下量 $Al_{0.25}CoCrFeNi$ 合金轧面的晶粒取向图。随

着冷轧量从0%增加到50%，晶粒在轧制方向（RD）上逐渐拉长。铸态合金的取向分布图表明铸态组织为等轴晶粒结构，其晶粒尺寸在10~80μm。随着冷轧量增加到50%［图2-13（c）］，晶粒被进一步拉长，并且晶粒内的颜色取向明显增加，表明冷轧50%合金中的晶粒比铸态结构中的晶粒更加破碎，并且在轧制后有出现许多相互连接的滑移线出现。在拉长的基体中出现少量具有独立取向的晶粒，通常认为是冷轧碎化了原始组织，产生了新的大角度晶粒。因此，可以通过控制冷轧量来调控冷轧合金中的显微结构，从而达到优化力学性能的效果。

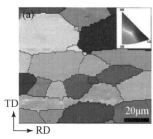

图2-13　不同冷轧量 Al$_{0.25}$CoCrFeNi 高熵合金的 EBSD 图像

（a）铸态；（b）CR30%；（c）CR50%，不同颜色代表不同取向的晶粒

通过分析图2-14，可以理解轧制过程中的织构演化规律。铸态Al$_{0.25}$CoCrFeNi合金表现出很微弱的{110}<130>、{110}<230>和<111>//TD（横向）等随机分布的织构组分。当冷轧量为30%时，Al$_{0.25}$CoCrFeNi合金会形成了弱的戈斯织构（{110}<100>），表明位错在密排面{111}上沿<110>方向滑动。当冷轧量为70%后，反极图上<121>平行于轧制方向（RD），<011>平行于法向（ND）方向，同时出现更强的<111>平行横向（TD）取向。如图2-14（d）所示，在轧制量超过70%之后，{110}<112>类型的织构含量明显增加，这表明低堆垛层错能（SFE）的面心立方合金冷轧之后具有理想的黄铜型织构。另外，冷轧还产生了<111>//TD的织构类型。随着冷轧压下幅度超过50%，{111}<110>滑移线的交叉滑移系统在滑移系统中占比减小，而剪切变形成为一种主导的机制，剪切变形将会增加黄铜型织构的占比。有关黄铜型织构的转变的详细机制仍有待阐明。低堆垛层错能的合金在较大的变形下（超过40%压下量），剪切带的形成是产生黄铜织构主要机制之一[42]。在室温冷轧和低温液氮轧制90%的CoCrFeMnNi合金中会形成黄铜织构（{110}<112>）[16]，同样在之前Al$_{0.1}$CoCrFeNi合金的研究中，当冷轧量超过70%后，形变孪晶与剪切带的生成也会增加黄铜型织构的含量。剧烈冷轧样品形成的晶粒类似纳米晶粒，在纳米Pd-Au合金中，假定变形的机制包括位错的部分滑移和纳米晶界的剪切变形，可以用泰勒模型模拟出黄铜型织构及其与理

想位置的偏离[43]。因此,在轧制压下量超过 70% 之后,仅标定出最强的两个轧制织构组分,即强的 {110} <121>和相对较强的 {111} //TD 织构组分。

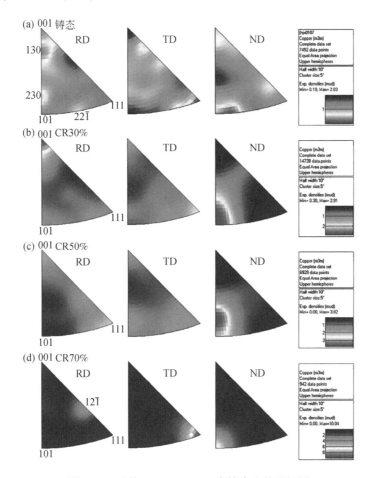

图 2-14　冷轧 $Al_{0.25}$CoCrFeNi 高熵合金的反极图

(a) 铸态;(b) CR30%;(c) CR50%;(d) CR70% (右边为对应反极图的标度)

2.1.5　冷轧量对 $Al_{0.25}$CoCrFeNi 高熵合金力学性能的影响

图 2-15 (a) 为 $Al_{0.25}$CoCrFeNi 高熵合金的显微硬度与冷轧量之间的关系图。其中铸态 $Al_{0.25}$CoCrFeNi 合金的平均维氏硬度为 150.7HV,并且随着冷轧量的增加而增加,尤其是当冷轧量为 90% 时, $Al_{0.25}$CoCrFeNi 合金的维氏硬度达到了 401.3HV,是铸态合金的 2.66 倍。

对不同冷轧压下量的 $Al_{0.25}$CoCrFeNi 合金进行了室温单轴拉伸实验。图 2-15 (b) 为 $Al_{0.25}$CoCrFeNi 合金的工程应力–应变曲线,插图为拉伸试样的示意图。

从图可知，铸态 $Al_{0.25}CoCrFeNi$ 合金具有优异的延展性，断裂时的工程应变高达 62%。但是屈服强度仅为 126MPa。冷轧可以使屈服强度和断裂强度得到显著的提高，但却以牺牲延展性为代价。当冷轧量为 30% 时，$Al_{0.25}CoCrFeNi$ 合金具有适中的屈服强度、抗拉强度和拉伸塑性，分别达到了 691MPa、736MPa 和 12.5%。在冷轧量增加到 90% 时，抗拉强度达到了 1479MPa，即为铸态条件下的 2.8 倍。研究表明，冷轧是优化高熵合金力学性能最有效的方法之一。冷轧形成的高强度和良好的韧性使本合金成为结构应用材料强有力的替代者。

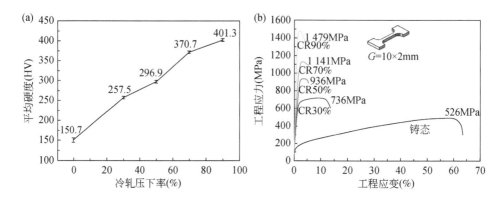

图2-15　不同冷轧量高熵合金的（a）显微硬度和（b）拉伸工程应力–应变曲线

2.2　轧制对 CoCrFeNiMn 高熵合金显微结构与力学性能的影响

2.2.1　轧制量对 CoCrFeNiMn 高熵合金显微组织的影响

德国亚琛工业大学的 Haase 研究了不同轧制量下 CoCrFeMnNi 高熵合金的显微组织及织构演化[44]。由图 2-16 可知，在最低变形程度（10%）下，晶粒在 ND 方向仅受到轻微压缩，并沿 RD 方向伸长［图 2-16（b）］。当轧制量增加到 25% 后，如图 2-16（c）所示晶粒进一步拉长，可以观察到纵向微观结构变形特征。这些特征主要包括晶粒中形成滑移线和变形孪晶。如图 2-16（d）所示在最高变形程度（50%）下，从较低的标定率和高的取向差可知位错密度显著增加。此外，局部应变集中形成了 35°~40° 微剪切带。图 2-16（e）表明变形孪晶密度增高，然而，必须指出的是传统 EBSD 的分辨率限制不允许识别单个纳米孪晶，因此只有孪晶束被成功标记为孪晶。经过分析 50% 冷轧 TEM 明场图像，发现变形后的主要微观结构特征是晶界处聚集了非常高位错密度的位错细胞。此外，含高位错密度的变形孪晶也在晶粒中发现。

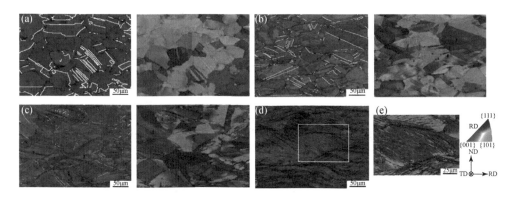

图 2-16　不同轧制量下 CoCrFeNiMn 高熵合金的 EBSD 衍射带衬度图及反极图
(a) 0% 原始态；(b) 10%；(c) 25%；(d) 50%。如（e）中（d）的插图所示，
在 50% 冷轧后观察到变形孪晶的大量形成

2.2.2　轧制量对 CoCrFeNiMn 高熵合金织构的影响

图 2-17 为 CoCrFeNiMn 高熵合金轧制过程中形成的理想织构成分在 0°、45°和 65° 截面的 ODF 示意，它们的具体定义可以从文献中得到[44]。结合图 2-18，可以看到，均匀化后的初始织构非常弱，织构指数为 1.26，形成了高体积分数的随机取向晶粒。随着冷轧量的增加，织构逐渐从最初的随机织构转变为面心立方的典型轧制织构。随机取向晶粒的比例降低表明晶粒向理想的轧制织构转变。然而，当轧制厚度减少 50% 后，轧制织构的取向依然较弱，织构指数为 2.22。具体来说，冷轧变形 50% 后，{001}<100>立方体织构组分逐渐降低并在 ODF 中消失。典型的变形织构成分{112}<111>铜织构、{123}<634>S 织构、{110}<112>

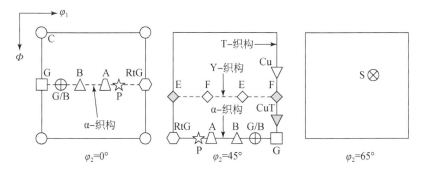

图 2-17　理想织构成分在 0°、45°和 65°截面的 ODF 示意

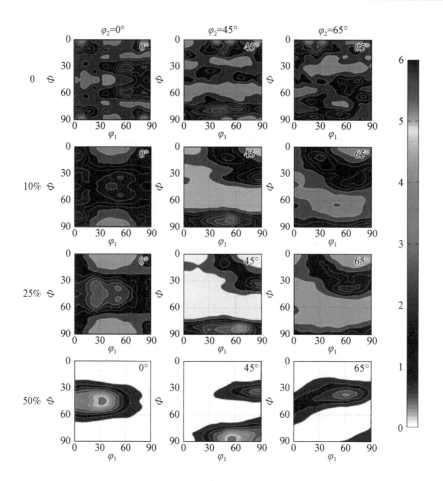

图 2-18 冷轧过程中 CoCrFeNiMn 高熵合金的织构演变过程

黄铜和{110}<100>戈斯随着轧制程度的增加而增加。在厚度减少 50% 后，黄铜织构成分的强度最高，而 S 织构成分的体积分数最高。冷轧到 50% 之后，从织构组成行来看表现出 β 和 α 丝织构。此外，在轧制过程中，由{111}<110>E 和{111}<112>F 织构组分组成的 γ 织构没有形成，而{152}<115>织构组分在厚度减少 50% 后的体积压裂中增加。

初始状态下的晶粒保持了大量的随机取向，而非随机组分占比不足 10%。在低变形程度下，平面滑移主导了变形，导致了{112}<111>铜织构、{123}<634>S 织构、{110}<112>黄铜和{110}<100>戈斯组分的增加。在较高变形（50%）时，铜织构向黄铜织构的转变机制形成了轧制织构。这种织构的形成与轧制出现的 β 和 α 丝织构符合。此外，孪晶的形成导致了 CuT 取向体积分数的显著增加。由于材料的最大变形量相对较低（50%），因此没有观察到黄铜向戈斯取向的实质性旋转，这在高轧制度下的低 SFE 材料中是常见的[16]。此外，孪晶片层的团聚和坍塌导致了剪切带的形成，这是适应更多塑性变形的必要条件。

2.2.3　冷轧量对 CoCrFeNiMn 高熵合金力学性能的影响

如图 2-19 所示，冷轧 50% 样品的拉伸强度显著提高到 1000MPa 以上。随后的热处理可以进一步优化塑性，首先，在 600℃退火时静态恢复造成轻微强度降低，总伸长率微弱增加［图 2-19（a）］。前期微剪切带的形成表明位错局部饱和并导致非均匀局部变形。因此，50% 冷轧加上 600℃退火处理试样几乎无法储存更多的位错，从而降低加工硬化率［图 2-19（b）］。随着恢复与再结晶的开始，以及再结晶体积分数的增加、屈服强度和极限拉伸强度进一步降低，总伸长率增加，这种行为与完全再结晶有关。需要指出的是，在部分再结晶状态（650℃/h 和 700℃/h）样品中加工硬化率显示出两个拐点［图 2-19（b）］。拐点中间的区域通常代表位错胞与位错墙等亚结构的形成。

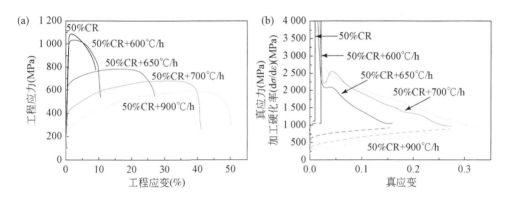

图 2-19　（a）工程应力–应变曲线和（b）真应力–真应变曲线

2.3　冷轧对 MnFeCoNiCu 高熵合金显微结构与力学性能的影响

2.3.1　轧制量对 MnFeCoNiCu 高熵合金显微组织的影响

印度理工学院 Tazuddin 等对等原子比面心立方 MnFeCoNiCu 高熵合金冷轧后的织构演化进行了研究[18]。研究表明，在冷轧 90% 的样品中观察到高强度的 {110}<001>戈斯织构和{110}<112>黄铜织构。有趣的是，在不同变形量样品的微观结构特征中并没有发现孪晶，而是在 90% 轧制样品中观察到微尺度的剪切带。对冷轧样品在 900℃下进行不同时间的退火处理，观察到完全再结晶的微观结构，并观察到少量退火孪晶。图 2-20 为 50% 和 90% 轧制样品的 EBSD 晶体取向图，从中无法观察到细长变形孪晶而是微尺度剪切带。晶粒内取向梯度的演变表现为晶体取向图中的颜色梯度，这归因于几何必要位错密度的增加。当轧制量增加到 90% 后，轧制样品显示出典型的蜂窝状微观结构（图 2-20），可以观察到明显的微尺度剪切带和显著减小的晶粒尺寸。随着应变的增加，高角度晶界（HAGB）的分数增加，而低角度晶界（LAGB）的分数减少。因此，MnFeCoNiCu 高熵合金中微观结构的演变与中高层错能面立方高熵合金材料的演变相似，也就是说轧制变形量增加尤其是在高应变率下 LAGB 转化为 HAGB。在 900℃ 下再结晶 1h，观察到完全再结晶微观结构，其中存在少量退火孪晶和再结晶晶粒，并且在退火后 2h 孪晶和晶粒尺寸增加。

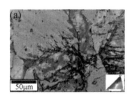 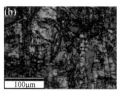  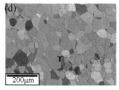

图 2-20　不同轧制量及退火下 MnFeCoNiCu 高熵合金的 EBSD 反极图
(a) 50% 和 (b) 90%；(c) 900℃/1h；(d) 900℃/2h

2.3.2　轧制量对 MnFeCoNiCu 高熵合金织构的影响

在 MnFeCoNiCu 高熵合金轧制过程中，织构演变可以从图 2-21 的 {111} 和 {200} 极图中获取。当轧制量为 50% 时，样品并没有产生显著的变形织构。然而，当压下量增加到 70% 后，在轧制面开始形成轧制织构，如铜 {112} <111>、黄铜 {110} <112> 和 S{123} <634> 织构。而对于轧制 90% 压下量样品的织构组成却发生了显著变化，其特征在于铜织构消失而出现了强黄铜织构。另一个重要发现是出现了明显的 {110} <001> 戈斯织构。具体织构组成可以由取向分布函数（ODF）表示。与 CoCrFeNiMn 高熵合金类似，从 ODF 图中观察到典型的轧制织构，包括铜织构、黄铜织构以及 S 织构。另外，也观察到非常微弱的立方织构与强的戈斯织构。MnFeCoNiCu 高熵合金的变形组织与中等层错能合金的非常类似，平面形态的不全位错可以解释戈斯织构的产生，而短程有序结构有助于形成平面不全位错，从而抑制孪晶的生成。通过进一步晶体塑性模拟验证发现，在 {111} <112> 滑移系开动的不全位错和常规 {111} <110> 八面体开动的滑移可以解释 Mn-FeCoNiCu 高熵合金中出现的这种独特的戈斯和黄铜织构组合共存的情况。因此，不全位错的形成可以归因于固溶体合金中的短程有序性，这有助于理解滑移的平面特性，并导致戈斯、黄铜变形织构。

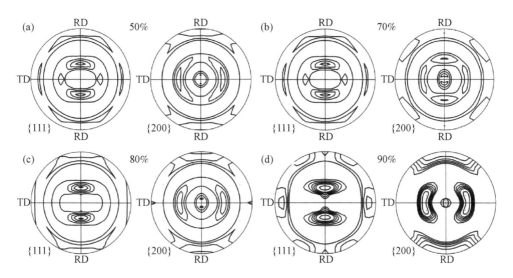

图 2-21　不同轧制量 MnFeCoNiCu 高熵合金的 {111} 和 {200} 极图
(a) 50%；(b) 70%；(c) 80%；(d) 90%

2.3.3　轧制量对 MnFeCoNiCu 高熵合金力学性能的影响

由图 2-22 可知，初始硬度随着轧制量增加逐渐从 160HV 增加到 400HV，几乎达到均匀化状态硬度的两倍以上。在 90% 冷轧状态下，其屈服强度（YS）为 642MPa，极限抗拉强度（UTS）为 1069MPa，总伸长率为 5.4%。在 900℃ 下均匀化 2h 后，总伸长率增加到 38.2%，YS 显著降低到 342MPa，UTS 显著降低到 638MPa。

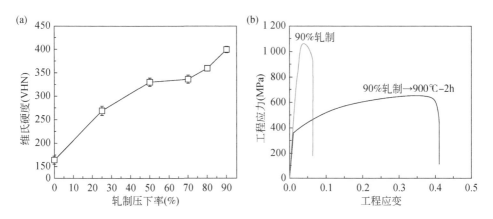

图 2-22　(a) 不同轧制压下量维氏硬度的变化；(b) 冷轧与退火状态下的应力–应变曲线

2.4　本章小结

　　轧制量、温度、层错能、第二相等都会影响面心立方结构高熵合金的冷轧织构演化。对于层错能较低的 CoCrFeNiMn 和 Al_xCoCrFeNi（$x = 0.1 \sim 0.3$）高熵合金，轧制量的增加可以促进自由织构逐渐转变为戈斯织构，最终形成黄铜织构。在液氮低温轧制下，黄铜织构更加显著，黄铜织构的出现伴随着形变孪晶的产生。对于中等层错能的 MnFeCoNiCu 高熵合金，则出现了强的戈斯织构与黄铜织构共存的现象。在许多共晶高熵合金织构研究中发现，面心立方相结构中占主导的依然是黄铜类织构，在 B2 相结构中占主导的则为{111}<011>织构。轧制作为最常用一种强化高熵合金的手段，对提高抗拉强度、显微硬度等力学性能具有行之有效的作用。

参 考 文 献

[1]　Hou J, Zhang M, Ma S, et al. Strengthening in $Al_{0.25}$ CoCrFeNi high- entropy alloys by cold rolling. Materials Science and Engineering：A, 2017, 707：593-601.

[2]　Saha J, Ummethala G, Malladi S R K, et al. Severe warm- rolling mediated microstructure and texture of equiatomic CoCrFeMnNi high entropy alloy：A comparison with cold- rolling. Intermetallics, 2021, 129：107029.

[3]　Li D, Zhang Y. The ultrahigh charpy impact toughness of forged Al_xCoCrFeNi high entropy alloys at room and cryogenic temperatures. Intermetallics, 2016, 70：24-28.

[4]　Yua P F, Cheng H, Zhang I J, et al. Effects of high pressure torsion on microstructures and properties of an $Al_{0.1}$ CoCrFeNi high-entropy alloy. Materials Science and Engineering：A, 2016, 655：283-291.

[5]　Li D, Li C, Feng T, et al. High-entropy $Al_{0.3}$ CoCrFeNi alloy fibers with high tensile strength and ductility at ambient and cryogenic temperatures. Acta Materialia, 2017, 123：285-294.

[6]　侯晋雄. 热机械处理 Al_xCoCrFeNi（$x = 0.1 \sim 0.8$）高熵合金的显微组织及力学性能. 太原：太原理工大学, 2020.

[7]　Ma S G, Qiao G W, Wang Z H, et al. Microstructural features and tensile behaviors of the $Al_{0.5}$ CrCuFeNi$_2$ high- entropy alloys by cold rolling and subsequent annealing. Materials & Design, 2015, 88：1057-1062.

[8]　王重. 冷轧对 $Al_{0.5}$ Cu$_{1.25}$ CoFeNi$_{1.25}$ 和 $Al_{0.25}$ CoCrFe$_{1.25}$ Ni$_{1.25}$ 高熵合. 太原：太原理工大学, 2015.

[9]　谭雅琴. 热机械处理对 $Al_{0.6}$CoCrFeNi 双相高熵合金微观组织和力学性能的影响. 太原：太原理工大学, 2019.

[10]　Cantor B, Chang I T H, Knight P, et al. Microstructural development in equiatomic multicomponent alloys. Materials Science and Engineering：A, 2004, 375-377：213-218.

[11]　Gludovatz H, Hohenwarter A, Catoor D, et al. A fracture- resistant high- entropy alloy for cryogenic applications. Science, 2014, 345（6201）：1153-1158.

[12]　Laplanche G, Kostka A, Horst O M, et al. Microstructure evolution and critical stress for

twinning in the CrMnFeCoNi high-entropy alloy. Acta Materialia, 2016, 118：152-163.

[13] Wu Y, Liu W H, Wang X L, et al. *In-situ* neutron diffraction study of deformation behavior of a multi-component high-entropy alloy. Applied Physics Letters, 2014, 104 (5)：051910.

[14] Hou J, Zhang M, Yang H, et al. Deformation Behavior of $Al_{0.25}$ CoCrFeNi high-entropy alloy after recrystallization. Metals, 2017, 7 (4)：111.

[15] Zaddach A J, Niu C, Koch C C, et al. Mechanical properties and stacking fault energies of NiFeCrCoMn high-entropy alloy. JOM, 2013, 65 (12)：1780-1789.

[16] Sathiaraj G D, Bhattacharjee P P, Tsai C W, et al. Effect of heavy cryo-rolling on the evolution of microstructure and texture during annealing of equiatomic CoCrFeMnNi high entropy alloy. Intermetallics, 2016, 69：1-9.

[17] Sathiaraj G D, Ahmed M Z, Bhattacharjee P P. Microstructure and texture of heavily cold-rolled and annealed *fcc* equiatomic medium to high entropy alloys. Journal of Alloys and Compounds, 2016, 664：109-119.

[18] Tazuddin K Biswas N, Gurao P. Deciphering micro-mechanisms of plastic deformation in a novel single phase *fcc*-based MnFeCoNiCu high entropy alloy using crystallographic texture. Materials Science and Engineering：A, 2016, 657：224-233.

[19] Girardin G, Huvier C , Delafosse D, et al. Correlation between dislocation organization and slip bands：TEM and AFM investigations in hydrogen-containing nickel and nickel-chromium. Acta Materialia, 2013, 91：141-151.

[20] Gholinia A, Humphreys F J, Prangne P B. Production of ultra-fine grain microstructures in Al-Mg alloys by coventional rolling. Acta Materialia, 2002, 50：4461-4476.

[21] ArgonA S. Strengthening Mechanisms in Crystal Plasticity. U. K：Oxford University, 2012.

[22] 杨平. 电子背散射衍射技术. 北京：冶金工业出版社, 2007.

[23] 陈亮维. 大变形叠轧制备超细晶铜材织构组织演变规律研究. 昆明：昆明理工大学, 2009.

[24] Fundenberger J J, Beausir B, Université de Lorraine-Metz. JTEX-software for texture Analysis. 2015. http：//jtex-software. eu/.

[25] Shun T T, Du Y C. Age hardening of the $Al_{0.3}$ CoCrFeNi$C_{0.1}$ high entropy alloy. Journal of Alloys and Compounds, 2009, 478 (1-2)：269-272.

[26] Allain S, Chateau J P, Bouaziz O, et al. Correlations between the calculated stacking fault energy and the plasticity mechanisms in Fe-Mn-C alloys. Materials Science and Engineering：A, 2004, 387-389：158-162.

[27] Byun T S. On the stress dependence of partial dislocation separation and deformation microstructure in austenitic stainless steels. Acta Materialia, 2003, 51 (11)：3063-3071.

[28] Kumar N, Ying Q, Nie X, et al. High strain-rate compressive deformation behavior of the $Al_{0.1}$ CrFeCoNi high entropy alloy. Materials & Design, 2015, 86：598-602.

[29] Vercammen S, Blanpain B, De Cooman B C, et al. Cold rolling behaviour of an austenitic Fe_{30} Mn_3Al_3Si TWIP-steel：the importance of deformation twinning. Acta Materialia, 2004, 52 (7)：2005-2012.

[30] Saleh A A, Haase C, Pereloma E V, et al. On the evolution and modelling of brass-type texture in cold-rolled twinning-induced plasticity steel. Acta Materialia, 2014, 70：259-271.

[31] Haase C, Zehnder C, Ingendahl T, et al. On the deformation behavior of κ-carbide-free and κ-carbide-containing high-Mn light-weight steel. Acta Materialia, 2017, 122：332-343.

[32] Weidner A, Klimanek A. Shear banding and texture development in cold-rolled α-brass.

Scripta Materialia, 1998, 38 (5): 851-856.

[33] Gutierrez-Urrutia I, Zaefferer S, Raabe D. The effect of grain size and grain orientation on deformation twinning in a Fe-22wt.% Mn-0.6wt.% C TWIP steel. Materials Science and Engineering: A, 2010, 527 (15): 3552-3560.

[34] Sato S, Kwon E P, Imafuku M, et al. Microstructural characterization of high-manganese austenitic steels with different stacking fault energies. Materials Characterization, 2011, 62 (8): 781-788.

[35] de Cooman B C, Estrin Y, Kim S K. Twinning-induced plasticity (TWIP) steels. Acta Materialia, 2018, 142: 283-362.

[36] Delannay L, Barnett M R. Modelling the combined effect of grain size and grain shape on plastic anisotropy of metals. International Journal of Plasticity, 2012, 32-33: 70-84.

[37] You Z S, Lu L, Lu K. Tensile behavior of columnar grained Cu with preferentially oriented nanoscale twins. Acta Materialia, 2011, 59 (18): 6927-6937.

[38] Matsumoto H, Chiba A, Hanada S. Anisotropy of Young's modulus and tensile properties in cold rolled α' martensite Ti-V-Sn alloys. Materials Science and Engineering: A, 2008, 486 (1-2): 503-510.

[39] Li J, Yang L, Rokhlin S I. Effect of texture and grain shape on ultrasonic backscattering in polycrystals. Ultrasonics, 2014, 54 (7): 1789-1803.

[40] Laurent-Brocq M, Akhatova A, Perrière L, et al. Insights into the phase diagram of the CrMnFeCoNi high entropy alloy. Acta Materialia, 2015, 88: 355-365.

[41] Liu Q, Hansen N. Geometrically necessary boundaries and incidental dislocation boundaries formed during cold deformation. Scripta Metallurgica Et Materialia, 1995, 32 (8): 1289-1295.

[42] Yan H, Zhao X, Jia N, et al. Influence of shear banding on the formation of brass-type textures in polycrystalline fcc metals with low stacking fault energy. Journal of Materials Science & Technology, 2014, 30 (4): 408-416.

[43] Skrotzki W, Eschke A, Jóni B, et al. New experimental insight into the mechanisms of nanoplasticity. Acta Materialia, 2013, 61 (19): 7271-7284.

[44] Haase C, Barrales-Mora L A. Influence of deformation and annealing twinning on the microstructure and texture evolution of face-centered cubic high-entropy alloys. Acta Materialia, 2018, 150: 88-103.

第3章 高熵合金的动态力学性能

3.1 高熵合金的介绍

探索新材料是人类永恒的目标之一。传统探索新材料的方法主要是通过改变和调制化学成分，调制结构及物相、调制结构缺陷来获得新材料。近几十年来，人们发现通过调制材料的"序"或者"熵"，也能获得新型材料，以满足各种应用需求。例如，纯银本身质地太软，因此在银中加入铜，成功制造出用于硬币的材料。非晶合金通过引入"结构无序"而获得的高性能合金材料。实际上，通过改变和调制"结构序""化学序"都可以获得性能独特的新材料[1]。

随着金属及合金的发展，材料的构型熵不断提高，由最初的低熵体系的青铜和钢铁，经过近代不锈钢、铝合金和钛合金等的快速过渡，促进了合金的快速发展，构型熵增加的同时合金的主元数也越来越多，合金的体系也变得更加复杂。

高熵合金就是近年来采用多组元混合引入"化学无序"获得的新型材料。所以，高熵合金实际上还有不同的名字，如多组元合金、多主元合金、成分复杂合金、高浓度复杂合金等[2]。从玻尔兹曼的"构型熵"公式不难发现，高熵合金或材料表现为更多的组元（组分）和更高的组元（组分）浓度。从热力学上看高熵合金可以具有更低的吉布斯自由能，在某些情况下可能表现出更高的相和组织稳定性。动力学上，高熵合金或材料表现出缓慢和迟滞的特性，当然材料的特性绝不是仅仅由"熵"决定的，热力学焓的作用也非常重要。近年来研究发现，高熵合金在硬度、抗压强度、韧性、热稳定性等方面具有潜在的显著优于常规金属材料的特质。

高熵合金与传统合金由一种或两种主元素和多种微量元素组成不同，最早的高熵合金定义为包含 5 种及以上组成元素，且每种组成元素摩尔分数在 5% ~ 35%，且最大不超过 50%。目前，一些三元和四元的近等原子比合金也被认为是高熵合金。高熵合金定义的拓宽，也意味着金属合金研究的交叉范围更广。高熵合金代表了结构合金设计的一个新范式，增加了成分之间的互溶度，简化了相和微观结构[3]。通常会形成具有面心立方（FCC）、体心立方（BCC）或密排六方堆积（HCP）结构的简单固溶体，如图 3-1 所示。例如，$Fe_{40}Mn_{20}Cr_{20}Ni_{20}$ 高熵合金和 CoCrFeMnNi 高熵合金为面心立方（FCC）固溶体结构，TiZrNbV 高熵合金和 $TiZrHfTa_{0.2}Al_{0.8}$ 高熵合金为体心立方（BCC）固溶体结构，GdHoLaTbY 高熵合金为密排六方（HCP）固溶体结构。目前，高熵合金中发展最为迅速的可分为两类：一类是以面心立方结构（FCC）为合金基体，主要集中于第Ⅰ周期过渡族金属元素；另一类是以体心立方结构（BCC）为基体，以难熔金属元素为主。高熵合金由于其独特的结构特点，有一些独特的特性，包括高强度和大延展性的结合，高抗辐照性能，高耐腐蚀性能和高抗蠕变性能等。更重要的是，通过定制和优化的合金设计方案以及新的强韧策略，上述这些性能可以在单个高熵合金中实现。因此，高熵合金可以作为动态载荷下结构应用的潜在候选材料。

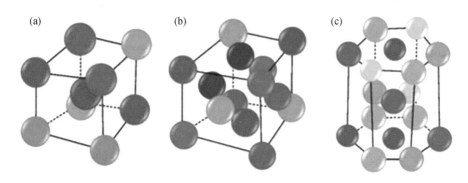

图 3-1　高熵合金的晶体模型
（a）体心立方；（b）面心立方；（c）密排六方堆积

　　应变率效应是材料中普遍存在的现象，不仅反映在力学性能和破坏模式的差异，也体现在材料微观机制随应变率的变化。比如，在地震、军事领域（弹道冲击、装甲防护）和航空航天工业中，材料受到冲击的情况是广泛存在的。材料在高压、高速冲击下的动态响应与低压、准静态加载下的情况具有本质的区别。动态变形下的变形时间短、内部能量大，严重的塑性变形使得产生的热量无法在短时间内快速消散，就会造成热量集中，进而引发局部软化和绝热剪切。因此，准静态下材料的机械性能、变形机理以及失效断裂的模式对于动态加载条件是不适用的。自高熵合金的概念被提出以来，已经对高熵合金的动态力学特性进行了广泛的研究。

　　如图 3-2（a）所示，对比 CoCrFeNi 高熵合金在室温准静态和动态载荷下的力学行为，合金的强度和塑性同时提高，针对面心立方高熵合金，太原理工大学乔珺威等提出了"越高速，越强韧"的规律[4]。高应变率下声子拖曳效应的激活以及短程有序结构（short-range orders，SROs）导致了更大的应变率敏感性。不同于准静态拉伸下的位错缠结和位错胞，动态拉伸下的变形纳米孪晶和层错被激活，极大提高了 FCC 合金的加工硬化率。如图 3-2（b）所示，与室温相比，在液氮温度（77K）下 CrFeNi 中熵合金在动态拉伸下也出现强度提高的现象，塑性也略有增加[5]。在 FCC 高熵合金和部分再结晶高熵合金中这种强塑性显著提高的现象是普遍存在的。比如，在太原理工大学开发的吨级 $Fe_{40}Mn_{20}Cr_{20}Ni_{20}$ 高熵合金热轧板中也发现类似的规律。因此，在恒定应变率下，大多 FCC 高熵合金也表现出"越低温、越强韧"的特征。

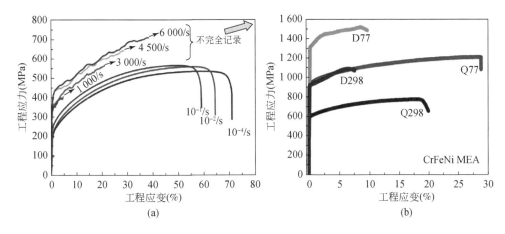

图 3-2　CoCrFeNi 和 CrFeNi 工程应力–应变曲线

除了高强度和高延展性的结合，HEAs 还表现出其他的动态力学特性。例如，在动态压缩下，单相 FCC 结构 $Al_{0.1}CrFeCoNi$ 高熵合金在不同应变率（10^{-3}/s、10^{-2}/s、10^{-1}/s、1000/s 和 2600/s）表现出屈服强度的高应变率敏感性，且该合金的变形行为类似于低层错能材料，在动态加载下出现大量的二次孪晶，孪晶的开始与应变速率密切相关[6]。对具有 FCC/$L1_2$+BCC/B2 结构的 $Al_{0.3}CoCrFeTi_{0.3}$ 高熵合金的动态压缩性能的研究发现，当应变率从 10^{-3}/s 增加到 4700/s 时，位错亚结构所造成的动态霍尔–佩奇关系，大量固定的 Lomer-Cottrell（L-C）锁，以及相界处堆积的大量几何必要位错所造成的强化效应，使得合金的屈服强度提高大约 300MPa[6]。

在低温（77K）下，FCC 基 $V_{10}Cr_{10}Fe_{45}Co_{35}$ 高熵合金在动态压缩下材料的强度均显著提高，同时塑性几乎不变。在室温下，合金会发生马氏体相变，同时随着应变的增加，会有孪晶的出现。在低温下，马氏体的体积分数高于室温，但是低温动态下没有出现孪晶，这是因为绝热温升导致的堆垛层错能增加不足以使材料的堆垛层错能达到孪晶诱导塑性（TWIP）机制发生的堆垛层错能区间[7]。$Al_{0.1}CoCrFeNi$ 高熵合金在低温动态压缩下的力学性能和组织结构演化表明随着应变率的增加或温度的降低，合金的屈服强度增加。在低温下，材料内部会有大量纳米级变形孪晶的出现，从而导致更高的加工硬化率。同时低的堆垛层错能会导致 L-C 锁的形成，这些 L-C 锁可以作为位错源和位错阻碍，显著提高合金的应硬化能力[8]。

在动态剪切下，具有异质结构的 CoCrNi 中熵合金有高的动态剪切屈服强度，同时也表现出均匀的动态剪切应变，在低温下也表现出更好的动态剪切性能[9]。动态晶粒细化和变形孪晶提高了合金的应变硬化能力，位错和孪晶界强相互作用也起到了一定的作用。在低温下，晶粒内部不仅存在更高密度的孪晶和堆垛层错，同时形成 L-C 锁以及 HCP 相的相变，这些都会对动态剪切行为产生极高的影响。$Al_{0.7}CoCrFeNi$ 高熵合金在动态剪切变形过程中，合金的抗拉强度得到提高，但绝热剪切带（adiabatic shear band，ASB）的形成并没有被推迟，ASB 的宽度也没有受到显著的影响[10]。$Al_{0.5}Cr_{0.9}FeNi_{2.5}V_{0.2}$ 高熵合金在动态剪切下表现出剪切强度和标称剪切应变的优异组合。同时，时效之后的样品由于大体积分数的共格 $L1_2$ 纳米沉淀物的出现，显著提高合金的动态剪切性能。优异的动态剪切性能可归因于动态晶粒细化、位错弯曲和绕过 B2 颗粒所引起的 Orowan 型强化，以及 $L1_2$ 纳米沉淀物所引起的沉淀硬化[11]。

在弹道冲击下，高熵合金也表现出优异的侵彻性能和抗弹性能。例如，

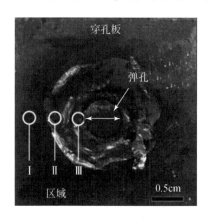

图 3-3　$Fe_{27}Co_{24}Ni_{23}Cr_{26}$ 高熵合金
靶材冲击后弹孔附近的区域

FeCoCrNi 高熵合金在弹道冲击后会出现变形孪晶，形成高密度位错带，以及在更高的应变率下变形孪晶和晶格旋转带的相互交错，到最终纳米晶的形成[12]。$Fe_{27}Co_{24}Ni_{23}Cr_{26}$ 高熵合金在弹道冲击后形成了 3 个变形区域，从开始的无变形区域到邻近弹孔的严重变形区域，如图 3-3 所示[13]。在未变形区域处（区域 I）出现层片状的退火孪晶，位错会累积在边界处。在中重度变形区（区域 II 和 III），弹道变形改变晶粒形态及退火孪晶的结构。在重变形区，在两束变形孪晶的交汇处，不仅边界出现了偏差，同时也会产生堆垛层错。在重变形区，在两束变形孪晶的交汇处边界出现偏差，同时产生堆垛层错。$Al_{0.3}CoCrFeNi$ 高熵合金在弹道冲击载荷下因韧性孔生长而失效，变形的微观结构以绝热剪切带（ASB）、ASB 诱导的裂纹、微带和 ASB 附近的动态再结晶超细晶粒为特征[14]。

在平板冲击载荷下，通过轻气炮加载和恢复实验，发现等原子比 FeCrMnNi 高熵合金在低速冲击下，位错在晶界附近集中，纳米变形孪晶表现为单个孪晶。在高速冲击下，位错密度显著增加，纳米变形孪晶以孪晶束的形式出现。对于初始层裂，孔隙优先在晶界成核，尤其是在晶界三重结处。对于完全层裂，主裂纹通过穿晶断裂连接在一起[15]。由有序的 FCC（$L1_2$）和 BCC（B2）相组成的共

晶高熵合金 AlCoCrFeNi$_{2.1}$ 在平板冲击后出现层错、纳米孪晶和大量的 {111} 滑移痕迹，B$_2$ 相中存在含有密集位错的 {110} 滑移带。随着冲击应力增加，在 L1$_2$ 和 B$_2$ 相中观察到更多的缠结位错[16]。

综上所述，对于金属材料动态力学从较低速的霍普金森杆到弹道冲击载荷，最终深入平板冲击载荷，对高熵合金的研究越来越广泛。本章主要讲述高熵合金的动态力学性能、变形行为和损伤机制，并介绍高熵合金复杂结构与其动态力学行为之间的关系。分析并总结了不同结构特征（包括位错、晶格畸变、孪晶等）对高熵合金动态力学行为的影响。

3.2　高熵合金的实验方法

在不同速度或应变速率下进行动态实验的常用设备有分离式霍普金森杆（SHPB）（10^1m/s 或 $10^2 \sim 10^4$/s）、弹道冲击（$10^2 \sim 10^3$m/s 或 >10^6/s）和平板冲击（10^2m/s 或 $10^5 \sim 10^6$/s）。

分离式霍普金森杆是研究材料动态性能最普遍的设备，主要由撞击杆、入射杆和透射杆组成。当撞击杆以高速同轴撞击入射杆时，在入射杆中产生压缩脉冲，当压缩脉冲到达入射杆与试样界面处，一部分脉冲反射回入射杆，一部分脉冲透过样品进入透射杆，这些脉冲被入射杆和透射杆上的应变片记录下来。根据一维应力波理论和均匀应变假设可以计算材料的应变率、应变以及应力。其中包括动态拉伸、动态压缩和动态剪切实验，如图 3-4 所示。

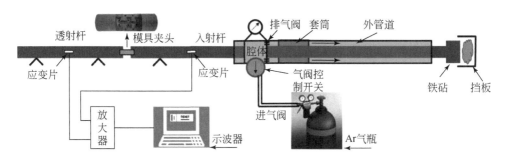

图 3-4　霍普金森杆示意图

弹道冲击实验和平板冲击实验的实验装置主要是一级轻气炮和二级轻气炮。一级轻气炮是直接用压缩轻质气体驱动弹丸在膛内加速，以实现动高压加载的专用设备，并用速度测量仪记录冲击速度。一级轻气炮主要用来进行材料在高应变率（$10^5 \sim 10^6$/s）下的力学性能研究，其具体功能包括：

①材料层裂实验；②材料中应力波传播规律研究；③得到材料的高压状态方

程；④材料或结构的冲击实验。

与其他冲击加载技术相比，一级轻气炮的优点主要在于撞击时有极好的平行度，实验结果重复性好，且操作简单、检验方便。其可以实现的最大撞击速度约为1000m/s。

二级轻气炮是通过火药燃烧产生高温高压燃烧气体推动活塞运动，使活塞压缩轻质气体，利用气体膨胀对弹丸做功，使弹丸获得超高初速的发射装置。早在20世纪中期，二级轻气炮在实验室中进行的高速发射研究已取得显著成果。有了这种类型的弹丸发射装置，使弹丸的运动速度超过10km/s成为可能，因此，二级轻气炮的发射原理得到了广泛的应用。例如美国海军军械研究所（NOL）和通用汽车公司（GM）将近100g弹丸加速到8km/s；美国海军研究室（NRL）将0.2g弹丸加速到11.6km/s，达到第二宇宙速度的惊人效果。二级轻气炮的发射装置主要用于在实验室中研究弹丸气动力弹道学和终点弹道学，也用于材料在高速碰撞下的力学性能研究。

通常，弹道冲击实验主要用来研究材料的侵彻性能、能量释放性能和抗弹性能，如图3-5所示。在弹道冲击实验中，弹托前端装有球形钢质弹丸，电磁阀发射时，炮管内持有的高压气体（氮气等）释放，加速弹托与弹丸的装配。用电磁感应测速仪测量弹丸从炮口射出时的速度。挡板用于停止弹托，弹丸脱离弹托继续飞行，击中靶材。挡板和靶材支架也被固定在靶室上。

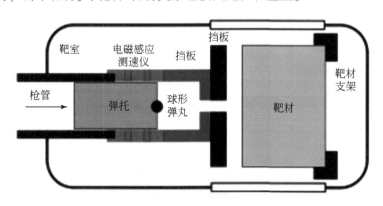

图3-5　弹道冲击的实验示意图

平板冲击实验主要用来研究材料的层裂行为，包括材料的Hugoniot状态方程（EOS）和弹性极限、层裂强度、再加速度等参数，如图3-6所示。当电磁阀点火时，高压气体会使枪管中的弹托飞片组件加速，并撞击到驱动板样品组件（针对Hugoniot EOS）、样品动量捕集板组件（针对冲击压缩恢复实验）或样品（针对层裂实验）。整个过程中的飞片速度或者冲击速度（u_{imp}）用安装在枪管上的电磁感应测速仪测量。针对Hugoniot EOS实验，在冲击入口侧，驱动板与样品表面紧密结合。激光干涉测速探头用于记录飞片、驱动板和样品的速度。为了获得驱动板和样品的自由表面速度历程，驱动板和样品的背面分别放置了两组探测激光光纤（每组包含 4 个）。对于层裂实验，除少数例外，所有实验程序都与冲击压缩恢复实验一样，但都没有使用动量板，并且使用多普勒针系统测量自由表面速度历程。同时激光由透镜聚焦，并且经薄膜反射镜反射。

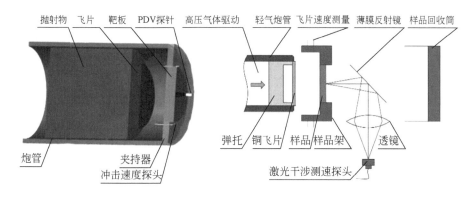

图 3-6　平板冲击装置示意图

3.3　高熵合金动力学行为的理论模型

通常使用本构方程来描述材料的力学行为，一个合适的本构模型能够在大应变率范围以及宽温度范围内描述并预测材料的屈服强度、应变硬化甚至损伤和断裂行为。本构模型是一个或一组方程，这些方程将应力 σ、应变 ε、温度 T、材料的热力学参数 S 以及材料的许多结构参数 A（包含位错密度、位错本身及其相互作用、晶粒尺寸等）等联系起来，用一个统一的方程 $\sigma = f(\varepsilon, T, S, A)$ 来表示它们之间的关系。本构模型不仅可以加深对材料变形机理的理解，更是连接工程实际与模拟仿真的桥梁，例如高速冲击、金属成型以及穿甲侵彻等。

目前，经典的本构模型有 Johnson-Cook（J-C）模型、Khan-Huang-Liang（KHL）模型、Zerilli-Armstrong（Z-A）模型、V-A 模型和 Nemat-Nasser-Li（NNL）模型等，其中前两种模型为宏观唯象本构模型，后三种为基于物理机制的微观本构模型。宏观模型有应用方便的优势，但对组织与性能之间关联性并不能描述，也就是对合金变形机理理解、合金设计等均无指导作用。微观机制的模型主要集中在基于位错动力学发展引出的本构模型。

1. J-C 模型

J-C 模型是定量描述动态条件下塑性流动最常用的一种本构模型。在 J-C 模型中，室温单轴应力条件下 J-C 模型的数学表达式为：

$$\sigma = (A+B\varepsilon_p^n)(1+C\ln\varepsilon^*)(1-T^{*m})$$

式中，σ 为单轴动流变应力，$T^* = (T-T_r)/(T_m-T_r)$，T_m 为熔化温度，T_r 为参考温度，等于 298K。ε_p 为单轴塑性应变，$\varepsilon^* = \varepsilon/\varepsilon_0$ 是无量纲的塑性应变率，ε 为应变率，ε_0 为参考应变率，等于 $10^{-3}/s$，A、B、C 为参数，n 为应变硬化指数，m 为模型常数。由式可知，动态加载下材料的流变应力是应变硬化、应变速率硬化和热软化共同作用的结果。

J-C 本构模型有应用方便的优势，但对组织与性能之间关联性并不能描述，也就是对合金变形机制理解、合金设计等无指导作用，不能体现位错、孪晶等微观结构信息。随着金属材料的发展，需要其他本构模型来描述并推测材料微观结构的规律。

2. KHL 模型

在 KHL 模型中，流动应力 σ 的数学表达式为：

$$\sigma = \left[A+B(1-\ln\varepsilon/\ln D_0)\varepsilon^{n_0}\right]\varepsilon^{*C}T^{*m}$$

式中，$\varepsilon^* = \varepsilon/\varepsilon_0$，$T^* = (T-T_m)/(T_r-T_m)$，$D_0$ 是任意选择的上限应变率。KHL 模型通过应变率指数 n^1 考虑了应变和应变率对流变应力的耦合影响。第二个括号项包括了在高应变率下黏性阻力对屈服应力的影响。指数 m 与材料在较高温度下的热软化有关，n_0 为应变硬化指数。

3. Z-A 模型

Z-A 模型是由位错机制推导出的物理本构模型，位错机制对金属材料在各种变形条件下的塑性变形起着至关重要的作用。对于面心立方（FCC）和体心立方（BCC）结构金属材料的本构行为，有两种较为明确的塑性流变应力表达式。

对于 FCC 合金，用于预测应变速率流动行为的 Z-A 模型可表示为：

$$\sigma = C_1 + C_2\varepsilon_p^{1/2}\exp(-C_3T+C_4T\ln\varepsilon)$$

式中，C_1 为无热应力部分，可以表示为 $C_1 = \sigma_0 + kd^{1/2}$，$C_2$、$C_3$ 和 C_4 为材料的拟合参数，σ_0 为点阵摩擦力，d 为平均晶粒尺寸，k 为 Hall-Petch 系数。上式公式的第二项为温度与应变率相关的热部分。

Z-A 本构模型主要用于宽泛温度和应变率下的热力模拟，该本构模型将流动应力分解为无热应力和热应力两部分，温度和应变率效应被考虑进热应力部分。Z-A 模型认为 FCC 金属和合金的点阵摩擦力很小，短程热障碍可以忽略。因此，FCC 金属和合金屈服强度对温度和应变率的敏感度可以忽略，而只是随着应变增大，位错密度会形成新的热障碍，从而导致在应变后期温度和应变率敏感度会增强。但是，Z-A 模型在使用时将微结构的考量转化为应变的考量，整个模型仍然不体现微结构量，在使用时与宏观本构模型无异。材料参数在选取时也不会考虑任何微观机制或者微结构相关的量。这使得在深入理解材料变形机制，指导合金设计方面没有功效。

4. V-A 模型

对于 FCC 金属，V-A 模型的表达式为：

$$\sigma = B\varepsilon^n \left[1 - (\beta_1 T - \beta_2 T \ln \varepsilon)^{1/q} \right] 1/p + Y_a$$

上式第一项为热应力部分，其中 B 为硬化常数，β_1 和 β_2 为材料常数，p 和 q 为材料的拟合参数，Y_a 是流动应力的无热部分。

5. NNL 模型

在 NNL 模型中，无热应力表达式为 $\tau_\mu = a_1 \gamma^n$，热应力的表达式为：

$$\tau^* = \tau_0 \left\{ 1 - \left[-\frac{kT}{G_0} \left(\ln \frac{\gamma}{\gamma_0} + \ln(1 + a(T)\gamma^{1/2}) \right) \right] \frac{1}{q} \right\}^{\frac{1}{p}} (1 + a(T)\gamma^{1/2}) \quad T < T_c$$

临界温度 $T_c = -\frac{G_0}{k} \left[\ln \frac{\gamma}{\gamma_0} + \ln(1 + a(T_c)\gamma^{1/2}) \right]^{-1}$，$a(T)$ 是一个经验函数，反应材料的加工硬化，$a_T = a_0 \left[1 - \left(\frac{T}{T_m} \right)^2 \right]$。

目前，所有的这些模型已被广泛应用于工程实践。其中，J-C 模型可以描述在高应变率下的加工硬化增强和保持不变的情况，但对于在高应变率下的加工硬化降低情形不能很好地描述。KHL 模型很好地补充了这一点，例如，KHL 模型很好地预测 Ti_6Al_4V 合金在不同加载路径下的力学行为[17]。修正后的 KHL 模型能够预测铝合金随温度增加而出现应变率敏感度转变的现象。Z-A 模型主要集中在基于位错动力学发展而来的本构模型，且 Z-A 模型和 V-A 模型认为 FCC 金属和合金的点阵摩擦力很小，短程热障碍可以忽略。因此，FCC 金属和合金屈服强度对温度和应变率的敏感度可以忽略。对于大部分 FCC 金属和合金，事实也确实如此。但是当屈服强度展现明显的温度和应变率敏感度，加工硬化也较敏感于温度与应变率，Z-A 模型和 V-A 模型就不能很好地描述这类合金的变化。

随着材料微观变形机制的深入研究，人们越来越不满足于简单的模型，尽力去寻找能反映这些微观机制的模型，如固溶强化、析出强化、位错强化、晶界强化、位错滑移、变形孪晶、相变、晶界滑移、滑移孪生的各向异性、动态再结晶等。这些模型不仅使人们加深对材料变形本质的理解，也能更精确地预测一些目前未曾观察到的现象，也能服务于未来更精确的工程模拟行业。

3.4　高熵合金的动态拉伸性能

　　材料在冲击加载下的动态响应与低压、准静态加载下的情况截然不同。准静态下的性能、变形机制、破坏模式都将不能直接应用于动态冲击条件。所以，高熵合金冲击加载下的动态响应研究，不仅为高熵合金性能研究提供重要资料，而且为研究新的材料物理现象、新型变形机制以及新型合金设计提供更好的思路。

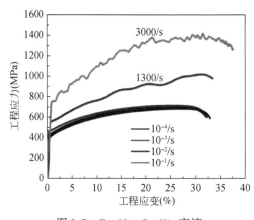

图 3-7　$Fe_{40}Mn_{20}Cr_{20}Ni_{20}$高熵
合金的应力-应变曲线

　　对 $Fe_{40}Mn_{20}Cr_{20}Ni_{20}$ 高熵合金的研究发现，与准静态相比，动态加载下合金的强度大幅提升，随着应变速率的提高，塑性也略有增加。如图 3-7 所示，随着应变率从 $10^{-4}/s$ 增加到 $10^{-1}/s$，合金的屈服强度和抗拉强度都略微增加，而塑性基本保持恒定。直到应变率增加到 1300/s，合金的屈服强度和极限拉伸强度大幅增加，且塑性几乎没有下降，仍保持在 33.3%，与准静态下的伸长率基本相同。随着应变率进一步增加到 3000/s，屈服强度和抗拉强度进一步增加，塑性也有一些改善[18]。

　　对 $Fe_{40}Mn_{20}Cr_{20}Ni_{20}$ 高熵合金微观结构的分析发现，在准静态条件下，该高熵合金的塑性变形主要以位错滑移为主。同时，在析出相 σ 相附近出现高密度的位错塞积，析出相对位错运动有阻碍作用，有利于提高合金的加工硬化能力。在动态拉伸条件下，引入了孪晶和变形亚晶，微观结构如图 3-8 所示。图 3-8（a）中箭头是厚度为几十纳米的变形孪晶，对应的衍射斑点图表明这种平行的白色条带为孪晶。在相同的带轴［011］下，FCC 基体和变形孪晶拥有（1̄11）∥（11̄1）的取向关系。在图 3-8（c）可以看到有两种方向的变形孪晶，夹角约为 60°，并在其交界处出现了大量的位错塞积，阻碍位错活动。除了变形孪晶，位错胞引起的胞壁缠结以及变形亚晶的出现，都是高应变率下的位错组态。其中图 3-8（e）和（f）是纳米级的位错亚晶。这些微观结构表明，动态变形模式是由不同位错形态以及变形孪晶共同主导的，得益于较高的堆垛层错能，引发了合金内部复杂多样的变形机制。

　　在具有 FCC 和 $L1_2$ 相的 $Co_{40}Cr_{20}Ni_{30}Mo_2Al_4Ti_4$ 高熵合金的动态拉伸实验中也有类似的情况。在准静态加载条件下，随着应变速率的提高，屈服强度略微提高，抗

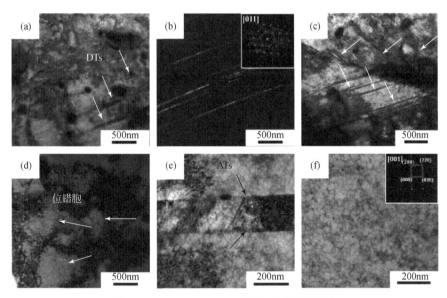

图 3-8 $Fe_{40}Mn_{20}Cr_{20}Ni_{20}$ 高熵合金的微观结构

拉强度保持稳定，但伸长率有所损失。在动态加载条件下，随着应变速率的增加，屈服强度和抗拉强度显著增加，且在动态拉伸时该合金仍保持大的伸长率[19]。

$Co_{40}Cr_{20}Ni_{30}Mo_2Al_4Ti_4$ 高熵合金在准静态下的塑性变形由位错主导，并且显示出明显的平面滑移特征，即沿两个方向的位错阵列。不同滑移系上的平面滑移带相互截交，形成了间距约为几百纳米的泰勒网格。这种随变形不断细化的网络结构也同时细分了晶粒，从而缩短了位错运动的平均自由程并造成材料连续的加工硬化。在动态加载条件下，位错在晶界附近堆积，位错密度显著增加。同时，动态拉伸下合金的平面滑移特征消失，出现大量的位错缠结。微观组织中出现额外的纳米尺度的层错，随着应变速率的增加，层错的密度显著增加，层错间距细化。此外，不同滑移面上的层错相互作用形成了 L-C 锁，其作为钉扎位错的有效障碍和位错源，促进了合金的有效应变硬化。

在低温条件下，也有类似的规律，但强度和塑性增加较小，如图 3-9 所示。随着应变速率的提高，屈服强度

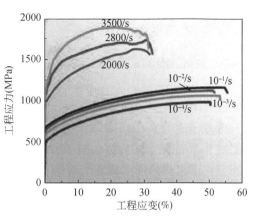

图 3-9 77K 下 $Fe_{40}Mn_{20}Cr_{20}Ni_{20}$ 高熵合金的应力–应变曲线

和抗拉强度略有增加，塑性提升也不明显，打破了强度和塑性倒置的矛盾。当应变率进一步增加时，屈服强度和抗拉强度大幅增加，但塑性出现断崖式下降，并在动态范围内保持相对稳定。出现这种现象的主要原因是晶界析出 σ 相的存在，纳米 σ 相会提高合金的强度，但会使塑性严重损失，非共格界面的开裂导致初始裂纹的萌生，使材料提前断裂。当应变率增加时，位错的快速运动导致相界面处的应力集中更明显，裂纹萌生的倾向性增大，因而发生提前断裂。

在液氮温度（77K）下，动态拉伸后样品微观结构中的变形孪晶更密集，孪晶间距也更小，面密度也更高，并且在孪晶界处也出现了大量的位错积累，表明孪晶的出现可以减小位错运动的平均自由程，提高合金的加工硬化能力。如图 3-10 所示。从图 3-10（b）和（c）插图中的单晶衍射斑点能判断出，平行的条带结构是纳米级的变形孪晶。图 3-10（d）为高密度位错与变形孪晶的相互作用，表明变形孪晶对位错运动产生阻碍作用。由于层错能随温度下降而降低，更有利于 TWIP 效应。除此之外，二次变形孪晶的激活，与一次变形孪晶成 70° 夹角，形成了局部复杂的孪晶网络，进一步加大了对位错的阻碍作用。低层错能合金在 77K 拉伸变形中，大塑性变形后期更容易形成二次孪晶，有利于提高加工硬化能力。因此，该合金优异的强塑性得益于位错缠结、一次孪晶以及二次孪晶的共同作用。

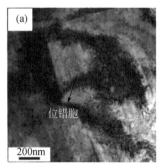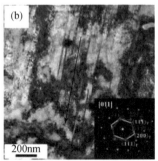

图 3-10　77K 下 $Fe_{40}Mn_{20}Cr_{20}Ni_{20}$ 高熵合金的微观结构

等原子比的 FeCoCrNi 高熵合金在动态拉伸下也出现强度提高的现象，且强度提高非常显著。与 FeCoCrNi 高熵合金在室温准静态下的强度相比较，低温和动态条件下材料的强度提高了两倍不止。表明该高熵合金通过降低温度和提高应变速率对强度提升非常明显，该合金表现出强的温度和应变率敏感度。合金的总延伸率也随着温度的降低和应变速率的提高明显提升。分析该合金在低温或动态加载下的变形机制发现，仍以位错滑移和孪晶为主。其中在准静态室温拉伸下，以位错的平面滑移向波状滑移转变为主，最终形成位错胞，有少量孪晶存在；在动态加载下，以位错和层错缠结为主，并伴有大量纳米尺寸孪晶存在[4]。

高熵合金在动态载荷下的塑性变形主要以位错和变形孪晶为主，但位错密度比准静态高的多，可能还会出现位错胞、位错墙和 L-C 锁等结构，并且随着应变速率的增加，变形孪晶会更加密集，孪晶密度也更大。还会出现纳米孪晶带。变形孪晶与高密度的位错相互作用，阻碍位错运动，显著提高金属材料的加工硬化能力。

3.5　高熵合金的动态压缩性能

目前，对于高熵合金室温动态力学性能的研究主要集中在动态压缩变形。CoCrFeMnNi 合金在动态压缩时随着应变速率的增加，屈服强度、应变硬化率和应变速率敏感性显著提高。在低应变速率条件下，变形模式以位错滑移为主。随着应变速率的增加，除了位错胞结构外，还形成了高密度的位错墙。随后，层错和纳米孪晶成为主导变形的主要微观结构。在最高压缩应变速率下，甚至会形成扭结孪晶和相交孪晶。这种转变过程导致了更高的应变硬化能力[20]。单相 FCC 高熵合金 $Al_{0.1}CoCrFeNi$ 在 2600/s 下的动态压缩行为表明该合金的变形行为类似于低层错能合金，在高应变率下出现二次孪晶。单相 FCC 相的 FeMnCoNiCu 高熵合金在 3000/s 的动态压缩下，出现强的应变率硬化和应变硬化能力，这归因于变形孪晶的作用[21]。同时变形孪晶和多滑移系的激活使晶粒破碎并弱化了 <111> 压缩织构，使变形结构尽可能各向同性，减小裂纹萌生的可能性，进一步起到应变硬化的作用。具有 FCC 和 BCC 双相结构 $AlCrCuFeNi_2$ 高熵合金在动态压缩下，合金的强度和塑性同时提高，基于 J-C 本构模型很好地模拟了该合金在高应变率下的加工硬化过程[22]。

TiHfZrTaNb 难熔高熵合金在动态压缩下屈服强度随应变率明显增加。同时，该合金在低应变率下出现明显的加工硬化，但在高应变率下发生热软化，直至断裂。在低应变率下，变形主要通过均匀分布的滑移带。高应变率下，出现局部宏观的剪切带，同时剪切带内的晶格高度旋转，进而导致热软化的产生。在 TiHfZrTaNb 难熔高熵合金的基础上添加 Mo 元素，继续分析其动态压缩行为。发现 Mo 的添加能明显抑制 TiHfZrTaNb 在屈服后期的热软化作用，并保持稳定的应变硬化，同时能使屈服强度进一步提高[23]。

具有均匀超细共晶片层组织的铸态 $Al_{1.19}Co_2CrFeNi_{1.81}$ 共晶高熵合金（EHEA）在动态压缩下表现出良好的强度塑性组合[24]。在 298K 下，与低应变率加载相比，动态冲击下 EHEA 表现出明显的正应变率效应，随着应变速率的增加，室温下的屈服强度明显提高。变形机制主要是位错滑移。当试验温度降至 77K 时，屈服强度进一步提高。纳米孪晶和位错滑移主导了塑性变形。同时，由于层错

（SF）与层错之间、位错与孪晶界之间和纳米孪晶之间的相互作用，形成了大量相对稳定的结构，有效地抑制了位错的运动，具有优异的应变硬化能力，并且该合金在动态变形后期形成绝热剪切带。在低应变率下，试样在室温和液氮温度下只发生均匀变形而无破坏，当应变速率更高时，该合金仅在真塑性应变约为40%时发生宏观剪切断裂，表明该合金具有更好的强度-塑性权衡。断裂模式也随温度的降低由韧性断裂向韧脆混合断裂转变。

3.6　高熵合金的动态剪切行为

　　绝热剪切带（ASB）指具有高度局部应变和高绝热温升的狭窄变形带，是金属和合金在高应变速率冲击载荷下的主要失效模式。绝热剪切带的形成通常伴随着材料承载能力的快速丧失，被视为最终灾难性失效的前兆。也就是说，这种塑性变形失效模式极大地威胁着结构材料在高应变率条件下的安全服役。金属和合金的绝热剪切失效是软化机制（热软化和微观结构软化）和硬化机制（应变硬化和应变速率硬化）之间竞争的结果。当金属或合金的热软化效应超过其应变硬化能力时，剪切带内的局部塑性不稳定性会被激活，这表明具有良好强度和延展性组合的材料可以有效地延缓绝热剪切带的萌生。高熵合金的动态剪切实验的试样为帽型试样，在霍普金森杆的作用下，两支撑臂的过渡部分会产生严重的剪切变形，如图3-11所示。

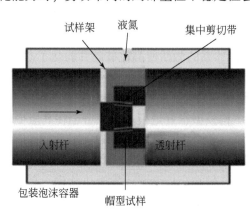

图3-11　霍普金森杆上帽型试样的安装示意图

　　对比具有异质晶粒结构CoCrNi中熵合金在室温和低温下的动态剪切变形行为，相比于室温剪切变形，低温下的剪切应力明显提高，而剪切应变相应减小。在室温下出现大量且密集的一次变形孪晶，晶粒细化以及孪晶与位错的相互作用。在低温下发现二次变形孪晶以及三次的纳米孪晶，如图3-12所示。此外，还出现ε-HCP马氏体相变、L-C锁以及大量层错，这些复杂的变形结构共同诱导了低温下良好的应变硬化能力。动态剪切的优势是可以实现短距离的超高应变率变形，造成局部应变的绝热软化，加速绝热剪切带的形成。沿剪切变形方向出现了绝热剪切带，且低温下的绝热剪切带宽度明显变窄，并且其内部均为动态再结晶的等轴纳米晶粒，多晶的衍射斑点进一步证明了纳米晶的存在[9]。FeMnCoCrNi高熵合金的局部剪切对应变速率有依赖性。在低应变率下，直至断裂，都没有发生局部剪切。在动态剪切时出现了应力降以及局部剪切，表明动态下更高的加工硬化是动态晶粒细化和分级变形孪晶共同作用的结果。同时，该研究提出了一个预测临界剪切应变模型，描述应变硬化、应变率硬化以及热软化的竞争关系[25]。

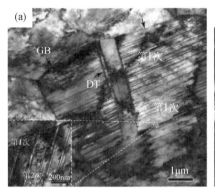 

图 3-12　CoCrNi 中熵合金在（a）298K 和（b）77K 下的变形微观结构

TiZrHfNb 高熵合金在动态载荷下初始屈服强度明显提高，表明在动态加载下，体心立方（BCC）高熵合金中位错滑移阻力的增加引起了显著的应变速率硬化响应[26]。但该合金的应力在峰值应力之后迅速减小，表现出明显的软化趋势，最终以绝热剪切带的形式失效。动态剪切下材料温升引起的热软化促进了剪切带的形成，但热软化不是剪切带形核的唯一原因，还可能包括应变软化和损伤软化。通过模拟发现，在没有损伤软化的情况下模拟的应力和温度演化与实验结果显著偏离，必须涉及损伤软化才能解释如此严重的软化反应和如此早期的 ASB 形成。模拟结果表明 TiZrHfNb 高熵合金在动态剪切下损伤软化起着关键作用。

具有双梯度结构（晶粒结构和纳米沉淀物）的 $Al_{0.5}Cr_{0.9}FeNi_{2.5}V_{0.2}$ 高熵合金在动态剪切下比单梯度结构表现出更好的动态剪切性能[11]。与单一梯度的单一效应和单一沉淀效应相比，双梯度具有协同强化效应。具有双梯度结构中的绝热剪切带（ASB）的形核被延迟，并且 ASB 的传播被减缓，表现出更好的动态剪切性能。在双梯度结构中，引起了更高幅度的应变梯度和更高密度的几何必要位错，导致产生额外的应变硬化。具有双梯度结构的表层中纳米沉淀物的体积分数较高，这些缺陷和 B2 相或 $L1_2$ 相沉淀物之间的相互作用可以积累更高密度的位错、层错和 L-C 锁，这延迟了表层中的早期应变局部化，获得更好的动态剪切性能。

热处理工艺也会影响高熵合金在动态剪切下的力学行为。比如，$Al_{0.5}Cr_{0.9}FeNi_{2.5}V_{0.2}$ 高熵合金在未时效时表现出优越的动态剪切性能，这可归因于动态晶粒细化、位错硬化以及沉淀硬化，以延缓 ASB 的发生。共格 L1$_2$ 纳米粒子经常被位错剪切，有助于剪切强化。同时，位错弯曲并绕过 B2 颗粒，导致 Orowan 型强化。时效样品表现出更好的动态剪切性能，可能是由于触发的平面位错滑移、存储的更高密度的位错、位错亚结构的形成以及通过更高体积分数的相干 L1$_2$ 纳米沉淀物导致更明显的沉淀硬化。同时，在 ASB 中观察到从 FCC 到 B2 相的相变和动态再结晶，这与高应变或温度状态和快速冷却过程有关。这种相变只能在高应变速率动态变形下实现。

3.7　高熵合金在弹道冲击下的力学行为

材料的弹道冲击响应在很大程度上取决于其微观结构以及强度、延展性和韧性的组合。在刚性弹丸穿透金属靶的过程中出现的一些常见失效模式有韧性孔生长、脆性断裂、结疤、花瓣化、圆盘化和堵塞等。这些失效模式还取决于目标板和弹丸的材料特性、冲击速度、目标板的厚度和弹丸的几何形状。金属靶的强度和硬度与其弹道性能之间存在复杂的关系。弹道性能通常随着金属靶强度的增加而提高，因为它阻碍了材料的塑性流动。

在球形弹丸冲击 Al-Co-Cr-Fe-Ni 系高熵合金时，目标板出现典型的弹坑唇和一些材料喷射，这是因为当射弹穿透靶板时材料向外流动，弹坑唇的大小随着冲击速度的增加而增加[27]。且合金的变形模式为延性孔扩大型，这适用于具有良好至中等延性的材料。在这种情况下，目标板很可能通过塑性变形吸收了弹丸的动能。在冲击后板材出现三种不同的失效模式，如图 3-13 所示：在低速冲击（L）下，发生一些穿透，弹丸部分穿透目标板并形成弹坑；在中速冲击（I）

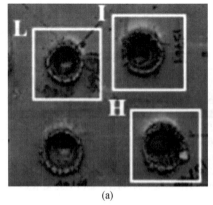 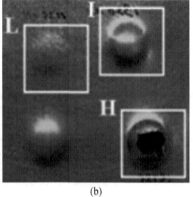

(a)　　　　　　　　　　　　　　　(b)

图 3-13　不同冲击（L：低速冲击；I：中速冲击；H：高速冲击）目标板的宏观形貌
(a) 正面；(b) 背面

下，发生了显著穿透并产生严重破坏，弹丸穿透目标板厚度一半以上并形成塞子；在高速冲击（H）下，球形弹丸完全穿透目标板，离开目标板的背面。这些失效模式与机械性能和材料微观结构有关。

$Fe_{40}Mn_{20}Cr_{20}Ni_{20}$高熵合金在不同速度下的弹道冲击实验后表明，随着冲击速度的增加，合金的弹坑直径、弹坑深度和弹坑体积显著增加。在冲击速度为500m/s 时，$Fe_{40}Mn_{20}Cr_{20}Ni_{20}$高熵合金的塑性变形由丰富的微带（MBs）、高密度位错、位错胞（DCs）和机械孪晶（MTs）共同主导，如图 3-14 所示。MBs 的出现以及它们之间的相互作用使波滑移变得越来越复杂。同时通过微带交叉造成的晶粒细化（称为 MBIP 效应）可以通过晶粒细化来使位错的有效自由路径最小化，从而导致变形过程中持续的应变硬化以及强度和延展性的良好权衡。图 3-14（c）中可以发现一些孪晶，相应的选区电子衍射（SAED）图案表明孪晶和基体之间的取向关系。因此，在高冲击速度下，孪晶和微带对当前高熵合金具有突出的应变硬化能力。

在锥形子弹冲击下，图 3-14（d）显示了 $Fe_{40}Mn_{20}Cr_{20}Ni_{20}$高熵合金出口硬化区域的高密度位错和松散的 DCs 结构，这也是高堆垛层错能 FCC 金属（Cu 和 Ni）在冲击压缩后常见的特性。冲击加载后，位错密度与冲击压力成正比，所以由于出口位置处的冲击压力大，位错密度高，出现了尺寸较小的位错胞结构。最显著的特征是如图 3-14（e）所示的平面位错阵列的产生，即高密度位错墙（HDDWs），其中位错堆积在高密度位错墙的边界。此外，当高密度位错墙被来

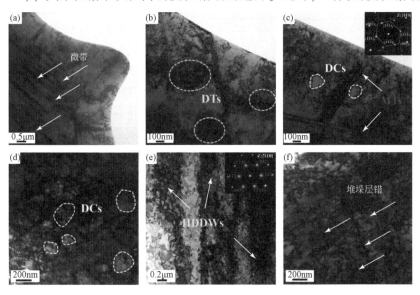

图 3-14　$Fe_{40}Mn_{20}Cr_{20}Ni_{20}$高熵合金在 500m/s 冲击速度下的微观结构

自二次滑移的位错填充时，则会出现微带。在高的冲击压力下通常也会形成堆垛层错（SFs），如图 3-14（f）所示。位错排列成平面阵列，例如，200J 的激光冲击下，Cu-6wt% Al 合金中也会出现这种情况。因此，一系列 SFs 和大量高密度位错墙对 $Fe_{40}Mn_{20}Cr_{20}Ni_{20}$ 高熵合金的应变硬化能力至关重要。

合金在高速冲击后弹坑底部可能会出现梯度微结构，梯度异质结构可以有效减轻强韧"倒置"的程度，在保留较大韧性的同时明显提高强度。用 Q235 调制钢冲击 FeCoCrNi 高熵合金，发现沿着弹坑底部出现不同的梯度结构[4]。从距离弹坑 200μm 处到 4mm 处的微结构分别为：纳米晶、纳米晶条带、高密度纳米带交割（孪晶带与孪晶带交割、孪晶带与点阵旋转带交割、高密度位错带与孪晶带交割、高密度位错带与点阵旋转带交割）、稀疏纳米带交割。随着距离弹坑底部距离增大，纳米带交割的密度逐渐降低，纳米带扭转的程度减轻。但总的来说，在弹坑底部往下 4mm 处逐渐从纳米晶过渡到纳米孪晶。

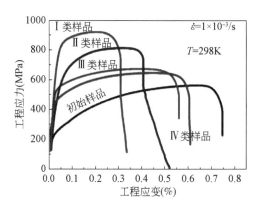

图 3-15　冲击后不同梯度的应力-应变曲线

沿弹坑底部不同位置的拉伸数据如图 3-15 所示，强度提升最明显的是 I 类样品，即为纳米晶向纳米孪晶过渡的梯度纳米结构，在冲击后，合金的屈服强度提升了 64%。III 类样品是综合性能最佳的样品，因为其是从纳米晶-纳米孪晶-位错的大梯度微结构样品。梯度更大，背应力作用更明显，对材料的强韧性都有明显的提高作用。在冲击后，屈服强度提升了 260%，抗拉强度提升了 44%。IV 类样品是冲击远端的样品，为位错梯度。相较于冲击前样品屈服强度也有明显提升，可以得出整个板在厚度方向（24mm）上均受到冲击波影响，且在最远端强化效果依然很明显。II 类样品为纳米孪晶过渡到位错的梯度，此时的孪晶含量已经急剧减少。在冲击后，屈服强度提升了 173%，抗拉强度 19%。

高熵合金的弹道冲击实验不仅是作为目标板，也可以作为弹丸冲击不同材料，分析合金的侵彻性能和能量释放特性。例如，钨重合金（WHAs）由于其高密度和高强度以及良好的延展性成为动能侵彻体的基本材料[29]。高密度材料使长杆式侵彻体能够将大量的动能施加在目标的小面积上，并且高强度和良好的延展性确保侵彻体能够经受发射和着陆的严酷考验。此外，自锐能力也是非常需要的，并且对于优异的穿透性能具有重要意义。合金的自锐能力可以从形成绝热剪切带（ASBs）的角度来解释。当绝热剪切带敏感性高的材料制成的侵彻体侵彻靶板时,侵彻体头部边缘经常形成 ASBs,变形件容易沿着 ASBs 脱落,这使得侵彻体杆保持尖锐形状,减小了侵彻通道的直径。钨重合金由于其高应变率敏感性而抵抗绝热剪切带,因此由钨重合金制成的侵彻体通常形成蘑菇状头部,但这会降低合金的侵彻性能。

对比不同处理方式的钨重合金长杆式侵彻体实验结果。与烧结态和挤压态钨重合金穿甲弹相比,热静液挤压和热扭转态的钨重合金侵彻体的侵彻性能最好,且穿甲弹的残余物保持尖锐的形状,具有良好的自锐能力。在侵彻过程中,热静液挤压和热扭转态的钨重合金侵彻体头部边缘形成绝热剪切带,侵彻体变形部分沿绝热剪切带脱落,使侵彻体具有良好的自锐能力,侵彻性能明显提高。

TiZrNbV 高熵合金在冲击加载过程中会释放出大量的化学能,能量释放效率随着冲击速度的增加而增加[30]。根据化学动力学,随着冲击速度的增加,化学反应速率的平均温度也增加。ASBs 与产生的裂纹轮廓具有高温特征,这些高温轮廓与空气接触引起的严重氧化反应是冲击载荷下化学能释放的主要来源。在 $Al_{0.5}NbZrTi_{1.5}Ta_{0.8}Ce_{0.85}$ 高熵合金和 $HfZrTiTa_{0.2}Al_{0.8}$ 高熵合金的冲击过程也释放出大量的能量,发生严重的氧化反应[31],并且随着冲击速度的增加,能量释放更加显著。同时,靶材的不同也会影响合金的能量释放特性,例如,$HfZrTiTa_{0.2}Al_{0.8}$ 高熵合金在冲击入口钢板要比冲击铝板的能量释放更显著。冲击反应程度也随着破碎程度的增加而增加。

3.8　高熵合金在平板冲击下的层裂损伤

层裂是材料在冲击载荷作用下的主要断裂类型,是动态载荷作用下冲击波相互作用形成的拉伸脉冲引起的损伤过程,通常发生在高应变速率变形。在冲击载荷过程中,可以通过稀疏波的交叉产生一个强烈张力的区域。如果拉伸载荷足够大,将发生孔洞形核、长大和聚结,形成层裂面。材料对层裂断裂的抵抗力,通常被称为层裂强度,可以通过平板冲击实验进行量化,并给出材料在动态载荷下的性能指标。

高熵合金在服役过程中必然会遭受高应变率的冲击,如鸟类的撞击、飞机受到空间残骸撞击等。动态力学性能和变形损伤机制对安全评估和结构设计优化具有重要意义,特别是平板冲击实验,Hugoniot 状态方程 (equation of state,EOS)、屈服强度、层裂强度和回拉率,这些对于数值建模和结构设计至关重要的方程和数据可以通过平板冲击实验来测量。在以往的研究中,例如,双相 $Fe_{50}Mn_{30}Co_{10}Cr_{10}$ 高熵合金和单相 FeCrMnNi 高熵合金的 Hugoniot EOS,并不是直接测量得到的,主要是由混合定则得到的,或建立在一些经验假设下。整体而言,准确测量 EOS 和高熵合金的层裂参数是有必要的。

通过 CrCoNi 中熵合金在不同冲击速度下的层裂实验得到该合金的峰值应力、应变速率、屈服强度、层裂强度和再加速等层裂参数[32]。CrCoNi 中熵合金的层裂强度比大多数高熵合金的层裂强度要高（约 4GPa），且冲击延展性差别不大。CrCoNi MEA 的层裂强度和延展性的良好结合主要归因于明显的晶内孔隙成核，随后是韧性孔隙的生长和聚结，并且在损伤区域周围都会发生相当大的塑性变形，在层裂断裂面上形成许多凹坑，这两种情况都表明韧性层裂。随着冲击速度的增加，CrCoNi 中熵合金的主要损伤模式逐渐从晶间损伤转变为晶间和晶内混合损伤，然后转变为晶内损伤。

CoCrFeNi 高熵合金在平板冲击条件下的塑性变形以位错滑移和变形孪晶为主。在低速冲击下，位错集中在晶界附近，纳米变形孪晶表现为单个孪晶。随着冲击速度的增加，位错密度显著增加，纳米变形孪晶以孪晶束的形式出现。对于初始层裂，孔隙优先在晶界成核，尤其是在晶界三重结处。CoCrFeNi 高熵合金的损伤本质上是韧性的[33]。CoCrFeNiCu 高熵合金在平板冲击下的变形模式主要是位错滑移[34]。在冲击过程中，富 Cu 的枝晶间区域比贫 Cu 的树枝状基体容纳更多的塑性变形。断裂模式为韧性和脆性两种断裂模式。随着冲击速度的增加，具有严重应变局部化和更多缺陷的富 Cu 枝晶间区域提供了更多的损伤成核位置。对含氢和不含氢的 CoCrFeNiMn 高熵合金在平板冲击载荷下的研究发现，与无氢 CoCrFeNiMn 相比，含氢样品中微孔的数量和尺寸显著减少，表明氢可以延缓微孔的形核、生长和聚结。随着初始氢含量的增加，形成具有高迁移能的氢–空位络合物，参与微空位成核的移动空位的数量减少，成核速率降低，并且含氢的高熵合金中局部硬度和强度的增加增强了空穴生长的阻力并降低了生长速率[35]。

$Al_{0.1}CoCrFeNi$ 高熵合金在平板冲击载荷下的层裂强度比多数高熵合金的层裂强度高约 50%，层裂强度与应变率之间存在幂律关系。位错滑移和层错是该高熵合金的重要变形机制。在高冲击应力下观察到纳米孪晶。$Al_{0.1}CoCrFeNi$ 高熵合金中的空穴优先在晶粒内部成核，并且晶内空穴表现出对晶界取向差和峰值应力的强烈依赖[36]。$AlCoCrFeNi_{2.1}$ 共晶高熵合金上在平板冲击载荷下的研究发现，$L1_2$ 相中发现了 {111} 滑移面中的密集位错、层错和变形孪晶，在 B_2 相中的 {110} 滑移带中发现了较少的位错。在各种载荷条件下，该高熵合金的 $L1_2$ 相中的冲击诱导变形孪晶是一种新的变形机制。损伤模式为韧性和脆性两种损伤模式。微孔隙和裂纹倾向于主要在相界成核，然后在 B_2 相中成核[37]。

对于 $Fe_{40}Mn_{20}Cr_{20}Ni_{20}$ 高熵合金在平板冲击载荷下的研究发现，初始层裂发生在冲击速度为 204m/s 时[38]。如图 3-16（a）所示，微空隙具有广泛的分布范围，沿冲击方向大约有 600μm 的宽度，大多是准圆形的，直径在 10μm 左右。长水平的微空隙基本上是微空隙沿水平方向聚结而成的。当冲击速度为 257m/s 时，冲击方向上的微空隙分布较初始层裂时更为狭窄。当空隙的间隔更近时，位于不同水平面上的微空隙也会开始长大并趋向于聚结，如图 3-16（b）所示。随着冲击速度的继续增加，在 312m/s 时，相邻的微空隙会合并成更大的微空隙，最终（在 408m/s）形成了大的裂纹。$Fe_{40}Mn_{20}Cr_{20}Ni_{20}$ 高熵合金在 408m/s 处受到冲击时，如图 3-16（d）所示，表现出典型的完全层裂行为。

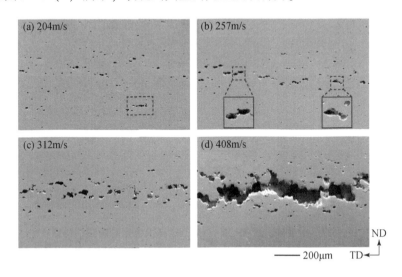

图 3-16　$Fe_{40}Mn_{20}Cr_{20}Ni_{20}$ 高熵合金在不同冲击速度下的微观结构

　　分析 $Fe_{40}Mn_{20}Cr_{20}Ni_{20}$ 高熵合金在低速和高速冲击速度的变形机制可以发现，在低速冲击下，出现许多位错线和堆垛层错（SF），但堆垛层错的数量较少，仅出现在局部位置。图 3-17（c）的高分辨率图为 SF 结构的原子堆垛排列。$Fe_{40}Mn_{20}Cr_{20}Ni_{20}$ 高熵合金的 SFE 为 $42.8mJ/m^2$，具有较高的层错能，所以在低速冲击下，合金的临界孪晶应力没有达到，没有观察到变形孪晶。因此，位错滑移是 $Fe_{40}Mn_{20}Cr_{20}Ni_{20}$ 高熵合金低速冲击下的主要塑性变形机制。

　　在高速冲击下，SFs 的数量密度明显增加，如图 3-17（d）所示。在相应的选区电子衍射图和高分辨率图可以看到在高速冲击的样品中出现纳米级的变形孪晶，如图 3-17（e）和（f）所示。纳米变形孪晶的长度为几百纳米，宽度只有 $3\sim4nm$，这与冲击实验前材料中的微米级退火孪晶有本质区别，这种纳米级孪晶通常是由高应变率的压缩变形激活的。纳米孪晶边界与（111）平面平行，这些平面含有大量的 SFs，如图 3-17（f）所示。因此，在高速冲击下，通过位错滑移和纳米级变形孪晶来共同调节 $Fe_{40}Mn_{20}Cr_{20}Ni_{20}$ 高熵合金的动态变形。纳米孪晶的存在有助于适应在高应变率加载下的局部塑性变形，并增加应变硬化，从而使层裂强度提高。

　　层裂是一种典型的材料动态失效模式，是一个孔洞形核、生长、聚结和微裂

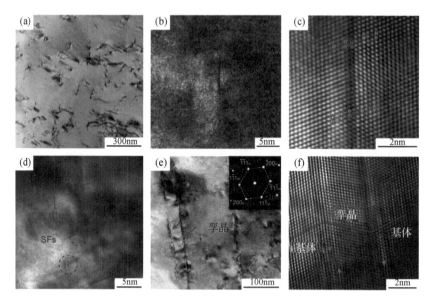

图 3-17　平板冲击后 $Fe_{40}Mn_{20}Cr_{20}Ni_{20}$ 高熵合金的微观结构图

(a) ~ (c) 低速冲击；(d) ~ (f) 高速冲击

纹扩展的过程。它也是一门涉及冲击动力学、损伤断裂力学、材料科学等学科的学科[39]。与由断裂韧性控制的断裂相比，层裂是一个跨尺度的过程，包括许多微观孔隙或裂纹的集体演化。一般情况下，金属材料层裂损伤的空隙主要在第二相、杂质和晶界处成核，这是由于微观结构的不均匀性可能导致应力波作用下的应力集中，从而导致孔隙成核。随着冲击速度的增加，空隙长大并聚结形成大裂纹。最终导致材料的失效。

　　近些年来，对高熵合金的动态力学行为研究取得了很大进展。对高熵合金也进行了广泛的研究，包括用不同的方法在不同应变速率下进行的力学实验以及在不同尺度下的微观结构观察。从微观组织演化的角度揭示和分析了高熵合金的一些特殊动态变形机制，并对一些经典动态力学模型进行了修正。更重要的是，许多合金表现出独特的、可能有用的动态力学性能，引起了社会各界更广泛的关注。

　　总之，高熵合金的动态力学行为和动态变形机制具有以下特点：

　　①高熵合金的动态变形以位错滑移和变形孪晶为主。在位错热激活机制和声子拖曳机制的作用下，高熵合金在动态载荷下表现出显著的正应变率效应和应变率敏感性。此外，高应变载荷引起的位错迅速扩散也会产生强烈的相互作用，从而进一步强化合金。

　　②高熵合金中特殊的微观结构对动态载荷作用下的位错运动产生重要影响，

影响材料的动态力学性能。在动态载荷作用下，短程有序的微观结构通过在原子尺度上阻碍位错运动，极大地提高了合金的屈服强度，表现出较高的应变速率敏感性和显著的正应变速率效应。高熵合金在动态载荷下仍然遵循 Hall-Petch 关系。晶粒细化有效地强化了合金，同时提供了良好的塑性。对于多相高熵合金，析出相通常会影响位错运动进而影响合金的动态力学性能。

③对于面心立方结构的高熵合金等层错能较低的高熵合金，孪晶在其动态变形过程中起着重要作用。在高应变速率变形过程中，动态载荷提供的大瞬时应力导致高密度位错。在动态变形过程中，低层错能高熵合金的动态变形可以通过变形孪晶进行协调。一方面，变形孪晶产生大量孪晶边界。另一方面，变形孪晶产生 "动态 Hall-Petch 效应"，进一步细化微观组织。新界面的形成将阻碍位错的移动。因此，低层错能的 HEAs 在动载荷作用下表现出较高的应变硬化。

④亚稳态高熵合金的动态变形受应变诱导相变的影响。动态载荷作用下的相变可以有效地改善合金的应变硬化，而动态变形引起的热效应会抑制合金的应变硬化。此外，动态载荷作用下的相变还具有一定的细化晶粒作用。细化晶粒和晶界可以抑制合金的韧脆转变，从而保证合金具有良好的冲击韧性。

⑤高熵合金的动态变形通常会导致绝热剪切和其他热效应。由于高熵合金中晶格畸变严重，在动态变形过程中存在明显的热效应。热软化效应会减弱高熵合金的应变硬化。由于体心立方结构的高熵合金由导热系数较低的元素组成，且变形机制相对单一，其绝热剪切效应更为明显。虽然附加相能在一定程度上抑制变形局部化，但各相塑性变形和导热系数的差异以及界面对位错运动的阻碍将促进绝热剪切带的产生。

参 考 文 献

［1］ He Q F, Ding Z Y, Ye Y F, et al. Design of high-entropy alloy: A perspective from nonideal mixing. JOM: The Journal of the Minerals, Metals & Materials Society, 2017: DOI: 10. 1007/s-11837-017-2452-1.

［2］ Yeh J W, Lin S J, Chin T S, et al. Formation of simple crystal structures in Cu-Co-Ni-Cr-Al-Fe-Ti-V alloys with multiprincipal metallic elements. Metallurgical and Materials Transactions A, 2004, 35 (8): 2533-2536.

［3］ Yeh J W, Chen S K, Lin S J, et al. Nanostructured high-entropy alloys with multiple principal elements: Novel alloy design concepts and outcomes. Advanced Engineering Materials, 2004, 6 (5): 299-303.

［4］ Zhang T W, Ma S G, Zhao D, et al. Simultaneous enhancement of strength and ductility in a NiCoCrFe high-entropy alloy upon dynamic tension: Micromechanism and constitutive modeling. International Journal of Plasticity, 2020, 124: 226-246.

［5］ Wang K, Jin X, Zhang Y, et al. Dynamic tensile mechanisms and constitutive relationship in CrFeNi medium entropy alloys at room and cryogenic temperatures. Physical Review Materials, 2021, 5 (11): 113608.

[6] Kumar N, Ying Q, Nie X, et al. High strain-rate compressive deformation behavior of the $Al_{0.1}CrFeCoNi$ high entropy alloy. Materials & Design, 2015, 86: 598-602.

[7] Song H, Kim D G, Kim D W, et al. Effects of strain rate on room- and cryogenic-temperature compressive properties in metastable $V_{10}Cr_{10}Fe_{45}Co_{35}$ high-entropy alloy. Scientific Reports, 2019, 9 (1): 6163.

[8] Chen G, Li L T, Qiao J W, et al. Gradient hierarchical grain structures of $Al_{0.1}CoCrFeNi$ high-entropy alloys through dynamic torsion. Materials Letters, 2019, 238: 163-166.

[9] Ma Y, Yuan F, Yang M, et al. Dynamic shear deformation of a CrCoNi medium-entropy alloy with heterogeneous grain structures. Acta Materialia, 2018, 148: 407-418.

[10] Gwalani B, Wang T, Jagetia A, et al. Dynamic shear Deformation of a precipitation hardened $Al_{0.7}CoCrFeNi$ eutectic high-entropy alloy using hat-shaped specimen geometry. Entropy, 2020, 22 (4): 431.

[11] Qin S, Yang M, Liu Y, et al. Superior dynamic shear properties and deformation mechanisms in a high entropy alloy with dual heterogeneous structures. Journal of Materials Research and Technology, 2022, 19: 3287-3301.

[12] Wang Z, Zhang T, Tang E, et al. Formation and deformation mechanisms in gradient nanostructured NiCoCrFe high entropy alloys upon supersonic impacts. Applied Physics Letters, 2021, 119 (20): 201901.

[13] Chung T F, Chiu P H, Tai C L, et al. Investigation on the ballistic induced nanotwinning in the Mn-free $Fe_{27}Co_{24}Ni_{23}Cr_{26}$ high entropy alloy plate. Materials Chemistry and Physics, 2021, 270: 124707.

[14] Li Z, Zhao S, Diao H, et al. High-velocity deformation of $Al_{0.3}CoCrFeNi$ high-entropy alloy: Remarkable resistance to shear failure. Scientific Reports, 2017, 7 (1): 42742.

[15] Hawkins M C, Thomas S, Hixson R S, et al. Dynamic properties of FeCrMnNi, a high entropy alloy. Materials Science and Engineering: A, 2022, 840: 142906.

[16] Choudhuri D, Shukla S, Jannotti P A, et al. Characterization of as-cast microstructural heterogeneities and damage mechanisms in eutectic $AlCoCrFeNi_{2.1}$ high entropy alloy. Materials Characterization, 2019, 158: 109955.

[17] Babu B, Lindgren L E. Dislocation density based model for plastic deformation and globularization of Ti-6Al-4V. International Journal of Plasticity, 2013, 50: 94-108.

[18] Wang Y Z, Jiao Z M, Bian G B, et al. Dynamic tension and constitutive model in $Fe_{40}Mn_{20}Cr_{20}Ni_{20}$ high-entropy alloys with a heterogeneous structure. Materials Science and Engineering: A, 2022, 839: 142837.

[19] Yuan J L, Wang Z, Jin X, et al. Ultra-high strength assisted by nano-precipitates in a heterostructural high-entropy alloy. Journal of Alloys and Compounds, 2022, 921: 166106.

[20] Jiang K, Li J, Meng Y, et al. Dynamic tensile behavior of $Al_{0.1}CoCrFeNi$ high entropy alloy: Experiments, microstructure and modeling over a wide range of strain rates and temperatures. Materials Science and Engineering: A, 2022, 860: 144275.

[21] Sonkusare R, Jain R, Biswas K, et al. High strain rate compression behaviour of single phase CoCuFeMnNi high entropy alloy. Journal of Alloys and Compounds, 2020, 823: 153763.

[22] Ma S G, Jiao Z M, Qiao J W, et al. Strain rate effects on the dynamic mechanical properties of the $AlCrCuFeNi_2$ high-entropy alloy. Materials Science and Engineering: A, 2016, 649: 35-38.

[23] Zhang S, Wang Z, Yang H J, et al. Ultra-high strain-rate strengthening in ductile refractory

high entropy alloys upon dynamic loading. Intermetallics, 2020, 121: 106699.

[24] Zhong X, Zhang Q, Ma M, et al. Dynamic compressive properties and microstructural evolution of $Al_{1.19}Co_2CrFeNi_{1.81}$ eutectic high entropy alloy at room and cryogenic temperatures. Materials & Design, 2022, 219: 110724.

[25] Yang Z, Yang M, Ma Y, et al. Strain rate dependent shear localization and deformation mechanisms in the CrMnFeCoNi high-entropy alloy with various microstructures. Materials Science and Engineering: A, 2020, 793: 139854.

[26] Song W L, Ma Q, Zeng Q, et al. Experimental and numerical study on the dynamic shear banding mechanism of HfNbZrTi high entropy alloy. Science China Technological Sciences, 2022, 65 (8): 1808-1818.

[27] Muskeri S, Jannotti P A, Schuster B E, et al. Ballistic impact response of complex concentrated alloys. International Journal of Impact Engineering, 2022, 161: 104091.

[28] Shi K, Cheng J, Cui L, et al. Ballistic impact response of $Fe_{40}Mn_{20}Cr_{20}Ni_{20}$ high-entropy alloys Journal of Applied Physics, 2022, 132 (20): 205105.

[29] Kumbhar K, Ponguru Senthil P, Gogia A K. Microstructural observations on the terminal penetration of long rod projectile. Defence Technology, 2017, 13 (6): 413-421.

[30] Ren K, Liu H, Chen R, et al. Compression properties and impact energy release characteristics of TiZrNbV high-entropy alloy. Materials Science and Engineering: A, 2021, 827: 142074.

[31] Guo Y, Liu R, Ran C, et al. Ignition and energy release characteristics of energetic high-entropy alloy $HfZrTiTa_{0.2}Al_{0.8}$ under dynamic loading. Journal of Materials Research and Technology, 2024, 28: 2819-2830.

[32] Cui A R, Hu S C, Zhang S, et al. Spall response of medium-entropy alloy CrCoNi under plate impact. International Journal of Mechanical Sciences, 2023, 252: 108331.

[33] Cheng J C, Qin H L, Li C, et al. Deformation and damage of equiatomic CoCrFeNi high-entropy alloy under plate impact loading. Materials Science and Engineering: A, 2023, 862: 144432.

[34] Li L X, Liu X Y, Xu J, et al. Shock compression and spall damage of dendritic high-entropy alloy CoCrFeNiCu. Journal of Alloys and Compounds, 2023, 947: 169650.

[35] Xie Z C, Li C, Wang H Y, et al. Hydrogen induced slowdown of spallation in high entropy alloy under shock loading. International Journal of Plasticity, 2021, 139: 102944.

[36] Zhang N B, Xu J, Feng Z D, et al. Shock compression and spallation damage of high-entropy alloy $Al_{0.1}CoCrFeNi$. Journal of Materials Science & Technology, 2022, 128: 1-9.

[37] Zhao S P, Feng Z D, Li L X, et al. Dynamic mechanical properties, deformation and damage mechanisms of eutectic high-entropy alloy $AlCoCrFeNi_{21}$ under plate impact. Journal of Materials Science & Technology, 2023, 134: 178-188.

[38] Cheng J C, Xu J, Zhao X J, et al. Shock compression and spallation of a medium-entropy alloy $Fe40Mn_{20}Cr_{20}Ni_{20}$. Materials Science and Engineering: A, 2022, 847: 143311.

[39] Antoun T. Spall fracture. New York: Springer, 2003.

第4章 高熵合金的锯齿流变行为

4.1 引 言

高熵合金（high entropy alloys，HEAs）是一类由五种或更多等摩尔元素组成的新型合金体系，因其优异的力学性能、耐高温性、耐腐蚀性和结构稳定性，近年来成为材料科学领域的重要研究对象。与传统合金相比，高熵合金具有多样的微观结构和相组成，复杂的原子排列以及多样的强化机制，使得其在应力作用下表现出独特的力学行为。其中，锯齿流变（serrated flow）行为是高熵合金在塑性变形过程中常见的一种现象，通常表现为应力-应变曲线上的不规则波动。这种现象既揭示了材料内部复杂的动力学过程，也与材料的失效和强化机制密切相关。

锯齿流变行为最早在低碳钢和铝合金中被发现，并归因于动态应变时效（dynamic strain aging，DSA）效应，即位错在运动过程中与溶质原子发生交互作用，导致应力波动。这一现象同样在高熵合金中被观测到，且由于高熵合金的复杂成分和相互作用，其锯齿流变行为表现出更加复杂和多样的特征。研究表明，锯齿流变行为在高熵合金中的出现与温度、应变速率、合金成分等多种因素密切相关，并且不同类型的锯齿（如 A 型、B 型、C 型锯齿）反映了材料内部不同的位错滑移机制和溶质原子的扩散行为。

在材料的塑性变形过程中，锯齿流变行为不仅影响材料的力学性能，还揭示了动态应变时效、位错运动、孪晶和相变等微观机制的复杂性。通过研究锯齿流变行为，可以深入理解高熵合金在不同应变速率、温度条件下的强化机制，揭示其塑性变形过程中的动态行为，并为材料设计和应用提供理论依据。

本章将重点讨论高熵合金中的锯齿流变行为，探讨其发生的微观机制和影响因素，介绍相关的数学模型，并分析这一现象对高熵合金力学性能的影响。

4.2 锯齿流变行为的定义及分类

根据目前的研究，锯齿有 A、B、C、D、E 五种类型[1,2]，如图4-1 所示。对于 D 型和 E 型锯齿的研究较少且其定义较为复杂而广泛，所以在本书中不作研究。

大多数合金在较低温度或较高应变速率下倾向于出现 A 型锯齿。A 型锯齿在应力下降之前其应力通常会升到应力值的一般水平以上，并以周期性的方式出现，也就是说其产生一个应力下降需要较大的应变周期。在固溶体中，由于溶质原子倾向于向位错扩散，而会导致对位错的阻碍作用增强，反映在应力–应变曲线上便是应力上升。但是由于在较低温度下，溶质原子扩散速率较低，故应力上升较为缓慢。当溶质原子的阻碍作用达到一个阈值时，位错被溶质原子钉扎，

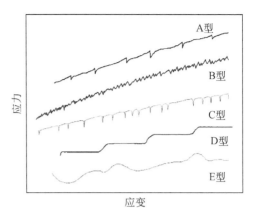

图 4-1　发生锯齿流变行为时应力–应变曲线中不同类型的锯齿[1]

进而需要更大的应力以达到脱扎的目的，反映在应力–应变曲线上为一个较之前更为明显的应力上升，随后应力上升到足以克服溶质原子钉扎作用的一个阈值时，应力出现一个峰值。当位错脱扎的瞬间，应力出现显著下降。

在中间温度或中间应变速率下倾向于出现 B 型锯齿。B 型锯齿通常在一般应力水平以上以更高频率波动。B 型锯齿的形成温度较 A 型锯齿更高，此时溶质原子扩散速率更高，溶质原子能更快向位错线上扩散，反映在应力–应变曲线上的现象为第一阶段的缓慢应力上升阶段明显缩短，即能形成频率更高的波动。

在较高温度或较低应变下倾向于形成 C 型锯齿。C 型锯齿在一般应力水平以下出现应力下降现象。对 C 型锯齿的理解是：C 型锯齿的出现是由于在高温条件下，合金中的溶质原子扩散速率极高，位错在滑移的早期阶段便被大量向位错扩散的溶质原子钉扎，甚至在拉伸实验刚进行时便被钉扎，因此位错在一开始便需要较大的应力脱离溶质原子的钉扎，反映在应力–应变曲线上是其在锯齿出现阶段一开始就有一个显著的应力下降，之后随着溶质原子的继续扩散，应力又重新出现上升的现象。紧接着由于 PLC 带的扩展，应力–应变曲线会产生相对较小的波动。研究表明，一条曲线中可能出现锯齿类型的组合，而不一定是仅出现一种类型，如 A+B 型和 B+C 型[2]。

4.3　锯齿流变行为的理论基础

4.3.1　塑性不稳定性

变形过程中，如果样品内存在使应变局部化的驱动力，可能会使材料在变形

过程中出现塑性不稳定性行为。塑性不稳定性是指材料在塑性变形过程中出现的塑性失稳现象，体现为塑性段的非线性演化，加工硬化、加工软化、缩颈、锯齿流变现象均属于塑性不稳定性。首先考虑均匀应力下，材料变形的本构关系：

$$\delta\sigma = h\delta\varepsilon + S\delta(\ln\varepsilon) \tag{4-1}$$

式中，$h = \left(\dfrac{\partial\sigma}{\partial\varepsilon}\right)_\varepsilon$ 为加工硬化指数，$S = \left(\dfrac{\partial\sigma}{\partial\ln\varepsilon}\right)_\varepsilon$ 与应变率敏感性指数 n 相关。假设材料在变形过程中有一个微小的变形量 $\delta\varepsilon$，假设此时还远远没有缩颈，因此可以假设一个随时间变化的扰动：

$$\delta\varepsilon = \delta\varepsilon_0 e^{\lambda t} \tag{4-2}$$

对于恒定的 $\delta\varepsilon_0$ 及 λ，扰动随时间变化而变化，因此：

$$\frac{h\varepsilon}{S} < 0 \tag{4-3}$$

由此可以定义两种不同的塑性不稳定性，当应变率敏感性相关系数 S 为负值时，$\delta\sigma$ 可能出现负值的情况，因此会在应力-应变曲线上出现波动，这种与应变率敏感性相关的塑性不稳定性被称为 S 型塑性不稳定性。当加工硬化 h 为负值时，会发生应变软化的塑性不稳定性，被称为 h 型塑性不稳定性，通常与上下屈服点和缩颈有关。

4.3.2　Portevin-Le Chatelier（PLC）效应

Portevin-Le Chatelier 效应，简称 PLC 效应，是一种发生在金属材料塑性变形过程中的不稳定变形现象。该效应通常表现为在应力-应变曲线上出现不规则的锯齿形波动，因此也被称为锯齿流变。PLC 效应的主要机制与动态应变时效（DSA）密切相关。动态应变时效是指在一定温度和应变速率条件下，材料中的溶质原子与位错相互作用所引发的现象。具体而言，溶质原子会在位错的应力场中扩散，并钉扎在位错周围，使得位错移动受到阻碍。当外加载荷继续增加，位错积累足够的应力时，它们会克服溶质原子的钉扎，发生滑移，导致应力突然下降，从而在应力-应变曲线上形成锯齿波动。此后，新的位错滑移路径又会被溶质原子钉扎，周期性重复该过程，从而产生锯齿形应力波动。PLC 效应通常发生在一定温度和一定应变速率下，特别是对于某些面心立方（FCC）或体心立方（BCC）结构的金属合金，如铝合金、镁合金、铜合金以及高熵合金等。该现象在材料的实际应用中可能影响其塑性成形性能、力学稳定性和断裂行为，因此对其深入研究具有重要意义。PLC 效应的主要特征包括：①应力-应变曲线的锯齿波动：应力随应变的增加呈现不连续的下降（应力降），表明材料的局部变形不稳定。②应变局部化：PLC 效应往往伴随着应变局部化，表现为材料表面形成局部的应变带（PLC 带），这种局部变形会在材料中传播。③温度和应变速率的依赖性：PLC 效应只在一定的温度和应变速率范围内发生，温度过高或应变速率过低时，该现象会消失。

1. PLC 效应的发展历程

普遍认为 PLC 效应的微观机制为动态应变时效（dynamic strain aging，DSA），即在一定应变率作用下，溶质原子与位错的相互作用。1949 年，Cottrell[3] 提出了最早的一个动态应变时效模型。他认为溶质原子会扩散到可动位错周围形成原子气团，后来这种气团被称为 Cottrell 气团。当溶质原子的扩散速度比可动位错的扩散速度慢很多时，气团无法钉扎可动位错，也就无法导致 PLC 效应发生。当溶质原子的扩散速度比可动位错的扩散速度快很多时，高速扩散的溶质原子会持续在可动位错周围产生气团，使得可动位错无法脱离钉扎，因此也无法表现出 PLC 效应。只有当溶质扩散速度与可动位错速度相当时（不一定相等），可动位错能够脱离溶质原子气团的钉扎，导致应力-应变曲线上的应力下降行为，而溶质原子的适当的扩散率使得其能够在位错脱钉后重新钉扎住可动位错，此阶段在应力应变曲线上表现为应力上升，如此反复则能形成重复屈服的现象，即 PLC 效应。

然而 Cottrell[4] 在 1953 年发现溶质原子的扩散速度要远小于可动位错的滑移速度（差几个数量级），因此他在上述模型的基础上提出了空位辅助溶质原子扩散的模型。他认为空位浓度会随着应变的增大而线性增大，而有空位参与的溶质原子扩散过程的速度将大大提高，这样就能使得溶质原子成功钉扎可动位错。上述两个模型是基于位错连续运动的前提条件而提出的，然而后续的研究表明宏观上连续的塑性变形对应的位错运动是间歇性的。也就是可动位错在滑移的过程中会遇到一些障碍，这些障碍会对可动位错产生阻碍作用，使其停留在障碍处。一定条件下可动位错能够克服障碍继续运动，使得位错的运动呈现间歇性。

基于以上现象，McCormick[5] 于 1972 年提出以下模型：在可动位错被障碍阻拦的等待时间（位错在障碍处停留的时间）内，溶质原子会向可动位错处偏聚，形成溶质原子气团对可动位错进行钉扎，产生额外的阻力，对应应力上升的现象。当外加应力大于障碍阻力和溶质气团额外阻力时，可动位错脱钉，迅速飞行到下一个障碍处，但此时位错只受到障碍阻力，因为此前钉扎可动位错的溶质原子气团并不会随着可动位错运动，可动位错脱钉产生的应力降也就对应着溶质气团的额外阻力。此模型中溶质原子的扩散方式为体扩散（晶格扩散）。

与体扩散不同，Sleeswyk[6] 于 1958 年提出了管扩散的模型，他认为溶质原子早在位错被阻拦在障碍（这里的障碍被认为是林位错，也就是不在可动位错的同一滑移面上，会对可动位错运动产生阻碍作用的位错）之前时，溶质原子便已经聚集在林位错周围，当移动位错被林位错阻碍时，林位错周围的溶质原子会沿着位错线向可动位错偏聚从而实现钉扎，可动位错脱钉后溶质原子并不跟随可动位错一起运动，而是重新向林位错偏聚。1997 年，Nortmann 等[7]对溶质原子通过管扩散进行的钉扎强化作用进行了细分，即交叉点强化和线强化。当等待时间内溶质原子向可动位错扩散的数量较少时，钉扎发生在可动位错与林位错的交叉点处，而当等待时间内溶质原子向可动位错扩散的数量较多时，溶质原子会沿着位错线扩散到可动位错线上，从而钉扎整个可动位错。管扩散的激活能要远低于体扩散的激活能，且林位错附近偏聚的溶质原子更多，使得管扩散的方式比体扩散的方式更容易导致钉扎作用。

2004 年，Picu 等发现若无空位参与，管扩散的扩散速率也是较慢的，在等待时间内向可动位错偏聚的溶质原子数量较少，无法形成有效的钉扎强度。他们提出了不依赖等待时间的负应变率敏感性模型。溶质原子向林位错偏聚，在林位错处形成气团或溶质原子簇，林位错会对可动位错造成阻碍，阻碍的强度随着溶质原子簇尺寸的增大而增大。当提高应变率时，溶质原子向林位错偏聚的有效时间变短，导致溶质原子簇尺寸变小，阻碍强度变低。最终表现为增大应变率，应力–应变曲线上的应力值降低，即负应变率敏感性。

2006 年，Curtin 等[8]提出了跨核扩散机制，也就是溶质原子从受压的一侧经滑移面（穿过位错核）扩散到受拉的一侧。当溶质原子半径比基体原子小时，溶质原子从位错线下方（拉应力侧）扩散到位错线上方（压应力侧），基体原子从位错线上方扩散到位错线下方，以达到最低能量状态。

2019 年，Tsai 等[9]基于跨核扩散模型提出了面心立方高熵合金中的位错钉扎机理。他认为当可动位错被障碍阻碍时，高熵合金中原子尺寸较大的原子会从压应力侧扩散到拉应力侧，较小的原子会从拉应力侧扩散到压应力侧。在此模型中，他们还认为在室温时，局部位错核处的扩散速率不足，不允许通过位错核扩散来使得原子占据位错附近的低能量位置来钉扎位错；中等温度时，位错核扩散率允许原子跨核扩散从而钉扎位错，产生 PLC 效应；太高温度下，原子振动太大而无法通过占据位错周围的低能量位置来锁定位错，因此 PLC 效应消失。

2. 动态应变时效

PLC 效应的理论基础通常认为是动态应变时效效应[8,10-15]，动态应变时效指变形过程中，溶质原子与位错的时间相关动态交互作用。通常认为，当移动位错受到林位错阻碍时，会停滞在林位错附近，此时溶质原子可以扩散到移动位错处对移动位错进行时效强化，此过程取决于温度、应变率、变形程度等因素，溶质原子的扩散速率、扩散方式受温度的影响较大，位错运动受应变率影响较大。目前提出的溶质扩散方式包括体扩散、管扩散、跨核扩散等方式，管扩散的动态应变时效机理如图 4-2 所示，几种扩散方式中所需激活能最低的为跨核扩散，其次

为管扩散，但目前并没有实验证
实跨核扩散，仅通过计算证明了
此方式存在。Nortmann 等[7] 又将
管扩散分为交叉点强化和线强化
两种方式，也就是随着扩散到可
动位错处的溶质原子的增多，原
本只扩散到可动位错和林位错交
叉点附近的溶质原子可以扩散到
可动位错线上。溶质原子同时还
可以对林位错进行时效强化，此
时可动位错脱钉需要克服的应力
更大，因此会出现流变应力随温
度升高异常升高的现象。

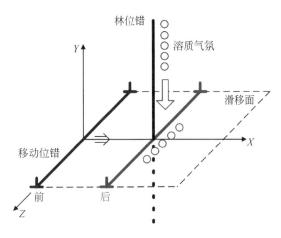

图 4-2　溶质管扩散动态应变时效模型[16]

Tsai 等[9] 基于跨核扩散提出了高熵合金中特有的扩散机制，如图 4-3 所示，在位错的压应力侧，尺寸较大的原子受压会扩散到拉应力侧，拉应力侧的尺寸较小的原子会扩散到压应力侧，使得位错核附近的自由能最低，达到最稳定的状态，达到此状态的过程是高熵合金中可动位错被强化的过程，即高熵合金中的动态应变时效过程。

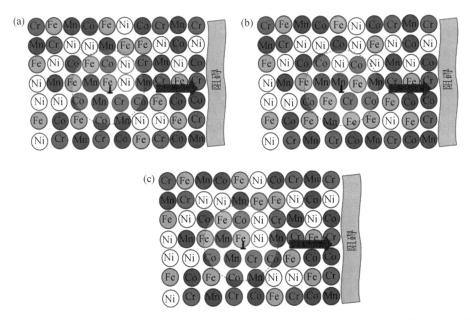

图 4-3　不同温度下溶质原子在 CoCrFeMnNi 合金中通过原位钉扎锚定可动位错的能力示意图[9]

4.3.3 其他机理（孪晶、相析出、短程有序）

孪晶是材料中形成的具有对称关系的晶体结构，通常发生在塑性变形较大的情况下，尤其是在一些面心立方（FCC）结构的材料中，如高熵合金（HEAs）或镁合金。孪晶形成时，位错滑移路径会被孪晶界阻碍[17]，这可能导致位错的累积和滞留。锯齿流变行为与位错的运动密切相关，孪晶界可以作为位错的障碍[18]，增强应力局部化效应，从而产生更剧烈的应力波动（即锯齿流变）。孪晶界不仅影响位错运动，还可能引发材料内部的动态应变时效（DSA）效应。孪晶界的形成会改变局部应力场，促使溶质原子在孪晶界附近聚集，增加动态应变时效效应的发生概率。这种应力和应变的局部化效应可能导致更显著的锯齿波动。孪晶的形成可以细化晶粒，增加晶界密度，从而增强材料的强度。在锯齿流变行为中，细化的晶粒会进一步限制位错的自由运动，导致位错的堆积和突发运动，使应力波动更明显，孪晶对锯齿流变行为的影响机理如图4-4所示。

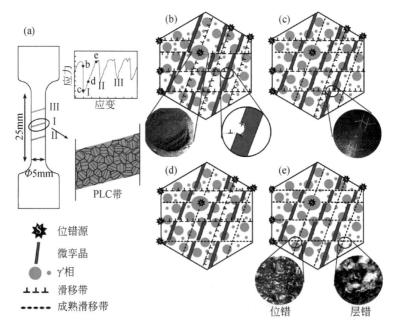

图4-4 微孪晶对锯齿流变行为的影响示意图[17]

相析出是指在合金或多组分材料中，由于温度变化或化学成分的不均匀性，析出新相或第二相颗粒的过程。这些析出相在锯齿流变行为中扮演重要角色，特别是在强化和阻碍位错运动方面。相析出可以通过第二相颗粒的析出阻碍位错滑移，导致位错在这些颗粒周围累积。一旦位错滑移能够克服这些障碍，便会发生应力突降，形成锯齿流变。相析出的尺寸、分布和体积分数都会影响锯齿流变行为的显著性[19,20]。当相析出发生时，它们可以与基体中的溶质原子和位错相互作用，改变材料的力学行为。具体表现为，析出的第二相颗粒可能与动态应变时效共同作用，导致位错的钉扎和突发运动，使得锯齿流变现象更加显著。相析出还可以导致局部的相变，这种相变可能会促使位错运动和孪生变形发生，使锯齿流变行为更为复杂。这在一些复杂相结构的高熵合金和超合金中尤为明显。

短程有序（short-range order，SRO）是指材料中原子排列在局部范围内表现出的有序性[21]，如图 4-5 所示。短程有序对锯齿流变行为的影响主要体现在对位错运动和动态应变时效的影响[22]。SRO 结构能够钉扎位错，限制位错的自由滑移[23]。由于 SRO 区域内原子排列的有序性，位错在通过这些区域时会受到更大的阻力，导致位错运动的间歇性。这种间歇性运动是锯齿流变的关键机制之一。随着应力的增加，位错一旦能够突破 SRO 的阻碍，便会导致应力迅速下降，形成锯齿波动。SRO 会改变材料中的溶质原子分布，这可以增强动态应变时效（DSA）效应。动态应变时效的核心机制是溶质原子与位错的相互作用，SRO 的存在使得溶质原子更加集中，从而增加了溶质原子与位错的交互作用力，导致更

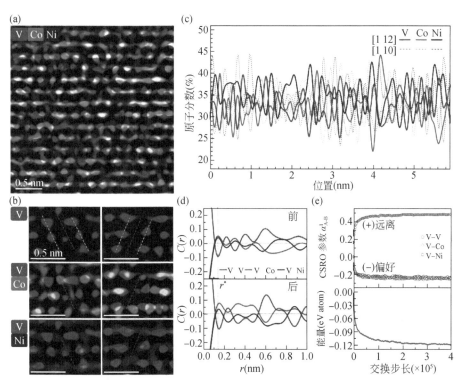

图 4-5　CoNiV 中熵合金中的短程有序表征及定量计算[21]

明显的锯齿流变现象。SRO 的形成能够强化材料，使其具备更高的屈服强度和硬度，这增加了材料在变形过程中的局部应力集中，从而增加了锯齿流变行为的幅度和频率。

4.4　研究锯齿流变行为的实验方法

4.4.1　拉伸压缩试验

拉伸压缩试验是一种用于研究材料力学性能的经典方法。通过对样品施加拉伸或压缩载荷，测量其应力–应变曲线，揭示材料在不同应力状态下的变形与破坏行为。对于锯齿流变行为，拉伸压缩试验尤其重要，因为这一现象通常表现为应力–应变曲线上出现的周期性或不规则波动，即所谓的"锯齿"波动。这种波动源于材料内部的动态应变时效（DSA）和 Portevin-Le Chatelier（PLC）效应，与位错运动和溶质原子之间的交互作用密切相关。在锯齿流变行为的研究中，不同材料和实验条件下，拉伸压缩实验能够揭示不同的锯齿波动模式。例如，在某些材料中，锯齿波动的幅度会随温度的变化而显著变化，而在其他材料中，应变速率则可能主导锯齿行为的发生。因此，通过改变实验条件，如温度、应变速率、加载方式（单轴拉伸、压缩或循环加载），可以系统地研究锯齿流变行为的触发条件、临界应变、应力降幅度等特征参数。

4.4.2　声发射

声发射[24-26]（acoustic emission，AE）技术是一种无损检测技术，用于监测材料在应力作用下产生的微小裂纹、位错运动、相变等内部结构变化时发出的高频弹性波信号。其工作原理基于材料内部在加载、变形、破坏过程中释放的能量，这些能量以应力波的形式从材料内部传播到外部，通过传感器检测这些应力波，转化为电信号并进行分析。主要过程包括声发射源产生（当材料内部发生局部塑性变形、裂纹萌生、扩展等结构变化时，会释放应力波）、应力波传播（高频弹性波通过材料传播到表面）、传感器捕捉（安装在材料表面的压电传感器捕捉到这些应力波，并将其转化为电信号）、信号处理（通过电子设备对信号进行放大、滤波和分析，提取有效信息，如信号的振幅、频率、能量等）。

声发射的高采集频率使得声发射成为记录分析锯齿流变行为的重要手段，可以用足够高的采集频率捕捉到材料变形过程中的微观细节。声发射系统同时还具有定位声发射源的功能，也就是可以通过不同方位的压电传感器同时采集信号，进而通过多通道信号分析识别声发射信号源。声发射可以同时采集变形信号的空域和时域信息，但目前由于信号传播过程中具有叠加效应使得定位较为困难和不准确。

4.4.3　数字图像相关法

锯齿流变行为最早是在低碳钢的拉伸变形行为中发现的，体现为应力–应变曲线上的锯齿形波动现象。因此，对于锯齿流变行为的研究方式大多是对材料进行拉伸压缩的力学实验，在实验过程中，同时结合其他的同步观测手段。数字图像相关（digital image correlation，DIC）法是一种基于图像分析的非接触全场测量技术，广泛应用于力学和材料科学领域。DIC 的基本原理是通过对物体表面进行一系列的图像拍摄和分析，计算物体在加载过程中的位移和变形场。

DIC 技术可以通过跟踪表面斑点的运动，准确捕捉材料在应力波动时的位移和应变分布，帮助研究人员观察位错的滑移和局部变形特征。尤其在不同温度和应变速率条件下，DIC 可以揭示锯齿发生时的局部应变集中区域和滑移带的形成与扩展。锯齿流变行为中的 PLC 带（Portevin-Le Chatelier 带）是一种在动态应变时效过程中的局部变形带。DIC 能够高精度地捕捉到这些局部变形带的出现、传播和演化情况，甚至可以观察到不同类型的 PLC 带（如 A 型、B 型、C 型带）在应变曲线上的响应和空间分布，如图 4-6 所示。A 型锯齿的 PLC 带特征为：两

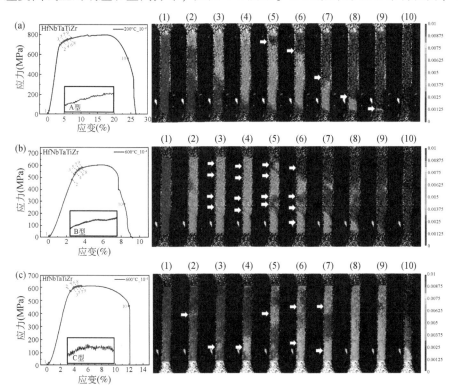

图 4-6　不同温度下不同类型锯齿对应 PLC 带的 DIC 表征结果[27]

端形核、连续传播。B 型锯齿的 PLC 带特征为：两端形核、跳跃传播。C 型锯齿的 PLC 带特征为：随机形核及不传播。

4.5　锯齿流变的特征参数研究

4.5.1　临界应变

1. 临界应变的正行为

在应力–应变曲线中，出现第一个锯齿应力下降时的应变被称为临界应变，

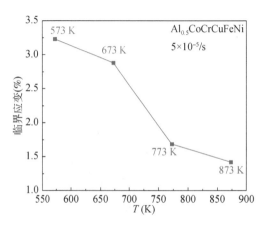

图 4-7　正行为区间临界应变对温度的依赖性[28]

临界应变反映了变形过程中钉扎过程到脱扎过程的转变。通常随温度升高或应变率降低，临界应变减小的现象被称为临界应变的正行为，如图 4-7 所示，通常伴随 A 型或 B 型锯齿产生。

对于临界应变的正行为，国内外存在大量模型进行描述，最为经典的是由 McCormick 提出的位错停滞模型，该模型假设位错的等待时间与动态应变时效时间相等。动态应变时效时间是指与溶质原子的扩散过程相关的时间，这一过程会影响位错的移动。在材料变形过程中，溶质原子会在位错的移动路径上形成钉扎效应，使位错在一定时间内无法移动。当位错在溶质原子影响下被钉扎后，它需要克服一定的能量势垒才能脱扎并继续滑移。根据 McCormick 提出的位错停滞模型，假设位错的等待时间等于与溶质原子扩散相关的动态应变时效时间。这种等价关系导致了锯齿流动的出现，从而得出了临界应变的表达式：

$$\varepsilon_c^{m+\beta} = \left(\frac{C_1}{\alpha C_0}\right)^{3/2} \frac{kTb\varepsilon}{3LNKU_mD_0\exp(-Q_m/kT)} \tag{4-4}$$

式中，α 表示一个常数，通常假设为 3。C_0 表示合金中的间隙溶质浓度，C_1 表示位错钉扎所需的溶质浓度（$C_1 \gg C_0$）。L 代表有效的障碍间距，U_m 对应间隙溶质与位错之间的结合能，D_0 是扩散频率因子，Q_m 表示间隙溶质扩散的活化能，k 表示玻尔兹曼常数，b 是柏氏矢量，常数 N、K、m 和 β 通常通过拟合过程获得。对上式两边取对数，可以将复杂的指数函数简化为线性函数：

$$\ln\left(\frac{\varepsilon_{\mathrm{c}}^{m+\beta}}{T}\right)=\frac{Q_{\mathrm{m}}}{k}\frac{1}{T}+\ln C,\ C=\left(\frac{C_1}{\alpha C_0}\right)^{3/2}\frac{kb\,\varepsilon}{3LNKU_{\mathrm{m}}D_0} \tag{4-5}$$

随后，通过将 $\ln\left(\dfrac{\varepsilon_{\mathrm{c}}^{m+\beta}}{T}\right)$ 作为纵坐标，$\dfrac{1000}{T}$ 作为横坐标，将相关数据进行拟

合，可以确定所研究合金中溶质原子的活化能，如图 4-8 所示。

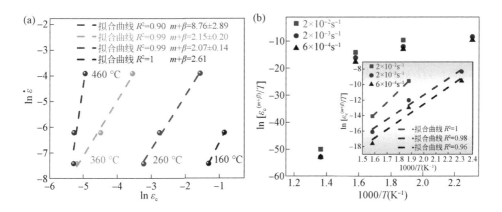

图 4-8　McCormick 模型对正行为区间临界应变拟合结果

2. 临界应变的逆行为

与正行为相反，随温度升高或应变率降低，临界应变增大的现象被称为临界
应变的逆行为，逆行为并不一定会发生，只在特定合金体系中才会存在。通常逆
行为发生在高温低应变率的条件下，并且可能会伴随 C 型锯齿的产生。Hanner
根据应变率敏感性判据提出了一个同时能够描述临界应变正行为及逆行为的模
型。该理论通过考虑滑移位错和溶质的耦合动力学以及流动应力、激活体积和位
错密度随应变的变化而得出。

塑形不稳定性准则是此模型中锯齿流变出现与否的判断准则，也就是

$$S<-(\theta-\tau^{\mathrm{ext}})\gamma t_{\mathrm{DSA}} \tag{4-6}$$

式中，$S=\dfrac{\partial\tau^{\mathrm{ext}}}{\partial\ln\gamma}$ 为应变率敏感性，$\theta=\partial\tau^{\mathrm{ext}}/\partial\gamma$ 是应变硬化率，τ^{ext} 为流动应力，γ

为应变率，t_{DSA} 为特征动态应变时效时间。根据应力辅助热激活的阿伦尼乌斯方

程，应变率敏感性 S 可写为：

$$S=S_0-n(\Delta G/V)(\eta\Omega/\gamma)^n\exp[-(\eta\Omega/\gamma)^n] \tag{4-7}$$

式中，$S_0=k_BT/V$，n 为取决于强化机制和扩散模式的特征时效指数，ΔG 表示动

态应变时效过程中自由激活熵的最大增幅，V 为激活体积，η 为与溶质迁移率成

正比的动态应变时效特征速率，Ω 为所有移动位错都经过热激活时的基本应变，

k_B 为玻尔兹曼常数，T 为温度。

特征动态应变时效时间由以下统计模型给出：

$$t_{DSA} = \eta(\Delta G/k_B T) [(\gamma/\Omega)/(\gamma/\Omega+\eta)^3] \tag{4-8}$$

对于弱时效情况，n 值取 1，结合上式，可以得到塑性流变失稳判据为：

$$\exp[-\eta\Omega/\gamma] > [(\theta-\tau^{ext})V\Omega/k_B T][\gamma^3/(\gamma+\eta\Omega)^3] + (k_B T/\Delta G)(\gamma/\eta\Omega) \tag{4-9}$$

通过代数变换，可以将上式简化为：

$$B<B_C(X,Y) = (1+X)^3[\exp(-X)-Y/X] \tag{4-10}$$

式中，$X=\eta\Omega/\gamma$ 是缩放后的时效时间，$Y=k_B T/\Delta G$ 是动态应变时效的能力。$B=(\theta-\tau^{ext})V\Omega/k_B T$ 为无量纲有效应变硬化系数。Hanner 假设了线性应变硬化规则，也就是 $\tau^{ext}=\tau_0+\theta\gamma$ 中 θ 为常数。通过代数变换 $X(\gamma)=X^*+\frac{\eta\Omega'}{\gamma}\gamma$ 和 $X^*=\frac{\eta\Omega^*}{\gamma}$ 以及 $\Omega'=\partial\Omega/\partial\gamma$，得到

$$B(X)=B^*-\frac{m}{X^*}(X-X^*) \tag{4-11}$$

式中，$B^*=\dfrac{(\theta-\tau_0)V^*\Omega^*}{k_B T}$，$m=\dfrac{V^*(\Omega^*)^2\theta}{k_B T\Omega'}$。

一系列代数变换将原本的应力-应变曲线转换到 $\{X,B\}$ 空间中，$B(X)$ 表示屈服后的应变硬化轨迹。当 $B(X)$ 与相稳定性边界 B_c 相交时，塑性流动开始变得不稳定，也就是临界应变出现，如图 4-9（a）中实线与曲线相交处所示。当 B^* 低于稳定性边界时，材料变形过程中一旦屈服便会出现锯齿流变现象。图 4-9（b）中红色实线为模型预测临界应变随温度的变化情况，温度较低时，临界

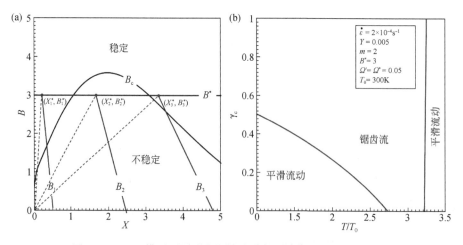

图 4-9　(a) 模型预测稳定塑性流动与不稳定塑性流动边界及

(b) 模型预测临界应变与温度的关系

应变表现出正行为，温度较高时，临界应变表现出逆行为，此模型能够成功预测出临界应变的两种行为，Hsu 等成功利用此模型解释了难熔高熵合金 HfNbTaTiZr 中临界应变随温度变化出现的正行为及逆行为。

4.5.2　应力降

从图 4-10（a）可以看出，在应变速率为 $2×10^{-2}s^{-1}$ 时，锯齿的幅值随着温度升高而增大，且在不同温度条件下，锯齿分布更为向小锯齿集中。260℃的分布符合幂律分布。360℃时在幅值区间中心为 5MPa 附近时出现了一个较小的峰值，因此判断为幂律分布加高斯分布。460℃时在复制区间中心为 7MPa 附近出现了一个较小的峰值，为幂律分布和高斯分布。

从图 4-10（b）可以看出，应变速率为 $2×10^{-3}s^{-1}$ 时，在 260℃条件下，锯齿分布主要呈现幂律分布的特征，360℃和 460℃条件下主要呈现高斯分布的特征。且此应变速率下的锯齿数量明显高于 $2×10^{-2}s^{-1}$ 时的锯齿数量。

从图 4-10（c）可以看出，应变速率为 $6×10^{-4}s^{-1}$ 时，在 260℃条件下，锯齿分布仍然主要呈现幂律分布的特征，但也有向高斯分布转变的趋势，360℃时为高斯分布。

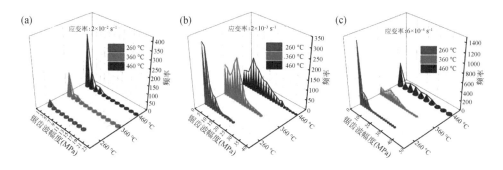

图 4-10　不同应变速率及不同温度下的锯齿统计分布[29]

结合以上图可以看出，锯齿类型与锯齿幅值分布之间有一定的对应关系，具体为 A 型锯齿对应的幅值分布为幂律分布，其原因从锯齿的特征来看可能是 A 型锯齿的单个大锯齿在应力升阶段很有可能伴随着较大数量的小锯齿，因此倾向于形成幂律分布。B 型锯齿对应的分布为高斯分布，这种现象的原因依然可以从锯齿特征的角度找到解释，B 型锯齿通常应力下降较为均匀，因此大小偏中间的锯齿数量会更多，也就符合高斯分布。C 型锯齿对应的分布以小锯齿为主，大锯齿均匀分布，从 C 型锯齿的特征来讲，由于其表现为周期性的应力下降，所以大锯齿更容易形成均匀分布。幅值的分布存在叠加的可能，对应锯齿类型的叠加，如 A+B 型为均匀分布和高斯分布，B+C 型为高斯分布和均匀分布。

　　综合以上结论可以看出，在较低的应变速率下，只有在较低温度条件时锯齿的应力下降才会表现为幂律分布状态，而随着应变率的逐渐增大，幂律分布可出现的温度范围也随之逐渐增大。从应力-应变曲线和应力下降三维统计条形图可以看出，一个锯齿的应力上升和应力下降对应多个障碍与位错之间的相互作用，这种大量相互作用的实体可以引入一个接近临界的非平衡框架，这让人联想到自组织临界的定义：自组织临界是指在输入的驱动作用下，一个由大量个体组成的系统会自组织达到临界状态的现象。这种理论认为一个由大量相互作用的个体组成系统会自发向临界状态演变，而一旦系统达到临界状态后，即使微小的扰动也会使系统发生崩溃或剧变。自组织临界除了是开放系统外，还具有平衡系统的临界点特征、具有无标度性、具有灾变时间和满足幂律分布。本研究数据由于通过调控温度和应变速率可以导致锯齿分布状态转变为非幂律分布，故这种现象并不是自组织临界。通过调控温度和应变率达到幂律分布的现象被称为可调控条件达到的临界现象。由以上分析可知 VCoNi 高熵合金在应变速率较高时，由于调控温度没有改变锯齿应力下降出现幂律分布的现象，因此其锯齿流变行为具有发展成为完全幂律分布的临界性。

　　由于在锯齿产生的临界温度附近存在可调的临界行为，锯齿的分布遵循幂律分布，表现出标度不变性和自相似性。因此，采用标度理论来研究和预测系统在临界温度附近的行为是合理的。通过采用平均场近似，可以确定系统的标度指数，并通过标度函数塌缩得到不同状态下的标度指数。这些标度函数与标度指数一起适用于描述和预测系统的临界行为。雪崩尺寸 S 的概率分布函数，被认为代表应力下降雪崩的大小，可以表示为一个广义的齐次函数，在经过标度变换后，其形式如下

$$D(S) \sim S^{-\kappa} F(S/S_{\max}) \tag{4-12}$$

式中，S 代表应力下降的幅度，$S_{\max}$ 表示最大锯齿幅度，F 是一个普适的标度函数，κ 表示标度参数。结合平均场理论预测的雪崩尺寸作为应变速率控制的函数形式 S，它被转换为以下形式：

$$C(S,\varepsilon) = \int_S^\infty D(S',\varepsilon)\,\mathrm{d}S' \sim \varepsilon^{-\lambda(\kappa-1)} C'(S\varepsilon^\lambda) \tag{4-13}$$

式中，$C(S,\varepsilon)$ 也是一个普适的标度函数，且 $C'(x) = \int_x^\infty D'(t)\,\mathrm{d}t$。通过调整标度参数 λ 和 κ，CCDF 塌缩得到大一统函数：

$$C'(x) = \alpha x^{-\beta} \exp\left[-(x/x_{\mathrm{c}})^2\right] \tag{4-14}$$

　　观察到的标度函数表现为幂律函数与二次衰减函数的耦合。得到标度函数及相应的标度参数，即可预测不同应变速率下滑移雪崩尺寸的分布。标度理论的优势在于它能够将复杂的数据转换为简化的曲线或函数，使研究者能够更容易地理

解系统行为，专注于系统的普遍特征，而不受微观细节的影响。然而，其缺点是无法提供有关系统内部微观结构的详细信息。

图 4-11 为平均场对应力下降统计分布的拟合结果。

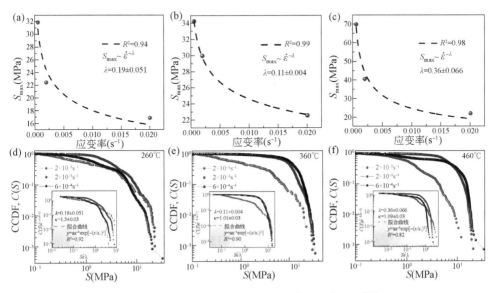

图 4-11　平均场对应力下降统计分布的拟合结果[29]

4.5.3　流变应力

传统合金中通过衡量动态应变时效效应可以确定溶质原子对位错的强化作用，进而通过确定激活能来确定产生动态应变时效的溶质原子。高熵合金由于溶质原子未知，所以使得强化模型构建困难，对流变应力的预测效果不佳，也就无法定量衡量动态应变时效效果的大小。Fu 等提出，在镍基高温合金中，不同锯齿类型对应不同的溶质原子与位错相互作用机理，他们认为 A 型锯齿和 B 型锯齿由溶质原子与位错的不饱和相互作用产生，而出现 C 型锯齿时，溶质原子对位错的强化作用达到饱和。因此，通过定量描述 C 型锯齿出现时的动态应变时效效应的程度，可以探究饱和时的溶质原子构型，这对于短程有序的强化作用的定量探究十分重要。

对断裂后的样品进行了 XRD 测试，由 Williamson-Hall 方法计算材料微应变

$$\beta_{hkl}\cos\theta_{hkl}/\lambda = \frac{k}{D} + 2e\sin\theta_{hkl}/\lambda \qquad (4-15)$$

式中，β_{hkl} 为衍射峰半峰宽，θ_{hkl} 为衍射角，D 为晶粒尺寸，k 为形状因子，通常 FCC 金属取 0.9，λ 为钴靶波长，此时，线性拟合的斜率即为材料的微应变 e，根据此微应变，可计算材料断裂后的样品的位错密度：

$$\rho^{\text{sat}} = 14.4\, e^2/b^2 \tag{4-16}$$

式中，ρ^{sat} 为饱和位错密度，即拉伸断裂后样品的位错密度，b 为柏氏矢量，CoNiV 中熵合金取 0.255nm。根据饱和位错密度计算了拉伸过程中位错密度随应变的演化，即

$$\rho = \rho^{\text{sat}} \left[1 - \exp(-\varepsilon/\varepsilon^{\text{sat}}) \right]^2 \tag{4-17}$$

式中，ρ 为瞬时位错密度，ε 为真应变，ε^{sat} 为饱和真应变，即为失效时的应变。

根据动态应变时效模型，假设位错密度由林位错和移动位错组成，由于 FCC 金属具有 5 个滑移系，动态应变时效模型认为主滑移系上的位错为移动位错，其他滑移系上的位错为林位错，因此位错密度由下式计算得出：

$$\rho = \rho_{\text{f}} + \rho_{\text{m}} \tag{4-18}$$

式中，ρ_{f} 为林位错密度，ρ_{m} 为移动位错密度，其中，$\rho_{\text{m}} = \rho_{\text{f}}/4$。图 4-12 中黑色实线为整体位错密度，红色虚线为移动位错密度，绿色虚线为林位错密度，同时计算了移动位错密度的运动速度，移动位错密度在前期迅速增加，位错速度随密度的增加而降低，随着应变增大趋于稳定。

下基线的流变应力本构方程如下：此时材料为无动态应变时效状态，流变应力由屈服强度和位错强化计算。其中位错强化以泰勒公式计算，因此本构模型如下：

$$\sigma = \sigma_0 + \sigma_{\text{dis}} = \sigma_0 + \alpha GMb\sqrt{\rho} \tag{4-19}$$

式中，σ_0 为屈服应力，σ_{dis} 为流变应力，α 为材料常数，取 0.2；M 为泰勒常数，取 3.06；G 为剪切模量，CoNiV 中熵合金取 72MPa；b 为柏氏矢量，为 0.255nm。下基线计算结果如图中蓝色实线所示。

上基线为动态应变时效参与的情况，因此其本构方程如下：

$$\sigma = \sigma_0 + \alpha GMb\sqrt{\rho} + \sigma_{\text{DSA}} \tag{4-20}$$

式中，σ_{DSA} 为动态应变时效的强化值。动态应变时效对流变应力的强化值 σ_{DSA} 为

$$\sigma_{\text{DSA}} = \Delta\sigma_{\text{max}} \left\{ 1 - \exp\left[-(t_{\text{w}}/\tau)^{2/3} \right] \right\} \tag{4-21}$$

式中，$\Delta\sigma_{\text{max}}$ 为锯齿应力下降最大值，t_{w} 为等待时间，τ 为特征时效时间，t_{w} 和 τ 的计算方式如下

$$t_{\text{w}} = \Omega/\varepsilon = \rho_{\text{m}} b/(\sqrt{\rho_{\text{f}}} \cdot \varepsilon) \tag{4-22}$$

$$\tau = A \cdot \exp(T_0/T) \tag{4-23}$$

式中，Ω 为基本应变，ε 为应变率，A 为特征因子，T_0 为参考温度，T 为实际温度。上基线计算结果如图 4-12（d）（h）（l）（b）中红色实线所示。根据 XRD 测得的位错密度结合动态应变时效模型得到了上、下基线的计算结果，结果表明模型计算得到的上、下基线流变应力会有一定程度的翘曲，与实际上、下基线趋势不符。本书作者认为这是由于 XRD 测得的位错密度是由断裂后的样品测得的，

溶质原子钉扎的额外的位错在断裂时消失，由于位错密度测定的误差以及本构方程与流变应力趋势的不符，进行了位错密度计算模型的修正。

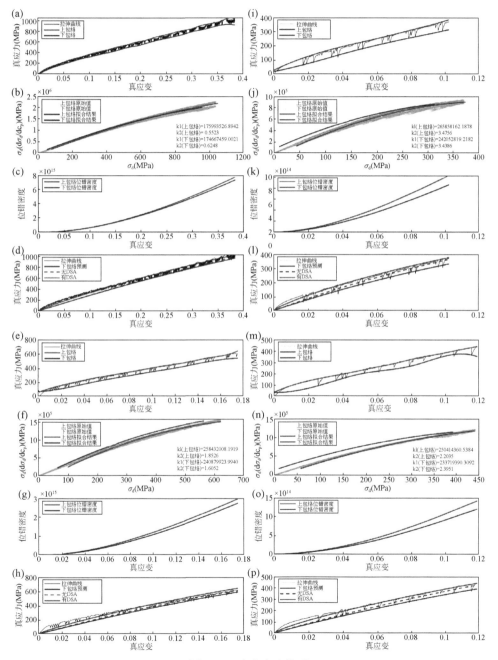

图 4-12 流变应力模型

修正后的位错密度演化方程为

$$\frac{\mathrm{d}\rho}{\mathrm{d}\varepsilon_{\mathrm{p}}} = \frac{\mathrm{d}\rho^{+}}{\mathrm{d}\varepsilon_{\mathrm{p}}} - \frac{\mathrm{d}\rho^{-}}{\mathrm{d}\varepsilon_{\mathrm{p}}} \tag{4-24}$$

$$\frac{\mathrm{d}\rho}{\mathrm{d}\varepsilon_{\mathrm{p}}} = M(k_{1}\sqrt{\rho} - k_{2}\rho) \tag{4-25}$$

式中，ε_{p} 为塑性应变，即屈服后应变，$\dfrac{\mathrm{d}\rho^{+}}{\mathrm{d}\varepsilon_{\mathrm{p}}}$ 表示加工硬化，$\dfrac{\mathrm{d}\rho^{-}}{\mathrm{d}\varepsilon_{\mathrm{p}}}$ 表示动态恢复，k_{1}、k_{2} 为特征因子，结合可得下式：

$$\sigma_{\mathrm{d}}\frac{\mathrm{d}\sigma_{\mathrm{d}}}{\mathrm{d}\varepsilon_{\mathrm{p}}} = \frac{M}{2}(\alpha MGbk_{1}\sigma_{\mathrm{d}} - k_{2}\sigma_{\mathrm{d}}^{2}) \tag{4-26}$$

通过求解上式，可以得到此微分方程的解析解，由此得到的位错密度随塑性应变演化方程如下：

$$\frac{\sqrt{\rho} - k_{1}/k_{2}}{\sqrt{\rho_{0}} - k_{1}/k_{2}} = \mathrm{e}^{-\frac{k_{2}}{2}k_{2}(\varepsilon_{\mathrm{p}} - \varepsilon_{\mathrm{p0}})} \tag{4-27}$$

将流变应力方程代入上式，可得流变应力演化本构如下：

$$\frac{\sigma_{\mathrm{d}} - \sigma_{\mathrm{dsat}}}{\sigma_{\mathrm{d0}} - \sigma_{\mathrm{dsat}}} = \mathrm{e}^{-\frac{M}{2}k_{2}(\varepsilon_{\mathrm{p}} - \varepsilon_{\mathrm{p0}})} \tag{4-28}$$

式中，$\sigma_{\mathrm{dsat}} = \alpha MGb\ (k_{1}/k_{2})$。

4.5.4　声发射各项参数

对同步进行的声发射实验进行了信号的时序提取，也就是按时间筛选出锯齿应力下降峰值时所对应的声发射信号的能量，不同温度下筛选出的声发射信号统计分布情况如图 4-13 所示。声发射信号的核密度分布情况与锯齿应力降分布情况相近，尤其对于 B 型锯齿，分布情况都为高斯分布，对于数量较少的 C 型锯齿，声发射信号的分布情况较为随机和离散。为了探索声发射采集到的数据与锯齿流变行为的相关关系，计算了不同温度数据中 14 个相关变量的斯皮尔曼相关系数，如图 4-13 中的 1~14 分别为声发射能量，RMS，声发射信号幅度，持续时间，振铃计数，应力下降大小，耗散能密度，应力上升大小，弹性能密度，应力下降与应力上升大小之积，弹性能与耗散能之和，弹性能减去耗散能，弹性能加耗散能，应力降平均速度）。

斯皮尔曼相关系数可以很好地反映变量间的相关关系，越接近 1 表明两个变量越正相关，越接近 -1 表明两个变量越负相关。由计算结果可知，声发射的各项参数与应力下降、耗散能以及应力下降平均速度关系为明显正相关，表明声发射采集到的信号实际上是系统中耗散过程所产生的信号，也就是位错脱钉过程，位错被钉扎过程为能量累积过程，此过程不释放能量，因此无法被声发射设备检

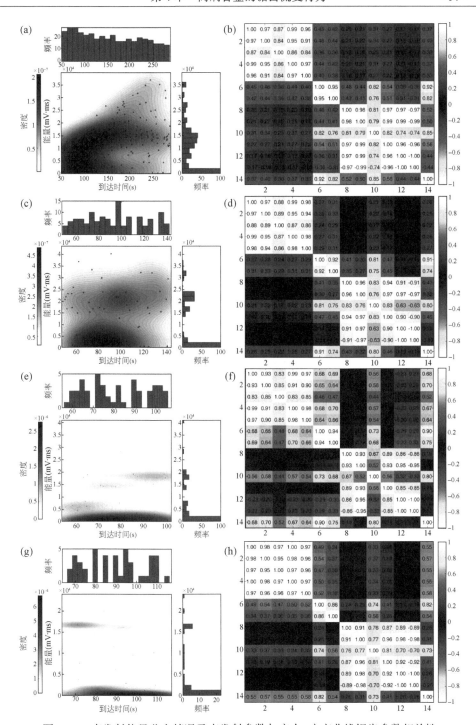

图 4-13　声发射能量分布情况及声发射参数与应力–应变曲线锯齿参数相关性

测到，也对应了应力上升过程的相关变量与声发射过程相关变量几乎无关。应力下降平均速度在 C 型锯齿主导时，与应力下降的相关系数在 0.5 以上，表明存在明显的强相关性。C 型锯齿出现时，因为位错被溶质原子强化的程度达到了饱和，累积的能量被瞬间释放，此时声发射检测到的能量较大，外界因素对检测结果的影响因素相对较小，因此相关性显著。而 B 型锯齿主导时，相关系数在 0.3 以上，表现出中相关性。此时溶质原子对位错的强化效果未达到饱和，应力下降对应的耗散过程中，耗散出的能量较少，因此声发射采集过程中受外界因素的影响较大，也就是应力下降平均速度与声发射相关参数的相关系数呈现 0.3 ~ 0.4 的中等相关性的原因。相关性分析的结果也表明，C 型锯齿发生时，位错被钉扎的强度达到了饱和，出现了更多的饱和条件下的应力下降。

4.6　锯齿流变的数学方法

4.6.1　复杂性模型

　　熵复杂性测量在分析多种波动现象时非常重要，包括生物信号、金融时间序列以及锯齿流变现象。熵度量的是系统内部状态的多样性或可能性。它用于表示系统有多少可能的状态组合，越复杂的系统熵越高。在一般情况下，系统的熵随着无序程度的增加而增加，并且在完全随机状态下达到最大值。尽管无序性可以增加熵，但最大熵并不一定对应最大复杂性。系统的复杂性往往存在于某种有序和无序之间的状态，即在适度混乱中。高熵合金由于其更高的熵值，其锯齿行为的动力学机制更加复杂。熵复杂性测量结合了熵和复杂性两个维度，可以更全面地理解系统的行为。它不仅关注系统中的无序性，还通过分析系统中内在的组织结构或规律性来衡量复杂性。通过这一方式，可以捕捉到系统行为中的突变或自组织现象。将这一理论应用于材料学，锯齿流动的复杂性可能成为评估材料适应外部载荷能力的一个重要指标。在锯齿流变中，材料的应力–应变曲线显示出周期性的锯齿形波动，这种现象往往与材料内部位错运动和动态应变时效（DSA）有关。这种波动的复杂性可以通过熵复杂性测量来量化。锯齿流变行为中，由于位错运动和溶质原子相互作用的随机性，系统表现出不同程度的无序性。通过熵复杂性测量，可以分析这种无序性的变化，从而了解材料在外部载荷下的适应性和稳定性。

4.6.2　多重分形模型

　　分形[30]是用来描述自相似结构的一种数学工具，即系统在不同的尺度上表现出相似的结构或规律。常见的分形对象如海岸线、雪花等在放大后仍能看到与整体相似的结构。分形维数则用来定量描述这种自相似性。不同于单一的分形模型只提供一个整体的分形维数，多重分形引入了一系列分形维数来描述系统中不同区域、不同尺度上的复杂性。在实际系统中，尤其是在自然界和材料科学中的许多现象，系统的自相似性并不均匀，而是随着空间或时间的不同区域发生变化。多重分形模型通过一组分形维数谱来描述这些局部的复杂性，反映了系统在不同尺度上的变化。与只能描述全局特征的分形方法相比，多重分形模型可以更深入地分析底层分形网络及其上的物理属性分布。多重分形模型能够同时分析系统的全局行为和局部行为，揭示出局部结构的复杂性。例如，对于材料系统的分析，多重分形可以描述局部缺陷、位错、微观相互作用等的复杂性。多重分形提供了一种多尺度分析工具，可以在不同的尺度上捕捉到复杂结构的变化。与单一分形不同，研究不仅限于宏观尺度，还能揭示微观或中观尺度上的复杂行为。多重分形分析的结果通常用多重分形谱来描述，它表示系统中不同区域的复杂性。谱越宽，说明系统在不同区域上的行为差异越大；谱越窄，说明系统的行为较为一致。锯齿流变行为是材料在受力变形过程中，因位错运动、动态应变时效等因素导致的应力–应变曲线的周期性波动。这种波动并非均匀的，而是在不同温度、应变率下呈现出复杂的动力学行为。多重分形分析能够量化这种复杂性，揭示出锯齿行为背后的多尺度物理机制。例如，在 Al-Mg 合金中的锯齿流变行为，研究发现其锯齿行为与材料的相组成有关[11,31]。通过多重分形分析，可以发现这种流变行为是位错自组织的结果，即在不同尺度上位错运动表现出自相似性。在高熵合金中，由于其复杂的元素组成和多尺度相互作用，锯齿流变行为同样表现出多尺度的复杂性。通过多重分形模型，能够分析锯齿类型（如 A 型、B 型、C 型锯齿）与其对应的多重分形光谱之间的关系，进而理解材料在不同变形阶段的行为。

4.6.3　平均场理论

平均场理论[32-34]假设系统中的个体（如原子、粒子、位错等）在与其他个体的相互作用中，只感受到一个平均化的外部场，这个"场"是由系统中所有其他个体的平均贡献形成的。这就意味着，个体的行为只需考虑与这个平均场的相互作用，而不再需要考虑每个个体之间的复杂交互作用。对于一个多体相互作用系统，直接处理每对个体之间的相互作用会非常复杂，计算量也会急剧增加。平均场理论通过将所有相互作用简化为与平均场的相互作用，使得问题更加可解。平均场理论广泛应用于相变、磁性材料、材料力学行为等领域。例如，在铁磁材料的研究中，平均场理论可以用来描述每个自旋如何与一个平均磁场相互作用，而不是与每个自旋单独相互作用。

在材料中，缺陷（如位错、剪切带等）并不是独立发生作用的，而是通过弹性相互作用进行耦合。当某些缺陷局部的应力达到一定值时，会发生失效（如位错滑移、剪切带形成等），这种局部失效会引发其他区域的失效，导致系统整体的波动性，表现为"锯齿"现象。平均场理论可以通过将所有缺陷的相互作用近似为一个平均场来描述这种行为。锯齿流变行为背后通常伴随有滑移雪崩现象。这意味着在某一瞬间，材料中的位错或缺陷会突然发生大规模的集体运动，从而导致应力的突然下降（应力下降）。这种雪崩的尺寸分布往往表现出幂律分布，说明小规模和大规模的雪崩都可能发生。在材料变形过程中，包括非晶合金、高熵合金、颗粒材料和岩石在内的多种材料会通过滑移雪崩表现出波动性。这些雪崩的尺寸分布通常可以通过简单的概率分布函数来描述。基于平均场理论的模型假设固体中的缺陷具有弹性耦合性。缺陷类型依赖于材料的性质，在晶体材料中通常是位错滑移区，而在非晶材料中则表现为剪切带或其他较弱区域。当系统的应力在某点低于其失效应力时，远程相互作用终止。通过平均场理论，可以简化这种滑移雪崩现象的分析，将局部相互作用和应力积累归结为整体的平均行为。锯齿流变行为的滑移雪崩现象可以通过互补累计概率分布函数（CCDF）进行描述。在基于平均场理论的模型中，假设系统中的缺陷或位错通过弹性相互作用耦合，那么滑移雪崩的大小分布将表现为简单的概率分布。平均场理论可以用来推导出这种分布的形式。锯齿流变行为通常伴随着临界行为，这意味着系统在接近某个临界点（如温度、应变率等）时会表现出明显的集体行为。平均场理论能够有效描述这种临界行为，通过计算缺陷密度、应力分布等参数，预测锯齿流变行为的发生及其性质。

4.6.4　混沌分析

混沌（chaos）是指一种在动力学系统中广泛存在的现象，表现为对初始条件的极端敏感性[35]。这意味着在非常微小的初始扰动下，系统的长期行为会呈现出完全不同的结果。尽管混沌系统的行为是由确定性方程决定的，但其复杂的非线性特性使得其行为难以预测，因此通常与不规则、不可预测的现象相联系。这种敏感性也被称为"蝴蝶效应"，即微小的初始条件变化可以引起大规模的系统响应。混沌现象通常具备以下几个特点：①对初始条件的敏感性：即使是极小的初始扰动，经过一段时间后也会导致系统产生巨大的差异，这使得长时间的精确预测成为不可能。②非线性：混沌现象通常出现在具有非线性动力学的系统中。这些系统无法简单地通过线性叠加法来描述，因为不同因素之间的相互作用是复杂且动态的。③确定性：尽管混沌系统表现出随机性，但它们的演化是由确定性的方程描述的，因此并非完全随机。④不可预测性：由于对初始条件的极端敏感性，混沌系统的长期行为难以预测，尽管其短期行为可以被精确描述。

在混沌系统中，Lyapunov 指数是用来量化系统对初始条件敏感性的指标。它衡量了两个初始状态之间距离的增长速率：正的 Lyapunov 指数表示系统对初始条件的敏感性，系统呈现混沌行为。两个微小差异的初始条件会随着时间的推移而指数增长。负的 Lyapunov 指数表明系统对初始条件的敏感性较低，系统趋于稳定。零值 Lyapunov 指数意味着系统在某些方向上对初始条件不敏感，可能表现为周期性行为或准周期行为。

在材料的锯齿流变行为研究中，混沌分析可以用来描述应力-应变曲线中出现的非线性、不规则的波动现象。合金材料中的混沌分析模型通常由 4 个与时间相关的微分方程组成。这些方程分别描述以下变量的演化：①应力的时间变化：描述外加载荷下的应力波动。②移动位错密度：描述随着应力增加，可滑移位错密度的变化。③林位错密度：指由于位错钉扎或滑移再钉扎的位错数密度。④溶质原子云密度：描述在位错运动过程中，溶质原子与位错相互作用的密度。这些方程共同描述了系统内部位错的动态过程及其与应力和溶质原子相互作用的非线性关系。随着位错的积累、脱钉与滑移，系统会出现周期性或不规则的应力下降，这就是锯齿流变行为的核心特征。通过分析这些动力学方程，可以发现锯齿流变行为会表现出倍周期分岔，最终导致混沌。

4.7　高熵合金锯齿流变行为的研究前景及意义

高熵合金（HEAs）作为一种新型合金材料，由于其独特的组成、多元的元素体系以及优异的力学性能，近年来得到了广泛的关注和研究。在高熵合金的力学性能研究中，锯齿流变行为的探讨尤为重要。锯齿流变行为主要体现在材料在受载过程中，表现出不规则的应力波动现象，通常由溶质原子与位错之间的相互作用导致。这种现象在传统合金中也有所体现，但高熵合金由于其特殊的多元化合金成分和复杂的位错行为，使得其锯齿流变行为具有更加复杂的动力学机制。

锯齿流变行为涉及材料内部的位错运动、溶质原子的钉扎和扩散过程。通过研究高熵合金中的锯齿现象，可以更深入地理解多元合金体系中位错滑移的微观机制。这对于揭示高熵合金在高温、高应变率等复杂环境下的塑性变形行为具有重要意义，从而为材料设计提供理论依据。锯齿流变行为通常伴随动态应变时效（DSA），这对材料的疲劳寿命和失效行为有重要影响。研究高熵合金的锯齿现象，可以有效预测材料在长期使用或极端环境下的失效机制，尤其是在航空航天、核工业等领域，对于材料的耐久性和抗疲劳性要求极高，锯齿流变行为的研究可以为优化材料的成分和设计新型高性能合金提供支持。

由于高熵合金具有复杂的多元相互作用，传统的锯齿流变模型和理论往往难以准确描述其复杂行为。因此，研究高熵合金的锯齿流变行为有助于构建新的动力学模型。这些模型不仅可以用于描述锯齿流变行为的应力-应变关系，还可以应用于其他多组分合金体系，从而扩展传统材料力学的研究边界。锯齿流变行为往往与材料的强化机制密切相关，尤其是在动态应变时效过程中，高熵合金中锯齿流变行为反映了溶质原子与位错的钉扎效应。通过调控高熵合金的合金成分、相组成和热处理工艺，研究人员可以有效地控制锯齿流变行为，从而提升材料的强度和塑性。

参 考 文 献

[1] Brechtl J, Chen S Y, Xie X, et al. Towards a greater understanding of serrated flows in an Al-containing high-entropy-based alloy. International Journal of Plasticity, 2019, 115: 71-92.

[2] Fu J X, Cao C M, Tong W, et al. The tensile properties and serrated flow behavior of a thermo-mechanically treated CoCrFeNiMn high-entropy alloy. Materials Science and Engineering: A, 2017, 690: 418-426.

[3] Cottrell A H, Bilby B A. Dislocation theory of yielding and strain ageing of iron. Proceedings of the Physical Society. Section A, 1949, 62 (1): 49-62.

[4] Cottrell A H. LXXXVI. A note on the Portevin-Le Chatelier effect. The London, Edinburgh, and Dublin Philosophical Magazine and Journal of Science, 1953, 44 (355): 829-832.

[5] Mccormick P G. A model for the Portevin-Le Chatelier effect in substitutional alloys. Acta Metallurgica, 1972, 20 (3): 351-354.

[6] Sleeswyk A W. Slow strain-hardening of ingot iron. Acta Metallurgica, 1958, 6 (9): 598-603.

[7] Springer F, Nortmann A, Schwink C. A study of basic processes characterizing dynamic strain ageing. Physica Status Solidi (a), 1998, 170 (1): 63-81.

[8] Curtin W A, Olmsted D L, Hector L G. A predictive mechanism for dynamic strain ageing in aluminium-magnesium alloys. Nature Materials, 2006, 5 (11): 875-880.

[9] Tsai C W, Lee C, Lin P T, et al. Portevin-Le Chatelier mechanism in face-centered-cubic metallic alloys from low to high entropy. International Journal of Plasticity, 2019, 122: 212-224.

[10] Xu J B, Hopperstad O S, Holmedal B, et al. On the spatio-temporal characteristics of the Portevin-Le Chatelier effect in aluminium alloy AA5182: An experimental and numerical study. International Journal of Plasticity, 2023, 169: 103706.

[11] Chen H, Chen Y, Tang Y, et al. Quantitative assessment of the influence of the Portevin-Le Chatelier effect on the flow stress in precipitation hardening AlMgScZr alloys. Acta Materialia, 2023, 255: 119060.

[12] Schlipf J. On the kinetics of static and dynamic strain aging. Scripta Metallurgica et Materialia, 1994, 31 (7): 909-914.

[13] Van Den Beukel A, Kocks U F. The strain dependence of static and dynamic strain-aging. Acta Metallurgica, 1982, 30 (5): 1027-1034.

[14] Van Den Beukel A. On the mechanism of serrated yielding and dynamic strain ageing. Acta Metallurgica, 1980, 28 (7): 965-969.

[15] Van Den Beukel A. Theory of the effect of dynamic strain aging on mechanical properties. Physica Status Solidi (A), 1975, 30 (1): 197-206.

[16] Hong S G, Lee S B. Mechanism of dynamic strain aging and characterization of its effect on the low-cycle fatigue behavior in type 316L stainless steel. Journal of Nuclear Materials, 2005, 340 (2-3): 307-314.

[17] Huang X W, Zhou X Z, Wang W Z, et al. Influence of microtwins on Portevin-Le Chatelier effect of a Ni-Co based disk superalloy. Scripta Materialia, 2022, 209: 114385.

[18] Li X, Schönecker S, Vitos L, et al. Generalized stacking faults energies of face-centered cubic

high-entropy alloys: A first-principles study. Intermetallics, 2022, 145: 107556.

[19] Han Z H, Ding C Y, Liu G, et al. Analysis of deformation behavior of VCoNi medium-entropy alloy at temperatures ranging from 77 K to 573 K. Intermetallics, 2021, 132: 107126.

[20] Cai Y, Tian C, Zhang G, et al. Influence of γ' precipitates on the critical strain and localized deformation of serrated flow in Ni-based superalloys. Journal of Alloys and Compounds, 2017, 690: 707-715.

[21] Chen X F, Wang Q, Cheng Z Y, et al. Direct observation of chemical short-range order in a medium-entropy alloy. Nature, 2021, 592 (7856): 712-716.

[22] Otto F, Dlouhý A, Somsen Ch, et al. The influences of temperature and microstructure on the tensile properties of a CoCrFeMnNi high-entropy alloy. Acta Materialia, 2013, 61 (15): 5743-5755.

[23] Guo L, Gu J, Gong X, et al. Short-range ordering induced serrated flow in a carbon contained FeCoCrNiMn high entropy alloy. Micron, 2019, 126: 102739.

[24] Chen Y, Gou B Y, Yuan B C, et al. Multiple avalanche processes in acoustic emission spectroscopy: Multibranching of the energy-amplitude scaling. Physica Status Solidi (b), 2022, 259 (3): 2100465.

[25] Vinogradov A, Yasnikov I S, Merson D L. Phenomenological approach towards modelling the acoustic emission due to plastic deformation in metals. Scripta Materialia, 2019, 170: 172-176.

[26] Lebedkina T, Kobelev N P, Lebyodkin M. Onset of the Portevin-Le Chatelier effect: Role of synchronization of dislocations. Materials Science Forum, 2014, 783-786: 198-203.

[27] Hsu W C, Shen T E, Liang Y C, et al. *In situ* analysis of the Portevin-Le Chatelier effect from low to high-entropy alloy in equal HfNbTaTiZr system. Acta Materialia, 2023, 253: 118981.

[28] Chen S, Xie X, Li W, et al. Temperature effects on the serrated behavior of an $Al_{0.5}$CoCrCuFeNi high-entropy alloy. Materials Chemistry and Physics, 2018, 210: 20-28.

[29] Liu B, Wang Z, Lan A, et al. Statistical analysis of serrated flows in CoNiV medium-entropy alloy. Applied Physics Letters, 2024, 124 (6): 061903.

[30] Tang H H, Li X B, Zhang J S, et al. Fractal analysis on the uniformity between the shear bands and serrated flows of a Zr-based bulk metallic glass. Intermetallics, 2023, 162: 107999.

[31] Chen H, Chen Z, Ji G, et al. The influence of shearable and nonshearable precipitates on the Portevin-Le Chatelier behavior in precipitation hardening AlMgScZr alloys. International Journal of Plasticity, 2021, 147: 103120.

[32] Dahmen K, Ertaş D, Ben-Zion Y. Gutenberg-Richter and characteristic earthquake behavior in simple mean-field models of heterogeneous faults. Physical Review E, 1998, 58 (2): 1494-1501.

[33] Dahmen K A, Ben-Zion Y, Uhl J T. A simple analytic theory for the statistics of avalanches in sheared granular materials. Nature Physics, 2011, 7 (7): 554-557.

[34] Dahmen K A, Ben-Zion Y, Uhl J T. Micromechanical model for deformation in solids with universal predictions for stress-strain curves and slip avalanches. Physical Review Letters, 2009, 102 (17): 175501.

[35] Chen S, Yu L, Ren J, et al. Self-similar random process and chaotic behavior in serrated flow of high entropy alloys. Scientific Reports, 2016, 6 (1): 29798.

第5章 纳米压痕测试技术在高熵合金中的应用

5.1 纳米压痕测试技术

力学性能测试是评价结构材料是否满足实际应用需求的重要指标，也是合金设计与优化的主要依据。常规的力学性能参数测试手段包括单轴拉伸、单轴压缩、扭转和冲击等。此外，复杂应力状态的硬度测试方法也同样是衡量材料性能的重要手段。其中，纳米压痕（nanoindentation）因其独有的优势而受到广泛应用，具体包括作用范围极小、超高精度、操作方便和无损等。

传统的硬度测试方法大多使用较大尺寸的压头，并根据施加在压头上的载荷以及卸载后材料表面的压坑尺寸来计算硬度值。然而，这种方法只能获取材料表面较大范围的硬度参数。若想得到微米乃至亚微米级大小区域的硬度参数，纳米压痕无疑是最适合的选择。此外，该技术还可检测材料的模量、弹塑性转变（初始塑性）、蠕变性能和断裂韧性等。以下主要介绍此项技术的基本原理以及在高熵合金中的实际应用情况。

5.2 压 入 硬 度

5.2.1 基本理论

纳米压痕最基本的功能就是检测材料局部范围的压入硬度值 H 和压入模量值 E。测试过程中，常采用几何自相似压头，如玻氏压头（Berkovich tip）。与传统的测硬度手段一致，纳米压痕检测硬度时也通过载荷与面积的比值表示，即

$$H = \frac{P_{max}}{A} \tag{5-1}$$

式中，P_{max} 是测试过程中设置的最大载荷，A 是接触投影面积。由于纳米压痕的压坑尺寸约为几微米，很难进行直接测量，故主要根据载荷-位移（P-h）曲线上的相关信息进行计算。根据 Oliver-Pharr 方法，图 5-1 为压痕截面的示意图和载荷-位移曲线图，图中的 h 代表加载过程中的总位移，h_c 为接触深度，h_s 为接触边缘位移，a_c 为接触半径。图 5-1（a）展示了压痕的截面图，包括纳米压痕测试前、最大载荷作用时和卸载后样品表面的位置以及对应参数，可以看出：$h =$

h_c+h_s。在峰值载荷 P_{max} 作用下，位移的最大值为 h_{max}，结合图 5-1（b）中的加载卸载曲线，可以导出接触深度 h_c[1]：

$$h_c = h_{max} - \varepsilon \frac{P_{max}}{S} \tag{5-2}$$

式中，ε 是几何常数，通常取值 0.72；S 是刚度，可以通过卸载初期的曲线斜率导出：

$$S = \frac{dP}{dh} \tag{5-3}$$

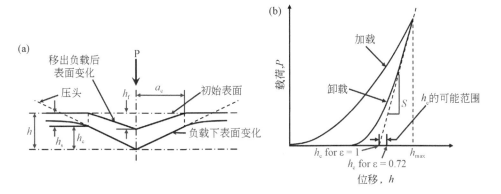

图 5-1　（a）压痕截面的示意图；（b）载荷-位移曲线图

在已知刚度 S 的情况下，结合约化模量 E_r，接触面积 A 可以表示为：

$$A = \frac{\pi}{4}\left(\frac{S}{E_r}\right)^2 \tag{5-4}$$

式中，E_r 为样品和金刚石压头的整合参数，即

$$\frac{1}{E_r} = \frac{1-v_i^2}{E_i} + \frac{1-v_s^2}{E_s} \tag{5-5}$$

式中，E 和 v 分别表示杨氏模量和泊松比，下角标 s 和 i 分别代表样品和压头。

最后，通过在已知硬度和模量的标准样品上进行校准，便可将接触面积 A 和接触深度 h_c 之间的关系表示为一个六阶六项式：

$$A = C_0 h_c^2 + C_1 h_c + C_2 h_c^{1/2} + C_3 h_c^{1/4} + C_4 h_c^{1/8} + C_5 h_c^{1/16} \tag{5-6}$$

对于理想的玻氏压头，C_0 取值 24.5；对于立方体角（cube corner）的压头，C_0 取值 2.598。在常规的计算过程中，A 也常直接取值为 $C_0 h_c^2$。综合上述所有公式，材料的硬度值 H 和约化模量值都可以直接获得。

5.2.2　压入硬度的广泛应用

与传统的力学性能测试方法相比，纳米压痕测试更能够在小尺度揭示合金局

部的力学性能和机制。当然，这并不意味着纳米压痕测试可以完全取代传统的力学性能测试方法，因为不同的测试方法各有优势。对于特定的检测需求，选择最适合的测试方法至关重要。

　　对于异质结构材料的局部力学性能参数，纳米压痕技术表现出绝对的优势。例如，哈尔滨工业大学 Li 等[2] 采用纯 Ti 设计了粗细晶粒层片相互交替的层状复合材料。相比于常规组织，该层片状金属表现出极其优异的力学性能。为了从机制角度发现其内在缘由，研究人员选择纳米压痕进行了局部的硬度测试，如图 5-2 所示[2]。图 5-2 （a）显示了层界面附近的 8 条测试线以及标注的 4 个晶粒，（b）为所有测试点的硬度以及随距层界面距离变化的曲线图。结果显示，近邻层界面的硬度值比远离层界面的硬度值大致高出约 1.81GPa。在层界面区域，除了层界面的存在，晶界也分布较为密集，为了得知强化值的具体来源，图 5-2 （c）对晶粒 1 和 2 的晶界区、晶粒内以及层界面区得硬度值进行了比较。最终发现此类异质结构的高强度主要来源于层界面的强化。

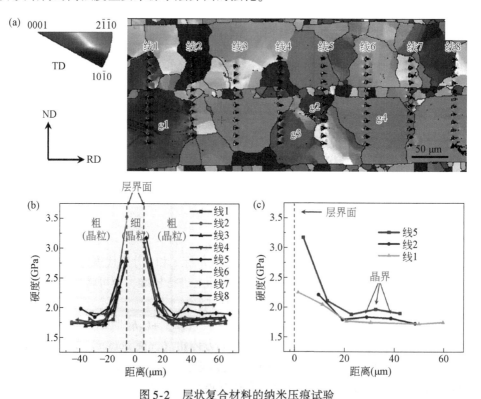

图 5-2　层状复合材料的纳米压痕试验

（a）EBSD 图；（b）硬度与测试点离层界面距离的关系曲线；（c）晶粒 1 和晶粒 2 的晶界区、
颗粒内、层界面区硬度值的比较[2]

　　根据以往的报道，研究人员发现在面心立方（FCC）结构的 CoCrCuFeNi 高熵合金中逐渐加入 Al 元素[3]，其内部会逐渐生成 BCC 相，且当 Al 含量达到一定值后，合金转变为单一体心立方（BCC）结构。为了获得不同 Al 含量下两相各自的硬度，Sun 等[3]采用纳米压痕法进行了相关实验，发现双相的硬度随着 Al 的添加均呈上升趋势，且 BCC 相的上升趋势更为显著。该现象主要由 BCC 相中高的 Al 元素固溶度引起的较大弹性失配导致。

　　除了双相高熵合金中两相本身的强度差异，相界面的强化作用也十分关键。Basu 等[4]在双相的 $Al_{0.7}CoCrFeNi$ 高熵合金中，采用纳米压痕设备设置线性的测试点，并且与相界面保持一定角度进行检测，如图 5-3 所示。可以发现，图中的所有压坑附近存在明显的应变场，且 FCC 相中应变场区域比 BCC 相中的大。此外，在压痕的测试数据中也发现了相界面的强化作用，并表示 BCC-FCC 相界面的强化增量达到了约 4GPa。

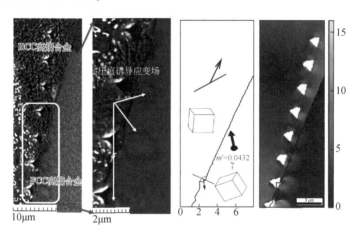

图 5-3　相界面在纳米压痕测试后的 SEM 图像，以及压痕附近的弹性应变场[4]

　　随着多种高熵合金体系的提出，研究人员发现亚稳态的高熵合金具有优异的强塑性结合。北德克萨斯大学 Sinha 等[5]通过纳米压痕检测了双相 $Fe_{38.5}Mn_{20}Co_{20}Cr_{15}Si_5Cu_{1.5}$ HEA 中的硬度和模量值，即 8.28GPa 的硬度和 221.8GPa 的模量。此外，在合金内较大尺寸的 FCC 相晶粒内，压痕附近出现了 FCC 到 HCP 的相变，该合金也正是由于变形过程中相变减弱了变形过程中应力集中，而表现出高强高韧的特点。

　　纳米压痕技术得益于小尺寸的塑性变形，而广泛应用于在单相、多相以及亚稳态高熵合金的力学性能研究中。近年来，难熔高熵合金因其超高的熔点和抗辐照性能，被认为是核反应堆壳体的有利候选材料，因此，研究人员从不同的角度出发，探究该合金的微观变形机制以及变形极限，争取为高性能难熔高熵合金的开发提供理论依据。为此，美国加州大学 Wang 等[6]对 BCC 结构的 MoNbTi 高熵合金进行了纳米压痕实验，目的是研究复杂应力状态下，合金内部的位错结构。依据不同带轴下位错线的柏氏矢量以及分布情况，表示两组主要位错的柏氏矢量分别为 1/2 [$\bar{1}$11] 和 1/2 [11$\bar{1}$]，出乎意料的是，合金内还存在大量非螺位错和高阶滑移面，这将为该类合金的设计开发提供位错方面的理论依据。

5.3　压痕尺寸效应

与许多物理领域和工程领域中存在的尺寸效应类似，纳米压痕测试过程中，硬度与模量也对也对压痕的测试深度和压头大小等具有依赖性。纳米压痕测试中，人们所熟知的便是压痕尺寸效应（indentation size effect，ISE），具体指硬度测试值随压头尺寸和测试深度的变化。此外，测试值的变化趋势与压头的形状有关。对于尖端为球形的压头，半径越小测试硬度越高。对于几何自相似的压头（如锥形压头和玻氏压头），测试硬度随深度的增大而降低，且在深度达到一定值后，压痕硬度值与宏观硬度值相近，且不再随深度发生变化。

在描述压痕尺寸效应的相关模型中，Nix-Gao 模型[7]的应用最为广泛。在该模型中，为了适应压坑形成的几何必要位错（geometrically necessary dislocations，GNDs）密度是关键。图 5-4 展示了锥形压头和球形压头下 GNDs 的分布示意图。对于锥形压头 [图 5-4（a），可代表几何自相似的压头]，压坑下的塑性区为半球形，其半径为压头与样品之间的接触半径 a_c，GNDs 主要分布在此半球中。此外，θ 等效圆锥压头的斜边与样品表面的夹角。基于几何分析，GNDs 的密度可以表示为：

$$\rho_{GND} = \frac{3\tan^2\theta}{2bh} \tag{5-7}$$

式中，b 为柏氏矢量的大小。对于球形压头 [图 5-4（b）]，GNDs 的密度为：

$$\rho_{GND} = \frac{1}{bR} \tag{5-8}$$

式中，R 为球形压头的半径[8]。

相比于加工较为困难的球形压头，易于生产的玻氏压头的应用更为普遍。随着相关研究的不断深入，发现压头下塑性区的大小并不能由接触半径 a_c 直接进行描述。为此，Durst 等[9,10]对 Nix-Gao 模型进行了修正，表示 GNDs 存储体积的半径 a_{pz} 与接触半径 a_c 之间的比值为修正因子 f，如图 5-5 的压痕截面图所示[9]。因此，GNDs 的密度则表示为：

$$\rho_{GND} = \frac{3\tan^2\theta}{2f^3 bh} \tag{5-9}$$

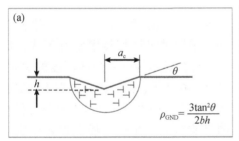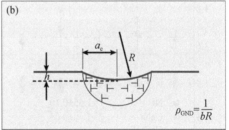

图 5-4　Nix-Gao 模型的示意图

（a）锥形压头；（b）球形压头[8]

在泰勒模型中，材料的硬度值与位错的总密度间存在以下关系[11]：

$$H = MC\alpha Gb\sqrt{\rho_{SSD}+\rho_{GND}} \qquad (5\text{-}10)$$

式中，C 为约束因子，M 为泰勒因子，α 为常数，G 为剪切模量，ρ_{SSD} 为统计存储位错（statistically stored dislocations，SSDs）的密度。其中，SSDs 的密度值与测试深度 h 无关，而从式（5-9）可以看出，GNDs 的密度与 h 之间呈反比例关系，因此压痕测试过程中，硬度值表现出对测试深度 h 的依赖性，这也解释了压痕尺寸效应的来源。

在 Nix-Gao 模型[7]中，为了描述尺寸效应的强弱，将纳米压痕硬度值与宏观测试硬度进行对比，并表示为：

$$H^2 = H_0^2\left(1+\frac{h^*}{h}\right) \qquad (5\text{-}11)$$

式中，H 为压痕硬度，H_0 为宏观硬度，h

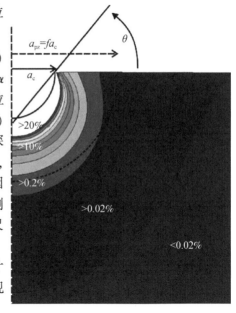

图 5-5　压痕截面的轴对称几何形状，等高线显示的等效塑性应变范围为 0.2%～20%[9]

为压痕测试深度，h^* 为描述尺寸效应的特征长度尺度参数。在给定的材料中，h^* 的值越大，压头下塑性区内的塑性应变梯度也越大[9]。经过 Durst 等[9]修正后，特征长度尺度 h^* 与修正因子 f 间的关系表示为：

$$h^* = \frac{81}{2}\frac{1}{f^3}b\alpha^2\tan^2\theta\left(\frac{G}{H_0}\right)^2 \qquad (5\text{-}12)$$

当 $f=1$ 时，修正后的模型与 Nix-Gao 模型一致。当 $f>1$ 时，压头下塑性区的半径大于 a_c，同时，h^* 的值也将比原 Nix-Gao 模型的要小。

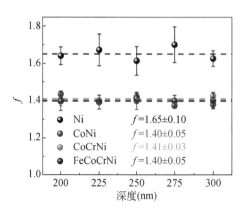

图5-6 不同测试深度条件下，Ni、CoNi、
CoCrNi 和 FeCoCrNi 金属或合金
修正因子 f 的统计结果[12]

Zhang 等[12] 在不同主元数的 Ni、CoNi、CoCrNi 和 FeCoCrNi 四种材料中，采用纳米压痕技术研究了修正因子 f 与材料本身以及测试深度的关系。如图5-6所示，同一种材料在不同深度下的 f 值波动较小，且基本只与材料本身性质有关。此外，基于相邻压痕之间的临界作用尺寸，提出了可检测到的位错临界强化区域的半径为 a_{eff}（$a_{eff}=f_{eff}\times a_c$），结合 f 与 f_{eff} 随测试深度和材料的变化特征，将压痕塑性区划分为三个部分，即等效锥形压痕区、位错临界强化区和低位错密度区，如图5-7所示[12]。

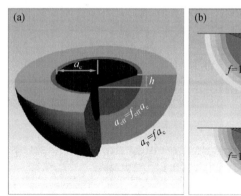
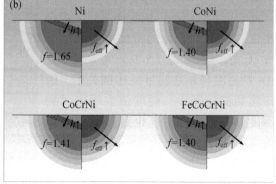

图5-7 （a）压痕塑性区的三维划分模型。黑色区域为接触半径 a_c 的等效锥形压头压痕，深灰色区域为可检测到的位错临界强化区域的半径 a_{eff}，浅灰色区域是外圈半径为 a_p 的低位错密度区域；（b）Ni、CoNi、CoCrNi 和 FeCoCrNi 金属或合金塑性变形区随深度逐渐变化的演化示意图。对称轴左侧为塑性区和 a_p 随深度的变化，另一侧为 a_{eff} 随深度的变化[12]

5.4 弹塑性转变-初始塑性

5.4.1 初始塑性强度

压头作用下，随着加载载荷的升高，压头与样品之间逐渐从弹性接触转变为弹

塑性变形，且转变点象征着初始塑性的发生。在载荷控制模式下的纳米压痕检测中，初始塑性表现为载荷–位移（P-h）曲线上的位移突变，也称为首次 pop-in 事件，如图 5-8 所示[12]。需要注意的是，并非所有样品都会表现出明显的 pop-in 事件。受样品内部多种缺陷的影响，pop-in 事件可能由不同的机制引发，位错形核引发的 pop-in 事件往往比已有位错的激活引发的要明显很多。初始塑性发生之前，P-h 曲线描述了材料的弹性变形行为，该弹性段可以通过 Hertzian 模型进行拟合[13]：

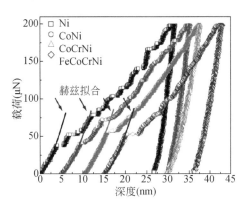

图 5-8　典型的压痕载荷（P）–位移

（h）曲线[12]

$$P = \frac{4}{3} E_r \sqrt{Rh^3} \qquad (5\text{-}13)$$

式中，R 为压头尖端的曲率半径，E_r 是为约化模量。R 已知的情况下，E_r 可以通过弹性段的拟合获得。

随后，初始塑性的强度或弹塑性转变的临界剪切应力值 τ_{max} 可表示为[14]：

$$P_m = \left(\frac{6PE_r^2}{\pi^3 R^2} \right)^{1/3} \qquad (5\text{-}14)$$

$$\tau_{max} = 0.31 P_m \qquad (5\text{-}15)$$

式中，P_m 是平均接触压力，且 τ_{max} 位于压头正下方 0.48 倍的接触半径 a_c 处。

5.4.2　激活体积和激活能

在完全退火状态的样品中，位错的平均间距较大（约 $1\mu m$）[15]，此时，若使用尖端曲率半径较小的压头，初始塑性大多由位错的形核引发，而此类事件可以由压头下单一的局部动力学限制过程进行描述。初始塑性的发生需要克服一定的能垒，而压头作用过程中产生的机械功可以降低该能垒，最后在热波动的影响下，发生弹塑性转变[16]。在统计学中，该过程可以基于概率方程描述为[14]：

$$\dot{n} = \eta \exp\left(-\frac{\varepsilon - \sigma V}{kT} \right) \qquad (5\text{-}16)$$

式中，$\dot{n}$ 为单位体积内临界事件发生的局部概率，η 为指数前频率因子，ε 为激活能，V 是激活体积，σ 是作用在 V 上的应力，k 是玻尔兹曼常数，T 是热力学温度。在复杂应力状态作用下，压头下的应力呈梯度分布状态，而位错的形核对位置具有很大的依赖性。从材料总体出发，对压头下应力所在的区域进行体积积分后，位错形核发生的概率 N 则表示为[14]：

$$\dot{N} = \eta \cdot \exp\left(-\frac{\varepsilon}{kT}\right) \cdot \iint \exp\left(\frac{\sigma V}{kT}\right) \mathrm{d}\Omega \tag{5-17}$$

由于初始塑性的发生并非是可以完全重复的过程，故需要进行大量实验的统计分析。大量首次 pop-in 事件的累积概率分布函数 $F(t)$ 改变的速率即为：

$$\dot{F}(t) = [1-F(t)]\dot{N}(t) \tag{5-18}$$

积分之后，$F(t)$ 可以简化为：

$$F(t) = 1 - \exp\left(-\int_0^t \dot{N}(t')\,\mathrm{d}t'\right) \tag{5-19}$$

基于加载过程中保持不变的加载速率，$F(t)$ 也可等效为 $F(P)$。

基于上述讨论，压头下的位错形核可由初始塑性强度的累积概率分布 $F(P)$ 导出[14]：

$$\ln[-\ln(1-F)] = \frac{V}{kT}\tau_{\max} + \beta \tag{5-20}$$

式中，参数 β 为 $\tau_{\max}$ 的弱相关性参数。

压头作用下，样品内位错的产生为应力偏置的热激活过程，位错的激活能可以通过不同温度下的检测结果导出[14]：

$$P^{1/3} = \gamma kT + \frac{\pi}{0.47}\left(\frac{3R}{4E_r}\right)^{2/3}\frac{\varepsilon}{V} \tag{5-21}$$

式中，γ 为与温度相关的复函数，T 为热力学温度，ε 为激活能。

5.4.3　初始塑性的研究现状

在完全退火状态的晶体材料中，小尺寸压头作用下的初始塑性大多由位错形核引发。Zhu 等[17]在不同温度下对 CoCrFeMnNi 高熵合金进行了纳米压痕测试，发现该合金初始塑性的激活体积为 $34\text{Å}^3 \pm 7\text{Å}^3$，激活能为 $1.72\text{eV} \pm 0.35\text{eV}$，推断位错的形核机制为空位介导的异质形核机制。在 TiZrHfNb 高熵合金中，Ye 等[18]的工作显示位错形核的激活体积达到了 70Å^3。相比于早期单晶铂（激活体积和激活能分别为 9.7Å^3 和 $0.34\text{eV} \pm 0.03\text{eV}$），高熵合金中位错形核的激活体积和激活能都有明显提升，表示位错更难在高熵合金内形核。此外，相比于 FCC 和 BCC 相结构合金内的弱晶粒取向影响[17]，HCP 结构合金内晶粒取向的影响却十分关键[19]。

在亚稳态的高熵合金中，合金的初始塑性也可能由相变引发。Basu 等[20]在多相 Al$_{0.7}$CoCrFeNi 高熵合金中，发现 BCC 相中的压坑附近发生了相变，如图 5-9 所示。此外，在初始塑性的检测过程中，也发现了相变引起的 pop-in 事件，且相变发生在弹塑性转变点之前。在间隙原子掺杂后高熵合金中，Gan 等[21]表示 C 和 N 原子掺杂后，亚稳态 Fe$_{50}$Mn$_{30}$Co$_{10}$Cr$_{10}$ 高熵合金的初始塑性变得更容易发生，且 pop-in 现象不再明显。结合掺杂前后位错形核的激活体积，表示 C-N 的掺杂会促进不全位错的形核，进而阻碍位错的运动以及相变的发生。在 BCC 相结构的 NbTiZrHf 高熵合金中，Ye 等[22]发现该高熵合金与 FCC 相结构的 Fe$_{50}$Mn$_{30}$Co$_{10}$Cr$_{10}$合金不同，O 和 N 原子的掺杂促使初始塑性的临界载荷升高，如图 5-10 所示，结果显示位错的形核过程涉及多个原子的协调迁移，且 O/N 原子与合金内主元原子之间发生了局部的电荷转移，从而提高合金的初始塑性强度。

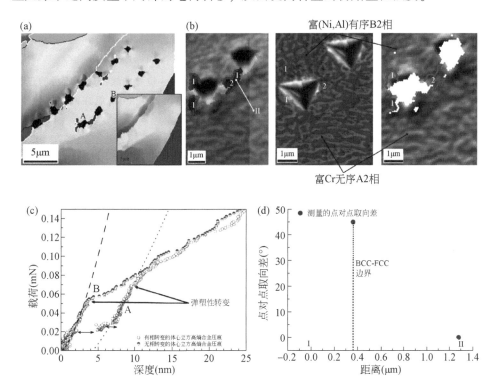

图 5-9　（a）BCC 晶粒中的压痕附近的相变；（b）压痕 A 附近的放大图显示了 A2 和 B2 相的分布。BCC-FCC 相边界用红色；（c）发生和没有发生 BCC-FCC 相变的压痕载荷-位移曲线；（d）新形成的 BCC-FCC 相边界的点对点的错配曲线[20]

5.4.4　短程有序结构的强化作用

　　研究初期，高熵合金被认为处于完全无序状态，但后期发现，高熵合金中存在纳米尺度的化学短程有序（SROs）结构[23-25]。通过调节合金成分及热机械处理工艺可有效调控短程有序结构，达到优化合金性能的目的。例如，Li 等[26]通过原子结构模拟，得出 CoCrNi 中熵合金在不同温度下的化学 SROs 结构存在差异，进而影响位错运动轨迹及合金力学性能。Ding 等[27]发现将 CrMnFeCoNi 高熵

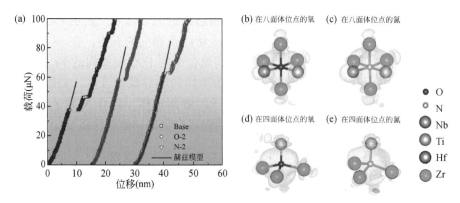

图 5-10 （a）未掺杂和 O/N 原子掺杂后，高熵合金的典型载荷-位移曲线；计算所得的三维电荷密度图显示了（b）氧在八面体位置，（c）氮在八面体位置，（d）氧在四面体位置，（e）氮在四面体位置的局域键合构型[22]

合金中的 Mn 元素替换为 Pd 元素后，较大原子尺寸和电负性差异的 Pd 原子增强了合金中的成分波动，促使化学 SROs 结构生成，在不影响应变硬化和拉伸延性的情况下提高合金屈服强度。

与传统的力学性能测试手段相比[24,28-31]，纳米压痕更能实现 SROs 结构强化的检测。Zhang 等[32]报道了 CoCrNi 高熵合金中的 SROs 结构，即通过 1000℃ 的高温时效处理来加强 CoCrNi 中的成分波动。随后，在纳米压痕测试过程中发现，SROs 结构会使得初始塑性的分布范围更广，且临界载荷也更高。

随后，Zhao 等[15]采用纳米压痕技术检测了固溶和高温时效条件下 CoCrFeNi 和 CoCrFeMnNi 高熵合金的初始塑性，并发现初始塑性强度的累积概率分布在本质上是双峰的[33]，基于高斯分布分峰拟合，将压头下不同的位错形核机制进行了分离，并表示小尺寸压头作用下，位错的形核机制包括均匀形核和空位介导的异质形核，大尺寸压头作用下，初始塑性的机制包括已有位错的激活以及空位簇或晶界辅助的位错异质形核。Zhang 等在此基础上，研究了缓慢冷却对 CoCrNi 合金中 SROs 结构的促进作用，如图 5-11 所示[34]，SROs 结构对位错的均匀和异质形核均有明显的阻碍作用，具体表现为两个

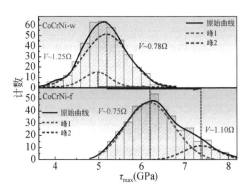

图 5-11 CoCrNi-w（水冷）和 CoCrNi-f（炉冷）样品 τ_{max} 值密度分布的直方图、KDE 曲线和高斯分布反卷积结果。每个峰的 V 均用 Ω 表示，虚线表示每个峰的平均 τ_{max} 值[34]

拟合峰平均剪切应力的较大提升。相比之下，$Fe_{40}Mn_{20}Cr_{20}Ni_{20}$ 合金中 SROs 结构的强化作用则很弱[35]，未进行双峰分析之前，甚至不足以发现 SROs 结构对合金初始塑性的影响，如图 5-12 所示。基于不同合金混合焓 ΔH_{mix} 和原子半径差 δ 的计算结果，即 CoCrNi 的 ΔH_{mix} 和 δ 分别为-9.78kJ/mol 和 1.35%，$Fe_{40}Mn_{20}Cr_{20}Ni_{20}$ 的 ΔH_{mix} 和 δ 分别为-6.08kJ/mol 和 1.05%，可以发现，混合焓越低、原子半径差越大的合金，SROs 结构的强化效果也越明显。

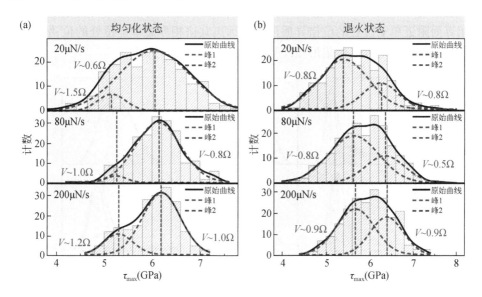

图 5-12　均匀化状态和时效状态的 $Fe_{40}Mn_{20}Cr_{20}Ni_{20}$ 合金在加载速率分别为 20μN/s、80μN/s 和 200μN/s 条件下 τ_{max} 值密度分布的直方图、KDE 曲线和高斯分布反卷积结果[35]

5.4.5　共格 L1$_2$ 相对位错形核的促进作用

在高熵合金中，析出强化是一种重要的合金强化手段，主要通过析出相与位错间的相互作用来实现。然而，在强化的同时，位错塞积也常导致较高的应力集中，甚至形成微裂纹，最终牺牲材料的部分塑性，这也就是所谓的强度–塑性权衡[36]。但是近年来，研究人员发现具有高密度纳米共格析出相的高熵合金，可以同时拥有超高的强度和较大的塑性[37-40]，这与其微观的变形机制紧密关联。析出相在强化合金的过程中，为了不牺牲塑性，则需要有足量的移动位错，或是存在可以不断提供位错的位错源。Gao 等[36]通过分子动力学模拟，发现共格析出相与基体间的共格相界面可以作为一种特有的可持续位错源，且由两相间的晶格错配控制。这一结果的提出，也为打破合金的强度–塑性权衡提供了新的思路。

在此基础上，Qiao 等[41]基于纳米压痕技术，从实验角度研究了高熵合金中共格相界面对位错形核的关键影响。首先对（CoCrNi）$_{94}$Al$_3$Ti$_3$合金进行相同温度不同时间的时效处理，从而获得尺寸不同的共格 L1$_2$ 相。图 5-13 为不同热处理条件下 τ_{max} 值密度分布的直方图、KDE 曲线和高斯分布反卷积结果，可以发现，均匀化状态和时效 60s、0.1h 和 0.3h 样品的 τ_{max} 值分布呈三峰态，时效时间大于0.3h 后，转变为双峰态。结合不同条件下合金内部不同缺陷、L1$_2$ 相和压头下应力区的分布特征，如图 5-14 所示，得到了所有状态下合金拟合峰的对应位错形核机制。时效状态样品中，存在的机制包括共格相界面附近的均匀位错形核、共格相界面附近单空位处的位错异质形核和远离共格相界面单空位处的位错异质形核，且共格界面附近的位错形核均受到晶格错配的促进作用。

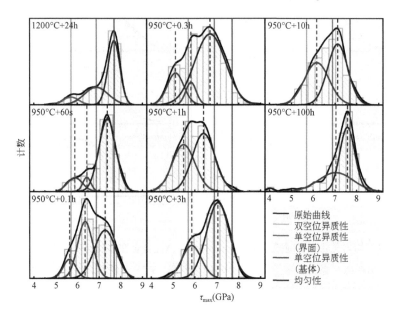

图5-13　均匀化状态和时效状态样品 τ_{max} 值密度分布的直方图、KDE 曲线和高斯
分布反卷积结果[41]

　　另外，对于同一位错形核机制，其剪切强度随时效时间的延长，表现出先降低后升高的趋势，这与 L1$_2$ 相的尺寸与分布情况相关，且在一定范围内（时效时间小于 1h），析出相尺寸越大，共格析出相对位错形核的促进作用越明显，如图5-15 所示，这也与 Gao 等[36]的模拟结果一致。当时效时间大于等于 1h 后，位错的形核也将更依赖于压头和 L1$_2$ 相的尺寸。

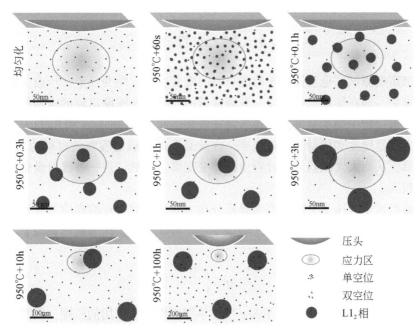

图 5-14 均匀化状态和不同时间时效后，合金内缺陷、L1$_2$相和压头下方应力区的
分布示意图[41]

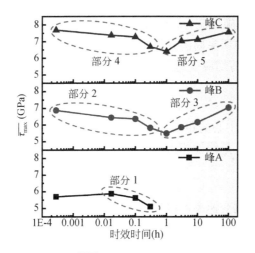

图 5-15 峰 A、峰 B 和峰 C 的 $\overline{\tau_{max}}$ 值随时效时间的变化，其中均匀化状态的合金
近似由时效时间为 1s 的样品表示[41]

5.5 蠕 变 性 能

纳米压痕测试法也常被用于检测材料的蠕变参数。蠕变现象在压痕实验过程中十分常见，即在卸载初始阶段，载荷降低的同时压痕深度出现的净增加，这是由蠕变变形过程中蠕变速度比弹性恢复速度快引起的。Chudoba 和 Richter[42]研究了如何在测量硬度和模量时消除蠕变，在卸载前的保载过程将使材料的"蠕变"充分变形，从而大大减弱卸载过程中的蠕变变形。当然，这一过程对设备的稳定性要求较高。

压痕测试中，压头下的应力为异质分布，即从尖端附近的高应力区到较远区域的低应力区。Goodall 和 Clyne[43]假设了一个特征应力，即为施加载荷 F 与投影接触面积 A_p 的比值：

$$\sigma = \frac{F}{A_p} \tag{5-22}$$

该特征应力遵循了 Mulhearn 和 Tabor[44]在早期工作中所使用的原则，同时，也与 Bower 等[45]描述的压痕蠕变的幂律关系相对应，其中，稳态蠕变速率可以描述为：

$$\dot{\varepsilon} = C\sigma^n \tag{5-23}$$

式中，C 为常数，σ 为施加应力，n 为蠕变应力指数。

此外，压痕测试中压头周围并不是单一的应变率值，依据塑性区为半球形的假设，研究人员[43]将剪切应变速率推导为：

$$\dot{\gamma} = \frac{3}{2} \frac{d^2}{r^3} \dot{d} \tag{5-24}$$

式中，r 为距离塑性区中心的距离，d 为静水压体积的直径。对于锥形的压头，d 的值和压痕测试深度 h 是线性相关的，故：

$$\dot{\varepsilon} = \frac{1}{h} \frac{dh}{dt} \tag{5-25}$$

在稳态蠕变过程中，蠕变速率可以描述为：

$$\dot{\varepsilon} = C\sigma^n \exp\left(-\frac{Q}{RT}\right) \tag{5-26}$$

式中，Q 为蠕变激活能。在这里，所有参数都假定与常规拉伸蠕变的数值一致。

在纳米压痕蠕变分析过程中，有几种方法可以使用，包括恒定深度法、恒定加载速率法、恒定压痕应变速率法和恒定载荷法，其中，最为常用的是恒定载荷法，图 5-16 为在恒定载荷下根据深度–时间（h-t）图确定应力指数 n 和激活能 Q 的示意图[43]。

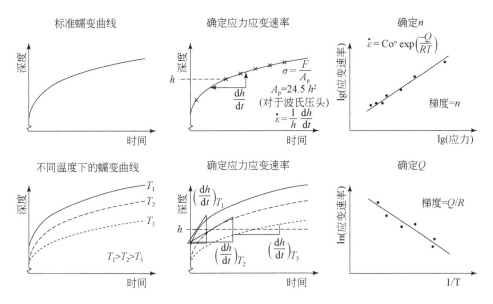

图 5-16　在恒定载荷下获得的深度–时间（h-t）图，以及用于确定应力指数 n 和激活能 Q 的示意图[43]

本书作者课题组等[46]采用纳米压痕研究了 HCP 结构 GdHoLaTbY 高熵合金的蠕变行为，发现施加载荷以及加载速率与合金的蠕变深度和蠕变应力指数密切相关。此外，n 也是判断变形机制的有效指标[47,48]，例如，$n=1$ 时为扩散蠕变，包括 Nabarro-Herring 蠕变（晶格扩散）和 Coble 蠕变（晶界扩散）；$n=2$ 时为晶界滑动；$n=3\sim8$ 时为位错蠕变。

5.6　断 裂 韧 性

通常情况下，玻璃、陶瓷、薄膜和涂层等脆性材料的断裂韧性可以通过压痕附近的裂纹进行合理估计，这种方法简单快捷，也常被用于检测此类材料的断裂韧性。依据裂纹的长度可以计算材料的断裂韧性，Lawn 等[49]提出断裂韧性与压痕附近裂纹长度之间的关系可以表示为：

$$K_{c} = \alpha \left(\frac{E}{H}\right)^{1/2} \left(\frac{P_{m}}{C^{3/2}}\right) \tag{5-27}$$

式中，α 是与压头形状相关的经验系数，P_{m} 是压头施加在样品上的最大载荷，C 为裂纹长度，如图 5-17 所示。

由于此方法只适用于脆性材料，故在韧性较高的高熵合金中需要采用其他方法。

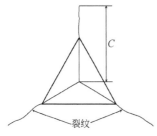

图 5-17　压痕附近产生的裂纹

纳米压痕的载荷-位移数据反映了断裂过程中释放的能量，这个能量描述了材料的断裂韧性[50,51]，具体表示为：

$$K_c = \sqrt{G_c E} \tag{5-28}$$

式中，G_c 为临界应变能释放速率，通常在韧性材料采用断裂能量（U）和断裂面积（A）的比值进行表示。韧性材料塑性变形过程中的压痕断裂能（G_{IEF}）可以写为[52]：

$$K_c = \sqrt{G_{IEF} E} = \sqrt{E \int_0^{h_p^*} P_m(h_p)\,\mathrm{d}h_p} = \sqrt{E \frac{W_p}{A}} \tag{5-29}$$

式中，P_m 为平均压痕接触压力，h_p 为塑性压痕深度，h_p^* 为断裂点的临界塑性压痕深度。W_p 为塑性变形能。塑性变形能与加载-卸载总能量之比可写为[53]：

$$\frac{W_p}{W_t} = 1 - \frac{\lambda(1+\gamma)H}{E_r} \tag{5-30}$$

对于玻氏压头，$\lambda = 4.52$，$\gamma = 0.27$[53]。H 是硬度，E_r 是约化模量。总能量 W_t 是通过将零深度到发生断裂的临界压痕深度（h^*）的加载曲线进行积分来确定的：

$$W_t = \int_0^h P\,\mathrm{d}h = \int_0^h kh^n\,\mathrm{d}h = \frac{k(h^*)^{n+1}}{n+1} \tag{5-31}$$

因此，塑性变形能 W_p 可重写为：

$$W_p = \left[1 - \frac{\lambda(1+\gamma)H}{E_r}\right] \frac{k(h^*)^{n+1}}{n+1} \tag{5-32}$$

由于发生断裂的压痕深度 h^* 无法从压痕数据直接得到，故需要采用其他方法来估计 h^*。连续损伤力学（CDM）常被用于 h^* 的估计[54]。根据连续损伤力学，损伤变量 D 可以估计为[52]：

$$D = 1 - \frac{H_D}{H_0} \tag{5-33}$$

其中，H_D 为测试硬度值，H_0 为没有损伤情况下的硬度值。根据不同深度下硬度值的变化，即 $H_D = A + Bh + Ch^2$，表示开始断裂的临界硬度值 H_D^* 决定了 h^* 的大小。

在加载过程中，材料在压头下方局部剪应力的作用下产生了孔隙。假设孔隙均匀分布，临界损伤变量 D^* 可以表示为临界孔隙体积分数 f^* 的函数：

$$D^* = \frac{\pi}{\left(\dfrac{4\pi}{3}\right)^{\frac{2}{3}}} (f^*)^{\frac{2}{3}} \tag{5-34}$$

随后，根据卸载深度、压痕深度、刚度和弹性模量之间的关系，可以计算出

在临界压痕深度 h^* 处形成的断裂面积[52]：

$$A = (h^*)^2 \left[\frac{\pi}{2} (\tan\alpha)^2 - \left(1 - \lambda \frac{H}{E_r}\right)^2 \tan\alpha \right] \tag{5-35}$$

对于玻氏压头，$\alpha = 65.27°$。将式（5-32）和式（5-35）代入式（5-29）中，断裂韧性 K_c 可以表示为[55]：

$$K_c = \sqrt{E \frac{1 - \dfrac{\lambda(1+\gamma)H}{E_r}}{\dfrac{\pi}{2}(\tan\alpha)^2 - \left(1 - \lambda\dfrac{H}{E_r}\right)^2 \tan\alpha} \frac{k(h^*)^{n+1}}{n+1}} \tag{5-36}$$

5.7　展　　望

纳米压痕测试技术是一种方便、快捷且基本无损的力学性能测试手段，目前已在高熵合金的硬度、模量、初始塑性、蠕变和断裂韧性等领域得到广泛应用。由于测试尺度很小，该技术对于高熵合金内微纳尺度结构（如化学短程有序结构、团簇等）的表征具有明显优势。

目前，高熵合金中的化学有序结构被认为是普遍存在的，只是存在有序程度的差异。基于此，纳米压痕技术有望在微纳尺度从理论方面揭示不同尺度有序结构对合金力学性能和变形机制的关键影响，进而从本质上发现高熵合金的特性。

参 考 文 献

[1] Oliver W C, Pharr G M. An improved technique for determining hardness and elastic modulus using load and displacement sensing indentation experiments. Journal of Materials Research, 1992, 7 (6): 1564-1583.

[2] Li D Y, Fan G H, Huang X X, et al. Enhanced strength in pure Ti via design of alternating coarse- and fine-grain layers. Acta Materialia, 2021, 206: 116627.

[3] Sun Y N, Chen P, Liu L H, et al. Local mechanical properties of Al$_x$CoCrCuFeNi high entropy alloy characterized using nanoindentation. Intermetallics, 2018, 93: 85-88.

[4] Basu I, Ocelík V, De H J Th M. BCC-FCC interfacial effects on plasticity and strengthening mechanisms in high entropy alloys. Acta Materialia, 2018, 157: 83-95.

[5] Sinha S, Mirshams R A, Wang T, et al. Nanoindentation behavior of high entropy alloys with transformation-induced plasticity. Scientific Reports, 2019, 9 (1): 6639.

[6] Wang F L, Balbus G H, Xu S Z, et al. Multiplicity of dislocation pathways in a refractory multiprincipal element alloy. Science, 2020, 370 (6512): 95-101.

[7] Nix W D, Gao H J. Indentation size effects in crystalline materials: A law for strain gradient plasticity. Journal of the Mechanics and Physics of Solids, 1998, 46 (3): 411-425.

[8] Pharr G M, Herbert E G, Gao Y F. The indentation size effect: A critical examination of experimental observations and mechanistic interpretations. Annual Review of Materials Research, 2010, 40: 271-292.

［9］ Durst K, Backes B, Goken M. Indentation size effect in metallic materials: Correcting for the size of the plastic zone. Scripta Materialia, 2005, 52 (11): 1093-1097.

［10］ Durst K, Backes B, Franke O, et al. Indentation size effect in metallic materials: Modeling strength from pop- in to macroscopic hardness using geometrically necessary dislocations. Acta Materialia, 2006, 54 (9): 2547-2555.

［11］ Qiu X, Huang Y, Nix W D, et al. Effect of intrinsic lattice resistance in strain gradient plasticity. Acta Materialia, 2001, 49 (19): 3949-3958.

［12］ Zhang Q, Jin X, Yang H J, et al. Gradient plastic zone model in equiatomic face- centered cubic alloys. Journal of Materials Science, 2022, 57 (46): 21475-21490.

［13］ Johnson K L. Contact Mechanics. Cambridge: Cambridge University Press, 1985: 1-452.

［14］ Mason J K, Lund A C, Schuh C A. Determining the activation energy and volume for the onset of plasticity during nanoindentation. Physical Review B, 2006, 73 (5): 054102.

［15］ Zhao Y K, Park J M, Jang J I, et al. Bimodality of incipient plastic strength in face- centered cubic high- entropy alloys. Acta Materialia, 2021, 202: 124-134.

［16］ Mridha S, Sadeghilaridjani M, Mukherjee S. Activation volume and energy for dislocation nucleation in multi- principal element alloys. Metals, 2019, 9 (2): 263.

［17］ Zhu C, Lu Z P, Nieh T G. Incipient plasticity and dislocation nucleation of FeCoCrNiMn high-entropy alloy. Acta Materialia, 2013, 61 (8): 2993-3001.

［18］ Ye Y X, Lu Z P, Nieh T G. Dislocation nucleation during nanoindentation in a body- centered cubic TiZrHfNb high-entropy alloy. Scripta Materialia, 2017, 130: 64-68.

［19］ Zhang W, Gao Y F, Xia Y Z, et al. Indentation schmid factor and incipient plasticity by nanoindentation pop- in tests in hexagonal close- packed single crystals. Acta Materialia, 2017, 134: 53-65.

［20］ Basu I, Ocelík V, De H J Th M. Size dependent plasticity and damage response in multiphase body centered cubic high entropy alloys. Acta Materialia, 2018, 150: 104-116.

［21］ Gan K F, Yan D S, Zhu S Y, et al. Interstitial effects on the incipient plasticity and dislocation behavior of a metastable high- entropy alloy: Nanoindentation experiments and statistical modeling. Acta Materialia, 2021, 206: 116633.

［22］ Ye Y X, Ouyang B, Liu C Z, et al. Effect of interstitial oxygen and nitrogen on incipient plasticity of NbTiZrHf high-entropy alloys. Acta Materialia, 2020, 199: 413-424.

［23］ Fernandez Caballero A, Wrobel J S, Mummery P M, et al. Short- range order in high entropy alloys: Theoretical formulation and application to Mo- Nb- Ta- V- W system. Journal of Phase Equilibria and Diffusion, 2017, 38 (4): 391-403.

［24］ Zhang F X, Zhao S J, Jin K, et al. Local structure and short- range order in a NiCoCr solid solution alloy. Physical Review Letters, 2017, 118 (20): 205501.

［25］ Antillon E, Woodward C, Rao S I, et al. Chemical short range order strengthening in a model FCC high entropy alloy. Acta Materialia, 2020, 190: 29-42.

［26］ Li Q J, Sheng H, Ma E. Strengthening in multi- principal element alloys with local- chemical- order roughened dislocation pathways. Nature Communications, 2019, 10: 3563.

［27］ Ding Q Q, Zhang Y, Chen X, et al. Tuning element distribution, structure and properties by composition in high-entropy alloys. Nature, 2019, 574 (7777): 223-227.

［28］ Dasari S, Jagetia A, Sharma A, et al. Tuning the degree of chemical ordering in the solid solution of a complex concentrated alloy and its impact on mechanical properties. Acta Materialia, 2021, 212: 116938.

［29］ Chen X F, Wang Q, Cheng Z Y, et al. Direct observation of chemical short-range order in a medium-entropy alloy. Nature, 2021, 592（7856）: 712-716.

［30］ Liu D, Wang Q, Wang J, et al. Chemical short-range order in $Fe_{50}Mn_{30}Co_{10}Cr_{10}$ high-entropy alloy. Materials Today Nano, 2021, 16: 100139.

［31］ Walsh F, Zhang M W, Ritchie Robert O, et al. Extra electron reflections in concentrated alloys do not necessitate short-range order. Nature Materials, 2023, 22（8）: 926-929.

［32］ Zhang R, Zhao S, Ding J, et al. Short-range order and its impact on the CrCoNi medium-entropy alloy. Nature, 2020, 581（7808）: 283-287.

［33］ Nag S, Narayan R L, Jang J I, et al. Statistical nature of the incipient plasticity in amorphous alloys. Scripta Materialia, 2020, 187: 360-365.

［34］ Zhang Q, Jin X, Shi X H, et al. Short range ordering and strengthening in CoCrNi medium-entropy alloy. Materials Science and Engineering: A, 2022, 854: 143890.

［35］ Zhang Q, Liaw P K, Yang H J, et al. Short-range-ordering strengthening and the evolution of dislocation-nucleation modes in an $Fe_{40}Mn_{20}Cr_{20}Ni_{20}$ high-entropy alloy. Materials Science and Engineering: A, 2023, 873: 145038.

［36］ Peng S Y, Wei Y J, Gao H J. Nanoscale precipitates as sustainable dislocation sources for enhanced ductility and high strength. Proceedings of the National Academy of Sciences, 2020, 117（10）: 5204-5209.

［37］ Liang Y J, Wang L J, Wen Y R, et al. High-content ductile coherent nanoprecipitates achieve ultrastrong high-entropy alloys. Nature communications, 2018, 9（1）: 4063.

［38］ Li T, Liu T W, Zhao S T, et al. Ultra-strong tungsten refractory high-entropy alloy via stepwise controllable coherent nanoprecipitations. Nature communications, 2023, 14（1）: 3006.

［39］ Fan R, Guo E J, Wang L P, et al. Multi-scale microstructure strengthening strategy in $CoCrFeNiNb_{0.1}Mo_{0.3}$ high entropy alloy overcoming strength-ductility trade-off. Materials Science and Engineering: A, 2023, 882: 145446.

［40］ Li Z, Zhang Z H, Liu X L, et al. Strength, plasticity and coercivity tradeoff in soft magnetic high-entropy alloys by multiple coherent interfaces. Acta Materialia, 2023, 254: 118970.

［41］ Zhang Q, Qiao J W, Zhao Y K, et al. Multimodality of critical strength for incipient plasticity in $L1_2$-precipitated（CoCrNi）$_{94}Al_3Ti_3$ medium-entropy alloy: Coherent interface-facilitated dislocation nucleation. Acta Materialia, 2025, 288: 120826.

［42］ Chudoba T, Richter F. Investigation of creep behaviour under load during indentation experiments and its influence on hardness and modulus results. Surface and Coatings Technology, 2001, 148（2-3）: 191-198.

［43］ Goodall R, Clyne T W. A critical appraisal of the extraction of creep parameters from nanoindentation data obtained at room temperature. Acta Materialia, 2006, 54（20）: 5489-5499.

［44］ Mulhearn T, Tabor D. Creep and hardness of metals: A physical study. Journal of the Institute of Metals, 1960, 89（1）: 7-12.

［45］ Bower A F, Fleck N A, Needleman A, et al. Indentation of a power law creeping solid. Proceedings: Mathematical and Physical Sciences, 1993, 441（1911）: 97-124.

［46］ Wang Z, Yang X W, Zhang Q, et al. Nanoindentation creep behavior of hexagonal close-packed high-entropy alloys. Metals and Materials International, 2024, 30（9）: 7.

［47］ Langdon Terence G. Grain boundary sliding revisited: Developments in sliding over four decades. Journal of Materials Science, 2006, 41 (3): 597-609.

[48] Lee D H, Seok M Y, Zhao Y K, et al. Spherical nanoindentation creep behavior of nanocrystalline and coarse-grained CoCrFeMnNi high-entropy alloys. Acta Materialia, 2016, 109: 314-322.

[49] Lawn B R, Evans A G, Marshall D B. Elastic/plastic indentation damage in ceramics: The median/radial crack system. Journal of the American Ceramic Society, 1980, 63 (9 - 10): 574-581.

[50] Zhang S, Sun D, Fu Y Q, et al. Toughness measurement of thin films: A critical review. Surface Coatings Technology, 2005, 198 (1-3): 74-84.

[51] Chen J, Bull S J. Assessment of the toughness of thin coatings using nanoindentation under displacement control. Thin solid films, 2006, 494 (1-2): 1-7.

[52] Günen A, Makuch N, Altınay Y, et al. Determination of fracture toughness of boride layers grown on $Co_{1.21} Cr_{1.82} Fe_{1.44} Mn_{1.32} Ni_{1.12} Al_{0.08} B_{0.01}$ high entropy alloy by nanoindentation. Ceramics International, 2022, 48 (24): 36410-36424.

[53] Cheng Y T, Cheng C M. Scaling relationships in conical indentation of elastic-perfectly plastic solids. International Journal of Solids Structures, 1999, 36 (8): 1231-1243.

[54] He M, Li F G, Ali N. A normalized damage variable for ductile metals based on toughness performance. Materials Science and Engineering: A, 2011, 528 (3): 832-837.

[55] Guo H, Jiang C B, Yang B J, et al. On the fracture toughness of bulk metallic glasses under Berkovich nanoindentation. Journal of Non-Crystalline Solids, 2018, 481: 321-328.

第6章 共晶高熵合金

共晶高熵合金（eutectic high-entropy alloys，EHEAs）是高熵合金的一大分支，定义为具有共晶组织的多组元合金，因此共晶高熵合金又可被称为多组元共晶合金（multicomponent eutectic alloys，MCEAs）。共晶高熵合金的设计初衷旨在解决大尺寸高熵合金铸造性能差的缺点。此外，通过合理的元素选择，可设计出具有不同相组成及性能的共晶高熵合金。

共晶高熵合金自提出以来受到了国内外学者的高度重视和广泛研究。国内的大连理工大学、西北工业大学、哈尔滨工业大学、太原理工大学以及国外的印度理工学院、北德克萨斯州大学等研究机构在共晶高熵合金领域开展了大量研究工作。共晶高熵合金的研究主要集中在设计方法、组织结构、力学性能及强韧化机制等方面，本章将分别介绍。

6.1 共晶高熵合金的优势

共晶合金是液态金属在恒定温度下结晶出两种固相，生成的具有两相交替分布组织的合金。常见的共晶相图如图6-1所示。通过对43种常见元素之间组成的二元相图进行分析发现，70%的二元系存在着至少一个共晶相变，说明了共晶相变的普遍性[1]。与此同时，仅有10%的二元系相图为匀晶相图，若扩充至三元或多元合金系，该比例会进一步降低，这也是单相固溶体高熵合金数量稀少的原因。

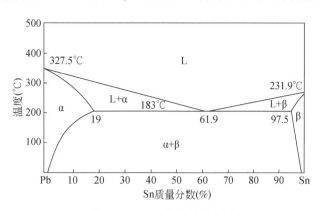

图6-1 Pb-Sn合金共晶相图

如果共晶合金的组成元素不局限于金属，则可以将共晶合金扩展至共晶材料。因此，凝固过程中发生共晶转变的材料称为共晶材料。共晶材料是工业上常用的一类材料，包括金属-金属共晶、金属-非金属共晶、金属-金属间化合物、非金属-非金属共晶等。图6-2为常用共晶材料及其应用领域，可以看出共晶材料应用的广泛性[2]。迄今，已有诸多共晶材料工业化, 如常见的 63/37 钎料就是共晶点成分的 Pb-Sn 合金; Al-Si 共晶或过共晶合金常用作发动机活塞; 铸铁是共晶成分的 Fe-C 合金; Co-WC 伪二元共晶合金是最为常见的硬质合金材料; InSb-NiSb 三元共晶半导体已被做成不同形式规格的磁敏电阻器。

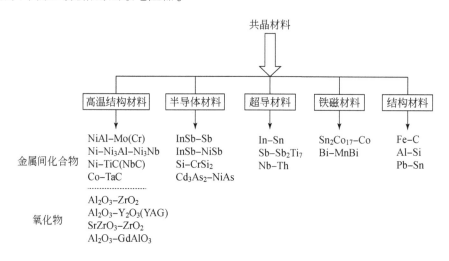

图 6-2　典型共晶材料及应用[2]

共晶高熵合金作为一种多组元共晶合金, 兼具共晶合金与高熵合金的特点。相较于传统二元或三元共晶合金, 共晶高熵合金具有更大的成分调控范围以及更多的相组成选择, 因而具有广泛的性能挖掘空间。与其他高熵合金相比, 共晶高熵合金具有优异的铸造性能, 即优异的液态金属充型能力。

液态金属的充型能力是指液态金属充满铸型型腔, 获得形状完整、轮廓清晰的铸件的能力。液态金属的充型能力首先取决于金属本身的流动能力, 即流动性, 同时又受外界条件, 如铸型性质、浇铸条件、铸件结构等因素的影响, 是各种因素的综合反映。液态金属的流动性直接影响铸件的质量, 良好的流动性是获得优质铸件的基本条件。合金的流动性受化学成分、凝固方式的影响最大。纯金属、共晶合金以及结晶温度范围较窄的合金是在恒温下逐层凝固的, 凝固层内表面光滑, 对液态金属流动阻力小, 因而流动性好。非共晶成分合金或结晶温度范围很宽的单相合金是在一定温度范围内结晶的, 凝固方式为中间或糊状凝固, 已结晶的树枝晶对液态金属流动阻力大, 因而流动性差。在凝固阶段, 流动性差的液态合金中的夹杂物、气体不易排出, 补缩也比较困难, 以致铸件容易产生各种缺陷, 例如浇不足、冷隔、气孔、夹渣、缩松等。该类合金铸锭中往往存在丰富的枝晶, 这是判断合金流动性好坏的简易方法。

值得注意的是, 虽然共晶高熵合金具有优异的铸造性能, 但铸造性能优异的合金并非只有共晶合金。一般而言，结晶温度范围窄的合金均具有优异铸造性能。以难熔高熵合金为例，在相同凝固条件下，若合金铸态下具有发达的枝晶组织，则表明合金铸造性能较差，若合金铸态下为等轴晶组织，则表明合金铸造性能较好。通过差示热分析法或相图计算法亦可得到合金的结晶温度区间，进而评估其铸造性能。

考虑到二元共晶相变的普遍性，若将二元体系扩充至三元、四元甚至五元体系，共晶成分的数量会急剧增加，这为高性能易浇铸合金的成分开发提供了道路引领，也证明了共晶高熵合金领域的重要性。

6.2 设计方法

简单二元共晶合金的组织研究可通过实验测定或理论计算来实现，但对于组元数目大于 4 的高熵合金，由于实验工作量巨大，传统的方法已不奏效，寻找共晶点成分必须提出新的设计方法。下面介绍几种实际可行的设计方法。

1. 相图计算法

相图是研究合金凝固过程中相变以及平衡态组织的有效手段，为了简化计算，目前对高熵合金相图的计算均以某一种元素为变量，以剩余元素为不变量，计算所得的相图称为伪二元相图，如 Al-CoFeNi、Al-CoCrFeNi、Al-Co_2CrFeNi、Al-$CoCr_2$FeNi、Al-$CoCrFe_2$Ni、Al-$CoCrFeNi_2$、CoCrFeNi-Mo、Cr-MoNbTaVW 等[3-5]。为获得准确有效的伪二元相图，作为不变量的几种元素往往具有相似化学性质，可形成简单固溶体相。

图 6-3 是利用 Thermo-Calc 软件计算的 $CoCrFeNiNb_x$ 合金系的伪二元共晶相图[6]，共晶组织由 FCC 结构相和 Laves 相组成，共晶点成分约为 $CoCrFeNiNb_{0.4}$。通过实验证实该合金系确为共晶体系，且测得共晶点成分为 $CoCrFeNiNb_{0.65}$。计算结果和实验结果的偏差主要来源于高熵合金不完善的热力学参数。随着高熵合金热力学数据库的不断完善，相图计算法将成为寻找共晶

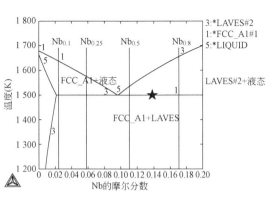

图 6-3 $CoCrFeNiNb_x$ 的伪二元相图[6]

高熵合金体系乃至新型高熵合金成分设计的有效方法。

2. 混合焓法

将已知共晶高熵合金中某一关键元素替换为另一个元素，即可得到另一种共晶高熵合金，替换元素的含量可通过二元混合焓来粗略估计，再通过少量实验即可获得共晶点准确成分[7]。

以研究最为广泛的 AlCoCrFeNi$_{2.1}$ 共晶高熵合金为例，合金由 FCC 相（富含Co、Cr、Fe）和 NiAl 金属间化合物相（富含 Ni、Al）组成，其中 Ni-Al 具有最负的混合焓，因而亲和力最高，显然，Al 元素是该合金中的关键元素。此时选取 Al 元素的替换元素 M，若 Ni-M 混合焓值均最负，可形成金属间化合物相，则M$_x$CoCrFeNi$_{2.1}$合金为 FCC 相+Ni-M 化合物的共晶高熵合金，M 元素的含量与 Ni-M 的混合焓值成正比，计算公式如下：

$$\frac{C_M}{C_{Al}} = \frac{\Delta H_{mix}^{NiAl}}{\Delta H_{mix}^{NiM}} \tag{6-1}$$

式中，C_M、C_{Al} 分别为 M 元素和 Al 元素的含量，ΔH_{mix}^{NiM} 和 ΔH_{mix}^{NiAl} 分别为 Ni-M 和Ni-Al 的混合焓值。

利用该方法设计的四种共晶高熵合金为 Zr$_{0.45}$CoCrFeNi$_{2.1}$、Nb$_{0.73}$AlCoCrFeNi$_{2.1}$、Hf$_{0.52}$CoCrFeNi$_{2.1}$、Ta$_{0.76}$CoCrFeNi$_{2.1}$。为方便计算，简化为 Zr$_{0.45}$CoCrFeNi$_2$、Nb$_{0.73}$AlCoCrFeNi$_2$、Hf$_{0.52}$CoCrFeNi$_2$、Ta$_{0.76}$CoCrFeNi$_2$。通过简单的试错实验，得到的共晶点成分分别为 Zr$_{0.6}$CoCrFeNi$_2$、Nb$_{0.74}$AlCoCrFeNi$_2$、Hf$_{0.55}$CoCrFeNi$_2$ 和Ta$_{0.65}$CoCrFeNi$_2$。实验结果和理论预测结果十分接近，表明利用该方法预测共晶高熵合金具有很高的可靠性。

3. 混合法

若元素性质接近的几种元素 A、B、C、D（混合焓接近 0）均可分别与元素M 形成二元共晶体系，则可能形成（ABCD）-M 伪二元共晶高熵合金体系[8]。

基于该方法设计的共晶高熵合金有 CoCrFeNiNb$_{0.6}$、CoCrFeNiTa$_{0.47}$、CoCrFeNiZr$_{0.51}$ 和 CoCrFeNiHf$_{0.49}$。经过试错法获得的准确共晶点成分为CoCrFeNiNb$_{0.45}$、CoCrFeNiTa$_{0.4}$、CoCrFeNiZr$_{0.55}$ 和 CoCrFeNiHf$_{0.4}$。该方法计算结果与实验结果较为接近，其缺点是很难找到所有二元子集合金均为共晶反应的合金系，这无疑限制了该方法的使用。

此外，研究发现，即使寻找到对应的几组二元共晶体系，如果各二元共晶体系组成相的晶体结构差异较大，也很难获得对应的共晶高熵合金，因此各二元共晶组成相的晶体结构也是需要考虑的因素。

4. 伪二元法

伪二元法[9]的提出是基于对"组元（component）"这一概念的重新认识，组元是组成合金的独立化学组成物。二元或三元合金系较为简单，对其研究往往将元素或稳定化合物作为组元。如 Ni-Al-Cr（Ni-Al-Fe）三元体系常将 NiAl 相和 Cr（Fe）作为组元绘制伪二元相图[10,11]。在高熵合金的前期研究中，则往往将多组元固溶体相作为组元来看待，并基于此构建了多个伪二元高熵合金体系。因此，为了简化多组元高熵合金的成分设计，稳定化合物和稳定固溶体相均可被看作组元，基于这种设计思想，便可从相的角度来设计伪二元高熵合金。

以设计 FCC+金属间化合物相为例，选取一种稳定的 FCC 固溶体相以及一种稳定的金属间化合物相，且在该合金系所有的二元组合中，该金属间化合物相具有最负的混合焓。将其等摩尔比混合，即可得到近共晶成分高熵合金。稳定 FCC 相是指固相点以下不发生元素偏聚或相转变的固溶体，而稳定金属间化合物相则是指具有一定熔点，且在熔点以下保持结构稳定而不发生分解的化合物。其中金属间化合物相的选择是为了保证合金的强度，而等摩尔比混合更易获得部分或全部的共晶组织。之所以要求该金属间化合物相具有最负的混合焓是为了防止其他金属间化合物相的生成。

基于该方法选取 7 种 FCC 固溶体相 $CoCrFeNi$、$CoCrNi$、$CoFeNi$、$CrFeNi$、$CoCrFeNi_2$、$Co_2CrFeNi$ 和 $CoCrFe_2Ni$ 分别作为固溶体相组元，选择稳定的 NiAl 金属间化合物相作为另一组元，将上述两组元以摩尔比 1∶1 混合，共设计出 7 种近共晶高熵合金：$AlCoCrFeNi_2$、$AlCoCrNi_2$、$AlCoFeNi_2$、$AlCrFeNi_2$、$AlCoCrFeNi_3$、$AlCo_2CrFeNi_2$ 和 $AlCoCrFe_2Ni_2$。通过调整 Ni、Al 元素含量得到的共晶点成分分别为 $AlCoCrFeNi_2$、$Al_{0.95}CoFeNi_{2.05}$、$Al_{0.8}CrFeNi_{2.2}$、$Al_{0.9}CoCrNi_{2.1}$、$Al_{1.19}CoCrFeNi_{2.81}$、$Al_{1.19}Co_2CrFeNi_{1.81}$ 和 $Al_{1.19}CoCrFe_2Ni_{1.81}$，与计算成分相近，表明了该方法的准确性。

5. 机器学习法

所谓的机器学习就是赋予计算机获得知识或技能的能力，然后利用这些知识和技能解决我们所需要解决的问题的过程。利用机器学习解决问题的过程为定义问题–数据收集–建立模型–评估–结果分析。就是针对某一特定问题，建立合适的数据库，将计算机和统计学等学科结合在一起，建立数学模型并不断地进行评估修正，最后获得能够准确预测的模型。

图 6-4 是利用机器学习法寻找 Al-Co-Cr-Fe-Ni 系共晶高熵合金的示意图[12]。主要分三个步骤：

① 结合文献结果以及相图计算软件，获得 Al-Co-Cr-Fe-Ni 系合金中成分和相组成的数据库；

② 利用该数据库训练机器学习模型，使之预测共晶高熵合金；

③ 利用经过训练的机器学习模型分析每种元素对相形成的影响作用，并找

出共晶反应形成的关键元素以及不同元素之间的关联。

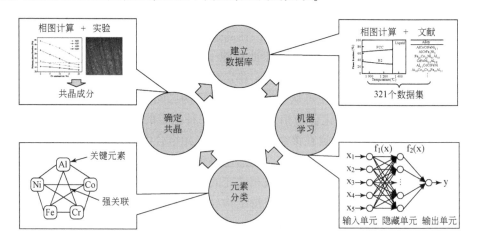

图 6-4　机器学习法设计共晶高熵合金示意图[12]

　　为了确保训练的准确性，需建立庞大的数据库，选取其中的大部分数据作为训练数据，剩余部分可作为检测数据。学习模型常选择人工神经网络模型（artificial neural network，ANN），通过对机器学习模型不断地训练和检测，可建立起成分和相组成之间的对应关系。此时，人为地给定一个合金成分，即可预测出对应的相组成。对于预测成功的新型共晶高熵合金，其数据亦可加入数据库中，用于完善现有的训练模型。

6. 单变线法

　　从 2014 年提出共晶高熵合金至 2023 年，超过一百种共晶高熵合金被设计出来。但是，竟然没有一种无序 FCC+无序 BCC 结构共晶高熵合金。为了设计出这类共晶高熵合金，太原理工大学 Jin 等[1]提出了一种二元共晶扩充法，示意图如图 6-5 所示。具体设计方法为：选取一种溶解度较大且具有无序 FCC+无序 BCC 结构的二元共晶合金，对其进行合金化，并使合金成分保持在单变线上，即可将二元共晶合金扩充为多组元共晶合金。图中红色线称为单变线或熔化沟，位于该曲线上的合金具有

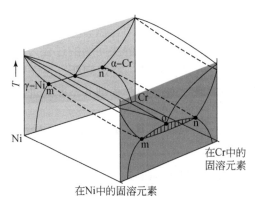

图 6-5　二元 Cr-Ni 共晶扩充至多组元共晶高熵合金示意图[1]

三相平衡：L→α-Cr+γ-Ni。利用该方法，传统的二元 $Cr_{46}Ni_{54}$ 共晶合金添加 Co、Fe、V 后可以扩充为多组元共晶合金，如 $Cr_{39}Ni_{37}Co_8Fe_8V_8$、$Cr_{41}Ni_{39}Co_{10}V_{10}$、$Cr_{37}Ni_{43}Fe_{10}V_{10}$ 和 $Cr_{47}Ni_{33}Co_{10}Fe_{10}$ 等。之所以选择上述 3 种元素进行合金化，是因为这 3 种元素在 α-Cr 和 γ-Ni 相中均具有可观的溶解度。除二元共晶合金外，伪二元共晶合金如 $Ni_{35}Al_{35}$-Cr_{30} 等亦可被扩充至多组元共晶合金。此外，通过合理选择合金化元素，可对合金的微观组织、力学性能以及物理化学性能进行定向调控。

6.3　组织结构

从相组成及晶体结构来看，共晶高熵合金主要包括 FCC+BCC、FCC($L1_2$)+B2、FCC+IMC、BCC+IMC 几大类。其中 IMC 相种类较多，主要包括六方 C14 结构以及立方 C15 结构的 Laves 相、μ 相和 σ 相等。目前已知共晶高熵合金铸态组织包括层片状和迷宫状[9,13]（图 6-6）。层片状共晶高熵合金多由部分层片状规则共晶组织和部分非规则共晶组织组成，而迷宫状组织在传统的共晶合金中并不常见。绝大多数力学性能优异的共晶高熵合金中均含有 FCC 相，表 6-1 列出了部分含 FCC 相共晶高熵合金的铸态显微组织及晶体结构。

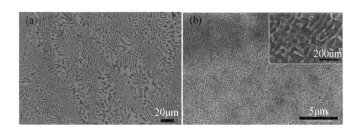

图 6-6　共晶高熵合金的典型组织[9,13]　（a）层片组织和（b）迷宫组织

表 6-1　部分共晶高熵合金组织及晶体结构

合金	组织	晶体结构	参考文献
$Cr_{41}Ni_{39}Co_{10}V_{10}$	层片组织	FCC+BCC	[1]
$Cr_{37}Ni_{43}Fe_{10}V_{10}$	层片组织	FCC+BCC	[1]
$Cr_{39}Ni_{37}Co_8Fe_8V_8$	层片组织	FCC+BCC	[1]
$Cr_{47}Ni_{33}Co_{10}Fe_{10}$	层片组织	FCC+BCC	[1]
$AlCoCrFeNi_{2.1}$	层片组织	FCC+B2	[13]
$Al_{0.9}CoCrNi_{2.1}$	层片组织	FCC+B2	[14]

合金	组织	晶体结构	参考文献
$Al_{0.8}CrFeNi_{2.2}$	层片组织	FCC+B2	[15]
$Al_{0.95}CoFeNi_{2.05}$	层片组织	FCC+B2	[16]
$Al_{1.19}CoCrFeNi_{2.81}$	层片组织	FCC+B2	[9]
$Al_{1.19}Co_2CrFeNi_{1.81}$	层片组织	FCC+B2	[9]
$Al_{1.19}CoCrFe_2Ni_{1.81}$	迷宫	FCC+B2	[9]
$CoCrFeNi_2Zr_{0.6}$	层片组织	$FCC+Ni_7Zr_2$	[7]
$CoCrFeNb_{0.74}Ni_2$	层片组织	$FCC+(Co, Ni)_2Nb$	[7]
$CoCrFeHf_{0.55}Ni_2$	层片组织	$FCC+Ni_7Hf_2$	[7]
$CoCrFeNi_2Ta_{0.65}$	层片组织	$FCC+(Co, Ni)_2Ta$	[7]
$CoCrFeNb_{0.65}Ni$	层片组织	FCC+Laves (CoCrNb)	[6]
$CoCrFeMnNiPd$	层片组织	$FCC+Mn_7Pd_9$	[17]
$CoFeNb_{0.75}Ni_2V_{0.5}$	层片组织	FCC+Laves (Fe_2Nb)	[18]
$CoCrFeNiNb_{0.45}$	层片组织	FCC+Laves (C14)	[8]
$CoCrFeNiTa_{0.4}$	层片组织	FCC+Laves (C14)	[8]
$CoCrFeNiZr_{0.55}$	层片组织	FCC+Laves (C15)	[8]
$CoCrFeNiHf_{0.4}$	层片组织	FCC+Laves (C15)	[8]
$CoCrFeNiTa_{0.395}$	层片组织	FCC+Laves	[19]
$CoCrFeNiZr_{0.5}$	迷宫	FCC+Laves (C15)	[20]
$CoFeMo_{0.6}NiV$	层片组织	$FCC+CoMo_2Ni$	[21]
$CoFeMoNi_{1.4}V$	层片组织	$FCC+Co_2Mo_3$	[21]
$Co_2Mo_{0.8}Ni_2VW_{0.8}$	层片组织	$FCC+\mu (Co_7Mo_6)$	[22]
$Al_{1.2}CrCuFeNi_2$	迷宫		[23]
$AlCrFeNi_3$	层片组织	FCC+B2	[24]
$AlCo_{0.2}CrFeNi_{2.8}$	层片组织	FCC+B2	[24]
$AlCo_{0.4}CrFeNi_{2.6}$	层片组织	FCC+B2	[24]
$AlCo_{0.26}CrFeNi_{2.4}$	层片组织	FCC+B2	[24]
$AlCo_{0.28}CrFeNi_{2.2}$	层片组织	FCC+B2	[24]
$Ni_{32}Co_{30}Fe_{10}Cr_{10}Al_{18}$	层片组织	FCC+B2	[12]
$Co_{25.1}Cr_{18.8}Fe_{23.3}Ni_{22.6}Ta_{8.5}Al_{1.7}$	层片组织	FCC+Laves (C14)	[25]

　　共晶合金的凝固组织往往受到多种因素的影响，包括合金成分、相组成和冷却速度等。在合金成分一定的情况下，改变冷却速率可有效地调控共晶合金的微观组织。共晶组织的形成是扩散控制的形核长大过程。层片间距越小，组元的横向扩散越容易，越有利于共晶团的长大，但层片间距减小意味着层片数量的增多，使相界面积增大，从而使体系能量增加。因此，一定冷却速度下共晶组织具有一定的层片间距。

　　共晶凝固时，结晶前沿的过冷度越大，则凝固速度 R 越快。层片间距 λ 与 R 的关系为：

$$\lambda = KR^{-n} \tag{6-2}$$

式中，K 为系数，对一般合金来说 $n = 0.4 \sim 0.5$。

　　可见，凝固速度越快，共晶合金的层片间距越小。片层间距的减小可提高共晶合金的强度，且强度与层片间距符合 Hall-Petch 关系。

　　气体雾化法的冷却速度约为 $10^4 \sim 10^7$ K/s，利用该方法制备的 $Co_{25.1}Cr_{18.8}Fe_{23.3}Ni_{22.6}Ta_{8.5}Al_{1.7}$ 共晶高熵合金粉末仍具有层片组织，层片间距可达 50nm[25]。普通电弧熔炼铸锭的冷却速度约为 500K/s，制备的共晶高熵合金片层间距多在 500nm ~ 5μm。定向凝固法可用于制备柱状晶或单晶组织的共晶高熵合金，由于冷速较慢，合金的层片间距相对较大，可超过 5μm[26-28]。

6.4　力学性能与强化机制

　　共晶高熵合金的力学性能受其微观组织、晶体结构、相界面的共同影响。其中晶体结构的影响最为显著。

1. BCC+B2 结构共晶高熵合金

　　AlCrFeNi 合金是典型的 BCC+B2 结构共晶高熵合金，该合金具有优异的室温压缩性能但拉伸性能极差，几乎不能发生塑性变形，这主要归因于 BCC 和 B2 相滑移系匮乏而造成的大面积解理断裂[29]。

2. FCC+IMC 结构共晶高熵合金

　　Laves 相是共晶高熵合金中最常见的金属间化合物相（除 B2 相和 L1₂ 相外）。Laves 相是拓扑密排相的一种，分子式为 AB_2，结构型有 3 种：$MgCu_2$ 立方结构、$MgZn_2$ 六方结构、$MgNi_2$ 六方结构。受限于上述晶体结构中匮乏的滑移系，Laves 相的室温脆性问题严重，断裂韧性很低，因而具有本征脆性。FCC+Laves 结构共晶高熵合金铸态下均为层片组织，尽管合金的塑性全部由 FCC 相来承担，但合金中的 FCC 相被 Laves 分隔开来，拉伸过程中的塑性变形不充分，相界面位错的塞积和应力集中使得裂纹提早萌生并扩展，因此该类合金的铸态拉伸性能很差，甚至无法加工出拉伸试样。由于压缩性能对裂纹不敏感，且 Laves 往往具有高强度，因而该类合金的压缩性能较为优异，断裂强度在 2000 ~ 2500MPa，延伸率约 20% ~ 30%。

尽管室温塑性极差，但该合金在高温下可表现出一定的塑性。此外，粉末冶金工艺亦可有效改善该类合金的力学性能[25]。

3. FCC（L1$_2$）+BCC（B2）结构共晶高熵合金

目前已报道具有 FCC+BCC 结构的共晶高熵合金有 4 种[1]：$Cr_{41}Ni_{39}Co_{10}V_{10}$、$Cr_{37}Ni_{43}Fe_{10}V_{10}$、$Cr_{39}Ni_{37}Co_8Fe_8V_8$ 和 $Cr_{47}Ni_{33}Co_{10}Fe_{10}$。4 种合金均通过对 Cr-Ni 二元共晶进行合金化得到，且均具有优异的拉伸性能。FCC+B2 结构的共晶高熵合金已有数十种，均由 Al、Co、Cr、Fe、Mn、Ni 中的 4 种或 5 种元素组成。例如卢一平提出的 $AlCoCrFeNi_{2.1}$ 合金以及晋玺提出的 $Al_{0.95}CoFeNi_{2.05}$、$Al_{0.8}CrFeNi_{2.2}$、$Al_{0.9}CoCrNi_{2.1}$、$Al_{1.19}CoCrFeNi_{2.81}$、$Al_{1.19}Co_2CrFeNi_{1.81}$、$Al_{1.19}CoCrFe_2Ni_{1.81}$ 合金等。相较于 BCC+B2 结构和 FCC+Laves 结构共晶高熵合金，FCC+BCC 和 FCC+B2 结构共晶高熵合金力学性能最为优异，其中铸态 FCC+B2 结构 $AlCoCrFeNi_{2.1}$ 合金除具有优异的室温拉伸性能外，在液氮温度和 700℃ 之间均具有可观的力学性能，展现出宽温域内优异的力学性能[13,30]。结合其优异的铸造性能，该类合金具有广阔的工业应用前景。

针对 $AlCoCrFeNi_{2.1}$ 合金强化机理的研究已有诸多报道，从断裂形式、原位拉伸、位错演化等多个角度揭示了该合金力学性能优异的本质。南京理工大学赵永好教授课题组[31]发现合金拉伸过程中发生了穿层片韧性断裂，并将其较好的拉伸塑性归因于低硬度 FCC 相和高硬度 B2 相的协同塑性变形，把合金的高强度归因于 B2 相中富 Cr 沉淀颗粒以及 FCC 相和 B2 相之间的半共格相界面。美国北德克萨斯州大学 Muskeri 等[32]利用聚焦离子束技术，在相界面处切割出直径 2μm、高度 4μm 的微型圆柱，并对其进行单轴压缩实验，发现在较大的压缩应变下，两相均发生了一定的塑性变形，且相界面结合良好，无裂纹产生，表明两相可以协同塑性变形且相界面结合强度较高。浙江大学张泽教授课题组[33]则认为铸态 $AlCoCrFeNi_{2.1}$ 合金的优异的强塑性匹配主要来源于 FCC 相较好的塑性变形、应变硬化能力以及相界面对位错的有效阻碍。

除 $AlCoCrFeNi_{2.1}$ 共晶高熵合金外，FCC + B2 结构的 $Al_{0.95}CoFeNi_{2.05}$、$Al_{1.19}CoCrFeNi_{2.81}$、$Al_{1.19}Co_2CrFeNi_{1.81}$、$Al_{1.19}CoCrFe_2Ni_{1.81}$ 共晶高熵合金亦展现出优异的室温拉伸性能，如图 6-7 所示。然而，$Al_{0.9}CoCrNi_{2.1}$ 共晶高熵合金的发现表明并非所有 FCC+B2 结构的共晶高熵合金均具有优异铸态力学性能。该合金的铸态拉伸延伸率仅为 6.9%，远低于其他几种共晶合金[14]。此外，美国北德克萨斯大学 Shukla 等[34]研究发现，即便是力学性能最优的 $AlCoCrFeNi_{2.1}$ 共晶高熵合

金，在某些凝固条件下延伸率也会大幅降低至 8%，远低于他人报道的 15% ~
18%。显然，该合金塑性的降低归因于凝固条件和铸锭尺寸的不同。

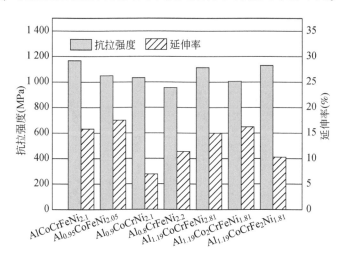

图 6-7　几种 FCC+B2 结构共晶高熵合金的力学性能对比图

　　通过对现有 FCC+B2 结构共晶高熵合金的对比分析，可发现该类合金具有相
同的晶体结构、相近的元素组成、显微组织、相体积分数以及共晶层片厚度，表
明上述因素并非造成合金力学性能差异的主要原因。断口分析表明，力学性能较
差的 $Al_{0.9}CoCrNi_{2.1}$ 合金在拉伸过程中同时存在两种断裂形式：沿层片解理断裂和
穿层片韧性断裂，两种断口区域分别占据整个断口面积的一半左右，如图 6-8 所
示[14]。力学性能优异的共晶高熵合金，如 $AlCoCrFeNi_{2.1}$ 合金与 $Al_{0.95}CoFeNi_{2.05}$ 合
金等断裂形式均为穿层片韧性断裂[31]。显然，断裂形式的不同是造成合金力学
性能差异的直接原因，且断裂形式的不同主要来源于相界面结构的不同。

　　对相界面结构的研究表明，$AlCoCrFeNi_{2.1}$ 和 $Al_{0.95}CoFeNi_{2.05}$ 合金的相界面为半
共格界面，其晶体学位向关系均为：$[111]_{B2}$ // $[011]_{L1_2}$ 和 $\{011\}_{B2}$ // $\{111\}_{L1_2}$。
该位向关系中 $L1_2$ 相与 B2 相的密排面和密排方向均平行，可有效降低位错穿越
相界的阻力，促进两相的协同塑性变形，同时避免界面处过高的位错塞积和应力
集中导致的界面裂纹。此外，该合金的相界面与两相密排面完全平行，因而具有
最低的界面能和最高的界面结合强度。两种因素的共同作用使得合金具有优异的
力学性能。

　　然而，力学性能较差的 $Al_{0.9}CoCrNi_{2.1}$ 共晶高熵合金中 FCC 相和 B2 相并不具备
完美的位向关系，其晶体学位向关系为：$\{111\}_{L1_2}$ // $\{110\}_{B2}$ 和 $[110]_{L1_2}$ //
$[001]_{B2}$，晶带轴有少量偏差。一般而言，共晶合金相邻两相具有特定的晶体学
位向关系，该合金反常位向关系的原因尚不清楚。但可以肯定的是，正是这种不

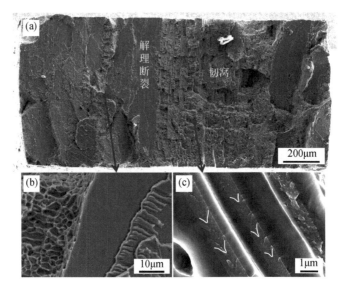

图 6-8 Al$_{0.9}$CoCrNi$_{2.1}$共晶高熵合金的拉伸断口 SEM 照片[14]

完美的晶体学位向关系，降低了合金的相界面结合强度，并最终导致了沿层片解理断裂的发生。可见，在共晶高熵合金的研究过程中，除合金元素、晶体结构、相组成外，相界面结构也是需要考虑的重要因素。表 6-2 为部分共晶高熵合金中存在的多种相界面位向关系。

表 6-2 部分共晶高熵合金中存在的多种相界面位向关系

共晶高熵合金	晶体结构	位向关系	参考文献
AlCoCrFeNi$_{2.1}$	L1$_2$+B2	$[111]_{B2}$ // $[011]_{L1_2}$，$\{011\}_{B2}$ // $\{111\}_{L1_2}$	[33]
Al$_{0.9}$CoCrNi$_{2.1}$	L1$_2$+B2	～ $[001]_{B2}$ // $[011]_{L1_2}$，$\{011\}_{B2}$ // $\{111\}_{L1_2}$	[14]
Al$_{0.8}$CrFeNi$_{2.2}$	FCC+B2	$[011]_{B2}$ // $[111]_{FCC}$，$\{111\}_{B2}$ // $\{022\}_{FCC}$	[15]
Al$_{0.95}$CoFeNi$_{2.05}$	L1$_2$+B2	$[111]_{B2}$ // $[011]_{L1_2}$，$\{011\}_{B2}$ // $\{111\}_{L1_2}$	[16]
CoCrFeNiZr$_{0.5}$	FCC+Laves（C15）	$[01\text{-}1]_{Laves}$ // $[-211]_{FCC}$，$(111)_{Laves}$ // $(111)_{FCC}$	[20]
CoCrFeNiTa$_{0.395}$	FCC+Laves（C14）	$[1\text{-}210]_{Laves}$ // $[0\text{-}11]_{FCC}$	[19]

6.5 共晶的屈服本构模型

屈服本构模型有助于更好地理解共晶高熵合金的屈服性能差异。如前文所述，共晶高熵合金多为层片状组织，对该类合金的强度研究往往采用 Hall-Petch

公式或混合定则。然而 Hall-Petch 公式往往需要制备出一系列具有不同层片厚度的共晶合金，且制备过程中很难保证除层片厚度外其他组织结构参数一致。而混合定则的运用过程中仅考虑了两相的体积分数，忽视了相尺寸、相分布以及相界面结构等关键信息，因此只适用于描述同一共晶体系内亚共晶–共晶–过共晶合金的力学行为差异。基于此，Jin 等构建了一种基于位错塞积理论的屈服本构模型，用于解释层片状共晶合金的屈服强度差异，具体公式如下[35,36]：

$$\sigma_y = \sigma_{\text{软}} + \Delta\sigma_{\text{HP}} = \sigma_{\text{软}} + M\Delta\tau_{\text{HP}} \tag{6-3}$$

式中，M 是泰勒因子，$\sigma_{\text{软}}$ 是软相的本征屈服强度。$\Delta\sigma_{\text{HP}}$ 是由共晶层片组织带来的强化效应。

$\sigma_{\text{软}}$ 可通过多组元合金的固溶强化模型来计算。由于模型数量较多，在此不再赘述。为分析共晶层片的强化作用，可将合金中复杂的层片组织简化成规则的双相层状组织。类似问题在层状金属复合材料领域已经积累了大量研究成果。如图 6-9 所示，层状材料的变形机制依据层片厚度 L 可划分成三类[37]。层片厚度 L 大于约 100nm 时，合金强度可用基于位错塞积的 Hall-Petch 模型来解释。层厚 L 在大约 5~100nm 时，变形将通过单个位错在金属层内的受限滑移主导，此时合金变形机制为受限层滑移机制（confined layer slip，CLS）。最后一类机制是界面强度模型（interface barrier strength，IBS），通常被用来解释当层厚 L 非常小时材料的强度峰值平台或反 Hall-Patch 效应[38]。

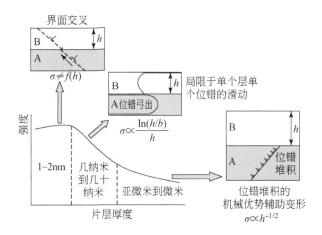

图 6-9　在不同长度尺度上决定多层材料强度的变形机制示意图[37]

通过传统制造工艺获得的共晶高熵合金块体组织片层间距均超过第一类变形机制与第二类变形机制的临界值（100nm），因此应选用 Hall-Petch 机制来评估共晶组织中的相界面强化效应。该机制认为在屈服发生前，软相中的位错将源源不断地从位错源滑移至相界面处并形成塞积。位错塞积会在头部领先位错产生相当大的应力，当应力增大到足够克服界面屏障时便能穿过相界面或使相界面上以及相邻硬相中的位错源开动。硬相中位错滑移的出现可作为合金整体屈服的标志。基于位错塞积理论，由层片组织引起的强化可以由以下公式评估[35,37,39]：

$$\Delta\tau_{HP}=\sqrt{\frac{\tau^{*}\,G_{S}b_{S}\sin\theta}{\pi\alpha(L_{S}/2)}}\,,\qquad \tau^{*}=\frac{\tau_{H}}{\cos\kappa}=\frac{2\gamma G_{H}b_{H}}{\cos\kappa\cdot L_{H}}\tag{6-4}$$

式中，α 对螺位错来讲值为 1，对刃位错来讲值为 $(1-\nu)$。$G_{S}=\sum c_{i}G_{i}$、b_{S} 和 L_{S} 分别是软相的剪切模量、伯氏矢量和层片厚度。θ 是 FCC 中滑移面与相界面的夹角。τ^{*} 是滑移传递时相界面对塞积头部位错的阻碍力。定义入射位错和出射位错的伯氏矢量夹角为 κ。这样可以用 $\cos\kappa$ 来评估取向关系的影响。τ_{H} 是在硬相中全位错的临界形核剪切应力。γ 是常数，取决于硬相中的位错类型，对于刃位错为 0.5，对于螺位错取 1.5。G_{H} 是硬相的剪切模量。b_{H} 和 L_{H} 分别是硬相的伯氏矢量和平均层片厚度。

计算结果发现，对于相组成相同，组织相近的 FCC+B2 结构共晶高熵合金，其屈服强度差异主要来源于软相的强度差异，而相界面对屈服强度的贡献大致相当[36]。也就是说，对共晶高熵合金的软相进行强化是提升合金屈服强度的有效手段。

共晶高熵合金中软相的强度除了利用固溶强化模型计算外，亦可通过对合金应力应变曲线分析得到。对于双相复合材料而言，其应力应变曲线往往可分为 3 个阶段，如图 6-10（a）中红色曲线所示。阶段 I：软相和硬相弹性变形；阶段 II：软相塑性变形，硬相弹性变形；阶段 III：软相和硬相协同塑性变形。因此，阶段 I 和 II 的分界点即为软相的屈服点。然而阶段 I 和阶段 II 均处于应力–应变

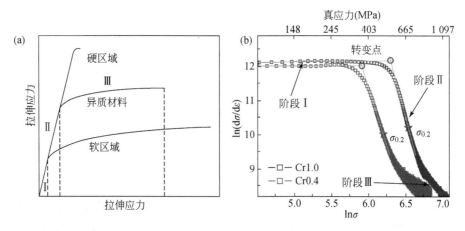

图 6-10　（a）双相复合材料的三个变形阶段（红色的应力–应变曲线）；（b）共晶高熵合金 Al$_{0.8}$CrFeNi$_{2.2}$（Cr1.0）和 Al$_{0.85}$Cr$_{0.4}$Fe$_{1.6}$Ni$_{2.15}$（Cr0.4）的 ln（dσ/dε）-lnσ 曲线[40]

曲线的弹性段，很难判断其转折点。由于对数据进行对数处理，可以将较小的数据差异放大，因此通过对合金的加工硬化率–应变曲线（$d\sigma/d\varepsilon-\varepsilon$）或加工硬化率–应力曲线（$d\sigma/d\varepsilon-\sigma$）进行对数处理，得到对应的 $\ln(d\sigma/d\varepsilon)-\ln(\varepsilon)$ 曲线或 $\ln(d\sigma/d\varepsilon)-\ln(\sigma)$ 曲线，即可轻松判断出两个阶段的转折点。如图 6-10（b）所示，在 $Al_{0.85}Cr_{0.4}Fe_{1.6}Ni_{2.15}$（Cr0.4）和 $Al_{0.8}CrFeNi_{2.2}$（Cr1.0）合金的 $\ln(d\sigma/d\varepsilon)-\ln(\sigma)$ 曲线上，阶段 I 和阶段 II 的转折点十分明显，且该转折点处对应的强度值与计算得到的软相屈服强度值极为接近[40]。

6.6 热机械处理性能

如上所述，FCC+B2 结构的铸态共晶高熵合金具有优异的宽温域拉伸性能，可应用于铸造领域。此外，该类合金的力学性能可以通过热机械处理的方式进一步提高。

轧制+退火工艺是改善共晶高熵合金的常用手段。其中轧制包括室温轧制和液氮温度轧制，退火工艺包括等温退火和非等温退火。共晶高熵合金经过冷轧可在 FCC 相和 B2 相中同时引入高密度位错，通过位错强化方式提高合金的屈服强度，同时冷轧可显著碎化共晶层片引入更多相界面，通过界面强化的方式提高合金强度。通过控制冷轧下压量的大小可实现合金强塑性的有效调控。此外，冷轧后经过退火可降低位错密度以及变形应力，通过控制退火温度及时间可获得需要的力学性能。通过非等温退火工艺可制备出一种遗传铸态共晶层片的超细晶组织–双相异质层片组织，并同时提高共晶高熵合金的强度和塑性，获得了极为优异的力学性能[41]。

此外，对于部分相界面位向关系较差的 $Al_{0.9}CoCrNi_{2.1}$ 共晶高熵合金，利用轧制和退火工艺，可破坏其原有的较差位向关系，抑制解理断裂的发生，进而提高合金塑性。而变形后得到的双相细小等轴晶组织亦可通过细晶强化的作用提升合金强度[14]。因此，对于双相共晶高熵合金，热机械处理是改善其力学性能的有效手段。

6.7 共晶的单纯热处理性能

虽然通过热机械处理可有效改善共晶高熵合金的力学性能，但在很大程度上浪费了其优异的铸造性能。事实上，对于部分形状复杂的零件如螺旋桨叶片等，只能通过单纯热处理的方式调控其力学行为。因此，通过单纯热处理的手段来改善共晶高熵合金性能具有重要意义。一方面，对于塑性较好的共晶高熵合金，通过中低温时效工艺，可促进沉淀相的弥散析出，进而提高合金强度[42,43]；另一方面，对于组织稳定性不高，且塑性较差的共晶高熵合金，通过高温退火工艺可实现共晶层片的球化，进而改善其脆性问题[44,45]。

对铸态 AlCoCrFeNi$_{2.1}$ 合金在 300～800℃ 的不同温度下分别退火 2h，发现随温度增加，合金的屈服强度和显微硬度值先下降后显著升高，在 650℃ 时达到峰值，如图 6-11 所示[42]。随着退火温度的升高，FCC 相和 B2 相的强度均有所提升，但 FCC 相表现出与合金相似的硬化行为，表明合金的硬化主要来源于 FCC相的硬化，这与上文中屈服本构模型的结论一致。而 FCC 相的强度提升来自FCC 基体中 L1$_2$ 析出相体积分数的增加。

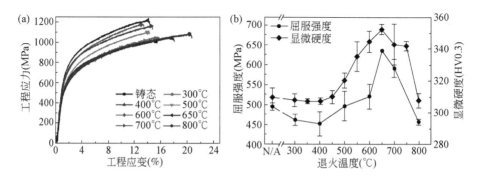

图 6-11　AlCoCrFeNi$_{2.1}$ 合金铸态和退火试样的（a）工程应力–应变曲线和
（b）屈服强度和显微硬度曲线[42]

CoCrNi$_2$（V$_3$B$_2$Si）$_{0.2}$ 合金是由 FCC+M$_3$B 相组成的层片状共晶高熵合金，铸态拉伸塑性极差，延伸率约 1%。通过对其进行 1100℃、24h 的球化退火，可使合金总延伸率增加至 8.5%，合金的抗拉强度亦由 923MPa 增加至 1050MPa，实现了合金的强韧化[44]。退火后合金具有更为优异的塑性变形能力，主要是因为退火后软 FCC 相连为一体，变形过程中位错滑移距离增加，延缓了界面处位错塞积引发应力集中导致裂纹萌生的时间。

6.8　共晶高熵合金展望

共晶高熵合金的提出一方面解决了高熵合金铸造性能差的缺点，另一方面也扩展了传统的二元共晶体系，通过合理的元素选择可有效调控共晶高熵合金的组织结构和性能。因此，通过成分设计探寻全新共晶高熵合金体系是该领域的一大研究热点。

高熵合金的制备工艺包括感应熔炼、电弧熔炼、粉末冶金、定向凝固等，探究新型制备工艺对共晶高熵合金组织性能的影响是该领域的一个研究方向。共晶高熵合金的相组成尚有完善的空间，如由硅化物、氮化物或氧化物作为组成相的共晶合金具有优异的抗氧化性能，但目前报道较少。此外，微量元素在相界、胞界处的偏聚会对材料的力学、物理等性能产生巨大影响，是该领域的另一个研究方向。

参 考 文 献

[1] Jin X, Xue Z, Mao Z Z, et al. Exploring multicomponent eutectic alloys along an univariant eutectic line. Mat Sci Eng A, 2023, 877: 145136

[2] 傅恒志. 先进材料定向凝固. 北京: 科学出版社, 2008

[3] Zhang C, Zhang F, Diao H, et al. Understanding phase stability of Al-Co-Cr-Fe-Ni high entropy alloys. Materials & Design, 2016, 109: 425-433.

[4] Liu W H, Lu Z P, He J Y, et al. Ductile CoCrFeNiMo$_x$ high entropy alloys strengthened by hard intermetallic phases. Acta Materialia, 2016, 116: 332-342.

[5] Zhang B, Gao M C, Zhang Y, et al. Senary refractory high-entropy alloy Cr$_x$MoNbTaVW. Calphad, 2015, 51: 193-201.

[6] He F, Wang Z, Cheng P, et al. Designing eutectic high entropy alloys of CoCrFeNiNb$_x$. Journal of Alloys and Compounds, 2016, 656: 284-289.

[7] Lu Y P, Jiang H, Guo S, et al. A new strategy to design eutectic high-entropy alloys using mixing enthalpy. Intermetallics, 2017, 91: 124-128.

[8] Jiang H, Han K, Gao X, et al. A new strategy to design eutectic high-entropy alloys using simple mixture method. Materials & Design, 2018, 142: 101-105.

[9] Jin X, Zhou Y, Zhang L, et al. A new pseudo binary strategy to design eutectic high entropy alloys using mixing enthalpy and valence electron concentration. Materials & Design, 2018, 143: 49-55.

[10] Tang B, Cogswell D A, Xu G, et al. The formation mechanism of eutectic microstructures in NiAl-Cr composites. Physical Chemistry Chemical Physics, 2016, 18 (29): 19773-19786.

[11] Eleno L, Frisk K, Schneider A. Assessment of the Fe-Ni-Al system. Intermetallics, 2006, 14 (10-11): 1276-1290.

[12] Wu Q F, Wang Z J, Hu X B, et al. Uncovering the eutectics design by machine learning in the Al-Co-Cr-Fe-Ni high entropy system. Acta Materialia, 2020, 182: 278-286.

[13] Lu Y, Gao X, Jiang L, et al. Directly cast bulk eutectic and near-eutectic high entropy alloys with balanced strength and ductility in a wide temperature range. Acta Materialia, 2017, 124: 143-150.

[14] Jin X, Liang Y, Bi J, et al. Enhanced strength and ductility of Al$_{0.9}$CoCrNi$_{2.1}$ eutectic high entropy alloy by thermomechanical processing. Materialia, 2020: 100639.

[15] Jin X, Bi J, Zhang L, et al. A new CrFeNi$_2$Al eutectic high entropy alloy system with excellent mechanical properties. Journal of Alloys and Compounds, 2019, 770: 655-661.

[16] Jin X, Zhou Y, Zhang L, et al. A novel Fe$_{20}$Co$_{20}$Ni$_{41}$Al$_{19}$ eutectic high entropy alloy with excellent tensile properties. Materials Letters, 2018, 216: 144-146.

[17] Tan Y, Li J, Wang J, et al. Seaweed eutectic-dendritic solidification pattern in a CoCrFeNiMnPd eutectic high-entropy alloy. Intermetallics, 2017, 85: 74-79.

[18] Jiang L, Lu Y, Dong Y, et al. Effects of Nb addition on structural evolution and properties of

the CoFeNi$_2$V$_{0.5}$ high-entropy alloy. Applied Physics A, 2015, 119 (1): 291-297.

[19] Huo W, Zhou H, Fang F, et al. Microstructure and properties of novel CoCrFeNiTa$_x$ eutectic high-entropy alloys. Journal of Alloys and Compounds, 2018, 735: 897-904.

[20] Huo W, Zhou H, Fang F, et al. Microstructure and mechanical properties of CoCrFeNiZr$_x$ eutectic high-entropy alloys. Materials & Design, 2017, 134: 226-233.

[21] Jiang L, Cao Z Q, Jie J C, et al. Effect of Mo and Ni elements on microstructure evolution and mechanical properties of the CoFeNi$_x$VMo$_y$ high entropy alloys. Journal of Alloys and Compounds, 2015, 649: 585-590.

[22] Jiang H, Zhang H, Huang T, et al. Microstructures and mechanical properties of Co$_2$Mo$_x$Ni$_2$VW$_x$ eutectic high entropy alloys. Materials & Design, 2016, 109: 539-546.

[23] Guo S, Ng C, Liu C T. Anomalous solidification microstructures in Co-free Al$_x$CrCuFeNi$_2$ high-entropy alloys. Journal of Alloys and Compounds, 2013, 557: 77-81.

[24] Dong Y, Yao Z, Huang X, et al. Microstructure and mechanical properties of AlCo$_x$CrFeNi$_{3-x}$ eutectic high-entropy-alloy system. Journal of Alloys and Compounds, 2020, 823: 153886.

[25] Han L, Xu X, Li Z, et al. A novel equiaxed eutectic high-entropy alloy with excellent mechanical properties at elevated temperatures. Materials Research Letters, 2020, 8 (10): 373-382.

[26] 葛玉会. AlCoCrFeNi$_{2.1}$共晶高熵合金定向凝固组织及性能的研究. 西安: 西安理工大学, 2019.

[27] Zheng H T, Chen R R, Qin G, et al. Phase separation of AlCoCrFeNi$_{2.1}$ eutectic high-entropy alloy during directional solidification and their effect on tensile properties. Intermetallics, 2019, 113: 106569.

[28] Wang L, Yao C L, Shen J, et al. Microstructures and room temperature tensile properties of as-cast and directionally solidified AlCoCrFeNi$_{2.1}$ eutectic high-entropy alloy. Intermetallics, 2020, 118: 106681.

[29] 王艳苹. AlCrFeCoNiCu系多主元合金及其复合材料的组织与性能. 哈尔滨: 哈尔滨工业大学, 2009.

[30] Lu Y, Dong Y, Guo S, et al. A promising new class of high-temperature alloys: Eutectic high-entropy alloys. Scientific Reports, 2014, 4: 6200.

[31] Gao X Z, Lu Y P, Zhang B, et al. Microstructural origins of high strength and high ductility in an AlCoCrFeNi$_{2.1}$ eutectic high-entropy alloy. Acta Materialia, 2017, 141: 59-66.

[32] Muskeri S, Hasannaeimi V, Salloom R, et al. Small-scale mechanical behavior of a eutectic high entropy alloy. Scientific Reports, 2020, 10 (1): 1-12.

[33] Wang Q, Lu Y, Yu Q, et al. The exceptional strong face-centered cubic phase and semi-coherent phase boundary in a eutectic dual-phase high entropy alloy AlCoCrFeNi. Scientific Reports, 2018, 8 (1): 1-7.

[34] Shukla S, Wang T H, Cotton S, et al. Hierarchical microstructure for improved fatigue properties in a eutectic high entropy alloy. Scripta Materialia, 2018, 156: 105-109.

[35] Hull D, Bacon D J. Introduction to Dislocations. Oxford: Butterworth-Heinemann, 2011: 203-249.

[36] Mao Z Z, Jin X, Xue Z, et al. Understanding the yield strength difference in dual-phase eutectic high-entropy alloys. Materials Science and Engineering: A, 2023, 867: 144725.

[37] Misra A, Hirth J P, Hoagland R G. Length-scale-dependent deformation mechanisms in incoherent metallic multilayered composites. Acta Materialia, 2005, 53 (18): 4817-4824.

[38] Nasim M, Li Y C, Wen M, et al. A review of high-strength nanolaminates and evaluation of their properties. Journal of Materials Science & Technology, 2020, 50: 215-244.

[39] Basu I, Ocelík V, de Hosson J T. BCC-FCC interfacial effects on plasticity and strengthening mechanisms in high entropy alloys. Acta Materialia, 2018, 157: 83-95.

[40] 毛周朱. 铸态 Al-Co-Cr-Fe-Ni 系 FCC+B2 结构共晶高熵合金拉伸行为研究. 太原: 太原理工大学, 2023.

[41] Shi P, Ren W, Zheng T, et al. Enhanced strength-ductility synergy in ultrafine-grained eutectic high-entropy alloys by inheriting microstructural lamellae. Nature Communications, 2019, 10 (1): 489.

[42] Cheng Q, Zhang Y, Xu X D, et al. Mechanistic origin of abnormal annealing-induced hardening in an $AlCoCrFeNi_{2.1}$ eutectic multi-principal-element alloy. Acta Materialia, 2023, 252: 118905.

[43] Peng P, Feng X, Li S, et al. Effect of heat treatment on microstructure and mechanical properties of as-cast $AlCoCrFeNi_{2.1}$ eutectic high entropy alloy. Journal of Alloys and Compounds, 2023, 939: 168843.

[44] Zhang L, Amar A, Zhang M, et al. Enhanced strength-ductility synergy in a brittle $CoCrNi_2$ $(V_3B_2Si)_{0.2}$ eutectic high-entropy alloy by spheroidized M_3B_2 and recrystallized FCC. Science China Materials, 2023, 66 (11): 4197-4206.

[45] Jiang L, Lu Y, Wu W, et al. Microstructure and mechanical properties of a $CoFeNi_2V_{0.5}Nb_{0.75}$ eutectic high entropy alloy in as-cast and heat-treated conditions. Journal of Materials Science & Technology, 2016, 32 (3): 245-250.

第7章 无钴高熵合金及其力学性能

自高熵合金出现以来，从组织、结构、性能、应用等各方面来看，面心立方（FCC）高熵合金是高熵合金三种结构中发展最快且最全面的一类。面心立方高熵合金特征为：室温低强度和大塑性，同时研究者发现其具有优越的低温应用潜力。为进一步优化合金力学性能，发挥合金潜能，多种研究思路开始深入开展。其中，兼顾合金成本的一类无钴高熵合金进入研究者视野，被认为有望应用于追求经济效益的工程生产中。

无钴高熵合金由典型的面心立方高熵合金演变而来，相较于典型的面心立方高熵合金，如 CoCrFeMnNi、CoCrFeNi 及 Al$_{0.1}$CoCrFeNi 等[1,2]，选择完全去掉昂贵 Co 元素，其名称也由此而来。成分上，除 Co 元素外，仍然以第四周期元素为主；结构上，仍然以面心立方结构为基体；性能上，仍然保留面心立方高熵合金特性。总体而言，无钴高熵合金与面心立方高熵合金研究领域基本一致，可作为面心立方高熵合金改良应用的一个重要发展方向。

无钴高熵合金发展时间较短，目前主要存在非等原子比 FeMnCrNi[3]、FeNiMnAl[4] 及 FeNiMnAlCr[5] 等系列合金。合金研究方向以力学性能的强韧化为主，同时少量开展耐摩擦磨损、耐腐蚀等性能研究。合金力学性能研究已有所进展，可获得一些低成本、高性能高熵合金，特别是在低温环境中，成为有效的工程储备材料。因此，本章主要讨论无钴高熵合金的力学性能，为进一步合金性能优化提供理论基础。

7.1 无钴高熵合金的特征

随着高熵合金的发展遍地开花，无钴高熵合金应运而生。无钴高熵合金首次以此名称报道，是 2013 年 Guo 等关于 Al$_x$CrCuFeNi$_2$（$x = 0.2 \sim 2.5$）合金的铸态组织研究[6]。近十年发展时间，相继出现了 FeNiMnCr$_{18}$、Fe$_{28.2}$Ni$_{18.8}$Mn$_{32.9}$Al$_{14.1}$Cr$_6$、（FeNi）$_{67}$Cr$_{15}$Mn$_{10}$Al$_4$Ti$_4$、Fe$_{40}$Mn$_{20}$Cr$_{20}$Ni$_{20}$、Fe$_{59}$Cr$_{13}$Ni$_{18}$Al$_{10}$ 及 CrFeNi$_2$Al 等代表性合金系[4,7-11]。不难发现，无钴高熵合金的出现时间，属于第二代高熵合金[12]发展时期。因此这类合金呈现出四个元素以上、非等原子比组成，以及双相或多相结构特征，是高熵合金发展中的一类典型衍化。虽然四元合金的构型熵并不在高熵范畴内，但其依然延续了高熵合金多主元、复杂成分的核心设计思路，因此不作高熵合金与中熵合金的区分，统称所研究合金为高熵合金。

无钴高熵合金自发展以来，以面心立方结构为主导方向，形成了下列几点特征。成分上，通常由 Cr、Mn、Fe、Ni、Cu、Al 等较低成本金属元素及几种常见非金属元素组成，以非等原子比形式构成四元及以上多主元高熵合金；结构上，为满足结构材料性能需求，在单相 FCC 合金基础上，引入多种硬质第二相结构，包括体心立方结构（BCC）、有序体心立方（B2）相、有序面心立方（L1$_2$）相和四方结构 σ 相等，以协调发挥软硬相各自优势，实现合金综合力学性能提升；组织结构决定力学性能，无钴高熵合金力学性能通常处于单相 FCC 与 BCC 合金之间，具有优异的强塑性匹配性能。

无钴高熵合金的特征由来于它的需求方向，主要集中于力学性能的强韧化。添加 Al、Ti 等轻质元素，掺杂 C、B 等间隙元素，引入位错、层错和孪晶等缺陷，引入纳米第二相等，均为有效的强韧化方法，也因此形成无钴高熵合金成分、结构、性能上的总体特征。所以，后续讨论主要以合金强韧化为主线，阐述无钴高熵合金发展历程。

7.2 无钴高熵合金的组织结构

合金组织结构决定力学性能，因此首先分析无钴高熵合金组织和结构特征。绝大多数无钴高熵合金是以 FCC 结构为基体，也存在少数以 BCC 结构为基体的合金，如 Feng 等[13]研究的 Al-Cr-Fe-Mn-Ti 系轻质高熵合金，具有优异的室温及高温压缩性能。这部分合金通常仅讨论压缩性能，无法得到室温拉伸性能，与无钴高熵合金主流研究方向不同。本节在无钴高熵合金组织结构的分类讨论中，初步了解其强韧化手段。

7.2.1 合金的结构分类

1. 单相 FCC 结构

无钴高熵合金的设计初衷，即为了在降低成本的同时，依然保留单相 FCC 合金优异的低温力学性能，以 2014 年 Gludovatz 等[1]发表在 Science 的文章为标杆。因此无钴高熵合金的成分设计原则，首先需尽量满足 FCC 结构形成条件。合金发展初期则参考相结构预测参数[14]，即价电子浓度（VEC），是指合金中每个原子加权平均的价电子数，VEC>7.8 时，为 FCC 结构。其中 Co、Cr、Fe、Mn、Ni 元素的原子价电子数分别为 9、6、8、7、10。为保证 FCC 结构形成，去掉 Co 元素同时，需要保证 Ni、Mn 元素含量，且适当降低 Cr 元素含量。

将 CoCrFeMnNi 合金中 Co 元素去除时，等原子比 FeNiMnCr 合金并非单相固溶体结构，升高的相对 Cr 含量导致金属间化合物生成[15]。因此，通过成分调控，形成了 $FeNiMnCr_{18}$[7]、$Fe_{40.4}Ni_{11.3}Mn_{34.8}Al_{7.5}Cr_6$[16]、$Fe_{40}Mn_{20}Cr_{20}Ni_{20}$[9] 与 Fe_x $Mn_{75-x}Ni_{10}Cr_{15}$（$x=50at.\%$ 和 $55at.\%$）[17] 等单相 FCC 合金。如图 7-1 所示，在 Cr_{20}-$(Fe$-Mn-$Ni)_{80}$[18] 合金系研究中也发现，FeNiMnCr 四元合金系中固溶体结构区域较大，有利于后续合金设计开发。这些合金在铸态及均匀化处理后均为单相状态，高温区同样是单相结构，但是中温区相结构需进一步实验确定。其中 $Fe_{40.4}Ni_{11.3}Mn_{34.8}Al_{7.5}Cr_6$ 铸态合金中掺杂 C 元素，至 $1.1at.\%$ 仍然保持单相结构，保持了高熵合金大的固溶度特征。这些非等原子比单相 FCC 合金逐渐成为无钴高熵合金的成分开发基础。

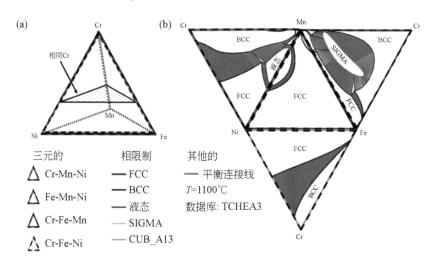

图 7-1　Cr-Fe-Mn-Ni 合金系成分空间的表示[18]

2. FCC 基体+第二相结构

为满足多方位性能需求，在单相 FCC 合金基础上，陆续开发出多种第二相结构，形成双相甚至多相结构合金。FCC 结构通常被视为合金中的软相，因此需要硬相辅助，达到强化合金的目的。在高熵合金的研究中发现，软硬相协调变形，会产生另外的异质强化作用[19]，是一种实现合金强韧化的有力手段。

在 FCC 高熵合金中引入硬质第二相，一般通过成分设计或热机械处理实现。对于高熵合金，第二相的出现需要降低高熵效应，提高负混合焓元素间相互作用，增加化学偏析程度。在成分上，加入第二相形成元素，例如在 $Fe_{40}Mn_{25}Cr_{20}Ni_{15}$ 合金中加入 Al 元素，形成大的负混合焓 Ni-Al 元素对，随 Al 含量增加，铸态合金结构从单相 FCC 结构转变为 FCC+BCC/B2 结构，最终甚至成为 BCC+B2 结构。$(Fe_{40}Mn_{40}Ni_{10}Cr_{10})_{100-x}Al_x$（$x=0at.\%$、$5at.\%$、$8at.\%$、$10at.\%$、$15at.\%$、

20at. %）[20]、（$Fe_{50}Mn_{25}Ni_{10}Cr_{15}$）$_{100-x}Al_x$（$x = 0 \sim 8$at. %）[21]、$Fe_{35}Mn_{15}Cr_{15}Ni_{25}Al_{10}$[22] 与（$Fe_{36}Ni_{18}Mn_{33}Al_{13}$）$_{100-x}Ti_x$（$x = 0 \sim 6$at. %）[23]等合金系，均以添加新元素方式实现第二相生成。$AlCrFe_2Ni_2$[24]、$Fe_{28.2}Ni_{18.8}Mn_{32.9}Al_{14.1}Cr_6$[4]与 $Fe_{59}Ni_{18}Cr_{13}Al_{10}$[10]等合金则通过调节元素比例，形成第二相析出。成分调控使得合金在铸态下即呈现双相结构。

　　另一部分合金，第二相结构则出现在热机械处理过程中。通过变形及热处理方式，利用合金热稳定性变化，使合金在中温区发生固态相变。例如，（FeNi）$_{75}$ $Cr_{15}Mn_{10}Al_{8-x}Ti_x$（$x = 3$at. % ～ 5at. %）[8]合金，铸态下均为单相 FCC 结构，经过均匀化、冷轧及再结晶退火处理后，产生有序 $L1_2$ 相或密排六方有序 η 相，形成双相或三相组织结构；$Fe_{40}Mn_{10}Cr_{25}Ni_{25}$[25]合金在 750 ～ 900℃热处理中析出富 Cr 的 σ 相；$Fe_{59}Cr_{13}Ni_{18}Al_{10}$ 合金则在 550℃退火处理后生成 B2-NiAl 相，同时在拉伸变形过程中持续发生相变，FCC 相持续转变为 B2 结构。温度降低，混合熵作用减弱，FCC 结构热稳定性降低，导致第二相析出。

　　综上所述，在无钴高熵合金中，所生成的第二相结构包括 BCC、B2、$L1_2$ 及 σ 相等硬质相，发挥强化 FCC 基体作用，改善 FCC 合金屈服强度较低的劣势。典型的组织结构示意图如图 7-2 所示[26]，按照相界面分类，在 FCC 基体+第二相

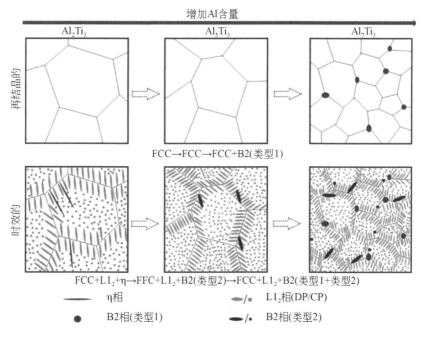

图 7-2　在再结晶和时效条件下，$Ni_{47-x}Fe_{30}Cr_{12}Mn_8Al_xTi_3$

（$x = 2$at. %、5at. %、7at. %）无 Co 高熵合金的微观组织演变示意图[26]

结构合金中，共格、半共格及非共格界面均存在，且很多情况下多种相界面共存，发挥多重作用。第二相形态则通常为粒状或块状，少量为针状。总之，FCC基体+第二相结构是无钴高熵合金中发展最为广泛的一类合金，是合金强韧化的主要组织结构调节方向。

3. 共晶结构

共晶合金在高熵合金中是一类非常具有潜力的合金，在制备、生产及性能上均具有极大优势。为进一步降低合金成本，提高合金经济效益，在共晶合金中也出现无钴高熵合金的发展。一类是由早期成功开发的 AlCoCrFeNi$_{2.1}$ 典型共晶高熵合金衍化而出，其他研究者利用 VEC 等经验参数调节合金成分得到 CrFeNi$_{2.2}$Al$_{0.8}$[11]、AlCrFe$_{1.5}$Ni$_{2.6}$[27]、Al$_{0.85}$Cr$_{0.4}$Fe$_{1.6}$Ni$_{2.15}$、Al$_{0.83}$Cr$_{0.6}$Fe$_{1.4}$Ni$_{2.17}$ 及 Al$_{0.82}$Cr$_{0.8}$Fe$_{1.2}$Ni$_{2.1}$[28]等无钴共晶高熵合金，如图 7-3 所示，呈现出以 FCC 结构为主的双相片层组织结构，片层间距同样在纳米级。通过 VEC 对于双相 FCC/BCC 高熵合金中相体积分数的决定因素，实现以 FCC（L1$_2$）和 BCC（B$_2$）相为主的合金结构设计，在这类合金成分开发中表现出很高的有效性。

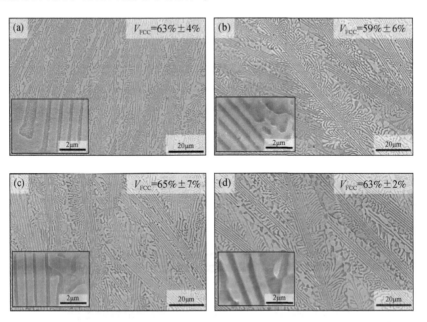

图 7-3　当前铸态共晶高熵合金（EHEA）系的典型 SEM 图像

（a）Al$_{0.8}$CrFeNi$_{2.2}$；（b）Al$_{0.82}$Cr$_{0.8}$Fe$_{1.2}$Ni$_{2.1}$；（c）Al$_{0.83}$Cr$_{0.6}$Fe$_{1.4}$Ni$_{2.17}$；（d）Al$_{0.85}$Cr$_{0.4}$Fe$_{1.6}$Ni$_{2.15}$[28]

另一类则是 Baker 等以高锰钢为基础,开发设计多个 FCC+B2 结构复杂成分合金,包括 $Fe_{30}Ni_{20}Mn_{35}Al_{15}$、$Fe_{28.2}Ni_{18.8}Mn_{32.9}Al_{14.1}Cr_6$ 与 $Fe_{28}Ni_{18}Mn_{33}Al_{21}$ 等合金[29,30],片层厚度从 50nm 至 500nm,具有典型的片层共晶结构,将结合高锰钢、复杂成分合金及共晶合金三者特点,发挥性能及成本优势。无钴共晶高熵合金理论上是一般无钴高熵合金与共晶合金的结合,增加了共晶合金的制造优势,在制备、加工及成本上兼具有高的经济效益,是高性能材料的重要发展方向。

7.2.2　合金的组织分类

1. 均匀组织

以微观组织的形态分类,合金均匀组织主要包括固溶或均匀化处理、再结晶处理后得到的等轴晶组织。研究初期,对于单相合金,铸态组织依然存在成分偏析,为了进一步分析合金固溶强化及细晶强化,研究者通常对合金进行热机械处理,得到相对均匀的等轴晶组织。同时以等轴晶组织为基础,进行元素添加及第二相影响研究。合金的均匀组织通常不作为合金最终应用状态,是合金的研究基础。

2. 非均匀组织

非均匀组织包含晶粒大小不均匀、第二相尺寸及分布不均匀、微观组织存在区域差异等形式,多种界面在合金中同时存在,将会引起非均匀变形。总结高熵合金研究进展发现,非均匀组织与异质组织结构包含内容几乎相同,因此以下统一讨论。相对于均匀组织,非均匀组织包含种类较多,以形成原因大致分为两类。

一类是由制备工艺引起的非均匀组织。在真空电弧熔炼、感应熔炼等常用制备方法中,均会涉及快速冷却或冷速不均匀,使不同熔点元素化学分布不均匀,最终导致铸态合金形成非均匀组织。常见的树枝晶组织是典型代表。共晶组织、亚/过共晶组织由于双相结构以片层或纤维状存在,软硬相交替分布,也是铸态非均匀组织。目前,无钴高熵合金中对铸态组织的研究,多体现在双相合金中,例如含共格析出相的树枝晶铸态合金 $Fe_{37.06}Ni_{30.47}Mn_{12.44}Cr_{12.00}Al_{4.01}Ti_{4.01}$[31]、FCC+BCC 的铸态树枝晶双相合金 $CrFeNiAl_{0.28}Si_{0.09}Ti_{0.02}Cu_{0.01}$[32]、FCC+B2 的铸态树枝晶双相合金 $Fe_2CrNiSi_{0.3}Al_{0.2}$[33] 及 FCC+BCC/B2 的纤维状铸态合金 $FeNi_{0.9}Cr_{0.5}Al_{0.4}$[34] 等。如图 7-4 所示,在 FCC+BCC/B2 结构下,包括了纳米级至微米级的组织与结构双重异质,最终可使得合金具有强塑性协同匹配的优异力学性能。

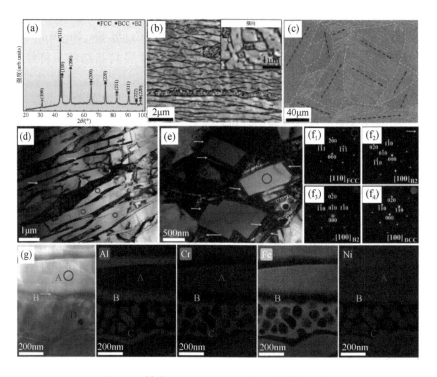

图 7-4　铸态 $FeNi_{0.9}Cr_{0.5}Al_{0.4}$ 合金的显微组织

（a）X 射线衍射（XRD）图谱；（b）代表性高倍背散射电子（BSE）图像，插图为垂直于纤维长度的放大 BSE 图像；（c）低倍 BSE 图像；（d）平行于纤维长度的明场透射电子（TEM）图像；（e）垂直于纤维长度的明场 TEM 图像；（$f_1 \sim f_4$）图 e 中对应区域的选取电子衍射图案；（g）高分辨 HAADF-STEM 图像和 Al、Cr、Fe、Ni 元素的 EDS 元素分布图[34]

　　另一类是由热机械处理引起的非均匀组织。合金通过轧制、锻造等形变工艺，使得存储位错激增，晶粒发生大变形或破碎，成为非均匀组织。在合金大变形基础上，进行不完全退火或不完全再结晶等热处理时，合金未发生完全再结晶，将其同样视为非均匀组织，是研究范围最广的一类组织。这一类组织中往往同时存在组织与结构双重异质，晶粒尺寸与第二相析出具有不均匀性。如图 7-5 所示，$Fe_{40}Mn_{10}Cr_{25}Ni_{25}$ 合金[25] 均匀化态为单相 FCC 结构，室温强度较低；冷轧 65% 后合金屈服强度提升至 870MPa，但塑性严重损失；冷轧后 750℃退火 1h，得到包含析出相的恢复组织，双重非均匀组织结构实现优异的综合拉伸性能，屈服强度、抗拉强度及伸长率分别为 710MPa、870MPa 及 18%。恰当的热机械处理调节得到适当的非均匀组织结构，往往可以实现合金的强塑性协调配合[26,35,36]。

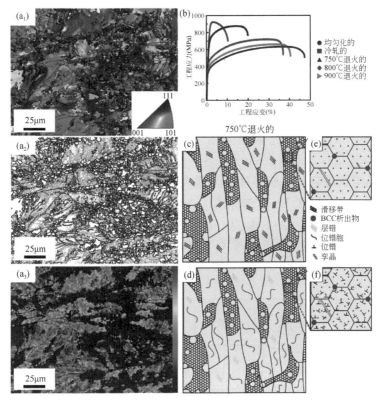

图 7-5　（$a_1 \sim a_3$）750℃退火态合金的电子背散射衍射（EBSD）分析；（b）冷轧态和退火态高熵合金的工程应力–应变曲线；（c~f）部分再结晶合金在750℃退火态对应的变形前后组织结构示意图[25]

7.3　无钴高熵合金的准静态力学性能

　　合金的组织结构设计服务于合金的力学性能。多种组织结构的研究，得以确定合金的力学性能范围。为了进一步探索合金应用范围，在合金室温力学性能基础上，低温和高温力学性能被同步研究。在研究不同力学性能的同时也会发现不同的合金强化方式及塑性变形机制。微观组织结构、宏观力学性能、微观强化机制与变形机制共同支撑无钴高熵合金发展的基础理论框架。

7.3.1　室温力学性能

　　随着无钴高熵合金组织结构发展，合金准静态室温力学性能被不断提升，特别是合金的拉伸屈服强度。合金的室温性能研究进展，对应了合金的强韧化进程。
　　早期的单相 FCC 无钴高熵合金涉及固溶强化与晶界强化的贡献。单相高熵合金属于一种全溶质基体，可最大限度发挥固溶强化作用。理论上，将二元合金固溶强化计算方法拓展到多主元合金，考虑了每个组成元素在原子尺寸失配及模量失配上的参与，高熵合金成分特征决定其固溶强化作用显著。$Fe_{40}Mn_{28}Ni_{32-x}Cr_x$（$x=4at.\%$、$12at.\%$、$18at.\%$、$24at.\%$）[37]单相无钴高熵合金通过调节 Cr 含量实现更大的固溶强化作用，二元固溶强化模型[38,39]也可有效推广应用于多元合金性能预测。然而 FCC 合金相对于 BCC 合金晶格畸变较小，目前多通过进一步添加大尺寸 Al、Ti 等元素以及 B、C 等非金属间隙元素引入固溶强化。$Al_xNi_{47.5-x}Fe_{25}Cr_{25}Ti_{2.5}$（$x=2.5at.\%$、$5at.\%$、$7.5at.\%$）[40]合金随 Al 含量增加，单相再结晶组织对应的屈服强度逐渐增大，固溶强化在其中发挥重要作用。如图 7-6 所示，在单相 $Fe_{45-x}Mn_{15}Cr_{15}Ni_{25}Al_x$（$x=0at.\%$、$5at.\%$、$8at.\%$、$10at.\%$）及 $Fe_{37}Mn_{15}Cr_{15}Ni_{25}Al_{8-x}Ti_x$（$x=0at.\%$、$2at.\%$、$3at.\%$、$4at.\%$）无钴高熵合金系中，$1at.\%$ Al 可带来 6.5MPa 的强度贡献，$1at.\%$ Ti 元素可带来 15MPa 的强度贡献，对 FCC 合金基体具有重要影响[41]。

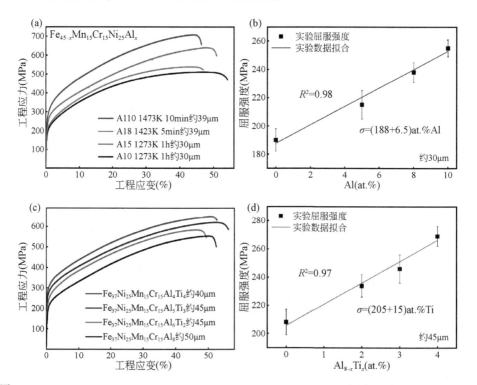

图 7-6　$Fe_{45-x}Mn_{15}Cr_{15}Ni_{25}Al_x$（$x=0at.\%$、$5at.\%$、$8at.\%$、$10at.\%$）和 $Fe_{37}Ni_{25}Mn_{15}Cr_{15}Al_{8-x}Ti_x$（$x=0at.\%$、$2at.\%$、$3at.\%$、$4at.\%$）无钴高熵合金系中相同晶粒尺寸下的工程应力-应变曲线及相应的 Al/Ti 元素固溶强化线性拟合图[41]

在无钴高熵合金中，细晶强化同样在 FCC 基体中发挥作用，如 $Fe_{35}Ni_{35}Cr_{20}$ Mn_{10}[42] 合金在变形后不同温度热处理，得到不同晶粒尺寸样品，晶粒尺寸减小合金屈服强度提升明显。另外，在 $Fe_{45}Mn_{15}Cr_{15}Ni_{25}$ 与 $Fe_{40}Mn_{15}Cr_{15}Ni_{25}Al_5$ 合金研究中发现[41]，如图 7-7 所示，判断合金晶界强化能力大小的经验系数，霍尔佩奇（Hall-Petch）系数 K_y，随温度降低有增大的趋势，这也有利于 FCC 合金在低温环境中发挥性能优势。

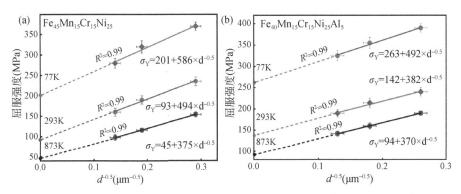

图 7-7　$Fe_{45}Mn_{15}Cr_{15}Ni_{25}$ 与 $Fe_{40}Mn_{15}Cr_{15}Ni_{25}Al_5$ 合金在不同温度下线性拟合的 Hall-Petch 关系图[41]

在固溶强化与细晶强化基础上，为进一步提升 FCC 合金屈服强度，引入位错强化与沉淀强化，对应前文所提到的非均匀组织结构。随着高熵合金的大量开发，无钴高熵合金的发展趋势逐渐显现出来，目前形成了一种合金成分设计方向，并集中于两类非均匀组织结构，实现了合金室温力学性能的一步跃升。合金成分设计方向为：非等原子比、多元素添加以及相分离[31,32,43,44]。从相形成规律出发，引入新的析出相以实现合金强化，常以 Al、Ti 及 C 等元素发挥作用[45-47]。合金成分与热机械处理相结合，形成的非均匀组织则可以发挥位错强化及析出强化。两者相结合逐渐优化无钴高熵合金力学性能。$Al_{0.5}Cr_{0.9}FeNi_{2.5}V_{0.2}$[48] 合金经过退火及时效处理，得到异质晶粒结构与双纳米析出相，双重异质复合增强合金力学性能，达到 1.7GPa 的高屈服强度，强度贡献如图 7-8 所示。另一种

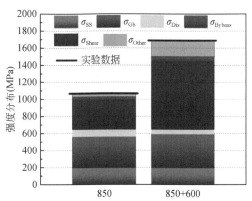

图 7-8　退火（850）和时效（850+600）样品来自多种强化机制的强度贡献[48]

非均匀组织则主要指共晶组织，在无钴高熵合金中共晶合金力学性能同样具有优越性[27,28]。

在无钴高熵合金中，同样涉及马氏体相变诱导塑性（TRIP）和孪生诱导塑性（TWIP）。以上研究的大多数合金，室温变形机制以位错为主导，少数层错能较低的合金会出现变形孪晶。时效态 $Ni_{40}Fe_{25}Cr_{25}Al_{7.5}Ti_{2.5}$[40]、固溶态 $Ni_{46}Cr_{23}Fe_{23}Al_4Ti_4$[35] 及再结晶 $Fe_{35}Ni_{35}Cr_{20}Mn_{10}$[42] 等合金中，室温拉伸变形中出现纳米变形孪晶。如图 7-9 所示，均匀化 $Fe_{50}Mn_{20}Cr_{20}Ni_{10}$[49,50] 合金室温变形机制以孪晶为主，而低温下则以马氏体相变为主。另外少数合金拉伸变形中发生马氏体相变，引发更高的应变硬化能力，已发现有 $Fe_{59}Cr_{13}Ni_{18}Al_{10}$[10]、$Fe_xMn_{75-x}Ni_{10}Cr_{15}$（$x=50at.\%$、$55at.\%$）[17] 以及 $Fe_{36}Ni_{18}Mn_{33}Al_{13}$[51] 无钴高熵合金。在这一方面，相对于含大量 Co 元素的合金来说，Co 元素可提高 Fe 基合金马氏体相变温度，马氏体相变可在室温下发生，而在无钴高熵合金中马氏体相变则在低温下才可能被激发。整体而言，无钴高熵合金的塑性变形机制与其他类型 FCC 基高熵合金是相似的，其中位错胞、位错墙、平面滑移、微带等复合变形方式也是经常存在的，表现出较好的塑性变形能力。

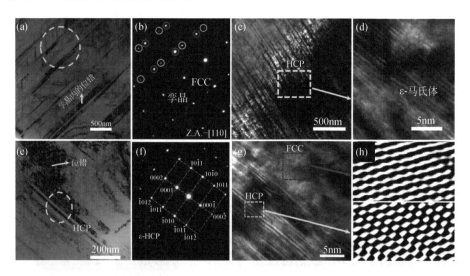

图 7-9　$Fe_{50}Mn_{20}Cr_{20}Ni_{10}$ 合金 77K 低温拉伸后断口附近区域的 TEM 图像[49,50]

目前，在 FCC 结构为基体的同类合金中，无钴高熵合金不仅具有成本优势，力学性能也在同步提升，已达到较高水平。综合来看，无钴高熵合金力学性能及成本都处于较有优势的位置。其中，强度较高的合金通常具有非均匀组织结构，含有较高浓度共格/半共格的纳米析出相，相应屈服强度可达到 1GPa 以上。同时其成本与一些已应用的高锰钢、不锈钢相近，结合其他物理化学性能，无钴高熵合金有望成为特定应用场景的储备材料。

7.3.2　低温力学性能

对于 FCC 高熵合金，甚至许多传统 FCC 结构合金，低温力学性能与室温力学性能相比，通常表现更加优异，不仅强度提升，部分合金塑性也有所提升[52,53]。低温材料应用范围，是在273K 以下，至绝对零度。理论上，低温下合金层错能降低，可激活孪晶、堆垛层错或相变等多种变形机制，大幅提高合金的应变硬化能力，展现更高的强度和韧性[54,55]。

在无钴高熵合金中，同样可以发挥 FCC 高熵合金的低温性能优势。Bian 等[3]设计的低成本 $Fe_{40}Mn_{20}Cr_{20}Ni_{20}$ 合金，在77K 下屈服强度可达1.2GPa，断裂伸长率为22%，与室温相比，合金强度与塑性均有大幅提升。同课题组研究的其他无钴高熵合金，即 FCC 基体+第二相析出的 $Fe_{35}Mn_{15}Cr_{15}Ni_{25}Al_{10}$[22]、$Fe_{50}Mn_{20}Cr_{20}Ni_{10}$[50]合金，异质双相结构的 $Fe_{40}Mn_{15}Cr_{15}Ni_{25}Al_5$[56] 及 $Fe_{40}Mn_{15}Cr_{20}Ni_{22}Ti_3$[57]等合金，在液氮低温环境下均实现了强塑性同时提升。这些合金的共同之处在于，低温下出现了新的变形机制，微带或变形孪晶诱导塑性。在理论计算中发现，其强化主要来源于本征应力的增大以及与晶界强化有关的霍尔佩奇系数提高[22]。

另外一些合金，如 $Fe_xMn_{75-x}Ni_{10}Cr_{15}$（$x=50at.\%$、$55at.\%$）[17]、$Fe_{59}Cr_{13}Ni_{18}Al_{10}$[10]等，在77K 下出现马氏体相变，应变硬化急剧增加，使得塑性增加较少或基本不增加，但是强度仍然提高。根据以上研究结果，图7-10 汇总了一些合金强度及成本数据，与其他传统合金及高熵合金性能对比，结果显示无钴高熵合金的性能及成本具有一定优势，更具有低温环境应用潜力。目前，无钴高熵合金的低温研究范围仍然有限，多集中于液氮温度下的实验，更极端环境的研究需进一步推进来探索合金性能极限。

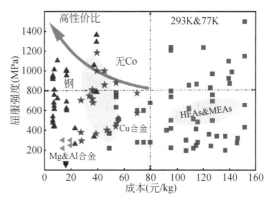

图7-10　在室温及液氮温度下，一些合金的
屈服强度和原材料成本对比图

7.3.3　高温力学性能

在无钴高熵合金中，以 FCC 结构为基体合金成分及组织结构，从热力学稳

定性分析，应无法满足高温稳定性使用。研究者在（$Fe_{40}Mn_{25}Cr_{20}Ni_{15}$）$_{100-x}Al_x$（$x$ = 0at.%、2at.%、6at.%、10at.%、14at.%）[58]、$Ni_{46}Cr_{23}Fe_{23}Al_4Ti_4$[59]、$Fe_{45}Mn_{15}Cr_{15}Ni_{25}$ 及 $Fe_{35}Mn_{15}Cr_{15}Ni_{25}Al_{10}$[60]等合金中进行了简单的高温拉伸性能研究，大多数此类合金在800℃发生高温失稳，合金开始完全软化至断裂。无钴高熵合金在高温力学性能方面的研究较少，但已经可以表明其难以具备高温优势。如图7-11所示，一些合金在400~600℃的中温范围内可保持一定性能优势，也优于很多优质的不锈钢合金[61]。

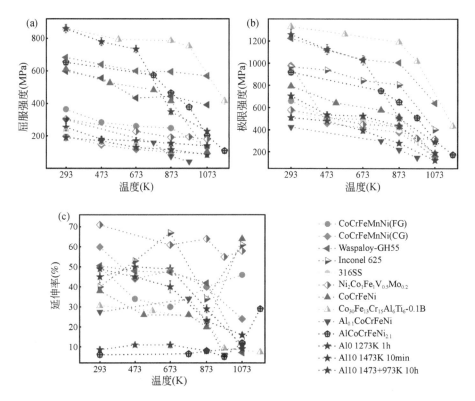

图7-11　$Fe_{45}Mn_{15}Cr_{15}Ni_{25}$（Al0）、$Fe_{35}Mn_{15}Cr_{15}Ni_{25}Al_{10}$（Al10）和其他合金在不同温度下的屈服强度、极限抗拉强度和延伸率比较图[64-71]

另一类以 BCC+L2$_1$ 纳米共格结构为主的合金，如 Al-Cr-Fe-Mn-Ti[13]及 Al-Cr-Fe-Ni-Ti[62,63]系合金，则在700℃左右仍然保持较高的压缩强度，也可在一定应用领域作为储备材料，这也可作为低成本高熵合金的一个发展方向。总体而言，大多数无钴高熵合金的高温研究不作为性能导向，而更多地服务于合金的高温加工和制造。

7.4 无钴高熵合金的动态力学性能

由于很多高熵合金优异的准静态力学性能，更多学者希望将其应用于极端条件下，除宽温域环境外，动态加载条件下的力学性能也开始被关注[72]。在无钴高熵合金中，动态力学性能的研究仍处于初始阶段，以下面几个例子为主导。

在 CrFeNi[73] 与 $Fe_{40}Mn_{20}Cr_{20}Ni_{20}$[74,75] 合金中深入研究其动态力学性能，如图 7-12 所示，最终发现在 FCC、FCC+BCC 以及 FCC+σ 结构下，合金动态拉伸性能均表现为强塑性同步提升。在液氮低温下，CrFeNi 合金的动态屈服强度可达到 1320MPa，较室温 605MPa 提升了 118%，具有显著的低温优势。在性能总结图中，对比其他合金系动态拉伸性能，两代表性合金表现出较大优势，无钴高熵合金需要继续深入探索极端条件应用可能性。

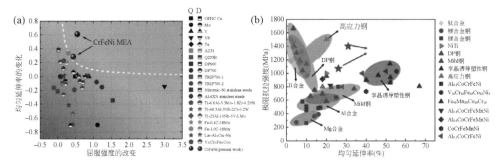

图 7-12 （a）在准静态（Q）或动态（D）拉伸下，一些传统金属及合金、高熵合金和非晶复合材料的均匀伸长率（UE）和屈服强度（YS）的相对变化图 $[V_C = (V_{77} - V_{298}) / V_{77}]$；

（b）室温下传统金属和合金以及一些高熵合金在动态拉伸下的力学性能对比图[73-75]

另外以 $Fe_{40}Mn_{20}Cr_{20}Ni_{20}$ 高熵合金与 $Mn_{20}Al_{23}V$ 钢为对象[76]，对其在球形弹丸和 DBP87 子弹下的弹道响应进行了系统研究。在球形弹丸 500m/s 冲击速度下，尽管高熵合金的弹坑尺寸大于 $Mn_{20}Al_{23}V$ 钢，但高熵合金显微硬度下降延迟，应变硬化能力效果更明显。综合来看，$Fe_{40}Mn_{20}Cr_{20}Ni_{20}$ 合金具有更强的能量吸收能力，比 $Mn_{20}Al_{23}V$ 钢更有希望用于弹道防护。更惊喜的是，在 $Fe_{40}Mn_{20}Cr_{20}Ni_{20}$ 合金的冲击压缩和层裂行为研究中，如图 7-13 所示，发现其剥落强度高于迄今报道的大多数中熵/高熵合金，与一些钢材的性能相当。此外，其飞溅回拉率（再加速度）明显低于钢，表明 $Fe_{40}Mn_{20}Cr_{20}Ni_{20}$ 合金具有更好的延伸性。无钴高熵合金的动态力学性能初露头角，在装甲、吸能材料及其他相关材料的设计中将予以考虑。

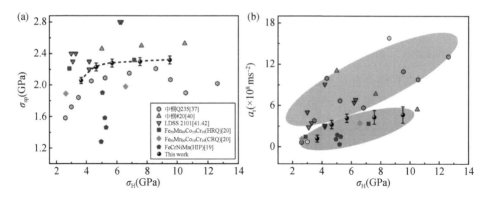

图 7-13 　（a）$Fe_{40}Mn_{20}Cr_{20}Ni_{20}$ 合金的剥落强度和（b）再加速度与峰值应力的函数关系
（LDSS：节镍双相不锈钢；HRQ：热轧和淬火；CRQ：冷轧和淬火；HIP：热等静压）[76]

7.5　无钴高熵合金的其他性能

7.5.1　腐蚀性能

上述无钴高熵合金中，大多数合金中均含有高浓度的 Cr 元素，一种重要的防腐蚀金属元素，因此在理论上合金耐腐蚀性能是较好的。例如单相 $Fe_{40}Mn_{20}$ $Cr_{20}Ni_{20}$[77] 及 $Fe_4Ni_4Mn_2CrTi$[78] 合金，在一定浓度的酸及 Cl 环境中，表现出与 304SS 不锈钢相当甚至优于其的耐腐蚀性能。当 La、Ce 等稀土元素少量掺杂[77,79,80]，在适当含量下，$Fe_{40}Mn_{20}Cr_{20}Ni_{20}$ 合金耐腐蚀性进一步提升，这成为合金耐腐蚀性能提升的有效手段。

已研究的无钴共晶合金中，由于大量第二相的存在，非等原子比 Cr-Fe-Ni-Nb 系[81] 及 $Al_{0.8}CrFeNi_{2.2}$[82] 共晶合金，第二相优先被腐蚀，耐腐蚀性能有所下降。而在 $AlCrFeNiTi_x$（$x=0\sim1.5at.\%$）[83] 合金系中，少量 Ti 加入有益于合金耐腐蚀性，当 Ti 含量过多引入，脆性 Laves 相则使合金耐腐蚀性能开始变差。第二相的存在对合金腐蚀性能影响较大，在无钴高熵合金力学性能优化中，一部分合金需要兼顾其耐腐蚀性，为合金实际应用做好基础研究。

7.5.2　摩擦磨损性能

在无钴高熵合金中，另一息息相关的机械性能为合金的摩擦磨损性能，这也是合金工程应用中必须考虑的基础性能。对于单相 FCC 合金，韧性较好，但由于强度较低使得合金耐磨性也有所不足。目前，通过调控合金组织结构，无钴高熵合金中已有初步研究，在 $Cr_{30}Fe_{30}Ni_{30}Al_5Ti_5$[44]、$CrFeNiAl_{0.4}Ti_{0.2}$[84]、

FeNiCrCuAl$_x$（$x=0.1$at.%、0.3at.%、0.5at.%、0.8at.%、1.0at.%）$^{[85]}$ 及 AlCrFeNiTi$_x$（$x=0\sim1.5$at.%）合金中，引入新的硬相而提升合金耐磨性。另一种方式，AlCrFeNi 合金则通过 WC 陶瓷颗粒添加而增加合金耐磨性$^{[86]}$。相对于内部调节，表面处理也是材料改性的重要手段，Fe$_{40}$Mn$_{20}$Cr$_{20}$Ni$_{20}$$^{[87,88]}$合金通过表面渗 Cr、N 等元素，进而提高单相合金的耐磨性。在后续研究中，无钴高熵合金摩擦磨损性能同样需要进一步优化提升。

7.6 无钴高熵合金的发展趋势

无钴高熵合金的发展从点到线，再到面，逐渐四面开花。以结构材料应用重心优化合金力学性能，发挥合金成分、结构及性能一体化优势，在面心立方高熵合金领域开发一批真正具有工程应用价值的特种合金。腐蚀性能及摩擦磨损性能的多面突破为无钴高熵合金增加更多的发展方向，显示更加优越的开发价值。无钴高熵合金在辐照性能、薄膜材料、功能特性等方面也有研究$^{[89-92]}$，更多潜能有待开发。

目前，高熵合金的研究更加精细深入，更全面的理论指导、更多针对性的开发方向逐渐形成。在此基础上，无钴高熵合金结合理论研究方法，进一步实现综合性能优化。高通量筛选合金成分、精准性设计与调控复杂组织结构、稳定大尺寸合金性能及极端条件性能测试等方向，是合金力学性能的研究要点。综合性能优化将增加无钴高熵合金成本优势，真正实现低成本高性能的设计理念。低温环境应用，甚至低温动态环境应用则可以作为无钴高熵合金性能优化的落脚处，其他性能相辅助，这可能成为无钴高熵合金最具潜力的应用前景，在未来真正突出无钴高熵合金的设计价值。

参 考 文 献

[1] Gludovatz B, Hohenwarter A, Catoor D, et al. A fracture-resistant high-entropy alloy for cryogenic applications. Science, 2014, 345 (6201): 1153-1158.

[2] Wu S W, Wang G, Wang Q, et al. Enhancement of strength-ductility trade-off in a high-entropy alloy through a heterogeneous structure. Acta Materialia, 2019, 165: 444-458.

[3] Bian B B, Guo N, Yang H J, et al. A novel cobalt-free FeMnCrNi medium-entropy alloy with exceptional yield strength and ductility at cryogenic temperature. Journal of Alloys and Compounds, 2020, 827: 153981.

[4] Baker I, Meng F, Wu M, et al. Recrystallization of a novel two-phase FeNiMnAlCr high entropy alloy. Journal of Alloys and Compounds, 2016, 656: 458-464.

[5] Meng F, Qiu J, Baker I. The effects of chromium on the microstructure and tensile behavior of Fe$_{30}$Ni$_{20}$Mn$_{35}$Al$_{15}$. Materials Science and Engineering：A, 2013, 586: 45-52.

[6] Guo S, Ng C, Liu C T. Anomalous solidification microstructures in Co-free Al$_x$CrCuFeNi$_2$ high-

entropy alloys. Journal of Alloys and Compounds, 2013, 557: 77-81.

[7] Wu Z, Bei H. Microstructures and mechanical properties of compositionally complex Co-free FeNiMnCr$_{18}$ FCC solid solution alloy. Materials Science and Engineering: A, 2015, 640: 217-224.

[8] Zhao Y L, Yang T, Zhu J H, et al. Development of high-strength Co-free high-entropy alloys hardened by nanosized precipitates. Scripta Materialia, 2018, 148: 51-55.

[9] Bian B B, Guo N, Yang H J, et al. A novel cobalt-free FeMnCrNi medium-entropy alloy with exceptional yield strength and ductility at cryogenic temperature. Journal of Alloys and Compounds, 2020, 827: 153981.

[10] Gao Q, Zhang X, Feng S, et al. Achieving ultra-high mechanical properties in metastable Co-free medium entropy alloy via hierarchically heterogeneous microstructure. Journal of Materials Science & Technology, 2024, 183: 175-183.

[11] Jin X, Bi J, Zhang L, et al. A new CrFeNi$_2$Al eutectic high entropy alloy system with excellent mechanical properties. Journal of Alloys and Compounds, 2019, 770: 655-661.

[12] Zhang W, Liaw P K, Zhang Y. Science and technology in high-entropy alloys. Science China Materials, 2018, 61 (1): 2-22.

[13] Feng R, Zhang C, Gao M C, et al. High-throughput design of high-performance light weight high-entropy alloys. Nature Communications, 2021, 12 (1): 4329.

[14] Gao M C, Zhang C, Gao P, et al. Thermodynamics of concentrated solid solution alloys. Current Opinion in Solid State and Materials Science, 2017, 21 (5): 238-251.

[15] Bloomfield M E, Christofidou K A, Jones N G. Effect of Co on the phase stability of CrMnFeCo$_x$Ni high entropy alloys following long-duration exposures at intermediate temperatures. Intermetallics, 2019, 114: 106582:

[16] Wang Z, Baker I, Cai Z, et al. The effect of interstitial carbon on the mechanical properties and dislocation substructure evolution in Fe$_{40.4}$Ni$_{11.3}$Mn$_{34.8}$Al$_{7.5}$Cr$_6$ high entropy alloys. Acta Materialia, 2016, 120: 228-239.

[17] Wei R, Zhang K, Chen L, et al. Novel Co-free high performance TRIP and TWIP medium-entropy alloys at cryogenic temperatures. Journal of Materials Science & Technology, 2020, 57: 153-158.

[18] Manescau T J, Braun J, Dezellus O. Computational development, synthesis and mechanical properties of face centered cubic Co-free high entropy alloys. Materials Today Communications, 2022, 30: 103202.

[19] Yang M, Pan Y, Yuan F, et al. Back stress strengthening and strain hardening in gradient structure. Materials Research Letters, 2016, 4 (3): 145-151.

[20] Bai L, Liu Y, Guo Y, et al. Effects of Al addition on microstructure and mechanical properties of Co-free (Fe$_{40}$Mn$_{40}$Ni$_{10}$Cr$_{10}$)$_{100-x}$Al$_x$ high-entropy alloys. Journal of Alloys and Compounds, 2021, 879: 160342.

[21] Jiang Z, Wei R, Wang W, et al. Achieving high strength and ductility in Fe$_{50}$Mn$_{25}$Ni$_{10}$Cr$_{15}$ medium entropy alloy via Al alloying. Journal of Materials Science & Technology, 2022, 100: 20-26.

[22] Liu D, Hou J, Jin X, et al. The cobalt-free Fe$_{35}$Mn$_{15}$Cr$_{15}$Ni$_{25}$Al$_{10}$ high-entropy alloy with multiscale particles for excellent strength-ductility synergy. Intermetallics, 2023, 163: 108064.

[23] Wang Z, Wu M, Cai Z, et al. Effect of Ti content on the microstructure and mechanical behavior of (Fe$_{36}$Ni$_{18}$Mn$_{33}$Al$_{13}$)$_{100-x}$Ti$_x$ high entropy alloys. Intermetallics, 2016, 75: 79-87.

[24] Tripathy B, Bhattacharjee P P. Superior strength-ductility synergy of a cost-effective $AlCrFe_2Ni_2$ high entropy alloy with heterogeneous microstructure processed by moderate cryo-rolling and annealing. Materials Letters, 2022, 326: 132981.

[25] Wu Y, Jin X, Zhang M, et al. Yield strength-ductility trade-off breakthrough in Co-free $Fe_{40}Mn_{10}Cr_{25}Ni_{25}$ high-entropy alloys with partial recrystallization. Materials Today Communications, 2021, 28: 102718.

[26] Fan J, Fu L, Sun Y, et al. Unveiling the precipitation behavior and mechanical properties of Co-free $Ni_{47}Fe_{30}Cr_{12}Mn_8AlTi_3$ high-entropy alloys. Journal of Materials Science & Technology, 2022, 118: 25-34.

[27] Wu H, Xie J, Yang H, et al. A cost-effective eutectic high entropy alloy with an excellent strength-ductility combination designed by VEC criterion. Journal of Materials Research and Technology, 2022, 19: 1759-1765.

[28] Mao Z, Jin X, Xue Z, et al. Understanding the yield strength difference in dual-phase eutectic high-entropy alloys. Materials Science and Engineering: A, 2023, 867:

[29] Liao Y, Baker I. On the room-temperature deformation mechanisms of lamellar-structured $Fe_{30}Ni_{20}Mn_{35}Al_{15}$. Materials Science and Engineering: A, 2011, 528 (12): 3998-4008.

[30] Baker I, Wu M, Wang Z. Eutectic/eutectoid multi-principle component alloys: A review. Materials Characterization, 2019, 147: 545-557.

[31] Mohammadzadeh R, Heidarzadeh A, Tarık Serindağ H, et al. Microstructure and mechanical response of novel Co-free FeNiMnCrAlTi high-entropy alloys. Journal of Materials Research and Technology, 2023, 26: 2043-2049.

[32] Li X, Zhang G, Lei N, et al. A novel complex-structure Co-free Cr-Fe-Ni-Al-Si-Ti-Cu high entropy alloy with outstanding mechanical properties in as-cast and cold-rolled states. Materials Characterization, 2023, 202: 113016.

[33] Lei N, Li X, Zhang G, et al. A novel Fe-rich Co-free high entropy alloys with low cost and excellent comprehensive mechanical properties. Intermetallics, 2023, 163: 108071.

[34] Jiang Z, Chen W, Chu C, et al. Directly cast fibrous heterostructured $FeNi_{0.9}Cr_{0.5}Al_{0.4}$ high entropy alloy with low-cost and remarkable tensile properties. Scripta Materialia, 2023, 230: 115421.

[35] Lu W, Yan K, Luo X, et al. Super strength and ductility balance of a Co-free medium-entropy alloy with dual heterogeneous structures. Journal of Materials Science & Technology, 2022, 98: 197-204.

[36] Luebbe M, Duan J, Zhang F, et al. A high-strength precipitation hardened cobalt-free high-entropy alloy. Materials Science and Engineering: A, 2023, 870: 144848.

[37] Stepanov N D, Shaysultanov D G, Tikhonovsky M A, et al. Tensile properties of the Cr-Fe-Ni-Mn non-equiatomic multicomponent alloys with different Cr contents. Materials & Design, 2015, 87: 60-65.

[38] Labusch R. A statistical theory of solid solution hardening. Physica Status Solidi (B), 1970, 41 (2): 659-669.

[39] Fleischer R L. Substitutional solution hardening. Acta Metallurgica, 1963, 11 (3): 203-209.

[40] Xu X, Zhao Y, Li H, et al. Enhanced strength in Co-free $Ni_{47.5-x}Fe_{25}Cr_{25}Al_xTi_{2.5}$ high entropy alloys via introducing dual precipitates. Journal of Materials Research and Technology, 2023, 25: 5663-5673.

[41] 刘丹. 无钴 FeMnCrNi (AlTi) 高熵合金的组织调控和力学行为. 太原: 太原理工大

学, 2024.

[42] Zhou J, Liao H, Chen H, et al. Effects of hot-forging and subsequent annealing on microstructure and mechanical behaviors of $Fe_{35}Ni_{35}Cr_{20}Mn_{10}$ high-entropy alloy. Materials Characterization, 2021, 178: 111251.

[43] Sun H, Liu T, Oka H, et al. Role of aging temperature on thermal stability of Co-free $Cr_{0.8}$ $FeMn_{1.3}Ni_{1.3}$ high-entropy alloy: Decomposition and embrittlement at intermediate temperatures. Materials Characterization, 2024, 210: 113804.

[44] Gao Q, Liu P, Gong J, et al. Enhancing mechanical properties in Co-free medium-entropy alloys through multi-phase structural design. Vacuum, 2024, 222: 113058.

[45] Bai L, Wang Y, Yan Y, et al. Effect of carbon on microstructure and mechanical properties of $Fe_{36}Mn_{36}Ni_9Cr_9Al_{10}$ high-entropy alloys. Materials Science and Technology, 2020, 36 (17): 1851-1860.

[46] Ji Y, Zhang L, Lu X, et al. Microstructure and tensile properties of Co-free Fe_4CrNi (AlTi) high-entropy alloys. Intermetallics, 2021, 138: 107339.

[47] Chung D H, Kim Y K, Lee J H, et al. Strengthening of cost-effective Co-free medium entropy alloys by Al/C alloying. Materials Science and Engineering: A, 2022, 857: 144080.

[48] Qin S, Yang M, Jiang P, et al. Excellent tensile properties induced by heterogeneous grain structure and dual nanoprecipitates in high entropy alloys. Materials Characterization, 2022, 186: 111779.

[49] Qin M J, Jin X, Zhang M, et al. Twinning induced remarkable strain hardening in a novel $Fe_{50}Mn_{20}Cr_{20}Ni_{10}$ medium entropy alloy. Journal of Iron and Steel Research International, 2021, 28 (11): 1463-1470.

[50] Wang Z, Qin M, Zhang M, et al. Exceptional phase-transformation strengthening of $Fe_{50}Mn_{20}$ $Cr_{20}Ni_{10}$ medium-entropy alloys at cryogenic temperature. Metals, 2022, 12 (4): 643.

[51] Wu M, Munroe P R, Baker I. Martensitic phase transformation in a FCC/B2 FeNiMnAl Alloy. Journal of Materials Science, 2016, 51 (17): 7831-7842.

[52] Wu Z, Bei H, Pharr G M, et al. Temperature dependence of the mechanical properties of equiatomic solid solution alloys with face-centered cubic crystal structures. Acta Materialia, 2014, 81: 428-441.

[53] Sun S J, Tian Y Z, An X H, et al. Ultrahigh cryogenic strength and exceptional ductility in ultrafine-grained CoCrFeMnNi high-entropy alloy with fully recrystallized structure. Materials Today Nano, 2018, 4: 46-53.

[54] Hayakawa S, Xu H. Temperature-dependent mechanisms of dislocation-twin boundary interactions in Ni-based equiatomic alloys. Acta Materialia, 2021, 211: 116886.

[55] Bae J W, Seol J B, Moon J, et al. Exceptional phase-transformation strengthening of ferrous medium-entropy alloys at cryogenic temperatures. Acta Materialia, 2018, 161: 388-399.

[56] Liu D, Jin X, Guo N, et al. Non-equiatomic FeMnCrNiAl high-entropy alloys with heterogeneous structures for strength and ductility combination. Materials Science and Engineering: A, 2021, 818: 141386.

[57] Liu W, Liu D, Wang X, et al. A cobalt-free high-entropy alloy with excellent mechanical properties at ambient and cryogenic temperatures. Journal of Materials Engineering and Performance, 2024, 33 (21): 11842-11851.

[58] Stepanov N D, Shaysultanov D G, Chernichenko R S, et al. Effect of Al on structure and mechanical properties of Fe-Mn-Cr-Ni-Al non-equiatomic high entropy alloys with high Fe content.

Journal of Alloys and Compounds, 2019, 770: 194-203.

[59] Lu W, Wang Y, Luo X, et al. A L12 precipitation strengthened Co-free medium-entropy alloy with superior high-temperature performance. Intermetallics, 2023, 162: 108031.

[60] Liu D, Jin X, Yang H, et al. High-temperature mechanical behavior of Co-free FeMnCrNi (Al) high-entropy alloys. Metals, 2023, 13 (11): 1885.

[61] Gardner L, Bu Y, Francis P, et al. Elevated temperature material properties of stainless steel reinforcing bar. Construction and Building Materials, 2016, 114: 977-997.

[62] Kim W C, Na M Y, Kwon H J, et al. Designing L_{21}-strengthened Al-Cr-Fe-Ni-Ti complex concentrated alloys for high temperature applications. Acta Materialia, 2021, 211: 116890.

[63] Wolff-Goodrich S, Haas S, Glatzel U, et al. Towards superior high temperature properties in low density ferritic AlCrFeNiTi compositionally complex alloys. Acta Materialia, 2021, 216: 117113.

[64] de Oliveira M M, Couto A A, Almeida G F C, et al. Mechanical behavior of inconel 625 at elevated temperatures. Metals, 2019, 9 (3): 301.

[65] Jiang W, Yuan S, Cao Y, et al. Mechanical properties and deformation mechanisms of a $Ni_2Co_1Fe_1V_{0.5}Mo_{0.2}$ medium-entropy alloy at elevated temperatures. Acta Materialia, 2021, 213: 116982.

[66] Licavoli J J, Gao M C, Sears J S, et al. Microstructure and mechanical behavior of high-entropy alloys. Journal of Materials Engineering and Performance, 2015, 24 (10): 3685-3698.

[67] Roy A K, Venkatesh A, Marthandam V, et al. Tensile deformation of a Ni-base alloy at elevated temperatures. Journal of Materials Engineering and Performance, 2008, 17 (4): 607-611.

[68] Yang T, Tang Z, Xie X, et al. Deformation mechanisms of $Al_{0.1}$CoCrFeNi at elevated temperatures. Materials Science and Engineering: A, 2017, 684: 552-558.

[69] Otto F, Dlouhý A, Somsen C, et al. The influences of temperature and microstructure on the tensile properties of a CoCrFeMnNi high-entropy alloy. Acta Materialia, 2013, 61 (15): 5743-5755.

[70] Cao B X, Wei D X, Zhang X F, et al. Intermediate temperature embrittlement in a precipitation-hardened high-entropy alloy: The role of heterogeneous strain distribution and environmentally assisted intergranular damage. Materials Today Physics, 2022, 24: 100653.

[71] Li Y, Zhou J, Liu Y, et al. Microstructural evolution and mechanical characterization for the $AlCoCrFeNi_{2.1}$ eutectic high-entropy alloy under different temperatures. Fatigue & Fracture of Engineering Materials & Structures, 2023, 46 (5): 1881-1892.

[72] Tang Y, Wang R, Xiao B, et al. A review on the dynamic-mechanical behaviors of high-entropy alloys. Progress in Materials Science, 2023, 135: 101090.

[73] Wang K, Jin X, Zhang Y, et al. Dynamic tensile mechanisms and constitutive relationship in CrFeNi medium entropy alloys at room and cryogenic temperatures. Physical Review Materials, 2021, 5 (11): 113608.

[74] Wang Y Z, Jiao Z M, Bian G B, et al. Dynamic tension and constitutive model in $Fe_{40}Mn_{20}Cr_{20}Ni_{20}$ high-entropy alloys with a heterogeneous structure. Materials Science and Engineering: A, 2022, 839: 142837.

[75] Wang S, Liu K, Wang Z, et al. Deformation mechanisms of the $Fe_{40}Mn_{20}Cr_{20}Ni_{20}$ high entropy alloy upon dynamic tension. Materials Science and Engineering: A, 2024, 901: 146583.

[76] Shi K, Cheng J, Cui L, et al. Ballistic impact response of $Fe_{40}Mn_{20}Cr_{20}Ni_{20}$ high-entropy alloys. Journal of Applied Physics, 2022, 132 (20): 205105.

[77] Zhicheng Z, Aidong L, Min Z, et al. Effect of Ce on the localized corrosion behavior of non-equiatomic high-entropy alloy $Fe_{40}Mn_{20}Cr_{20}Ni_{20}$ in 0.5mol/L H_2SO_4 solution. Corrosion Science, 2022, 206: 110489.

[78] Chu C, Chen W, Fu Z, et al. Realizing good combinations of strength-ductility and corrosion resistance in a Co-free $Fe_4Ni_4Mn_2CrTi$ high-entropy alloy via tailoring Ni/Ti-rich precipitates and heterogeneous structure. Materials Science and Engineering: A, 2023, 878: 145223.

[79] Duan J, Lan A, Jin X, et al. Irregular pitting propagation within the inclusions in Ce-doped $Fe_{40}Mn_{20}Cr_{20}Ni_{20}$ high-entropy alloy. Journal of Alloys and Compounds, 2023, 968:

[80] Sun Y, Lan A, Zhang M, et al. Influence of lanthanum on passivity behavior of CrMnFeNi high entropy alloys. Materials Chemistry and Physics, 2021, 265:

[81] Shi X, Li G, Zhang M, et al. Laves phase assisted the passive behaviors of Co-free non-equiatomic Cr-Fe-Ni-Nb eutectic high-entropy alloys. Journal of Alloys and Compounds, 2023, 960: 170905.

[82] Wan X, Lan A, Zhang M, et al. Corrosion and passive behavior of $Al_{0.8}CrFeNi_{2.2}$ eutectic high entropy alloy in different media. Journal of Alloys and Compounds, 2023, 944: 109217.

[83] Wu M, Diao G, Yuan J F, et al. Corrosion and corrosive wear of AlCrFeCoNi and Co-free Al-CrFeNi-Ti$_x$ ($x = 0 \sim 1.5$) high-entropy alloys in 3.5 wt% NaCl and H_2SO_4 (pH = 3) solutions. Wear, 2023, 523: 204765.

[84] Nguyen C, Tieu A K, Deng G, et al. Study of wear and friction properties of a Co-free $CrFeNiAl_{0.4}Ti_{0.2}$ high entropy alloy from 600 to 950 °C. Tribology International, 2022, 169: 107453.

[85] Wang P-W, Li X, Wang K, et al. Tailoring microstructures and properties in Co-free FeNiCrCuAl high entropy alloys by Al addition. Intermetallics, 2024, 166: 108175.

[86] Xu Z, Li Q Y, Li W, et al. Microstructure, mechanical properties, and wear behavior of Al-CoCrFeNi high-entropy alloy and AlCrFeNi medium-entropy alloy with WC addition. Wear, 2023, 522: 204701.

[87] Yang R, Lan A, Yang H, et al. The chromization on hot-rolled $Fe_{40}Mn_{20}Cr_{20}Ni_{20}$ high-entropy alloys by pack cementation. Journal of Alloys and Compounds, 2023, 947: 169582.

[88] Yang R, Wang D, Liu D, et al. Ion nitriding of a face-centered cubic high-entropy alloy: Nitriding kinetics, the effect of temperature and contact stress on tribological behavior. Intermetallics, 2024, 172: 108292.

[89] An X, Zhang D, Zhang H, et al. Deuterium induced defects and embrittlement behavior of a Co-free high entropy alloy. Journal of Alloys and Compounds, 2023, 940: 168800.

[90] Dong J, Feng X, Hao X, et al. The environmental degradation behavior of FeNiMnCr high entropy alloy in high temperature hydrogenated water. Scripta Materialia, 2021, 204: 114127.

[91] Chen Y, Chen D, Weaver J, et al. Heavy ion irradiation effects on CrFeMnNi and AlCrFeMnNi high entropy alloys. Journal of Nuclear Materials, 2023, 574: 154163.

[92] Zhang Y, Yan X, Ma J, et al. Compositional gradient films constructed by sputtering in a multicomponent Ti-Al-(Cr, Fe, Ni) system. Journal of Materials Research, 2018, 33 (19): 3330-3338.

第8章　高熵合金的表面改性及摩擦学行为

摩擦现象存在于人类生产及生活的方方面面，凡是存在相对运动的地方便会有摩擦的产生，同时伴随着物体表面的磨损，即表层材料的持续去除。据统计[1]，全球能源总消耗的 23% 源于摩擦，60% ~ 80% 的设备因磨损而失效。此外，由于摩擦磨损造成的二氧化碳排放量每年超过 8000 万吨。因此，探究摩擦磨损机理及有效控制摩擦磨损造成的损失，对于延长设备的使用寿命及节能减排具有重要意义。为便于读者阅读，本章首先引入关于摩擦磨损的基本理论知识，再对目前高熵合金摩擦磨损研究的一些进展进行介绍。

8.1　摩擦磨损简述

8.1.1　摩擦

相互接触的两物体之间发生相对运动时，在接触表面间会产生阻碍相对运动的阻力，这种现象称为摩擦，该阻力称为摩擦力。尽管对摩擦现象及其机理的探究已取得极大进展，但对于摩擦现象产生原因的理论尚未达成统一。目前，主要包括以下三大摩擦理论：机械啮合理论、分子作用理论及黏着理论。

1. 机械啮合理论

1699 年，Amontons[2] 提出该理论，认为摩擦起源于表面粗糙度（可认为表面存在微凸体）。当两表面在一定载荷下接触时，由于存在于表面上凹凸不平的微凸体之间相互啮合，在相对滑动时必然沿着微凸体的顶端反复起落，从而产生摩擦力。根据该理论，降低表面粗糙度，摩擦系数会随之降低。但是，该理论却无法解释材料表面光滑到一定程度时，摩擦力反常增大的现象。

2. 分子作用理论

1929 年，Tomlinson[3] 提出该理论，认为摩擦起源于接触表面间的分子作用力。接触表面间的分子产生排斥力和吸引力，吸引力与所施加的法向力之和与排斥力达到平衡。在滑动过程中，接触位点发生转移，相互接触的分子在分离的同时产生新的接触分子。接触分子间的转换所引起的能量损耗便是摩擦力所做的功。根据该理论，材料表面粗糙度越低，分子间的接触面积便会越小，从而降低分子作用力产生的滑动阻力，表现为较低的摩擦系数。该理论很好地解释了机械啮合理论无法解释的现象。

3. 黏着理论

不难看出，以上两种理论认为的摩擦系数与粗糙度之间的关系均比较片面，无法统一人们对摩擦现象的认识。基于此，Bowden 等[4]建立了较为完整的黏着理论，认为黏着效应是产生摩擦力的原因。该理论可概括为以下要点：在外力作用下，接触面之间的微凸体产生塑性变形。此后，只能通过增大接触点之间的接触面积来承载外界载荷。同时，接触点之间因摩擦产生瞬时温升，使得金属间发生黏着而形成黏着结点。当黏着结点被剪切后，接触表面得以继续相对运动，这一剪切作用力便为摩擦力。因此，摩擦现象是黏着结点产生及剪切的过程。

8.1.2 磨损

摩擦的过程伴随着磨损。所谓磨损，是摩擦过程中造成材料表面损伤，且表面材料不断脱落的现象。根据破坏机理及特征，可将磨损分为四类：磨粒磨损、黏着磨损、疲劳磨损、腐蚀磨损。

1. 磨粒磨损

存在于摩擦副表面的硬突起颗粒或者外界硬质颗粒，在摩擦过程中造成对摩擦副表面材料脱落的磨损现象，称为磨粒磨损[5]。其内在机理为微观切削，即硬质磨粒对较软的摩擦副表面产生犁沟作用。因此，其典型特征为磨损表面形成平行于滑动方向的犁沟。

2. 黏着磨损

摩擦过程中，摩擦副表面之间的接触点处形成的黏着（冷焊）结点，在切应力作用下被剪切，从而造成表面材料的剥落，此类磨损称为黏着磨损[6]。其典型特征为摩擦副表面之间出现材料转移。当摩擦副之间应力过大、润滑不足或者相对滑动速度较低时，极易发生黏着磨损，严重时，会使摩擦副之间无法进行相对滑动，即咬死现象。

3. 疲劳磨损

在摩擦过程中，由于交变应力而使表面材料剥落形成凹坑的磨损现象，称为疲劳磨损[7]。其疲劳裂纹发源于应力集中处，裂纹萌生后延伸至表面，造成材料剥落，形成凹坑。影响疲劳磨损的因素烦多，经过大量实验研究，主要影响因素包括摩擦副之间的应力场、润滑剂与摩擦副之间的相互作用和材料内部缺陷的特征及分布。

4. 腐蚀磨损

在摩擦过程中，摩擦副材料与介质之间发生化学或者电化学反应，对材料表面造成损伤的磨损现象，称为腐蚀磨损。不同介质导致材料与介质之间发生的反应不同，故腐蚀磨损分为氧化磨损及特殊介质腐蚀磨损。

① 氧化磨损：在空气环境中，摩擦副之间由于干摩擦产生摩擦温升，使得磨损过程中材料表面发生氧化的磨损现象。氧化膜被对磨副材料去除后很快形成新生氧化膜，故氧化膜的破损与形成在整个摩擦过程中循环往复。因此，氧化磨损的程度取决于氧化膜的形成与破坏速度。当氧化速度大于破坏速度，表面形成致密氧化膜，起到减磨作用。

② 特殊介质腐蚀磨损：当摩擦副之间的介质中存在酸、碱、盐（如酸雨、海水等介质）时，发生电化学腐蚀而造成材料表面损伤的磨损现象。与氧化磨损一致，磨损过程伴随着腐蚀层的形成与破损。

8.1.3　摩擦磨损实验

为探究材料的摩擦磨损性能及机理，合理确定其服役环境及使用条件，需进行摩擦磨损实验。目前，采用的摩擦磨损实验可分为两类：实际使用实验及实验室实验。

1. 实际使用实验

实际使用实验是在实际工况下进行的，即将零件置于实际服役或运转条件下，能够保障实验数据的真实性及可靠性，能够作为材料在实际工况下的摩擦磨损性能的评判依据。但这类实验具有明显的缺点。首先，实验周期长，数据获取较慢，且耗费人力物力，成本高。其次，所得实验结果是多因素影响下的综合表现，难以对实验数据进行深入分析，且无法确定某个因素对于摩擦磨损的影响。因此，实际使用实验常用于已经投入使用的成熟材料体系。

2. 实验室实验

实验室实验分为两类：模拟台架实验及实验室试件实验。前者是通过模拟实际工况，使用真实零部件在试验机上进行的摩擦磨损实验。这类实验接近实际工况，能够快速获得零件在服役条件下较为可靠的摩擦磨损数据。后者是在一定的工况条件下，采用通用摩擦磨损试验机进行的摩擦磨损实验。这类实验对试样的形状及尺寸要求较低，且能够控制实验条件，实现单一因素（如载荷、速度、滑动温度、环境介质及对磨副性质等）对于材料摩擦磨损性能及机理影响的探究。

因此，这类实验较为理想化，所得实验数据无法用于实际工况下材料的摩擦磨损性能评估，适用于未投入使用的新材料体系。

8.2　高熵合金的摩擦磨损

多主元的设计理念，在增大合金成分自由度的同时，使得相图中心区域的合金变为可探索区域，极大拓宽了合金体系。同时，高混合熵的存在能够降低合金体系的吉布斯自由能，并降低有序化和偏析的趋势，从而促进单相固溶体的形成趋势，便利了合金的成分分析及组织调控[8]。这些使得科研人员能够基于合金成分及后续加工工艺对高熵合金的摩擦磨损性能进行调控，从而使其有望突破传统合金摩擦磨损的性能极限，满足现代科技的性能需求。

同时，在一些极端条件下（如超低温、超高温等），传统金属及合金材料难以满足应用要求，而高熵合金能够满足极端环境下对于材料力学性能的需求，因而作为结构材料，高熵合金的应用是大势所趋。特别是一些面心立方高熵合金及难熔体心立方高熵合金，前者在低温下表现出优异的力学性能[9-11]，后者在高温下呈现出优于传统高温合金的潜力[12-14]，均是有望服役的合金体系。在实际应用时，要求合金构件能够在实际工况下长期稳定服役，这就对合金表面性能（尤其是耐磨性）提出了较高要求。因此，研究高熵合金的摩擦磨损以及表面改性对其摩擦磨损行为的影响具有重要现实意义。

相较于传统合金，高熵合金最大的劣势便是价格昂贵[15]，极大程度限制了高熵合金的规模化应用。尽管距高熵合金的提出已有二十年，但目前仍处于材料研发阶段，故用于高熵合金摩擦磨损的探究实验主要为实验室试件实验。本节将从五大方面介绍高熵合金在摩擦磨损方面的研究进展，即合金组元、加工工艺、表面改性、摩擦磨损实验参数对于高熵合金摩擦磨损的影响，以及苛刻工况下高熵合金的摩擦磨损行为。

8.2.1　合金组元的影响

传统合金是以一种或两种金属元素为主元、添加少量合金元素而构成；高熵合金是以多种金属元素为主元，且每种主元的原子分数在 5% ~ 35%，具备广阔的成分空间。这意味着研究人员能够通过调控金属元素的种类及含量，设计出优于传统合金的耐磨高熵合金，解决传统合金的摩擦学性能瓶颈。因此，下面分别介绍高熵合金中常用元素对其摩擦学行为的影响，包括低密度金属元素、高熔点金属元素、3d 过渡族金属元素及非金属元素。

1. 低密度金属元素

在高熵合金中添加 Al、Ti、Mg 及 Li 等低密度金属元素,不仅能够降低合金密度,同时由于其具备较大原子尺寸,能够加剧晶格畸变以增大合金基体的固溶强化效应,从而促进轻质高熵合金在摩擦磨损领域的发展。

Wu 等[16]研究了 Al 含量对于电弧熔炼 $Al_x CoCrCuFeNi$（$x = 0.5$、1.0、2.0）高熵合金摩擦磨损行为的影响。随着 Al 含量的增加,FCC 结构逐渐转变为 BCC 结构,直至 Al 的摩尔比达到 2.0 时,完全转变为 BCC 结构固溶体。同时,由于固溶强化效果的增强以及 BCC 硬相体积分数的增加,合金的硬度得以提高,由220HV 增加到560HV。经室温摩擦磨损测试,随着 Al 含量的增加,合金的耐磨性大幅提升,Al2.0 合金的耐磨性达 Al0.5 合金的七倍;且合金减摩能力增强,稳态摩擦系数由 0.50 降低至 0.32。硬度的增加提高了合金抵抗塑性变形及分层的能力,同时较高的 Al 含量促进磨损表面保护性氧化釉层的形成,使得磨损机理由黏着磨损转变为高 Al 含量下的氧化磨损,从而提高合金的减摩耐磨能力。

Gu 等[17]通过激光熔覆制备出 $CoCr_{2.5} FeNi_2 Ti_x$（$x = 0$、0.5、1.0、1.5）高熵合金涂层。Ti 元素的加入促进了 BCC 结构向 FCC 结构的转变,使得 $CoCr_{2.5} FeNi_2 Ti_x$（$x = 0.5$、1.0、1.5）合金由 BCC 及 FCC 两相组成。由于固溶强化效应的增强,涂层的硬度及耐磨性随着 Ti 的添加而提升,但脆性也随之增大。如图 8-1 所示,

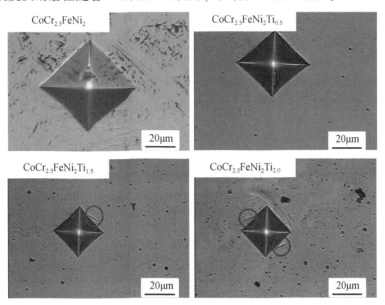

图 8-1　$CoCr_{2.5} FeNi_2 Ti_x$高熵合金在 100N 下的维氏硬度压痕[17]

当 Ti 元素的摩尔比达到 1.0 时，压痕周围开始出现微裂纹。Xu 等[18]研究了添加 Ti 元素对于 AlCoCrFeNi 高熵合金磨损行为的影响。研究表明，添加 Ti 元素后合金耐磨性的改善不仅与硬度相关，与 Al 元素的效果一致，而且也有助于磨损过程中合金表面形成致密氧化釉层，对合金基体起到保护作用。

2. 高熔点金属元素

高熔点元素包括 V、Cr、Zr、Nb、Mo、Hf、Ta 及 W 等，其熔点均在 1650℃ 以上。在高熵合金中添加高熔点元素，有利于促进强化析出相的形成，这类析出相往往与基体形成共晶组织，改善合金的强韧性耐磨性。同时，由高熔点元素组成的难熔高熵合金往往呈现 BCC 固溶体结构，具备较高的硬度，能够保证合金在高温下的耐磨性，使得突破传统高温合金在极端高温工况下的耐磨瓶颈成为可能。在相同工况下，VNbMoTaW 难熔高熵合金的耐磨性是 Inconel 718 高温合金的 3 倍[19]。

Liu 等[20]研究了 Nb 元素含量对电弧熔炼 $CoCrNiNb_x$（$x = 0$、0.1、0.2、0.3、0.385、0.4、0.5）高熵合金摩擦学行为的影响。Nb 元素与基体合金（CoCrNi 合金，单相 FCC 固溶体）中元素间的混合焓更负，导致 Laves 相的析出，从而形成 FCC 相与 Laves 相交替排列的共晶结构，如图 8-2 所示。同时，Nb 含量为 0.385 摩尔比时，合金为完全的共晶结构，低于 0.385 摩尔比时为 FCC 相与共晶相构成的亚共晶结构，超过则为 Laves 相与共晶相构成的过共晶结构。经测试，共晶合

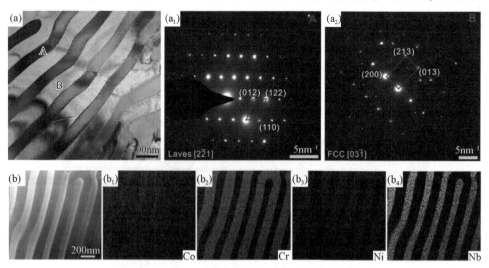

图 8-2　$CoCrNiNb_{0.385}$高熵合金的 TEM 图谱[20]

(a) 明场 TEM；(a_1、a_2) 暗区 A 及亮区 B 的选区电子衍射图谱；(b) 选定共晶结构的 TEM；

($b_1 \sim b_4$) 元素面扫描图谱

金的强塑性最优，屈服强度、抗拉强度及延展性分别为 ~1194MPa、~2670MPa 及 17.4%；且 Nb0.4 及 Nb0.5 合金拉伸断口具有解理断裂的典型特征，表明 Laves 相的大量形成严重削弱了合金的塑性及韧性。同时，合金的硬度随 Laves 相体积分数的增加而增大，而 Nb0.385 合金具有最低的平均摩擦系数及磨损率。这一结果表明，全共晶组织中 FCC 相和 Laves 相之间的交替排列减少了两相之间的局部塑性失配，从而延迟了磨损表面上裂纹/断裂的开始。

Ren 等[21]研究了 Hf 元素含量对电弧熔炼（AlCoCrFeNi）$_{100-x}$Hf$_x$（$x=0$、2、4、6）高熵合金摩擦学行为的影响。基体 AlCoCrFeNi 合金为 BCC 固溶体，加入 Hf 元素促进了（Ni，Co）$_2$Hf 型 Laves 相的析出，得到了 BCC 相与 Laves 相交替组成的共晶相，故含 Hf 合金为由 BCC 相及共晶相构成的亚共晶高熵合金。合金中 Laves 相的体积分数、硬度及摩擦磨损性能随 Hf 元素的变化如图 8-3 所示。Laves 相的体积分数及合金的硬度与 Hf 元素含量呈线性增长关系，析出强化主导了合金硬度的提升。同时，合金的平均摩擦系数及磨损率均随 Hf 元素含量增加呈降低趋势。硬度的提升使合金得以抵抗长时间的磨损，持续产生的摩擦热导致的表面温升诱导磨损表面发生氧化，因此磨损表面形成由 Al$_2$O$_3$ 及 Cr$_2$O$_3$ 构成的保护性氧化膜，从而起到良好的减摩抗磨作用。

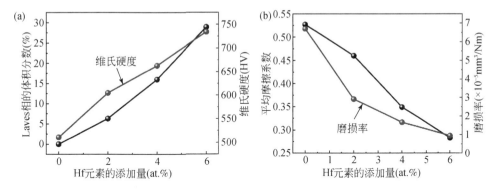

图 8-3　（AlCoCrFeNi）$_{100-x}$Hf$_x$ 高熵合金中（a）Laves 相、维氏硬度，（b）平均摩擦系数及磨损率随 Hf 元素添加量的变化[21]

Mukarram 等[22]研究了 Ta 元素含量对电弧熔炼 CoCrFeNiTa$_x$（$x=0.1$、0.25、0.75、1.0）高熵合金微观结构及力学性能的影响。研究表明，在 CoCrFeNi 合金中添加 Ta 元素引入了 Laves 相，形成了 FCC 固溶体与 Laves 相构成的共晶结构。Laves 相体积分数随 Ta 元素的增加而增多，合金的硬度也得以提升，但延展性逐渐降低。

3. 3d 过渡族金属元素

Fe、Cu、Mn、Co、Ni 及 Cr 六种 3d 过渡族金属元素相邻，具备相当的原子尺寸，且在地球上的储量丰富，是高熵合金成分设计时的常用元素。

Hsu 等[23]探究了 Fe 含量对电弧熔炼 AlCoCrFe$_x$Mo$_{0.5}$Ni（x = 0.6、1.0、1.5、2.0）高熵合金摩擦磨损行为的影响。该合金由 BCC 相及 σ 硬脆相组成，随着 Fe 含量的增加，BCC 相的体积分数逐渐增加，导致合金硬度由 Fe0.6 的 730HV 降低至 Fe2.0 的 640HV。经测试，在室温下 Fe2.0 的耐磨性降低为 Fe0.6 的 1/3。值得注意的是，尽管 Fe1.5 与 Fe2.0 的硬度接近，但 Fe2.0 的耐磨性仅是 Fe1.5 的 1/2。显著的差异源于较高 Fe 含量所引起的氧化程度的增加。由于 Fe 元素无法促进致密氧化膜的形成，当 Fe 含量较高时，在逐渐积聚的摩擦热引起的磨损表面温升的作用下，磨损表面氧化程度增加，使得氧化磨屑的数量增多，从而加剧了磨粒磨损程度。

Verma 等[24]研究了 Cu 含量对 CoCrFeNiCu$_x$（x = 0、0.2、0.4、0.6、0.8、1.0）高熵合金摩擦学行为的影响。合金由 FCC 结构及 Cu 相组成，这是由于 Cu 与其他元素的混合焓为正。随着 Cu 元素含量的增加，偏聚在晶界处的 Cu 相随之增多，增大位错密度并降低了晶粒尺寸，使得合金的硬度从 136HV（Cu0 合金）增大到 169HV（Cu1.0 合金）。同时，合金的耐磨性也随之增强。在室温下，磨损率由 $2.3×10^{-5}$ mm³/Nm（Cu0 合金）降低为 $1.7×10^{-5}$ mm³/Nm（Cu1.0 合金）。当温度提高到 600℃，磨损表面形成具有润滑作用的氧化铜釉层，进一步降低了磨损率（Cu1.0 合金的磨损率为 $1.3×10^{-5}$ mm³/Nm）。

Wong 等[25]研究了 Mn 元素含量对感应熔炼 Al$_{0.3}$CoCrFeNiMn$_x$（x = 0、0.1、0.3）高熵合金微观结构及力学性能的影响。Mn 的添加增大了晶格畸变，晶格常数由 3.591Å（Mn0 合金）增大到 3.611Å（Mn0.3 合金），加强了固溶强化效应，合金的硬度得以提高，从 141HV（Mn0 合金）增大到 156HV（Mn0.3 合金）。Nong 等[26]进一步研究了 Mn 添加对于电弧熔炼 AlCrFeNiTi 高熵合金摩擦学行为的影响。尽管 AlCrFeNiTi 与 AlCrFeNiTiMn$_{0.5}$高熵合金在室温下的稳态摩擦系数均为 0.55，但 AlCrFeNiTiMn$_{0.5}$合金摩擦系数曲线的波动幅度极大，表明磨损表面存在氧化层的周期性破碎或者磨损过程中大尺寸氧化磨屑的堆积及去除。同时，Mn 的添加增大了合金的磨损失重，这源于 Mn 添加引入了严重的氧化磨损。Mn$_2$O$_3$ 的形成能力优于 α-Al$_2$O$_3$，故磨损表面氧化层的致密性由于 Mn$_2$O$_3$ 的存在被大大削弱，从而导致合金的耐磨性变差。

Kumar 等[27]研究了 Co 含量对热等静压 Al$_{0.4}$FeCrNiCo$_x$（x = 0、0.25、0.5、1.0）高熵合金的摩擦学行为。随着 Co 元素含量的增加，BCC 相的体积分数逐渐降低，直到 Co 元素的摩尔比为 1.0 时，合金为单相 FCC 结构。同时，Co

（1.251Å）的原子半径低于 Al（1.432Å），Co 含量增加时晶格畸变程度降低，削弱了固溶强化作用。此外，Co 元素与其他元素的结合力较低，因此合金的硬度随 Co 含量增加而降低，从 377.7HV（Co0）降低为 199.5HV（Co1.0），从而削弱了合金抵抗磨粒磨损、黏着磨损及塑性变形的能力。

Sim 等[28]研究了 Ni 含量对电弧熔炼 AlCoCrFeNi$_x$（x = 0、0.5、1.0、1.5、2.0）高熵合金摩擦学行为的影响。Al0 合金由无序 BCC 相及 B2 相组成，随着 Ni 元素的添加，B2 相逐渐向硬度较低的 FCC 相转变，使得合金耐磨性逐渐降低。

4. 非金属元素

B、C、N、O 及 Si 等非金属元素具备较小的原子尺寸，在高熵合金中添加此类元素，有利于形成间隙固溶体或者与金属元素形成高硬度金属间化合物，从而提高合金的强度、硬度及摩擦磨损性能。

Zhang 等[29]研究了 B 添加对真空电弧熔炼 CoCrFeNi 高熵合金摩擦学行为的影响。CoCrFeNi 为单相 FCC 固溶体结构，在添加 B 元素的合金中，B 元素并未进入基体 FCC 固溶体中，而是以硬质 CrB 析出相的形式存在，使得合金硬度从 170HV 增大到 280HV。硬度的提升改善了合金抵抗磨粒磨损的能力，同时，具有良好韧性的 FCC 基体有助于支撑硬质 CrB 析出相，降低合金磨损表面的脆性断裂，从而减少磨损过程中的材料损失。

Jin 等[30]研究了 N 及 O 元素对于 TiZrHfNb 难熔高熵合金摩擦学行为的影响。TiZrHfNb（基体）、氮掺杂（N-2）及氧掺杂（O-2）高熵合金均为单相 BCC 结构，其硬度分别为 272HV、362HV 及 385HV，表明 O 元素的间隙固溶效果强于 N。间隙原子掺杂降低了合金的磨损率，其中氧掺杂高熵合金在室温及 500℃时的磨损率最低。相较于室温，三种合金在 500℃时的磨损率均有较大程度的降低，分别降低了 53%（基体合金）、68%（N-2 合金）及 78%（O-2 合金）。这源于高温下氧化釉层的形成，降低了磨粒磨损及黏着磨损；同时这也赋予了合金在高温下良好的润滑性，在 500℃时，合金的平均摩擦系数由室温下的 0.61 ~ 0.65 降低为 0.28 ~ 0.34。

Liu 等[31]研究了 Si 元素含量对激光熔覆 AlCoCrFeNiSi$_x$（x = 0、0.1、0.2、0.3、0.4、0.5）高熵合金涂层摩擦学行为的影响。高熵合金涂层呈现单相 BCC 结构，由无序 BCC 结构 Fe-Cr 相及有序 BCC 结构 Al-Ni 相组成，且其晶格常数随 Si 含量增加呈降低趋势。根据计算，BCC 晶格的八面体和四面体间隙无法容纳 Si 原子，故具有较小原子半径的 Si 取代了固溶体中的其他原子，导致晶格收缩，降低了晶格常数。随着 Si 含量的增加，涂层的硬度层线性增长趋势，这是固溶强化、位错强化和细晶强化共同作用的结果。经室温摩擦磨损实验测试，涂层的平均摩擦系数及磨损率均随 Si 含量的增加而降低，且磨损机理由较低 Si 含量（$x=0$、0.1）下的磨粒磨损及黏着磨损转变为较高 Si 含量（$x=0.2$、0.3、0.4、0.5）下的氧化磨损。当涂层中的 Si 含量较高时，磨损过程中形成由 SiO 及 SiO_2 构成的保护性氧化釉层，从而达到减摩耐磨效果。

Zhang 等[32]研究了 S 添加对于放电等离子烧结 CoCrFeNi 高熵合金摩擦学行为的影响。在烧结过程中，S 与 Cr 进行反应，原位形成了 Cr_xS_y 相，因此 $CoCrFeNiS_{0.5}$ 高熵合金由 FCC 相及 Cr_xS_y 相（六方晶体结构）两相组成。Cr_xS_y 均匀分布在 FCC 基体中，使得合金硬度略有提高，由基体 CoCrFeNi 合金的 238HV 增加到含 S 合金的 259HV。同时，含 S 合金的平均摩擦系数及磨损率在宽温域范围内均低于基体合金。在宽温域范围内，Cr_xS_y 相具有良好自润滑作用，在与磨损表面金属氧化物的综合作用下，提高了合金的摩擦磨损性能。

Zhang 等[33]研究了 C 元素含量对于电弧熔炼 $(CoCrFeNi)_{100-x}C_x$（$x=0$、1.3、1.7、3.5、5.4）高熵合金摩擦学行为的影响。合金均为 FCC 固溶体结构，晶格常数随着 C 含量的增加而增大。当超过 C 元素在 FCC 基体中的固溶度极限后，便开始沿晶界析出碳化物（$C_{23}C_6$ 相），由于含量较低，无法通过 XRD 检测到。如图 8-4 所示，碳化物的体积分数及合金硬度与 C 含量呈正相关趋势。然而，合金耐磨性的变化却大有不同。尽管相较于基体（CoCrFeNi 合金），含碳合金的耐磨性得以提升，但耐磨性随 C 含量的增加而降低。通过对磨损表面及其截面的分析，认为这一现象与合金的韧性及碳化物的作用相关。添加 C 是以牺牲延展性来提高合金的强度。当 C 含量较高时，合金脆性较大，加剧了磨损表面裂纹的萌生和扩展，导致更高的材料损失。其次，合金中硬质碳化物的体积分数较高时，会加剧三体磨粒磨损程度，从而削弱耐磨性。因此，为了获得良好的综合性能，应考虑元素的最佳添加量。

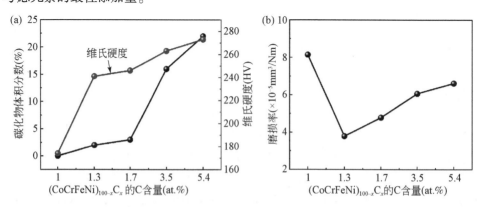

图 8-4　$(CoCrFeNi)_{100-x}C_x$（$x=0$、1.3、1.7、3.5、5.4）高熵合金中（a）碳化物体积分数、维氏硬度及（b）磨损率随 C 含量的变化趋势[33]

8.2.2　加工工艺的影响

高熵合金的摩擦学行为不仅受组成元素的影响，还受加工工艺的影响，包括制备方法及后续热处理。当高熵合金中的组成元素种类及含量一定时，通过不同的制备方法及热处理工艺的协同调控，能够优化合金性能，达到同时提高合金强韧性及耐磨性的效果。

1. 制备方法

近年来，高熵合金的制备技术层出不穷，逐渐成熟，包括电弧熔炼、感应熔炼、放电等离子烧结、热压烧结等。不同制备工艺所得高熵合金的组织形貌各有特征，通过调控制备参数能够优化合金的组织结构，提高合金性能。本节以典型的 Cantor 合金（即 CoCrFeMnNi 高熵合金）为例，介绍多种制备方法对其摩擦学性能的影响。

①热压烧结[34]：将合金粉末通过行星式球磨机球磨 45h 后，在真空热压炉中烧结（烧结参数为 900℃，50MPa，1h）。合金为粗晶及细晶混合结构，由 FCC 相、少量 $M_{23}C_6$ 和 M_7C_3 碳化物组成。合金的硬度、平均摩擦系数及磨损率分别为 415HV、0.250 及 $27.5×10^{-5}$ mm^3/Nm。在磨损表面上观察到许多磨屑、平行于滑动方向的犁沟和塑性变形，其磨损机理为磨粒磨损、塑性变形。

②放电等离子烧结[35]：将合金粉末高能球磨 1h 后，通过放电等离子烧结技术进行烧结（烧结参数为 1000℃，10min）。合金为等轴晶结构（6μm），由 FCC 相及 Cr_7C_3 碳化物组成，碳化物相的形成主要归因于烧结过程中铬和碳之间的反应，其中碳源于石墨模具。合金的硬度、平均摩擦系数及磨损率分别为 450HV、0.283 及 $1.0×10^{-5}$ mm^3/Nm。磨损表面上存在细小的磨屑、平行于滑动方向的较浅犁沟，其磨损机理为磨粒磨损。

③超快激光熔覆[36]：在 316 不锈钢基体上沉积薄膜，沉积参数为 4800W（激光功率）、50m/min（扫描速度）。合金的薄膜厚度为 203.5μm±8.2μm，表面粗糙度为 0.168μm，为 FCC 固溶体结构。合金的硬度、平均摩擦系数及磨损率分别为 225.8HV、0.750 及 $62.6×10^{-5}$ mm^3/Nm。磨损机理为磨粒磨损、黏着磨损。

④真空感应熔炼[37]：通过真空感应熔炼得到铸态合金，在 1000℃均匀化 24h 后冷轧。合金呈现等轴晶结构，为 FCC 固溶体。合金的硬度、平均摩擦系数及磨损率分别为 300HV、0.620 及 $7.5×10^{-5}$ mm^3/Nm。磨损机理为磨粒磨损、黏着磨损、塑性变形。

⑤真空电弧熔炼[38]：翻转重熔 5 次得到铸态合金。合金呈现典型柱状晶结构，为 FCC 固溶体结构。合金的硬度、平均摩擦系数及磨损率分别为 225HV、

0.278 及 $27.8\times10^{-5}\,\text{mm}^3/\text{Nm}$。磨损机理为磨粒磨损及塑性变形。

为便于直观比较，将不同制备方式所炼制的 CoCrFeMnNi 高熵合金的摩擦学性能及测试参数列于表 8-1。

表 8-1 不同制备方式所得 CoCrFeMnNi 高熵合金的摩擦学性能[34-38]

制备方式	测试状况		摩擦学性能		磨损机理
	对磨副	载荷	摩擦系数	磨损率 ($\times10^{-5}\,\text{mm}^3/\text{Nm}$)	
热压烧结	Si_3N_4	10N	0.250	27.5	磨粒磨损 塑性变形
放电等离子烧结	Si_3N_4	6N	0.283	1.0	磨粒磨损
超快激光熔覆	Al_2O_3	6N	0.750	62.5	磨粒磨损 粘着磨损
真空感应熔炼	Si_3N_4	6N	0.628	7.5	磨粒磨损 粘着磨损 塑性变形
真空电弧熔炼	Al_2O_3	15N	0.600	27.8	磨粒磨损 塑性变形

2. 热处理工艺

与传统合金热处理工艺一致，高熵合金的热处理工艺同样是对其进行加热、保温及冷却，以获得具有一定组织及性能的加工工艺。通过选择合适的热处理工艺，调整热处理温度及时间，能够调控组成相的晶格畸变程度、强化相的析出程度及晶粒的尺寸，从而通过细晶强化、固溶强化及第二相强化等强化方式有效提高合金基体的强度及耐磨性。

Deng 等[39]研究了退火温度对 CoCrFeMnNi 高熵合金微观结构及性能的影响。将真空电弧熔炼 CoCrFeMnNi 高熵合金在 1150℃均匀化 6h，通过冷轧减薄 80%，随后在 900℃分别退火 2min、5min 及 60min。合金均为 FCC 固溶体结构，且均匀化合金呈现等轴晶结构，退火 2min 合金为部分再结晶结构，主要由超细晶组成，退火 5min 合金为完全再结晶结构，退火 60min 合金由等轴晶及退火孪晶组成，其平均晶粒尺寸分别为 102.0μm、0.75μm、1.7μm 及 5.7μm。合金的强度随退火时间的延长而降低，屈服强度由 2min 时的 616MPa 降低至 60min 时的 262min。较细的晶粒及较高的位错密度赋予了退火 2min 合金最高的强度及耐磨性。在磨损表面上观察到许多磨屑、平行于滑动方向的犁沟，其磨损机理为磨粒磨损及氧化磨损。

Liang 等[40]研究了时效时间对 FeCoNiCr$_{0.8}$Al$_{0.2}$高熵合金微观结构及摩擦学性能的影响。将真空电弧熔炼 FeCoNiCr$_{0.8}$Al$_{0.2}$高熵合金在 1200℃均匀化 6h，通过冷轧减薄 66%，在 1200℃再结晶 10min，随后在 800℃分别时效 6h、12h、24h、48h、72h 及 168h。合金均由 FCC 基体及 L12 结构的 γ′相组成，其中，FCC 基体富 Fe、Co、Cr，γ′相富 Ni 及 Al。γ′析出物随时效时间的变化分为两个阶段。当时效时间在 24h 以内时，随着时效时间的延长，析出物逐渐粗化。当时效时间达到 48h 时，开始析出二次析出相，并随着时效时间的延长而粗化。同时，析出相的体积分数随时效时间先增大后降低，在 12h 时达到最高。合金的硬度受析出相的体积分数及尺寸所控制，呈先增大后降低的趋势。同时，合金的硬度与耐磨性的趋势一致。时效 12h 的合金具有最高体积分数的析出物及细小的析出物尺寸，因此在所有合金中硬度最高、耐磨性最优。

Gwalani 等[41]研究了等温退火时间对 Al$_{0.5}$CoCrFeNi 高熵合金微观结构及性能的影响。将电弧熔炼 Al$_{0.5}$CoCrFeNi 高熵合金在 700℃热轧减薄 50%，在 1150℃退火 5min，随后在 700℃分别等温退火 1h、4h、20h、40h 及 80h。等温退火合金由枝晶结构及析出物构成，其中枝晶相为 FCC 结构，枝晶间及析出相均为 BCC 结构（B2 相）。枝晶间相的体积分数未随退火时间的延长而改变，析出相的体积分数随退火时间的延长而增加，使得 BCC 相的体积分数由退火 1h 合金的 10.1%增加至退火 80h 合金的 23.2%，从而提高了合金的硬度。硬度的提高改善了合金抵抗磨粒磨损及塑性变形的抗力。

Luo 等[42]研究了退火温度对 AlCoCrCuFeNi 高熵合金微观结构及性能的影响。将真空电弧熔炼 AlCoCrCuFeNi 高熵合金分别在 600℃、645℃、700℃及 1000℃退火 5h。铸态及退火合金均为枝晶结构，其中枝晶贫 Cu（BCC 结构）、枝晶间富 Cu（FCC 结构）。如图 8-5 所示，随着热处理温度的升高，枝晶中富 Cu、贫 Cr 的白色片状结构逐渐增多并粗化，降低了合金中 BCC 相的体积分数，使得合金的硬度也随之降低。由于抵抗磨粒磨损能力的削弱，合金的耐磨性随退火温度的升高而逐渐恶化。

8.2.3 表面改性的影响

改善材料的摩擦学性能、减少设备运行过程中的摩擦及磨损，能够提高设备工作效率、延长设备的使用寿命，以及减少生产过程中的能源浪费。同时，材料耐磨性的提高也为实现碳达峰及碳中和提供了新的道路。因此，采用一定手段改善材料耐磨性具有极其重要的现实意义。表面改性是解决这个问题简单而有效的方法之一。材料表面的耐磨性可以通过使用表面改性技术在合金表面产生特定的涂层或加工硬化层来实现表面强化而提高。采取合适的表面改性手段，不仅可以节省新材料开发的经济及时间成本，同时能在保留基体材料原有性能的基础上提

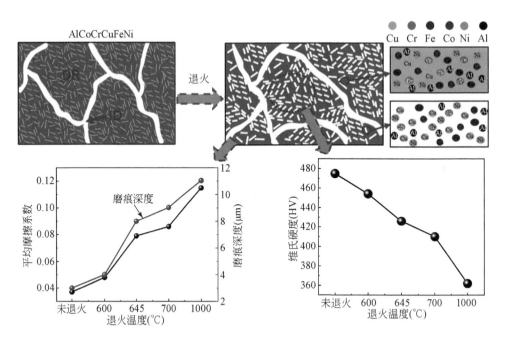

图 8-5　退火温度对 AlCoCrCuFeNi 高熵合金摩擦学性能影响的机理分析[42]

高耐磨性。常用的表面改性手段包括表面机械强化、表面激光处理、表面电子束辐照、表面离子注入及表面化学热处理等。以下分别介绍各种表面改性手段对高熵合金摩擦磨损的影响。

1. 表面机械强化

表面机械强化可以使金属材料表面发生塑性变形和加工硬化，提高金属表面的疲劳强度、耐磨性和耐腐蚀性，主要包括喷丸及滚压处理。

（1）表面喷丸

表面喷丸是指通过发射大量硬质弹丸冲击金属表面，使其产生塑性变形，引入残余压应力，同时细化晶粒，从而达到提高表面耐磨性的目的。

Tong 等[43] 研究了激光冲击喷丸（laser shock peening）对增材制造 CrMnFeCoNi 高熵合金摩擦学行为的影响。经喷丸处理后，试样表面产生了严重塑性变形，在细化晶粒的同时引入了残余压应力，提高了合金的硬度。随着激光能量的升高，合金的硬度及减摩耐磨能力逐渐增强。当激光能量在 6J 时，合金的硬度从未处理合金的 201.0HV 提升至 269.3HV，平均摩擦系数从 0.604 降低至 0.391，磨损率从 $8.6×10^{-5}\,\mathrm{mm^3/Nm}$ 降低至 $3.2×10^{-5}\,\mathrm{mm^3/Nm}$。未经处理的合金内部存在的拉应力使摩擦层开裂而剥落，对磨副小球对裸露的合金基体持续磨损，增大了磨损率。经激光冲击处理后，表面硬度的增加降低了磨损率。同时，合金内部的残余压应力减少了摩擦层中的裂纹，增大了摩擦层与合金基体间的结合力，进一步改善了耐磨性。

此外，通过喷丸处理还可引入梯度结构提高材料的强塑性，间接达到提高材料表面耐磨性的目的。CrFeCoNiMn$_{0.75}$Cu$_{0.25}$高熵合金[44]经激光喷丸处理后，在表面引入了包括亚晶、高密度位错和纳米孪晶的梯度微结构。位错硬化和机械孪晶的结合提高了合金的应变硬化能力，赋予了合金优异的力学性能。

（2）表面滚压

表面滚压是指通过滚压工具向工件表面施加一定压力，促使表层金属发生弹塑性变形，使表层组织冷作硬化，改变表层微观结构，引入残余压应力，降低表面粗糙度，达到改善金属表面抗疲劳、耐腐蚀及耐磨损的能力。

Wang 等[45]研究了超声表面滚压挤压（ultrasonic surface rolling extrusion）对激光熔覆 AlCoCrFeNi 高熵合金涂层的影响。滚压载荷的增加导致马氏体相析出、晶粒细化和位错密度增加，在这三种效应的协同作用下，涂层的显微硬度在滚压载荷为 300N 时达到 753HV，是未处理涂层硬度的 1.3 倍。在摩擦磨损测试中，未处理涂层发生了严重的磨粒磨损及氧化磨损。经滚压处理后，表面硬度的提高改善了涂层抵抗磨粒磨损的能力，磨损率从 $16.8×10^{-5}$ mm^3/Nm 降低为滚压处理后的 $13.1×10^{-5}$ mm^3/Nm。同时，滚压处理后，高位错密度有助于氧的快速迁移和扩散，从而增强磨损表面氧化层的保护能力。

2. 表面激光处理

表面激光处理是指利用高能激光束产生的热效应对材料表面进行热处理，通过激光与材料表面的相互作用，实现对材料表面的精确控制和改良，从而提高材料表面的耐磨性、耐腐蚀性、抗疲劳性和抗冲击性等。

（1）激光合金化

激光合金化技术通过高能量密度的激光束在短时间内快速熔化基体上的合金元素，并急速冷却，在表面形成一定厚度的合金化涂层，从而达到所需性能。

Guo 等[46]利用激光合金化技术在 CrCoFeNi 高熵合金表面原位合成了Al$_{1.5}$CoCrFeNi涂层。Al 的添加导致基体合金相稳定性的改变，诱导了基体表面BCC 相的形成。涂层表面硬度为 536HV，达到基体硬度的 3 倍。经摩擦磨损测试，基体合金经历了严重的磨粒磨损及黏着磨损，而激光合金化试样表面光滑，在磨损期间发生了轻微抛光。因此，激光合金化显著改善了合金的耐磨性，经激光合金化处理后，合金的磨损率仅为 $5.26×10^{-5}$ mm^3/Nm，为基体合金磨损率的1/7。

（2）激光表面重熔

激光表面重熔技术是利用高能量激光束在合金表面扫描，导致表面材料快速重熔和凝固,去除材料表面存在的杂质、空隙及化合物等,降低裂纹扩展的概率,使合金重熔层中的微观组织更加均匀和细化,从而改善材料表面性能。

Luo 等[47]通过激光重熔技术在铸态 TiZrHfTaNb 难熔高熵合金表面制备出100μm 的梯度纳米结构层。激光重熔引入了显著的晶粒细化,在接近梯度纳米结构层表面时,平均晶粒尺寸由基体的 200μm 细化至 8nm。高能激光处理引起的塑性应变场和温度场,使得梯度纳米结构层中发生相分解,单相 BCC 结构的 TiZrHfTaNb 逐渐分解成富含 TiNb 的 BCC 相、富含 TaNb 的 BCC 相、富含 ZrHf 的 HCP 相及富含 TiZrHf 的 FCC 相。表面硬度由铸态合金的 240HV 增加到 650HV,使得激光处理后合金的耐磨性大幅提升,磨损率相较于铸态合金降低了一个数量级。在法向力为 16～32N 的测试范围内,磨损率由铸态合金的 (3.41～3.83) ×10⁻⁵ mm³/Nm 降低至激光处理合金的 (2.21～2.94) ×10⁻⁵mm³/Nm。

(3) 激光熔覆

激光熔覆利用高能激光束作为热源,使涂层粉末和基体材料在受到激光束照射快速熔化形成熔池,然后快速冷却凝固,形成具有特定性能且与基体发生冶金结合的涂层。

Chen 等[48]通过激光熔覆技术制备出含有不同质量分数 TiC 硬质颗粒增强体的 FeCoCrNiCu 高熵合金涂层。高熔点、高硬度的 TiC 颗粒作为异质形核位点促进了细晶强化,导致涂层中 Laves 相及碳化物的析出,且硬质 TiC 颗粒能够有效阻止位错运动,在多种强化机制的协同作用下,显著提高了涂层的硬度。随着 TiC 颗粒质量分数达到 15% 时,涂层的硬度由不添加 TiC 颗粒的 FeCoCrNiCu 涂层的 271HV 增加到 532HV。同时,硬度的显著提升赋予了涂层优异的耐磨性。在室温及 600℃时,涂层的磨损率仅为 0.76×10⁻⁵ mm³/Nm 及 2.76×10⁻⁵ mm³/Nm,耐磨性分别达到不含 TiC 涂层的 25 倍及 9 倍。

3. 表面电子束辐照

表面电子束辐照技术利用高能电子束对材料表面进行辐照,使表面发生近似绝热的局部快速升温和熔化而形成重熔层,同时材料表面发生非平衡相变,使表面成分趋向均匀,产生超细晶和亚稳相等结构,减弱甚至消除表面偏析,达到优化表面性能的目的。

Lu 等[49]对电弧熔炼 CoCrFeNiMo₀.₂高熵合金进行了强流脉冲电子束辐照处理。铸态合金为 FCC 固溶体结构,辐照消除了合金表面的枝晶偏析,未改变合金的相结构。由于辐照引起表面材料的快速熔化及凝固,合金表面的晶粒显著细化,同时诱导了高硬度 σ 相的形成,使得合金的硬度及耐磨性得以改善。当脉冲次数达到 35 次时,合金的表面硬度及摩擦学性能最佳,表面硬度从铸态合金的 279.1HV 增加到 392.9HV,磨损率从铸态合金的 27.8×10⁻⁵ mm³/Nm 降低为 9.2×

$10^{-5} mm^3/Nm$。

4. 表面离子注入

表面离子注入是指将靶材物质电离后，经高压电场加速后轰击试样表面，获得过饱和固溶体、非晶、亚稳相等不同的组织形式，使材料表面产生固溶强化、非晶强化、辐照损伤强化等机制，从而达到表面改性的效果。

Jenczyk 等[50]研究了高能氮离子注入对 $AlCoCrFeNiTi_{0.2}$ 高熵合金微观结构及力学性能的影响。铸态合金的晶体结构由 BCC 相及 σ 相构成，其中 BCC 相的体积分数约为 18%。氮离子的注入诱导了 σ 相向 BCC 相的转变，使得 BCC 相的体积分数经离子注入后达到 50%。经纳米压痕及纳米划痕测试，高能氮离子注入提高了合金硬度及耐磨性。

此外，根据 Pogrebnjak 等的研究[51]，当高能氙离子注入（TiZrHfNbV）N 涂层后，涂层的硬度及耐磨性显著降低，磨损率增大了一个数量级，从 0.97×10^{-5} mm^3/Nm 升高至（$2.40 \sim 4.80$）$\times 10^{-5} mm^3/Nm$。这一结果表明，不同类型离子的改性效果不同，当采用离子注入技术对高熵合金进行表面改性以提高耐磨性时，应慎重选择所注入的离子类型。

5. 表面化学热处理

表面化学热处理是指将工件置于某种介质中，加热及保温一定时间，使得介质中的一种或多种元素渗入合金表面，从而得到具有优异性能渗层的热处理方法。相比于制备表面涂层，化学热处理所制备的渗层与基体间存在良好的冶金结合，抗冲击性能良好。其中，渗氮、渗硼、渗铬及渗铝处理、能够有效提高高熵合金的摩擦磨损性能。目前，太原理工大学特种高熵合金课题组聚焦于高熵合金表面化学热处理的研究，在此领域已经做出了诸多探索，尤其是关于渗氮、渗硼、渗铬及渗铝对于高熵合金微观结构及表面性能的研究。

（1）渗氮

高熵合金在渗氮过程中会发生固溶强化，同时表层还会形成一些硬质氮化物，如 AlN、CrN、TiN 和 FeN 等，从而大幅提高合金表层的强度及耐磨性。此外，在摩擦磨损过程中，渗氮层在一定程度上避免了摩擦基体与基体的直接接触，有利于降低磨损率，提高合金的耐磨性。相较于传统氮化手段（固体氮化、液体氮化及气体氮化），离子氮化技术不仅节能环保、氮化速度快，而且对工件造成的变形量较小，常用于高熵合金的氮化研究。一般而言，在离子氮化过程中，炉体作为阳极，试样为阴极。在数百伏直流电压的作用下，阴阳极之间稀薄气体被电离，形成等离子体，在电场作用下撞击试样表面使其加热，同时造成阴极溅射，从而达到氮化目的。

在氮化时，氮元素扩散进入合金基体，基体中的氮元素含量不断增加，当达到基体中氮的固溶度极限时，基体中的合金元素开始析出与氮结合形成氮化物。表 8-2 为一些元素与氮结合形成氮化物的形成焓，从热力学的角度来说，该值越低，对应的化合物越容易形成。其中，Al、Ti、Nb、Cr 为强氮化物形成元素。Co 与 Ni 结合所形成氮化物的形成焓均为较大正值，故难以形成或稳定性较差。

表 8-2　一些氮化物的形成焓[52]

氮化物	NiN	CoN	Fe_4N	CrN	NbN	TiN	AlN
形成焓	36	27	-2.2	-22	-121	-146	-318

Wang 等[53-56]研究了离子氮化对 Al-Co-Cr-Fe-Ni 系高熵合金微观结构及力学性能的影响。铸态 AlCoCrFeNi、退火态 $Al_{0.25}CoCrFeNi$ 及铸态 $Al_{1.3}CoCuFeNi_2$高熵合金氮化前后的晶体结构、表面硬度分别如表 8-3 及表 8-4 所示。此外，由于铸态 $Ni_{45}(FeCoCr)_{40}(AlTi)_{15}$高熵合金氮化前后的硬度为纳米压痕硬度，因此表中未列出，其氮化前后的硬度分别为 8.7GPa 及 14.5GPa。经离子氮化后，在固溶强化以及形成的硬质氮化物颗粒的协同作用下，表面硬度大幅度提升，特别是含有 FCC 结构的合金。同时，由于 $Al_{1.3}CoCuFeNi_2$合金中不含 Cr 元素，表面未形成 CrN，因此相较于含 Cr 的高熵合金（AlCoCrFeNi 及 $Al_{0.25}CoCrFeNi$），氮化后表面硬度较低。

表 8-3　未氮化高熵合金的结构及硬度[53-56]

合金	晶体结构	维氏硬度（HV）
AlCoCrFeNi	BCC	522
$Al_{0.25}CoCrFeNi$	FCC	260
$Al_{1.3}CoCuFeNi_2$	FCC+BCC	340
$Ni_{45}(FeCoCr)_{40}(AlTi)_{15}$	FCC	—

表 8-4　表 8-3 中所列高熵合金在 550℃氮化 9h 后的表面氮化物类型、硬度及氮化层厚度[53-56]

合金	表面氮化物类型	表面硬度（HV）	氮化层厚度（μm）
AlCoCrFeNi	AlN、Fe_4N、CrN	720	7.1
$Al_{0.25}CoCrFeNi$	AlN、Fe_4N、CrN	720	9.0
$Al_{1.3}CoCuFeNi_2$	AlN、Fe_4N	587	5.9
$Ni_{45}(FeCoCr)_{40}(AlTi)_{15}$	AlN、Fe_3N、CrN、TiN	—	8.4

在此基础上, 乔珺威课题组[57]继续深入研究了离子氮化工艺对热轧态 Fe_{40} $Mn_{20}Cr_{20}Ni_{20}$高熵合金微观结构及力学性能的影响, 并通过设计正交实验构建出 $Fe_{40}Mn_{20}Cr_{20}Ni_{20}$的氮化动力学模型。如图 8-6 (a) 所示, 在低温氮化时, 合金表面出现明显晶界。这是因为氮原子扩散到晶格中, 导致晶格膨胀, 与不锈钢、 CoCrFeMnNi 及 FeCoCrNi 高熵合金氮化后的现象一致[58-60]。同时, 氮化合金的表面粗糙度随氮化温度升高而增加。当氮化温度升高至 550℃ 时, 表面形成大量氮化物颗粒, 此时氮化层厚度达到 $55\mu m$ [图 8-6 (b)]。氮化层的厚度随氮化温度升高而明显增加。氮化时间为 5h 时, 氮化层厚度由 500℃ 时的 $42\mu m$ 增加到 600℃ 时的 $71\mu m$。

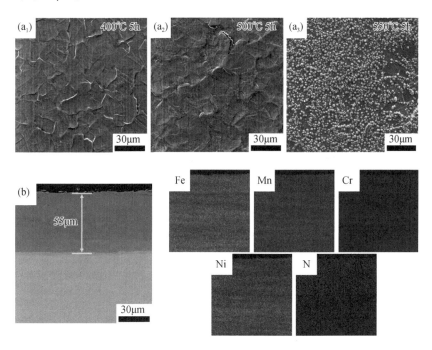

图 8-6　$Fe_{40}Mn_{20}Cr_{20}Ni_{20}$高熵合金离子氮化后的 SEM 图[57]: 在 (a_1) 400℃、(a_2) 500℃ 及 (a_3) 550℃ 下氮化 5h 后试样的表面形貌; 在 550℃ 下氮化 5h 后试样截面及其对应元素的面扫描图谱 (b)

图 8-7 为 $Fe_{40}Mn_{20}Cr_{20}Ni_{20}$高熵合金在不同氮化工艺下的 XRD 图谱。表面形成了 CrN, 而未检测到 Fe 元素的氮化物, 由于 Cr 是强氮化元素, 当表面的 Cr 元素耗尽时, 才会开始形成 Fe 的氮化物。

同时, 在同一氮化温度下, 合金表面所形成的相基本一致, 表明所形成的相主要受离子氮化温度的影响。基于氮化合金 XRD 图谱的分析, 得到了 $Fe_{40}Mn_{20}$

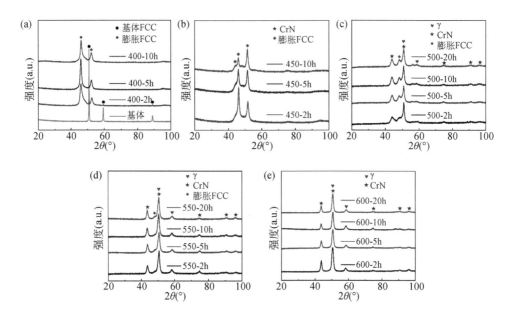

图 8-7　$Fe_{40}Mn_{20}Cr_{20}Ni_{20}$ 高熵合金在不同氮化温度下的 XRD 图谱[57]

(a) 400℃；(b) 450℃；(c) 500℃；(d) 550℃；(e) 600℃

$Cr_{20}Ni_{20}$ 高熵合金在离子氮化过程中发生的相变。当氮化温度在 400℃ 及以下时，氮原子固溶到基体中，形成膨胀的 FCC 相（S 相）。超过 400℃ 后，基体中氮的固溶度达到饱和状态，S 相开始分解为 CrN 和 γ 相（FCC 结构）。S 相的分解程度随温度升高而增加。因此，在 450～550℃ 时，氮化层由 S 相、CrN 和 γ 相组成。当温度达到 600℃ 时，S 相基本上完全分解为 CrN 和 γ 相，即此时的氮化层由 CrN 和 γ 相组成。

　　国内外学者针对渗层的生长动力学已经做出了大量研究，一致认为其生长动力学曲线大部分情况下遵循抛物线规律，符合经典的动力学理论（理想的均匀扩散），即

$$d^2 = Kt \tag{8-1}$$

式中，d、K、t 分别代表涂层厚度（μm）、扩散系数（m^2/s）及保温时间（t）。

　　如图 8-8（a）所示，$Fe_{40}Mn_{20}Cr_{20}Ni_{20}$ 高熵合金离子氮化所得氮化层的生长动力学也满足该规律。通过对图 8-8（a）中不同温度下保温不同时间所得渗层厚度进行拟合，得到表 8-5 所示的扩散系数。随着温度升高，扩散系数也随之增加。根据 Arrhenius 型公式可知，元素的扩散系数主要受温度控制：

$$K = K_0 \exp\left(-\frac{Q}{RT}\right) \tag{8-2}$$

式中，K_0 为指前因子（m^2/s）；Q 为平均扩散激活能（J/mol）；R 为气体常数 [其值为 8.314J/（mol·K）]；T 为热力学温度（K）。对该式两边同时取自然对数，可得 $\ln K$ 关于 $1/T$ 的线性关系，如下所示：

$$\ln K = \ln K_0 + \left(-\frac{Q}{R}\right) \cdot \left(\frac{1}{T}\right) \tag{8-3}$$

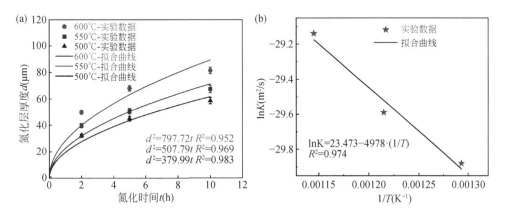

图 8-8　$Fe_{40}Mn_{20}Cr_{20}Ni_{20}$ 高熵合金在不同氮化温度下的 XRD 图谱[57]

表 8-5　$Fe_{40}Mn_{20}Cr_{20}Ni_{20}$ 高熵合金在不同氮化温度下的扩散系数[57]

氮化温度（℃）	500	550	600
扩散系数（m^2/s）	1.056×10^{-13}	1.411×10^{-13}	2.216×10^{-13}

通过对表 8-5 中不同氮化温度下的扩散系数进行拟合 [图 8-8（b）]，得出该合金离子氮化的扩散激活能为 41.388kJ/mol，且指前因子为 6.394×10^{-11}。根据 Nishimoto 等[59] 对 CoCrFeMnNi 高熵合金离子氮化的研究，该合金离子氮化所需的扩散活化能计算为 64.038kJ/mol。相比之下，四元 $Fe_{40}Mn_{20}Cr_{20}Ni_{20}$ 高熵合金所需的扩散活化能低于五元 CoCrFeMnNi 高熵合金。基于计算所得扩散激活能及指前因子，得到了氮化层厚度与氮化温度及时间的函数关系，如公式（8-4）所示。

$$d = \sqrt{6.394\times10^{-11}\times\exp\left(-\frac{41388}{RT}\right)t} \tag{8-4}$$

图 8-9 为不同氮化工艺下氮化层的硬度，选取氮化层顶部（距渗氮层表面约 10μm 处）和底部（距合金基体约 10μm 处）的硬度进行比较。氮化层的硬度主要受温度影响。氮化层底部和顶部的硬度（即氮化层的整体硬度）随温度升高而降低。根据 XRD 图谱，S 相分解为 CrN 和 γ 相（FCC）的程度随温度升高而增加。因此，温度越高，氮化层中较软的 γ 相含量越多，氮化层硬度越低。其

次，试样表面形成的 CrN 尺寸随氮化温度升高而增大，尺寸较小的 CrN 对硬度的贡献高于尺寸较大的氮化物。在 500～600℃ 氮化时，试样顶部硬度随氮化时间的变化趋势包括两个阶段。当氮化时间小于 5h 时，硬度随氮化时间延长而增加。这是因为氮化时间较短时，试样表面形成的氮化物不够致密（氮原子的吸收和析出量较低）。随着氮化时间的延长，CrN 越来越致密，从而使硬度增加。氮化时间超过 5h 后，CrN 的尺寸随氮化时间延长而增大，导致硬度随氮化时间的延长而略有下降。

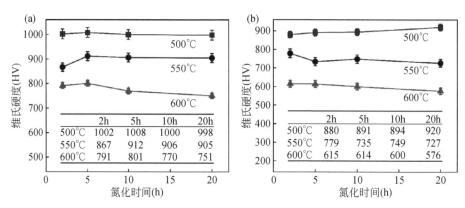

图 8-9　$Fe_{40}Mn_{20}Cr_{20}Ni_{20}$ 高熵合金在不同氮化温度及氮化时间下硬度[57]
(a) 顶部，距氮化层表面约 10μm 处；(b) 底部，距基体约 10μm 处

此外，对离子氮化所得试样进行了 VDI 3198 压痕测试（洛氏压痕测试）[61]，用以判断渗层与基体间的结合性。如图 8-10（a）所示，涂层与基体的结合性可分为 HF1～HF6 六个级别，级别越高，结合性越差。其中，级别处于 HF1～HF4 的涂层被认为是可接受的失效；而处于 HF5～HF6 的涂层是不可接受的失效。进行洛氏压痕测试后的表面形貌如图 8-10（b）～（d）所示。在压痕附近几乎没有

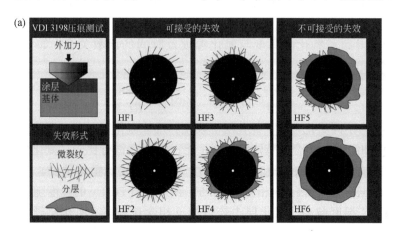

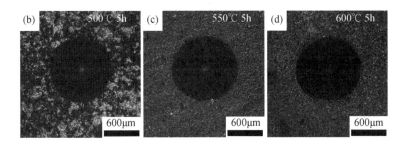

图 8-10　（a）VDI 3198 压痕测试的示意图[61]；在不同氮化温度下 $Fe_{40}Mn_{20}Cr_{20}Ni_{20}$ 高熵合金经压痕测试后的 SEM 图[57]：（b）500℃；（c）550℃；（d）600℃

发现裂纹或分层。可以确定在 500～600℃下氮化后，氮化层与基体的结合性等级为 HF1，表明离子氮化所得氮化层与基体结合良好。

图 8-11 为氮化前后合金在宽温域、宽应力范围内的摩擦系数曲线，可以发现具有相同的趋势，均分为两个阶段：磨合期及稳定期。在磨损初期，对磨副小球持续压入试样，接触面积不断增大，使得摩擦系数逐渐增加，这一阶段被称为磨合期。随着磨屑的形成与去除，氧化层的周期性形成与断裂，摩擦状态达到稳态，此时摩擦系数呈现出在某一稳定值附近上下波动的现象，这一阶段便为稳定期。氮化之后，硬度的提高显著延长了合金的磨合期。

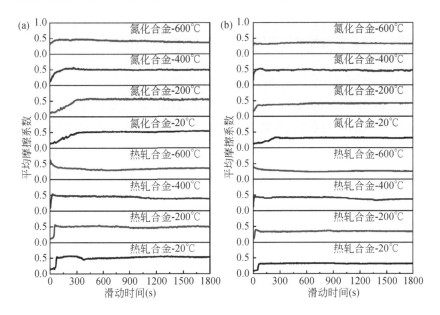

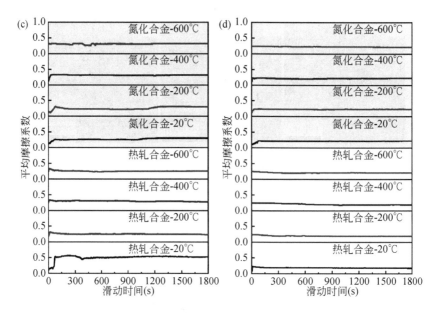

图 8-11　热轧及氮化 $Fe_{40}Mn_{20}Cr_{20}Ni_{20}$ 高熵合金在不同法向力下、20~600℃的摩擦系数曲线[57]

(a) 10N；(b) 30N；(c) 60N；(d) 80N

图 8-12、图 8-13 展示了氮化前后合金的平均摩擦系数及磨损率。相较于热轧合金，氮化合金的平均摩擦系数在宽温域、宽应力范围内略有上升。根据修正黏着理论[62]，摩擦系数可通过下式表示：

$$f=\frac{\tau_{\mathrm{f}}}{\sigma} \tag{8-5}$$

式中，f 为摩擦系数，τ_{f} 为表面膜的剪切强度极限，σ 为基体金属的屈服强度。由该式可知，当基体金属的屈服强度不变时，摩擦系数随表面膜的剪切强度极限

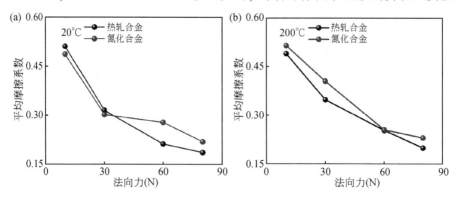

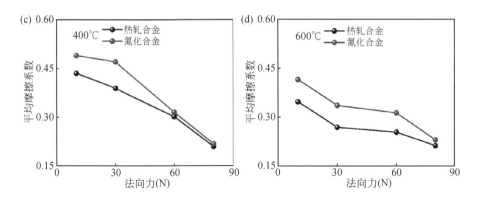

图 8-12　热轧及氮化 $Fe_{40}Mn_{20}Cr_{20}Ni_{20}$ 高熵合金不同温度下、10~80N 法向力平均
摩擦系数的对比[57]

（a）20℃；（b）200℃；（c）400℃；（d）600℃

增加而增加。由于氮化层的表面硬度远高于热轧态合金，滑动过程中需要克服更
高的剪切强度，从而导致氮化后摩擦系数的增加。

如图 8-13 所示，氮化后，合金的磨损率从（12.79~41.56）×10⁻⁵mm³/Nm
降低至（3.06~10.09）×10⁻⁵mm³/Nm，耐磨性大幅度提升，且在宽温域及宽应
力范围内保持稳定。这源于合金表面硬度的提高，改善了合金抵抗磨粒磨损及黏
着磨损的能力。从图 8-14 所示的磨损形貌中可以看出，热轧态合金的磨损表面
存在大量磨屑、凹坑以及较深的犁沟，而氮化后合金磨损表面相当光滑，表明硬
度的大幅提升使得合金的磨损机理由磨粒磨损及黏着磨损转变为抛光效应。

表 8-6 罗列了一些高熵合金氮化前后的磨损率。

表 8-6　氮化前后合金的磨损率[53-57]

合金	测试状况			磨损率（×10⁻⁵mm³/Nm）	
	环境	温度	载荷（N）	氮化前	氮化后
AlCoCrFeNi	干滑动	室温	3	18.0	3.9
	去离子水			16.0	3.2
	人造酸雨			7.0	2.8
$Al_{0.25}CoCrFeNi$	干滑动	20~600℃	10	14.6~35.7	1.7~2.2
$Al_{1.3}CoCuFeNi_2$	干滑动	室温	3	120.0	10.0
	去离子水			12.0	15.0
	人造酸雨			23.0	10.0

续表

合金	测试状况			磨损率（×10⁻⁵mm³/Nm）	
	环境	温度	载荷（N）	氮化前	氮化后
$Ni_{45}(FeCoCr)_{40}(AlTi)_{15}$	干滑动	20 ~ 600℃	10	21.3 ~ 38.2	2.7 ~ 6.1
	去离子水	室温	5 ~ 12	3.89 ~ 6.69	2.02 ~ 4.26
	人造酸雨			4.65 ~ 7.30	0.40 ~ 2.80
$Fe_{40}Mn_{20}Cr_{20}Ni_{20}$	干滑动	20 ~ 600℃	10	12.8 ~ 32.1	3.1 ~ 10.1

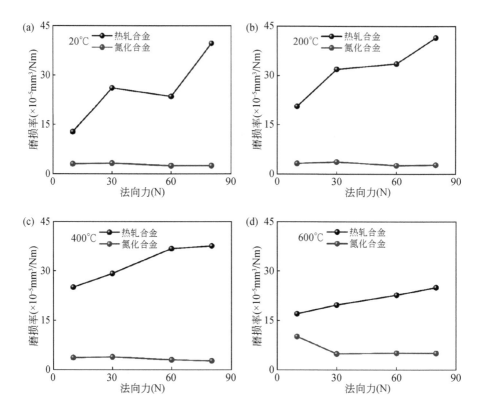

图 8-13　热轧及氮化 $Fe_{40}Mn_{20}Cr_{20}Ni_{20}$ 高熵合金不同温度下、10 ~ 80N 法向力磨损率的对比[57]

(a) 20℃；(b) 200℃；(c) 400℃；(d) 600℃

（2）渗硼

与渗氮一致，高熵合金在渗硼过程中会发生固溶强化，同时表层形成硬质硼化物构成的硼化层，从而提高合金表面的硬度。硼化层往往具有优异的耐磨性、耐蚀性及热稳定性。相较于气体渗硼及液体渗硼，固体粉末包埋渗硼具有诸多优势，操作简单、安全无毒，且渗剂可反复使用。在进行固体粉末包埋渗硼的过程

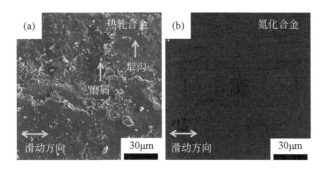

图 8-14　热轧及氮化 $Fe_{40}Mn_{20}Cr_{20}Ni_{20}$ 高熵合金的磨损表面[57]

(a) 热轧合金；(b) 氮化合金

中，将试样及渗剂装入渗罐中间位置，使用密封剂（黏土及水玻璃的混合物）将其密封，随后放入加热炉中，经过加热及保温工序，便可实现表面渗硼。渗剂一般由活化剂、填充剂及供硼剂构成。活化剂会促进供硼剂不断产生活性硼原子，从而被合金表面吸附，与材料中的金属元素形成硼化物，随着保温时间的延长，逐渐形成硼化物层并不断增厚。其中，填充剂起到均匀分散活化剂及供硼剂的作用，使渗硼剂与工件接触均匀，保证硼化层的均匀性。同时，还起到调节硼势、防止渗硼剂烧结，以及降低成本的作用。

　　Wu 等[63] 探究了硼化时间（2～8h）对于固体粉末包埋渗硼 $Al_{0.1}CoCrFeNi$ 高熵合金微观结构及力学性能的影响。如图 8-15 所示，在 900℃ 的高温下，合金表面形成了致密光滑的硼化物层，且硼化物层内部存在分层现象。在硼化初期，合金表面具有较高的硼势，表面易生成 MeB 型硼化物。随着保温时间的延长，B 原子不断向合金基体内部扩散，达到形成 Me_2B 型硼化物的条件，故在扩散层与MeB 硼化物层之间形成了 Me_2B 型硼化物。同时，由于外层 MeB 与内层 Me_2B 之

图 8-15　渗硼后 $Al_{0.1}CoCrFeNi$ 高熵合金的 SEM 图[63]

(a) 表面形貌；(b) 截面形貌

间的热膨胀系数不同，导致硼化物层中出现分层现象。如表 8-7 所示，随着硼化时间的延长，硼化物层的厚度从 17.3μm 增加至 57.9μm。同时，硼化层的硬度从硼化 2h 时的 524HV 逐渐增加到硼化 8h 时的 1398HV，达到退火态 $Al_{0.1}$CoCrFeNi 合金硬度的 7 倍。

表 8-7　$Al_{0.1}$CoCrFeNi 高熵合金在 900℃、保温不同时间所得硼化层的厚度及其表面硬度[63]

硼化时间（h）	2	4	6	8
硼化物层厚度（μm）	17.3	22.1	39.1	57.9
硼化物层硬度（HV）	524	748	1087	1398

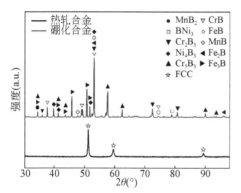

图 8-16　热轧及硼化 $Fe_{40}Mn_{20}Cr_{20}Ni_{20}$ 高熵合金的 XRD 图谱[64]

Guo 等[64]在以上工作的基础上，进一步研究了固体粉末包埋渗硼 $Fe_{40}Mn_{20}$ $Cr_{20}Ni_{20}$ 高熵合金的摩擦学行为。图 8-16 为热轧态 $Fe_{40}Mn_{20}Cr_{20}Ni_{20}$ 高熵合金硼化前后的 XRD 图谱，图 8-17 为硼化合金表面及截面的微观结构及 EDS 面扫描能谱。根据硼化合金截面的 SEM 图可知，硼化层约 50.2μm，呈分层结构，由硼化物层及扩散层组成。硼化物层的最外层富 Ni，其次依次为 Fe、Cr 和 Mn。表 8-8 列出了 B 与 $Fe_{40}Mn_{20}$ $Cr_{20}Ni_{20}$ 高熵合金中各元素的混合熵。混合熵越负，该硼化物越容易形成，故形成顺序依次为：Mn-B、Cr-B、Fe-B、Ni-B。同时，硼化合金的表面硬度为 24.2GPa，约为热轧态合金的 6 倍。

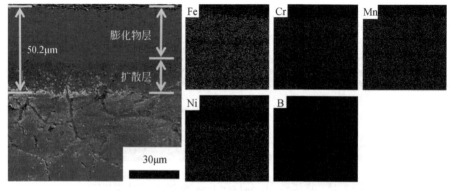

图 8-17　硼化 $Fe_{40}Mn_{20}Cr_{20}Ni_{20}$ 高熵合金截面的 SEM 图及其对应元素的面扫描图谱[64]

表 8-8　$Fe_{40}Mn_{20}Cr_{20}Ni_{20}$高熵合金中不同元素与 B 元素的混合熵

元素种类	Fe	Mn	Cr	Ni
混合熵（kJ/mol）	−26	−32	−31	−24

图 8-18 为硼化前后合金在 20～600℃平均摩擦系数及磨损率随温度的变化趋势。硼化后，平均摩擦系数显著降低，在 0.30～0.35 波动。通过硼化合金磨损表面的 XPS 分析，磨损过程中表面形成了氧化硼（B_2O_3）。B_2O_3在空气中容易与水结合，形成硼酸（H_3BO_3）。与大多数固体润滑材料一样，硼酸具有层状结构，层与层之间通过较弱的范德瓦耳斯力保持在一起。当受到外加载荷时，层与层之间的范德瓦耳斯键极易被破坏，发生相对剪切运动。因此，H_3BO_3具有优异的润滑性，可以有效地降低摩擦系数。同时，与合金氮化后一致，硼化后合金的磨损率大幅度降低，在宽温域范围内保持良好耐磨性。

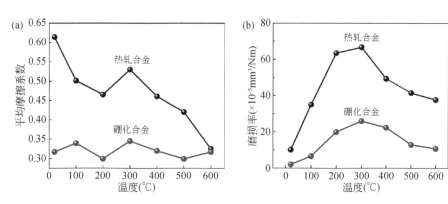

图 8-18　热轧及硼化 $Fe_{40}Mn_{20}Cr_{20}Ni_{20}$高熵合金在 20～600℃平均摩擦系数及磨损率的对比[64]
(a) 平均摩擦系数；(b) 磨损率

（3）渗铬

铬作为自然界最硬的金属，同时具有优异的耐蚀性。因此，渗铬能够同时提高合金表面的耐磨性及耐蚀性。同时，与渗硼技术一致，通过固体粉末包埋法进行渗铬处理，操作简单，环境安全，能耗极低，且渗剂可反复使用。在高温下，活性铬原子吸附在合金基体表面，不断向内部扩散，与基体形成固溶体相或与基体中的非金属原子结合形成高硬度铬化物，从而提高高熵合金在腐蚀环境中的耐磨性。

Yang 等[65]研究了固体粉末包埋渗铬对 $Fe_{40}Mn_{20}Cr_{20}Ni_{20}$高熵合金微观结构及摩擦学行为的影响。$Fe_{40}Mn_{20}Cr_{20}Ni_{20}$高熵合金固体粉末包埋渗铬前后的 XRD 图谱如图 8-19 所示。铬化后，形成 BCC 结构的单相 α-Fe-Cr 固溶体。由于基体金属中不含非金属间隙原子（如 C、N、B），未生成金属化合物，且 Fe、Mn、Cr 及 Ni 的原子半径接近，因而形成置换固溶体。

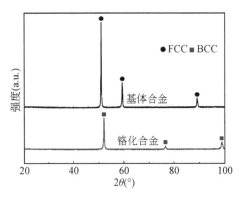

图 8-19　热轧及铬化 $Fe_{40}Mn_{20}Cr_{20}Ni_{20}$ 高熵合金的 XRD 图谱[65]

图 8-20 为铬化后合金横截面的微观形貌及线面扫描图谱。渗铬层中的 Cr 含量明显高于基体，且渗层中元素分布较为均匀。在靠近渗层表面约 $40\mu m$ 处，存在一层离散的富 Cr、Mn 的组织（结合表 8-9 中 C 点的 EDS 分析）。从插图可知，铬化层由一些树枝状组织及其间隙组成，其中树枝状组织富 Ni，而间隙处贫 Ni。根据试样横截面的线扫描结果，渗铬后合金表面形成约 $120\mu m$ 的铬化层，以及 $30\mu m$ 的扩散层。需要注意的是，扩散层经腐蚀后未显示出来，故本研究是通过线扫描 EDS 分析及后续的显微硬度测试共同确定扩散层的厚度。

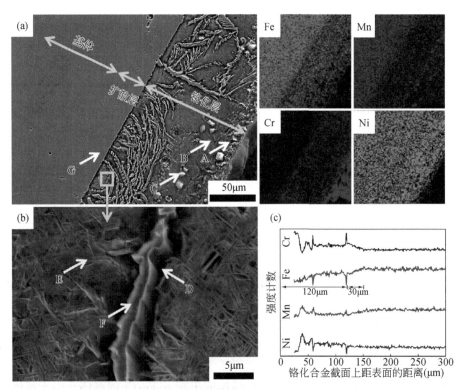

图 8-20　铬化 $Fe_{40}Mn_{20}Cr_{20}Ni_{20}$ 高熵合金　（a）截面 SEM 图及对应元素的面扫描图谱；
（b）局部放大图；以及（c）截面元素线扫描图谱[65]

表 8-9　图 8-20 中对应点的 EDS 成分分析[65]　　（单位：at. %）

点扫描	Fe	Mn	Cr	Ni	Al	Si
A	23.80	6.10	56.60	11.50	0.00	2.00
B	26.40	6.00	41.20	24.90	0.00	1.60
C	0.40	37.60	62.00	0.00	0.00	0.00
D	23.90	6.80	58.30	10.60	0.00	0.40
E	32.50	7.10	31.80	26.90	0.00	1.70
F	32.20	6.60	33.10	26.90	0.00	1.50
G	38.70	14.40	23.70	22.30	0.00	1.00

图 8-21 为铬化合金横截面显微硬度随距离的分布图。铬化层（0～120μm 处）整体硬度在 500HV 及以上。在扩散层区域（120～150μm 处），硬度迅速下降至基体硬度（150HV），这一现象与横截面的铬元素线扫描结果相对应，在距表面 0～120μm，铬元素强度保持较高水平，而在 120～150μm 强度显著下降，之后保持不变。因此，可以得出结论，硬度随铬含量升高而增大。

通过设计不同渗铬温度及时间的正交实验，得出 $Fe_{40}Mn_{20}Cr_{20}Ni_{20}$ 高熵合金进行固体粉末包

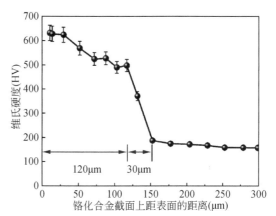

图 8-21　铬化 $Fe_{40}Mn_{20}Cr_{20}Ni_{20}$ 高熵合金截面上不同位置处的硬度[65]

埋渗铬处理的平均扩散激活能为 403.104kJ/mol。同时，获得了铬化层厚度关于渗铬温度及时间的关系 [式（8-6）]。表 8-10 列出了一些钢进行渗铬处理的平均扩散激活能，比较而言，高熵合金中渗铬所需扩散激活能要高得多，这可能归因于高熵合金的迟滞扩散效应。

$$d = \sqrt{64.20\exp\left(-\frac{403104}{RT}\right)t} \qquad (8-6)$$

表 8-10　一些材料进行渗铬处理的平均扩散激活能

材料	渗铬手段	扩散激活能（kJ/mol）	参考文献
$Fe_{40}Mn_{20}Cr_{20}Ni_{20}$	固体粉末包埋	403.104	[65]
工业纯铁	盐浴	285.780	[66]
AISI D2 钢	固体粉末包埋	277.743	[67]

材料	渗铬手段	扩散激活能（kJ/mol）	参考文献
AISI 1095 钢	固体粉末包埋	123.032	[68]
QT600-3 钢	盐浴	129.906	[69]

渗铬前后合金在不同环境介质中的磨损率如表 8-11 所示。相较于空气及去离子水介质，在质量分数为 3.5% 的 NaCl 溶液中，合金耐磨性的提升最为显著。热轧合金的平均磨损率在 5N、10N 及 15N 下，分别为铬化合金平均磨损率的 3.1 倍、1.9 倍及 3.2 倍。在 NaCl 溶液中，热轧合金受到腐蚀与磨损的协同作用，因此在不同法向力下的平均磨损率均高于去离子水环境中。渗铬后，合金在 NaCl 溶液中的腐蚀电流密度从 $1.520\mu A/cm^2$ 降至 $0.382\mu A/cm^2$，合金耐蚀性增强。同时，铬化合金表面能够形成稳定钝化膜，提高耐蚀性。在对磨副小球往复运动过程中，钝化膜及腐蚀产物构成的混合层起到阻隔对磨副小球与合金基体的作用，从而降低磨损率。

表 8-11　热轧及铬化 $Fe_{40}Mn_{20}Cr_{20}Ni_{20}$ 高熵合金在不同环境介质中的磨损率[65]

合金	测试状况			磨损率（$\times 10^{-5} mm^3/Nm$）	
	环境	温度	载荷（N）	渗铬前	渗铬后
$Fe_{40}Mn_{20}Cr_{20}Ni_{20}$	干滑动	室温	5	2.91	1.47
			10	7.11	4.14
			15	12.00	6.65
	去离子水	室温	5	0.64	0.36
			10	1.42	1.25
			15	2.58	1.67
	NaCl 溶液	室温	5	1.16	0.38
			10	2.09	1.11
			15	2.97	0.92

（4）渗铝

通过渗铝得到的铝化物涂层，具备良好的高温抗氧化性及较高的硬度。在高温下，铝元素极易与氧发生反应形成致密的 Al_2O_3 保护层，能够有效阻挡高温下氧的内扩散。一些难熔金属的氧亲和势高，在室温下就极易与氧气发生反应，所形成的氧化物会在较低温度下熔化甚至挥发，影响合金表面氧化膜的致密性，使其在高温下的抗氧化性及耐磨性急剧降低。同时，铝化物涂层往往具有较高的硬度。因此，通过渗铝能够改善难熔高熵合金在高温下的耐磨性。

Yang 等[70]研究了固体粉末包埋渗铝对 TaNbWV 难熔高熵合金微观结构及性能的影响。如图 8-22 所示，铸态 TaNbWV 合金为 BCC 结构，在 1100℃渗铝 9h 后，所形成的铝化涂层为 TaAl$_3$ 型四方结构。

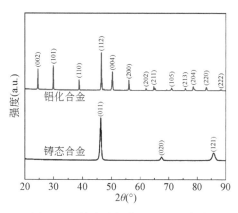

图 8-22 铸态及铝化 TaNbWV 难熔高熵合金的 XRD 图谱

结合 TaNbWV 难熔高熵合金渗铝后截面的成分分析（表 8-12），可知铝化层为（Ta、Nb、W、V）Al$_3$ 高熵铝化物。铝化物的形成提高了合金的硬度，从铸态合金的 475HV 增加到 680HV。从铝化涂层截面 SEM 图可以看出，铝化层的厚度为 75μm，扩散层约 2μm。同时，铝化层中存在一系列颗粒状的金属间化合物。结合表 8-12 的成分分析，可知其为 Al-W 金属间化合物。

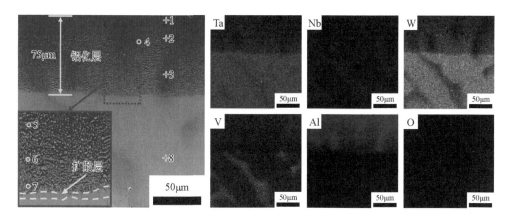

图 8-23 铝化 TaNbWV 难熔高熵合金截面的 SEM 图及其对应元素的面扫描图谱[70]

表 8-12 图 8-23 中对应点的 EDS 成分分析[70] （单位：at.%）

点扫描	Ta	Nb	W	V	Al	O
1	4.93	3.93	5.28	7.91	73.26	4.69
2	5.95	5.31	5.25	7.17	72.57	3.75
3	6.93	8.60	1.81	6.34	71.86	4.46
4	7.45	0.48	65.19	4.25	22.63	0.00
5	8.85	1.61	51.17	3.90	28.72	5.75

续表

点扫描	Ta	Nb	W	V	Al	O
6	11. 94	2. 86	46. 35	4. 88	33. 97	0. 00
7	9. 22	1. 36	42. 93	4. 72	39. 85	1. 92
8	26. 04	24. 24	25. 82	23. 90	0. 00	0. 00

表 8-13 罗列了不同类型 Al- W 金属间化合物的形成焓。众所周知，形成焓越负，该化合物越容易形成。因此，其形成顺序依次为：WAl、W_5Al_3、W_2Al、W_3Al，这与铝化涂层中成分分析所示的形成顺序一致。

表 8-13　一些 Al- W 金属间化合物的形成焓

Al- W 金属间化合物	WAl	W_3Al_2	W_5Al_3	W_2Al	W_3Al	W_5Al
形成焓（kJ/mol）	−20	−18	−18	−16	−13	−8

此外，通过设计不同渗铝温度及时间的正交实验，得出 TaNbWV 难熔高熵合金进行固体粉末包埋渗铝处理的平均扩散激活能为 137. 667kJ/mol。同时，获得了铬化层厚度关于渗铬温度及时间的关系 [式 (8-7)]。

$$d = \sqrt{2.751\times10^{-8}\exp\left(-\frac{16558}{RT}\right)t} \tag{8-7}$$

图 8-24 为渗铝前后合金在 800 ~ 1000℃下静态氧化的氧化增重曲线。渗铝后，合金在不同温度下的氧化增重远低于铸态合金。同时，铸态合金在 800℃、900℃及 1000℃时的氧化速率分别约为渗铝后合金的 50 倍、30 倍及 20 倍。经计算，渗铝前后合金的氧化激活能分别为 48. 816kJ/mol 与 96. 981kJ/mol。这些数据表明，渗铝后合金的高温抗氧化性显著增强。

表 8-14 列出了 Ta、Nb、W、V 及 Al 的常见氧化物的一些特性。V 的氧化物在较低温度下便会开始熔化，在 800 ~ 1000℃挥发，严重降低合金表面氧化膜的

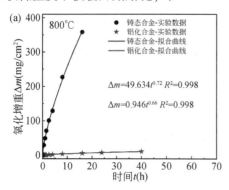
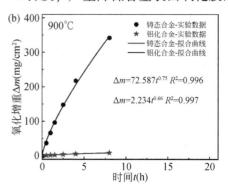

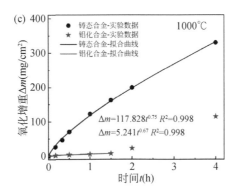

图 8-24 铸态及铝化 TaNbWV 难熔高熵合金在不同温度下的氧化增重曲线[70]
(a) 800℃; (b) 900℃; (c) 1000℃

致密性，削弱其抗氧化性。同时，氧化物中金属原子与其氧化物分子的体积比
（被称为 Pilling-Bedworth ratio，PBR）是表面形成的氧化层是否能够起到抗氧化
作用的重要判据。PBR 值小于 1 时，所形成的氧化层无法完全覆盖基体；PBR 值
大于 3 时，氧化层会因为较大的内应力而剥落；PBR 值在 1～2 时，所形成的氧
化层具有较好的保护效果。如表 8-14 所示，Ta、Nb、W、V 氧化物所对应的
PBR 值均较大，所形成的氧化层极易剥落。如图 8-25 所示，由于氧化物的挥发，
铸态合金表面氧化层呈现疏松多孔的形貌，为氧气扩散至金属内部提供了通道。
而铝化层表面被致密的氧化铝所覆盖，阻止了氧化物的挥发，从而改善了合金在
高温下的抗氧化性。

表 8-14 一些难熔元素及 Al 元素的常见氧化物性质

金属元素	氧化物	氧化物的性质
Ta	Ta_2O_5	在 1370℃以上挥发 PBR 为 2.50
Nb	Nb_2O_5	在 1370℃以上挥发 PBR 为 2.68
W	WO_3	在 1000℃以上挥发 PBR 为 3.30
V	V_2O_5	在 675℃以上熔化 PBR 为 3.19
Al	Al_2O_3	PBR 为 1.28

图 8-25　铸态及铝化 TaNbWV 难熔高熵合金在 800℃氧化实验后的表面形貌[70]

(a) 铸态合金；(b) 铝化合金

图 8-26 为渗铝前后合金在 20~600℃平均摩擦系数及磨损率随温度的变化。渗铝后，合金的减摩耐磨能力大幅提高。铸态合金的平均摩擦系数均在铝化合金的 1.3 倍以上。根据以往的研究，Cr_2O_3、CuO、Ag、CaF_2、MnS 及 WS_2等作为自润滑颗粒可以降低材料的摩擦系数。在磨损过程中，Al-W 金属间化合物可以避免对磨副小球与合金基体的直接接触，降低与合金间的接触面积及往复运动的阻力，起到良好减摩作用。

同时，如图 8-26 (b) 所示，铸态合金的磨损率随温度升高而不断增加，从室温下的 $3.59×10^{-5}$ mm^3/Nm 提升到 600℃时的 $41.60×10^{-5}$ mm^3/Nm。渗铝后，合金在室温下的磨损率与铸态合金相当，在高温下的磨损率均低于铸态合金。渗铝前后合金磨损率随温度变化趋势的差异源于合金的抗氧化性。对于铸态合金而言，在高温下，由于氧化物的挥发，合金表面形成的氧化膜疏松多孔，难以起到保护基体的作用，反而有助于对磨副对合金表面的磨损。而渗铝后，高温下形成

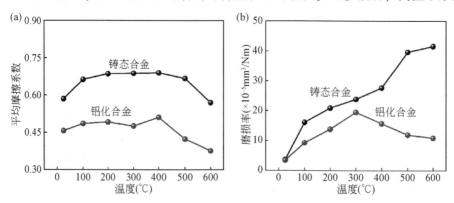

图 8-26　热轧及铝化 TaNbWV 在 20~600℃平均摩擦系数及磨损率的对比[70]

(a) 平均摩擦系数；(b) 磨损率

的氧化铝阻止了基体中氧化物的挥发，随着温度的升高，合金表面的氧化层变得逐渐致密，避免了对磨副与合金基体的直接接触，起到良好的减摩耐磨作用。

8.2.4　摩擦磨损实验参数的影响

合金在实际服役过程中的磨损现象非常复杂，是多种外界因素耦合作用下的综合结果。了解各个因素对合金摩擦磨损的影响，对于提高合金在多因素综合作用下的摩擦磨损性能至关重要。同时，对于新型合金的实验室摩擦磨损测试，往往是在减少实验变量的情况下，去探究单一实验变量对其摩擦学性能及机理的影响，从而采取对应措施以改善其摩擦学性能。因此，以下介绍各种摩擦磨损实验参数（包括外加载荷、滑动速度、环境温度、环境介质及对磨副）对高熵合金摩擦学行为的影响。

1. 外加载荷

一般而言，外加载荷会通过合金基体的塑性变形程度及接触面之间的摩擦热影响摩擦学行为。在较高载荷下，接触面之间会产生较高的摩擦温升，增大合金表面的氧化程度，诱使摩擦副系统间的氧化磨屑及氧化层大量形成，从而促进摩擦系数的降低。值得注意的是，外加载荷对磨损率的影响需要从两方面综合考量。一方面，接触面之间较高的摩擦温升会增大合金的黏着磨损程度，从而降低耐磨性；另一方面，塑性变形导致表面硬化程度提高，改善了抵抗黏着磨损的能力，同时高载荷导致磨屑被压实在磨损表面，起到保护基体的作用，从而降低合金的磨损率。因此，外加载荷对合金耐磨性的影响，是摩擦温升引起的黏着磨损及塑性变形导致的加工硬化相互竞争的结果。在摩擦磨损实验中，外加载荷通常换算为法向力，因此以下使用法向力代指外加载荷。

图 8-27 展示了 $Fe_{40}Mn_{20}Cr_{20}Ni_{20}$[57] 及 $CoCrFeNiMo_{0.2}$ 高熵合金[71]在 5~80N 法

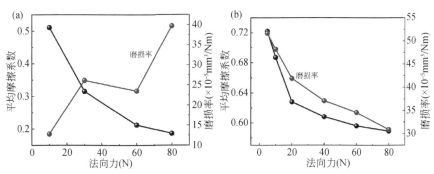

图 8-27　$Fe_{40}Mn_{20}Cr_{20}Ni_{20}$[57] 及 $CoCrFeNiMo_{0.2}$[71] 高熵合金在宽法向力范围内的
平均摩擦系数及磨损率

（a）$Fe_{40}Mn_{20}Cr_{20}Ni_{20}$ 高熵合金；（b）$CoCrFeNiMo_{0.2}$ 高熵合金

向力平均摩擦系数及磨损率随法向力的变化趋势。两种合金的摩擦系数随法向力增加呈降低趋势，$Fe_{40}Mn_{20}Cr_{20}Ni_{20}$合金的摩擦系数从10N下的0.550降低为80N下的0.186，$CoCrFeNiMo_{0.2}$高熵合金的摩擦系数从5N下的0.719降低为80N下的0.589。合金的磨损率呈现两种趋势，对于$Fe_{40}Mn_{20}Cr_{20}Ni_{20}$高熵合金，磨损率从10N下的$5.7 \times 10^{-5} mm^3/Nm$上升到80N下的$39.7 \times 10^{-5} mm^3/Nm$，耐磨性显著降低；对与$CoCrFeNiMo_{0.2}$高熵合金，磨损率从5N下的$51.7 \times 10^{-5} mm^3/Nm$降低为80N下的$30.9 \times 10^{-5} mm^3/Nm$。

图8-28为$Fe_{40}Mn_{20}Cr_{20}Ni_{20}$合金在不同法向力下的磨损形貌。在10N时，磨损表面光滑，存在磨屑及犁沟，表明经历了磨粒磨损。当法向力提高至30N以及更高时，磨损表面塑性变形程度显著增大，存在大量磨屑、凹坑及局部氧化层。这一现象表明，磨损机理由低载荷下的磨损转变为高载荷下的氧化磨损及黏着磨损，导致合金耐磨性的降低。图8-29为$CoCrFeNiMo_{0.2}$高熵合金在不同法向力下的磨损形貌。在高载荷下，磨损表面形成了由氧化磨屑及氧化层构成的致密摩擦层（氧化釉层），起到了保护合金基体的作用。这可能与$CoCrFeNiMo_{0.2}$高熵合金具有良好的加工硬化能力有关。此外，尽管在高载荷下，合金表面发生了严重的塑性变形，使得摩擦副系统间的接触面积增加，但增多的氧化磨屑及局部氧化层起到固体润滑剂的作用，从而降低了摩擦系数。

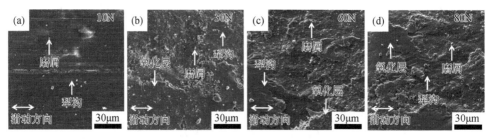

图8-28　$Fe_{40}Mn_{20}Cr_{20}Ni_{20}$高熵合金在宽法向力范围磨损形貌的SEM图[57]

(a) 10N；(b) 30N；(c) 60N；(d) 80N

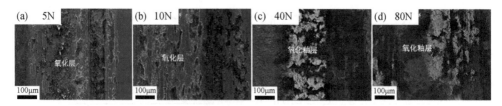

图8-29　$CoCrFeNiMo_{0.2}$高熵合金在宽法向力范围磨损形貌的SEM图[71]

(a) 5N；(b) 10N；(c) 40N；(d) 80N

2. 滑动速度

与外加载荷一致，滑动速度同样是通过接触面之间的摩擦温升及塑性变形程度影响合金的摩擦学行为。高滑动速度会增强摩擦产生的热效应，造成接触面之间更高的摩擦温升，导致磨损表面上磨屑的氧化及氧化层的形成，甚至合金基体的局部熔化，这可能会降低摩擦系数及磨损率。而高的滑动速度又意味着磨屑能够更快地从磨损轨迹内去除，甚至脱离摩擦副系统，使得磨损表面难以形成保护性的氧化摩擦层；同时，摩擦温升可能会导致合金基体发生软化，导致更大的塑性变形，从而增大磨损率。

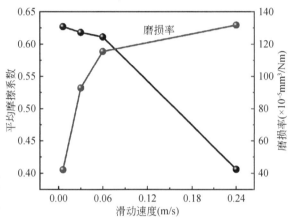

图 8-30　CoCrFeNiMo$_{0.2}$高熵合金在宽滑动速度范围内的平均摩擦系数及磨损率[71]

图 8-30 为 CoCrFeNiMo$_{0.2}$高熵合金[71]在较宽滑动速度（0.006~0.24m/s）范围内平均摩擦系数及磨损率随速度的变化趋势。合金的摩擦系数随滑动速度增大而降低，从 0.006m/s 时的 0.627 降低为 0.24m/s 时的 0.407；而合金的磨损率随滑动速度呈增大趋势，从 0.006m/s 时的 42.1×10^{-5} mm^3/Nm 增大到 0.24m/s 时的 131.8×10^{-5} mm^3/Nm。图 8-31 为 CoCrFeNiMo$_{0.2}$高熵合金在不同滑动速度下的磨损形貌。随着滑动速度的增大，磨损表面上磨屑及氧化层的面积分数逐渐降低。在速度为 0.24m/s 时，磨损表面上基本没有磨屑及氧化层 [图 8-31（c）]，表明高滑动速度能够使磨屑脱离摩擦副系统，使其无法在摩擦热作用下聚集而形成保护性的氧化摩擦层，从而降低合金耐磨性。

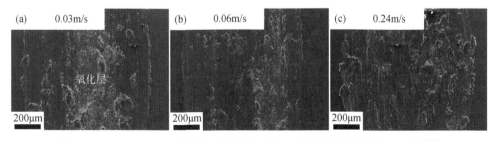

图 8-31　CoCrFeNiMo$_{0.2}$高熵合金在宽滑动速度范围内磨损形貌的 SEM 图[71]

(a) 0.03m/s；(b) 0.06m/s；(c) 0.24m/s

3. 环境温度

温度对于高熵合金的摩擦学行为的影响,可以从低温及高温两方面阐述。在低温下,由于滑动过程中摩擦热的快速散失,磨损表面难以被氧化,无法形成保护性的摩擦层以阻挡对磨副对合金基体的持续磨损,故合金在低温下的耐磨性往往较差。在高温下,合金基体会发生软化,同时较高的环境温度促进磨损表面的氧化。当磨损表面形成疏松氧化层时,会加速合金表面的磨损程度;当磨损表面能够形成致密氧化层时,会起到良好的减摩耐磨作用,提高合金在高温下的耐磨性。

图 8-32 为 CoCrFeMnNi 高熵合金在低温 (-50℃) 及室温下的磨损形貌[72]。相较于-50℃下,在室温下合金存在严重的黏着磨损。大尺度连续剪切带的存在导致粗磨屑的产生;同时,由于摩擦产生的热量不断累积,使得积聚在一起的磨屑形成较硬的氧化层,起到对基体的保护作用。当温度降低至-50℃时,由于产生的剪切带密集,使得磨损表面产生的磨屑尺寸较为细小,故磨损表面较为光滑。同时,极低的环境温度使得热量在磨损过程中迅速消散,磨屑难以氧化且聚集,削弱了对合金基体的保护作用,耐磨性明显变差,磨损率从室温下的75.3μg/m 增大到-50℃时的 92.8μg/m。

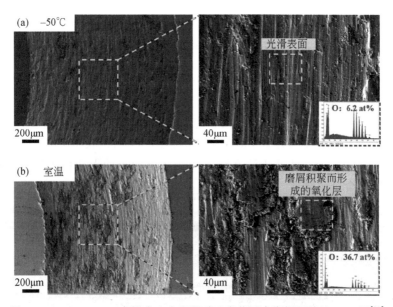

图 8-32　CoCrFeMnNi 高熵合金在宽滑动速度范围内磨损形貌的 SEM 图[72]

(a) -50℃;(b) 室温

图 8-33 为 $Fe_{40}Mn_{20}Cr_{20}Ni_{20}$ 高熵合金在 20～600℃平均摩擦系数及磨损率随温度的变化趋势[57]。合金的摩擦系数随温度升高而降低，从室温时的 0.511 降低到 600℃时的 0.347；磨损率呈现先增大后降低的趋势，在 300℃时达到最大值。如图 8-34 所示，在 300℃以下时，合金表面的磨粒磨损及黏着磨损程度逐渐加剧，这对应于磨损率的升高。在 300℃时，合金表面已经形成了较为致密的局部氧化层。超过 300℃后，磨损表面变得光滑，合金表面形成了完整的氧化釉层。因此，合金摩擦学性能随温度的变化趋势是软化及氧化共同作用及相互竞争的结果。随着温度的升高，合金表面的软化及氧

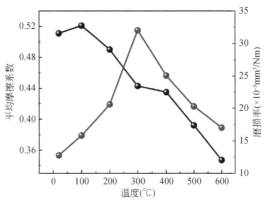

图 8-33　$Fe_{40}Mn_{20}Cr_{20}Ni_{20}$ 高熵合金在宽温域
范围内的平均摩擦系数及磨损率[57]

化程度逐渐加剧。同时，氧化反应是热激活及扩散的过程，故氧化膜的生长速度与温度密切相关，温度越高，氧化膜的生长速度越快。在较低温度下（300℃以下），软化机制占主导作用。此时，氧化膜的形成速度较慢，较薄的氧化膜难以抵抗对磨副的磨损，即氧化膜的形成速度低于破损速度，使得合金基体材料被不断去除，故合金的磨损程度随温度升高而增加。达到临界温度时（300℃），氧化

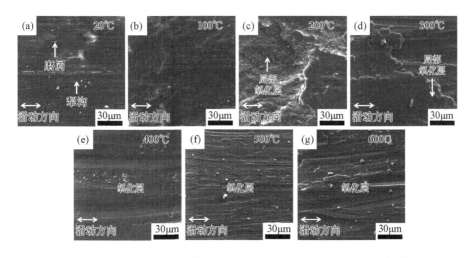

图 8-34　$CoCrFeNiMo_{0.2}$ 高熵合金在宽温域范围磨损形貌的 SEM 图[57]
(a) 20℃；(b) 100℃；(c) 200℃；(d) 300℃；(e) 400℃；(f) 500℃；(g) 600℃

膜的形成速度及破损速度达到平衡，使得此时的磨损率最高。超过临界温度后（300℃以上），氧化机制占主导。尽管合金发生了严重的软化，但氧化膜的形成速度大于破损速度。在磨损过程中，氧化膜随着时间的延长愈加致密，阻止了对磨副对合金基体的磨损，从而提高了耐磨性。同时，氧化层之间的临界剪切强度较低，起到良好的润滑作用，因此高温下合金的摩擦系数较低。

　　当然，这里提到的温度对于高熵合金摩擦学行为的影响不够全面，且每种合金体系之间也会有较大的差异。例如，TiZrNbMo0.6[73]难熔高熵合金在500℃时，磨损表面能够形成致密的氧化膜，显著降低磨损率。然而温度升高至800℃时，由于 MoO_3 的挥发，磨损表面的氧化膜变得松散多孔，使得氧化膜在磨损过程中不断剥落，从而降低耐磨性。

4. 对磨副

　　在摩擦副系统中，合金的磨损程度很大程度上取决于所选的对磨副的性质，尤其是受其硬度及成分的影响。当对磨副材料硬度较高时，容易造成对合金基体的切削作用；当选择的对磨副材料硬度较低时，磨损过程中合金表面剥落的材料容易黏附在对磨副表面，甚至造成咬死现象，干扰对合金摩擦学行为的研究，故在实验室摩擦磨损实验中，大多选择高硬度对磨副。同时，当对磨副的成分与合金基体接近，或者两者中的元素互溶（具有较大溶解度）时，会造成严重的黏着磨损，显著削弱合金的耐磨性。在合金的实际服役过程中，尤其是作为运动部件时，其服役寿命受到与之配对使用的材料的影响。因此，探究不同对磨副材料对高熵合金摩擦学行为的影响，对于降低摩擦副系统间的磨损程度、延长其使用寿命具有重要意义。

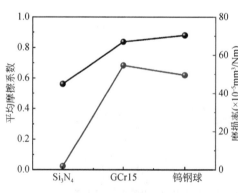

图 8-35 $Fe_{40}Mn_{20}Cr_{20}Ni_{20}$高熵合金与不同对磨副材料对磨后的磨损率[74]

图 8-35 展示了 $Fe_{40}Mn_{20}Cr_{20}Ni_{20}$ 高熵合金与不同对磨副滑动后的平均摩擦系数及磨损率[74]。GCr15 及钨钢球与高熵合金间的平均摩擦系数接近，为 0.83 左右，远高于 Si_3N_4（0.55）。同时，与合金对磨后，钨钢球造成的磨损率略低于 GCr15，且 GCr15 造成的磨损率达到 Si_3N_4 所造成磨损率的 28倍。值得注意的是，三种对磨副中，钨钢球的硬度最高，Si_3N_4 次之，GCr15 的硬度最低。这似乎不符合常识，即硬度越高的物体造成的磨损越

严重。因此，磨损率上巨大的差别表明对磨副系统间的磨损机理存在差异。

图 8-36 为 $Fe_{40}Mn_{20}Cr_{20}Ni_{20}$ 高熵合金与不同对磨副对磨后磨损表面的 SEM 图。与钨钢球及 GCr15 对磨后，合金表面的形貌一致，由磨屑聚集的局部氧化层及未被氧化的合金基体构成，这是黏着磨损的特征。与 Si_3N_4 对磨后，磨损表面发生了较大程度的氧化，存在明显的犁沟及凹坑，表明磨损机理为磨粒磨损、氧化磨损及疲劳磨损。相较于 Si_3N_4，钨钢中含有大量 Co，GCr15 中的主要元素为 Fe，故钨钢及 GCr15 与 $Fe_{40}Mn_{20}Cr_{20}Ni_{20}$ 高熵合金均含有金属元素，因此界面间的结合力更强。在滑动过程中，能够造成严重的黏着磨损，从而增大摩擦力及磨损率。同时，根据 Mishina 等的研究[75]，金属 Fe 之间的黏附力较强。相较于钨钢，同样含有大量 Fe 元素的 GCr15 与 $Fe_{40}Mn_{20}Cr_{20}Ni_{20}$ 高熵合金之间的黏着力更强，故 GCr15 造成的磨损率高于钨钢。

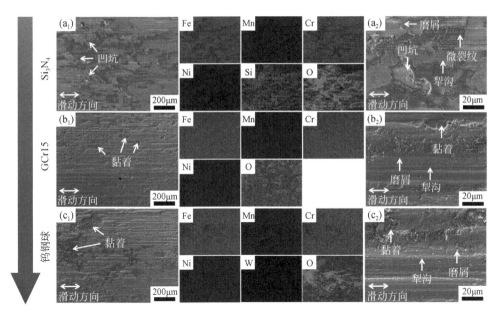

图 8-36　$Fe_{40}Mn_{20}Cr_{20}Ni_{20}$ 高熵合金与不同对磨副材料对磨后磨损形貌的低倍及高倍 SEM 图[74]

（a_1、a_2）Si_3N_4；（b_1、b_2）GCr15；（c_1、c_2）钨钢球。其中，（a_1）、（b_1）、（c_1）为低倍 SEM 图，（a_2）、（b_2）、（c_2）为高倍 SEM 图

此外，在 20N 下，合金与 GCr15 及钨钢球对磨的磨损率达到惊人的 $362.5 \times 10^{-5} mm^3/Nm$ 及 $268.5 \times 10^{-5} mm^3/Nm$，远超 Si_3N_4 造成的磨损率（$13.3 \times 10^{-5} mm^3/Nm$）。这一结果表明，控制及改善磨损过程中的黏着磨损程度，对于提高服役过程中高熵合金的耐磨性至关重要。

5. 环境介质

在实际工程应用时，合金所处的服役环境多种多样，不仅涉及上述空气环境，还包括腐蚀环境（海洋环境）、强氧化介质环境及空间环境（太空）等。这些特殊环境往往能够引发合金表面发生腐蚀、氧化及膨胀等相关反应，影响合金的摩擦学行为。因此，了解合金在多种环境介质下的摩擦磨损性能及磨损机理，有助于促进苛刻工况下耐磨合金的研发及应用，从而降低合金在实际服役过程中的磨损程度，延长其使用寿命。以下分别介绍高熵合金在腐蚀环境、强氧化介质环境及空间环境下的摩擦学行为。

（1）腐蚀环境

海洋是一种极其复杂的腐蚀环境，海水中元素种类丰富，含有大量盐类、氧气及二氧化碳等气体，存在大量微生物，这些赋予了海水较强的腐蚀性。同时，受到海水温度、水浪和潮汐产生的应力及太阳紫外线的影响，可能会加剧海洋工程装备零部件的腐蚀及磨损程度。因此，探究海洋环境，了解高熵合金在此环境下的摩擦学特性，探寻减蚀抗磨方法，对于避免因装备失效而造成的安全威胁及经济损伤具有重要意义。目前，研究人员主要通过质量分数为 3.5% 的 NaCl 溶液来模拟海洋环境。

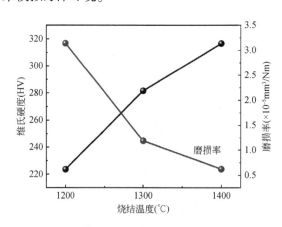

图 8-37　CoCrFeNiCu$_{0.3}$ 高熵合金
在不同烧结温度下的硬度及磨损率[77]

由于海洋中微生物的多样性，开发有效且可靠的抗菌方法以提升耐蚀性具有挑战性。据研究[76]，Ag 及 Cu 元素具有良好的抗菌性能，而 Ag 元素的价格过高，因此高性价比的 Cu 元素成为高熵合金中抗菌元素的首选。图 8-37 为放电等离子烧结 CoCrFeNiCu$_{0.3}$ 高熵合金在不同烧结温度（1200～1400℃）下硬度及在质量分数为 3.5% 的 NaCl 溶液中磨损率的变化[77]。烧结温度的升高增强了固溶强化效应，同时促进了 Cu 元素在高熵合金中的均匀分布，减少了富铜相边界处裂纹产生及扩展的可能性。因此，合金的硬度从烧结温度为 1200℃ 时的 223.6HV 提升至 1400℃ 时的 316HV，且合金的磨损率从烧结温度为 1200℃ 时的 3.1×10^{-5} mm³/Nm 降低为 1400℃ 时的 0.6×10^{-5} mm³/Nm。

图 8-38 为烧结温度为 1400℃ 时，CoCrFeNiCu$_{0.3}$ 高熵合金的磨损表面及其对

应元素的面扫描图谱。可以看出，Cr 元素的氧化物在摩擦腐蚀过程中能够保持致密且连续的结构，从而有效保护合金基体。CoCrFeNiCu$_{0.3}$高熵合金中各种元素的钝化能力依次为：Cr>Fe>Co>Ni>Cu。根据 XPS 测得的磨损表面上金属元素及其各种价态的相对比例（图8-39），可知磨损表面上 Cr 元素的含量最高，同时其含量随着烧结温度的升高而增大。此外，Cr^{3+}比 Cr^{2+}的含量更高，表明钝化膜主要由 Cr$_2$O$_3$组成。在摩擦腐蚀过程中，金属原子逐渐转化为金属阳离子，同时金属阳离子持续与阴离子结合，产生金属氧化物和氢氧化物。这一循环过程使得合金表面形成了由 Cr$_2$O$_3$组成的复杂钝化膜。由于在高的烧结温度（1400℃）下，实现了 Cu 元素在合金中的均匀分布，有效抑制了富铜相电偶腐蚀的发生。因此，合金表面形成了一层致密、稳定且耐腐蚀的钝化膜，从而提高了合金在 3.5% 的 NaCl 溶液中的耐磨性。

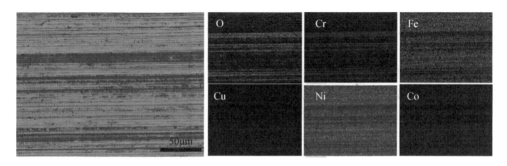

图 8-38　CoCrFeNiCu$_{0.3}$合金在 1400℃烧结温度下磨损表面的 SEM 图及对应元素的
面扫描图谱[77]

此外，海水的温度及氧气含量的增加，均会加快高熵合金的腐蚀速率[78,79]。目前为止，大部分研究局限于合金在室温下、腐蚀环境中的摩擦学行为，缺乏对其他实验参量的研究，如海水温度、微生物及气体含量。

（2）强氧化环境

在液体运载火箭发动机中，涡轮泵轴承、阀门及动密封等运动部件常常需要在液氧、过氧化氢等强氧化性介质环境中工作，摩擦副面

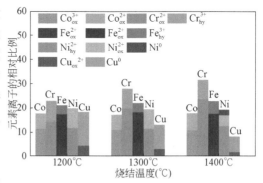

图 8-39　经 XPS 测得的不同烧结温度下
CoCrFeNiCu$_{0.3}$高熵合金磨损表面上
各种价态金属元素的相对比例[77]

临严重的氧化磨损，控制不当会影响整个推进系统的正常运转及服役寿命。高浓

度过氧化氢（H_2O_2）具备无毒、无污染、高密度、易储存及高比热等一系列优点，且其分解反应可为航空航天生命保障系统提供水和氧气，从而成为航空航天动力系统的理想绿色推进剂。因此，研究高熵合金在高浓度过氧化氢中的摩擦学行为具有重要意义。刘维民院士率先对此开展研究，做出了巨大贡献。

由于过氧化氢是强氧化剂，化学性质活泼，与有机物、部分过渡族金属及其氧化物接触时均会发生分解反应，放出大量热量，严重时甚至发生气相爆炸。因此，在高浓度过氧化氢介质中服役的材料需与其相容。刘维民院士课题组通过大量实验[80,81]，发现 AlCoCrFeNiCu 及 AlCoCrFeNiTi$_{0.5}$ 高熵合金在质量分数为 90% 的 H_2O_2 溶液中表现出良好相容性及耐磨性。同时，含 Si 陶瓷（Si$_3$N$_4$ 及 SiC）在 H_2O_2 溶液中发生水解发应后，表面能够形成自润滑胶体膜，起到良好润滑作用[82]。

图 8-40 为 AlCoCrFeNiTi$_{0.5}$ 高熵合金与 Si$_3$N$_4$ 及多孔 SiC 陶瓷对磨后的磨损失重[83,84]。与 Si$_3$N$_4$ 对磨后，在较低载荷（50N）下，磨损率随滑动速度的增加而增大，磨损失重由低速（0.69m/s）下的 0.3mg 增大至高速（1.38m/s）下的 37.2mg。AlCoCrFeNiTi$_{0.5}$ 高熵合金与 Si$_3$N$_4$ 对磨后，接触表面形成凹坑及自润滑胶体膜。在低载低速下，胶体膜的形成速度与破损速度之差大于凹坑的形成速度，故胶体膜能够覆盖磨损表面，起到良好润滑作用；而在高载高速下，凹坑的形成速度过快，润滑失效，加剧了表面的磨损程度。为克服 AlCoCrFeNiTi$_{0.5}$ 高熵合金在高载高速的苛刻工况下耐磨性较差的磨损瓶颈，进一步设计出孔隙率为 9% 的多孔 SiC 陶瓷，与 AlCoCrFeNiTi$_{0.5}$ 高熵合金构成摩擦副。

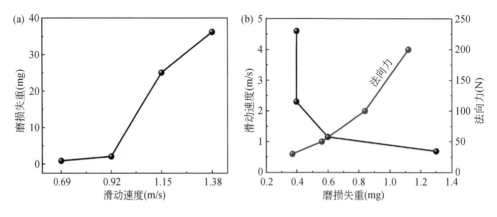

图 8-40　AlCoCrFeNiTi$_{0.5}$ 高熵合金与不同对磨副材料对磨后的磨损率[83,84]

(a) Si$_3$N$_4$；(b) SiC

如图 8-40（b）所示，合金在宽应力（30~200N）及较宽滑动速度（0.69~

4.60m/s)，磨损失重均在 1.5mg 以下，远低于与 Si_3N_4 所构成摩擦副在高滑动速度下的磨损失重（37.2mg）。这得益于多孔 SiC 的使用，不仅降低了黏着磨损程度，同时表面多孔结构的构建促进了流体力学作用及二次润滑效应，使得摩擦副系统在高载高速的严苛工况下仍保持良好耐磨性。

（3）空间环境

与地面环境相比，空间环境具有高真空、高辐照（宇宙射线）及高低温交变等特点。由于缺乏氧气，在空间环境下，合金表面难以被氧化。在磨损过程中，表面无法形成保护性的氧化层，故往往是对磨副基体间的直接接触，导致接触面之间发生严重黏着磨损，导致摩擦系数升高，并加剧磨损程度。目前，关于高熵合金的空间摩擦学研究较少，仅涉及真空环境，缺乏辐照环境下的摩擦学研究。

图 8-41 为 CoCrFeNi 高熵合金在空气环境及真空环境下平均摩擦系数及磨损率随温度的变化趋势[85]。在 20~800℃，真空下合金的摩擦系数均低于空气环境，表明摩擦氧化的确有利于减少摩擦；合金磨损率随温度的变化在两种环境下呈相反趋势，真空下合金磨损率与温度呈正相关趋势，空气合金下反之。同时，合金磨损率的变化分为两个阶段：在 20~400℃时，真空下合金的磨损率较低，且与空气环境下磨损率的差距随温度升高而降低；在 600~800℃，空气环境下合金的磨损率显著降低，在 800℃时，合金磨损率仅为真空下磨损率的 1/13。图 8-42 为 CoCrFeNi 高熵合金在真空及空气环境下的磨损形貌。在真空下，当温度在 20~400℃时，磨损表面仍存在犁沟，此时磨损机理为磨损及黏着磨损；当温度升高至 600~800℃时，磨损表面完全被黏着导致的转移层所覆盖，表明严重黏着磨损的发生。而在空气环境下，当温度升高至 600℃时，磨损表面开始形成不连续的局部氧化层，直至 800℃时，磨损表面已经被致密氧化层所覆盖，显著降低

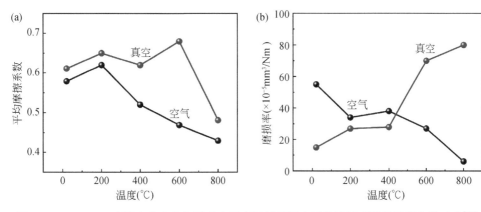

图 8-41　CoCrFeNi 高熵合金在空气及真空下宽温域范围内平均摩擦系数及磨损率的对比[85]

（a）平均摩擦系数；（b）磨损率

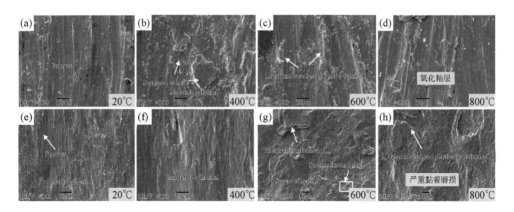

图 8-42　CoCrFeNi 高熵合金在空气及真空下宽温域范围内磨损形貌的 SEM 图[85]
(a) 空气, 20℃；(b) 空气, 400℃；(c) 空气, 600℃；(d) 空气, 800℃；(e) 真空, 20℃；
(f) 真空, 400℃；(g) 真空, 600℃；(h) 真空, 800℃

了磨损率。因此，由于氧的缺失，导致合金在真空环境下发生严重的黏着磨损，从而削弱了合金的减摩耐磨能力。

8.3　展　　望

　　自 2004 年高熵合金问世至今，高熵合金得到了蓬勃发展。相较于处于相图边缘的传统合金及金属间化合物，高熵合金处于相图中心区域，具有巨大的成分探索空间，具备突破金属材料性能瓶颈的潜力。随着国内外学者研究的不断深入，高熵合金优异的摩擦磨损性能已经得到认可。开展高熵合金摩擦学机理的研究，对于丰富摩擦学理论和拓展润滑耐磨材料领域具有重要意义。本章回顾了关于高熵合金摩擦学研究的进展，可以说经过学者的不懈探索，已经在此领域取得了较多成果。但局限于高熵合金的较短的发展史，关于其摩擦学的研究仍处于起步阶段，还需进行更为深入、全面的探索。基于对目前该领域的回顾，本书作者总结了如下展望，旨在为未来高熵合金摩擦学的发展提供一些合理的指导。

　　① 研究较多且深入的是 3d 过渡族金属构成的高熵合金，尤其是 FCC 高熵合金，需要加大对难熔高熵合金、轻质高熵合金以及密排六方高熵合金的研究力度。

　　② 缺乏对高熵合金组成成分、结构、磨损机理及摩擦学性能四者之间联系的构建，应对其进行更为系统的研究，得到四者之间的定性乃至定量关系。

　　③ 集中于外界环境条件中单一变量的影响，如外加载荷、滑动速度、环境温度及对磨副材料等，应考虑多变量之间的协同作用，绘制出能够反映磨损机理

的磨损图。

④ 高熵合金的应用场景是超越传统合金性能瓶颈的极端工况，但目前高熵合金的摩擦学研究涉及的极端工况大多是高温及腐蚀环境。因此，需要对高熵合金在低温、辐照及真空等极端工况下进行探索。

⑤ 应用于高熵合金的表面处理工艺的研究较少，应探索更多表面处理手段对其摩擦学性能的影响，总结出适用于高熵合金的表面工程技术。

⑥ 昂贵的价格限制了块体高熵合金的大规模应用，而高熵合金表现出的优异性能是其他材料难以企及的，故在传统合金表面制备高熵合金涂层是一种性价比极高的方式。但目前高熵合金涂层的制备方式、制备工艺仍不够成熟，同时缺乏后续热处理对其摩擦学行为的影响。

⑦ 高熵合金磨损机理背后的控制机制不够明晰，可以借助有限元和分子动力学仿真软件，对摩擦磨损过程中涉及的应力、温度、塑性变形及扩散等从原子、分子的角度进行深入分析。

⑧ 进行摩擦磨损实验时，由于磨损试验机种类多样、外部环境条件（外加载荷、滑动速度、环境温度、对磨副类型及环境介质）多样，降低了不同研究者所得高熵合金摩擦学性能的同类对比性，因此需制定统一的测试标准以获得可比较的摩擦学数据，甚至需进一步建立高熵合金的摩擦学数据库。

⑨ 将高通量技术及机器学习应用于减摩耐磨高熵合金的开发，通过高通量制备方法快速制备出大批量梯度实验样品，结合高通量测试进行快速成分、结构及性能检测，通过机器学习构建出成分、结构及性能的一体化模型进行高效筛选，从而缩短制备周期、减少开发及试错成本，实现对减摩耐磨高熵合金的快速开发。

参 考 文 献

[1] Holmberg K, Erdemir A. Influence of tribology on global energy consumption, costs and emissions. Friction, 2017, 5 (3): 263-284.

[2] Amontons G. De la resistance cause'e dans les machines (About resistance and force in machines). Mem l' Acedemie R A, 1699.

[3] Tomlinson G A. CVI. A molecular theory of friction. The London, Edinburgh, and Dublin philosophical magazine and journal of science, 1929, 7 (46): 905-939.

[4] Mcfarlane J S, Tabor D, Bowden F P. Relation between friction and adhesion. Proceedings of the Royal Society of London Series A, Mathematical and Physical Sciences, 1997, 202 (1069): 244-253.

[5] Khruschov M M. Principles of abrasive wear. Wear, 1974, 28 (1): 69-88.

[6] Burwell J T, STRANG C D. On the empirical law of adhesive wear. Journal of Applied Physics, 1952, 23 (1): 18-28.

[7] Jain V K, Bahadur S. Experimental verification of a fatigue wear equation. Wear, 1982, 79 (2): 241-253.

[8] Yeh J W, Chen S K, Lin S J, et al. Nanostructured high-entropy alloys with multiple principal elements: Novel alloy design concepts and outcomes. Advanced Engineering Materials, 2004, 6 (5): 299-303.

[9] Cantor B. Multicomponent high- entropy cantor alloys. Progress in Materials Science, 2021, 120: 100754.

[10] Gludovatz B, Hohenwarter A, Catoor D, et al. A fracture- resistant high- entropy alloy for cryogenic applications. Science, 2014, 345 (6201): 1153-1158.

[11] An Z, Mao S, Jiang C, et al. Achieving superior combined cryogenic strength and ductility in a high-entropy alloy via the synergy of low stacking fault energy and multiscale heterostructure. Scripta Materialia, 2024, 239: 115809.

[12] Senkov O N, Wilks G B, MiracleI D B, et al. Refractory high-entropy alloys. Intermetallics, 2010, 18 (9): 1758-1765.

[13] Senkov O N, Wilks G B, Scott J M, et al. Mechanical properties of $Nb_{25}Mo_{25}Ta_{25}W_{25}$ and $V_{20}Nb_{20}Mo_{20}Ta_{20}W_{20}$ refractory high entropy alloys. Intermetallics, 2011, 19 (5): 698-706.

[14] Senkov O N, Miracle D B, Chaput K J, et al. Development and exploration of refractory high entropy alloys—A review. Journal of Materials Research, 2018, 33 (19): 3092-3128.

[15] Slobodyan M, Pesterev E, Markov A. Recent advances and outstanding challenges for implementation of high entropy alloys as structural materials. Materials Today Communications, 2023, 36: 106422.

[16] Wu J M, Lin S J, Yeh J W, et al. Adhesive wear behavior of Al_xCoCrCuFeNi high- entropy alloys as a function of aluminum content. Wear, 2006, 261 (5): 513-519.

[17] Gu Z, Xi S, Sun C. Microstructure and properties of laser cladding and $CoCr_{2.5}FeNi_2Ti_x$ high-entropy alloy composite coatings. Journal of Alloys and Compounds, 2020, 819: 152986.

[18] Xu Z, Li D Y, Chen D L. Effect of Ti on the wear behavior of AlCoCrFeNi high-entropy alloy during unidirectional and bi- directional sliding wear processes. Wear, 2021, 476: 203650.

[19] Poulia A, Georgatis E, Lekatou A, et al. Microstructure and wear behavior of a refractory high entropy alloy. International Journal of Refractory Metals and Hard Materials, 2016, 57: 50-63.

[20] Liu Y, Zhang F, Huang Z, et al. Mechanical and dry sliding tribological properties of $CoCrNiNb_x$ medium- entropy alloys at room temperature. Tribology International, 2021, 163: 107160.

[21] Ren H, Chen R R, Gao X F, et al. A Hf- doped dual- phase high- entropy alloy: phase evolution and wear features. Rare Metals, 2024, 43 (1): 324-333.

[22] Mukarram M, Mujahid M, Yaqoob K. Design and development of CoCrFeNiTa eutectic high entropy alloys. Journal of Materials Research and Technology, 2021, 10: 1243-1249.

[23] Hsu C Y, Sheu T S, Yeh J W, et al. Effect of iron content on wear behavior of $AlCoCrFe_xMo_{0.5}Ni$ high-entropy alloys. Wear, 2010, 268 (5): 653-659.

[24] Verma A, Tarate P, Abhyankar A C, et al. High temperature wear in $CoCrFeNiCu_x$ high entropy alloys: The role of Cu. Scripta Materialia, 2019, 161: 28-31.

[25] Wong S K, Shun T T, Chang C H, et al. Microstructures and properties of $Al_{0.3}CoCrFeNiMn_x$ high- entropy alloys. Materials Chemistry and Physics, 2018, 210: 146-151.

[26] Nong Z S, Lei Y N, Zhu J C. Wear and oxidation resistances of AlCrFeNiTi- based high entropy alloys. Intermetallics, 2018, 101: 144-151.

[27] Kumar S, Patnaik A, Pradhln A K, et al. Room temperature wear study of $Al_{0.4}FeCrNiCo_x$

（x=0mol、0.25mol、0.5mol、1.0 mol）high-entropy alloys under oil lubricating conditions. Journal of Materials Research, 2019, 34（5）: 841-853.

[28] Sim R K, Xu Z, Wu M Y, et al. Microstructure, mechanical properties, corrosion and wear behavior of high-entropy alloy AlCoCrFeNi$_x$（x>0）and medium-entropy alloy（x=0）. Journal of Materials Science, 2022, 57（25）: 11949-11968.

[29] Zhang H, Miao J, Wang C, et al. Significant improvement in wear resistance of CoCrFeNi high-entropy alloy via boron doping, 2023, 11（9）: 386.

[30] Jin C, Li X, Kang J, et al. Effect of interstitial oxygen/nitrogen on mechanical and wear properties of TiZrHfNb refractory high-entropy alloy. Journal of Alloys and Compounds, 2023, 960: 170863.

[31] Liu H, Sun S, Zhang T, et al. Effect of Si addition on microstructure and wear behavior of Al-CoCrFeNi high-entropy alloy coatings prepared by laser cladding. Surface and Coatings Technology, 2021, 405: 126522.

[32] Zhang A, Han J, Su B, et al. A promising new high temperature self-lubricating material: CoCrFeNiS$_{0.5}$ high entropy alloy. Materials Science and Engineering: A, 2018, 731: 36-43.

[33] Zhang Z, Ling Y, Hui J, et al. Effect of C additions to the microstructure and wear behaviour of CoCrFeNi high-entropy alloy. Wear, 2023, 530-531: 205032.

[34] Cheng H, Fang Y, Xu J, et al. Tribological properties of nano/ultrafine-grained FeCoCrNiMnAl$_x$ high-entropy alloys over a wide range of temperatures. Journal of Alloys and Compounds, 2020, 817: 153305.

[35] Nagarjuan C, Yong Jeong K, Lee Y, et al. Strengthening the mechanical properties and wear resistance of CoCrFeMnNi high entropy alloy fabricated by powder metallurgy. Advanced Powder Technology, 2022, 33（4）: 103519.

[36] Du J L, Deng W W, Xu X, et al. Improvement of microstructure and performance of an extreme-high-speed laser cladding CoCrFeMnNi coating through laser shock peening. Journal of Alloys and Compounds, 2024, 1002: 175520.

[37] Nagarjuna C, You H J, Ahn S, et al. Worn surface and subsurface layer structure formation behavior on wear mechanism of CoCrFeMnNi high entropy alloy in different sliding conditions. Applied Surface Science, 2021, 549: 149202.

[38] Joseph J, Haghdadi N, Shamlaye K, et al. The sliding wear behaviour of CoCrFeMnNi and Al$_x$CoCrFeNi high entropy alloys at elevated temperatures. Wear, 2019, 428-429: 32-44.

[39] Deng W, Xing S, Chen M. Effect of annealing treatments on microstructure, tensile and wear properties of cold-rolled FeCoCrNiMn high entropy alloy. Journal of Materials Research and Technology, 2023, 27: 3849-3859.

[40] Liang M L, Wang C L, Liang C J, et al. Microstructure and sliding wear behavior of FeCoNiCr$_{0.8}$Al$_{0.2}$ high-entropy alloy for different durations. International Journal of Refractory Metals and Hard Materials, 2022, 103: 105767.

[41] Gwalani B, Torgerson T, Dasari S, et al. Influence of fine-scale B2 precipitation on dynamic compression and wear properties in hypo-eutectic Al$_{0.5}$CoCrFeNi high-entropy alloy. Journal of Alloys and Compounds, 2021, 853: 157126.

[42] Luo X S, Li J, Jin Y L, et al. Heat treatment influence on tribological properties of AlCoCrCuFeNi high-entropy alloy in hydrogen peroxide-solution. Metals and Materials International, 2020, 26（8）: 1286-1294.

[43] Tong Z, Pan X, Zhou W, et al. Achieving excellent wear and corrosion properties in laser

additive manufactured CrMnFeCoNi high-entropy alloy by laser shock peening. Surface and Coatings Technology, 2021, 422: 127504.

[44] Fu W, Huang Y, Sun J, et al. Strengthening CrFeCoNiMn$_{0.75}$Cu$_{0.25}$ high entropy alloy via laser shock peening. International Journal of Plasticity, 2022, 154: 103296.

[45] Wang R, Liu H, Chen P, et al. Enhancing wear resistance of laser-clad AlCoCrFeNi high-entropy alloy via ultrasonic surface rolling extrusion. Surface and Coatings Technology, 2024, 485: 130908.

[46] Gou S, Li S, Hu H, et al. Surface hardening of CrCoFeNi high-entropy alloys via Al laser alloying. Materials Research Letters, 2021, 9 (10): 437-444.

[47] Luo J, Sun W, Duan R, et al. Laser surface treatment-introduced gradient nanostructured TiZrHfTaNb refractory high-entropy alloy with significantly enhanced wear resistance. Journal of Materials Science & Technology, 2022, 110: 43-56.

[48] Chen G D, Liu X B, Yang C M, et al. Strengthening mechanisms of laser cladding TiC/FeCoCrNiCu high-entropy composite coatings: Microstructure evolution and wear behaviors. Tribology International, 2024, 199: 109979.

[49] Lu P, Peng T, Miao Y, et al. Microstructure and properties of CoCrFeNiMo$_{0.2}$ high-entropy alloy enhanced by high-current pulsed electron beam. Surface and Coatings Technology, 2021, 410: 126911.

[50] Jenczyk P, Jarzabek D M, Lu Z, et al. Unexpected crystallographic structure, phase transformation, and hardening behavior in the AlCoCrFeNiTi$_{0.2}$ high-entropy alloy after high-dose nitrogen ion implantation. Materials & Design, 2022, 216: 110568.

[51] Pogrebniak A D, Buranich V V, Horodek P, et al. Evaluation of the phase stability, microstructure, and defects in high-entropy ceramics after high-energy ion implantation, 2022, 26 (3): 77-93.

[52] Ranade M R, Tessier F, Navrotsky A, et al. Calorimetric determination of the enthalpy of formation of InN and comparison with AlN and GaN. Journal of Materials Research, 2001, 16 (10): 2824-2831.

[53] Wang Y, Yang Y, Yang H, et al. Microstructure and wear properties of nitrided AlCoCrFeNi high-entropy alloy. Materials Chemistry and Physics, 2018, 210: 233-239.

[54] Wang Y, Yang Y, Yang H, et al. Effect of nitriding on the tribological properties of Al$_{1.3}$CoCuFeNi$_2$ high-entropy alloy. Journal of Alloys and Compounds, 2017, 725: 365-372.

[55] 杜黎明. Al$_{0.25}$CoCrFeNi 高熵合金渗氮层的高温摩擦磨损性能研究. 太原: 太原理工大学, 2019.

[56] Lan L W, Wang X J, Guo R P, et al. Effect of environments and normal loads on tribological properties of nitrided Ni$_{45}$ (FeCoCr)$_{40}$ (AlTi)$_{15}$ high-entropy alloys. Journal of Materials Science & Technology, 2020, 42: 85-96.

[57] Yang R, Wang D, Liu D, et al. Ion nitriding of a face-centered cubic high-entropy alloy: Nitriding kinetics, the effect of temperature and contact stress on tribological behavior. Intermetallics, 2024, 172: 108392.

[58] Gontijo L C, Machado R, Miola E J, et al. Study of the S phase formed on plasma-nitrided AISI 316L stainless steel. Materials Science and Engineering: A, 2006, 431 (1): 315-321.

[59] Nishimoto A, Fukube T, Maruyama T. Microstructural, mechanical, and corrosion properties of plasma-nitrided CoCrFeMnNi high-entropy alloys. Surface and Coatings Technology, 2019, 376: 52-58.

[60] Tao X, Yang Y, Qi J, et al. An investigation on nitrogen uptake and microstructure of equimolar quaternary FeCoNiCr high entropy alloy after active-screen plasma nitriding. Materials Characterization, 2024, 208: 113593.

[61] Vidakis N, Antoniadis A, Bilalis N. The VDI 3198 indentation test evaluation of a reliable qualitative control for layered compounds. Journal of Materials Processing Technology, 2003, 143-144: 481-485.

[62] Kobe K A. The friction and lubrication of solids. Journal of Chemical Education, 1951, 28 (4): 230.

[63] Wu Y H, Yang H J, Guo R P, et al. Tribological behavior of boronized $Al_{0.1}$CoCrFeNi high-entropy alloys under dry and lubricated conditions. Wear, 2020, 460-461: 203452.

[64] Yang R, Guo X, Yang H, et al. Tribological behavior of boronized $Fe_{40}Mn_{20}Cr_{20}Ni_{20}$ high-entropy alloys in high temperature. Surface and Coatings Technology, 2023, 464: 129572.

[65] Yang R, Lan A, Yang H, et al. The chromization on hot-rolled $Fe_{40}Mn_{20}Cr_{20}Ni_{20}$ high-entropy alloys by pack cementation. Journal of Alloys and Compounds, 2023, 947: 169582.

[66] Campbell I E, Barth V D, Hoeckelman R F, et al. Salt-bath chromizing. Journal of the Electrochemical Society, 1949, 96 (4): 262.

[67] Sen S. A study on kinetics of Cr_xC-coated high-chromium steel by thermo-reactive diffusion technique. Vacuum, 2005, 79 (1): 63-70.

[68] Lee J W, Wang H C, Li J L, et al. Tribological properties evaluation of AISI 1095 steel chromized at different temperatures. Surface and Coatings Technology, 2004, 188-189: 550-555.

[69] Su X, Zhao S, Sun H, et al. Chromium carbide coatings produced on ductile cast iron QT600-3 by thermal reactive diffusion in fluoride salt bath: Growth behavior, microstructure evolution and kinetics. Ceramics International, 2019, 45 (1): 1196-1201.

[70] Yang R, Yang H, Zhang M, et al. Refractory high-entropy aluminized coating with excellent oxidation resistance and lubricating property prepared by pack cementation method. Surface and Coatings Technology, 2023, 473: 129967.

[71] Deng G, Tieu A K, Lan X, et al. Effects of normal load and velocity on the dry sliding tribological behaviour of $CoCrFeNiMo_{0.2}$ high entropy alloy. Tribology International, 2020, 144: 106116.

[72] Li Z, Zhang L, Gain A K. An investigation on the wear and subsurface deformation mechanism of CoCrFeMnNi high entropy alloy at subzero temperature. Wear, 2023, 524-525: 204868.

[73] Jin C, Li X, Li H, et al. Tribological performance of a $TiZrNbMo_{0.6}$ refractory high entropy alloy at elevated temperatures. Journal of Alloys and Compounds, 2022, 920: 165915.

[74] Yang R, Li F, Huang Z, et al. Tribological behavior of $Fe_{40}Mn_{20}Cr_{20}Ni_{20}$ HEA sliding against various counterface materials. Tribology International, 2024, 200: 110084.

[75] Mishina I H, Hase A. Effect of the adhesion force on the equation of adhesive wear and the generation process of wear elements in adhesive wear of metals. Wear, 2019, 432-433: 202936.

[76] Bao X, Maimattuuma T, Yu B, et al. Ti-Zr-Nb based BCC solid solution alloy containing trace Cu and Ag with low modulus and excellent antibacterial properties. Materials Today Communications, 2022, 31: 103180.

[77] Zhang X, Yu Y, Li T, et al. Effect of the distribution of Cu on the tribo-corrosion mechanisms of $CoCrFeNiCu_{0.3}$ high-entropy alloys. Tribology International, 2024, 193: 109401.

[78] Wang J, Wen W, Xie F, et al. Effects of oxygen concentration on the corrosion behavior of

high entropy alloy AlCoCrFeNi in simulated deep sea. Heliyon, 2024, 10 (12): e32793.

[79] Cao H, Hou G, Xu T, et al. Effect of seawater temperature on the corrosion and cavitation erosion-corrosion resistance of $Al_{10}Cr_{28}Co_{28}Ni_{34}$ high-entropy alloy coating. Corrosion Science, 2024, 228: 111822.

[80] Duan H, Wu Y, Hua M, et al. Tribological properties of AlCoCrFeNiCu high-entropy alloy in hydrogen peroxide solution and in oil lubricant. Wear, 2013, 297 (1): 1045-1051.

[81] Yu Y, Wang J, Li J, et al. Tribological behavior of AlCoCrCuFeNi and $AlCoCrFeNiTi_{0.5}$ high entropy alloys under hydrogen peroxide solution against different counterparts. Tribology International, 2015, 92: 203-210.

[82] Yu Y, Wang J, Li J, et al. Tribological behavior of $CrNi_{18}Ti_9$ steel under hydrogen peroxide solution against different ceramic counterparts. Rare Metal Materials and Engineering, 2016, 45 (3): 593-598.

[83] Yu Y, Wang J, Yang J, et al. Corrosive and tribological behaviors of AlCoCrFeNi-M high entropy alloys under 90wt. % H_2O_2 solution. Tribology International, 2019, 131: 24-32.

[84] Yu Y, Liu X, Duan H, et al. Outstanding self-lubrication of SiC ceramic with porous surface/ $AlCoCrFeNiTi_{0.5}$ high-entropy alloy tribol-pair under 90 wt% H_2O_2 harsh environment. Materials Letters, 2020, 276: 128025.

[85] Geng Y, Chen J, Tan H, et al. Vacuum tribological behaviors of CoCrFeNi high entropy alloy at elevated temperatures. Wear, 2020, 456-457: 203368.

第 9 章　高熵合金的腐蚀特性

成分均匀的高熵合金一般具有优异的腐蚀稳定性。众多学者对这些成分复杂但元素均匀分布的高熵合金进行了深入研究。尽管高熵合金的微观结构通常由简单的固溶体组成，但合金中确实存在元素偏析现象，这导致了局部化学异质性。已有大量研究关注高熵合金的腐蚀行为，但对其耐蚀性能的决定性因素，特别是钝化膜的稳定性、表面缺陷以及合金元素的选择方面，学术界仍存争议。高熵合金的钝化特性是其一个显著特征，这主要归因于 Cr、Ti、Mo、Ni 和 Al 等钝化元素的大量添加。这些元素的选择不仅影响合金的微观结构，还影响钝化膜的表面成分，进而导致不同的电化学响应。鉴于耐蚀性在高熵合金未来应用中的核心地位，本章旨在提供对高熵合金腐蚀行为和机理的概述，并以 $Fe_{40}Mn_{20}Cr_{20}Ni_{20}$ 高熵合金为研究对象，深入探讨其腐蚀特性。通过这种系统性的研究，期望为高熵合金的耐腐蚀性提供更深入的理解，并为未来的耐腐蚀高熵合金设计和应用提供指导。

9.1　高熵合金独特的腐蚀机制

9.1.1　高熵合金中不同相结构的腐蚀特性

1. FCC 结构高熵合金

FCC（面心立方）结构的高熵合金，由于其独特的合金设计和成分多样性，已被证明具有卓越的耐腐蚀性能。这些合金在腐蚀环境中能够形成一层致密的钝化膜，该膜主要由铬（Cr）、镍（Ni）、铝（Al）、钼（Mo）和钛（Ti）等元素的氧化物/氢氧化物组成。这层钝化膜的作用是有效隔绝合金与腐蚀介质的直接接触，从而显著提高其耐腐蚀性。此外，由于合金中元素的高熵特性，合金在腐蚀过程中展现出元素间的协同效应，这有助于减少选择性溶解现象，进一步增强了合金的耐腐蚀能力。这些特性赋予了 FCC 高熵合金在极端环境条件下，如高盐、高酸或辐照环境下，维持其优异的耐腐蚀性能的能力。因此，FCC 高熵合金在航空航天、能源产业和海洋工程等领域展现出广阔的应用潜力。

研究表明，高熵合金的腐蚀行为与电解质特性、微观组织结构以及元素分布紧密相关。在 FCC 高熵合金中，高耐蚀性通常被认为与简单的相组成和均匀的元素分布有关。简单相组成有助于防止电偶腐蚀,而均匀的元素分布则有助于防止选择性腐蚀。然而,实际研究揭示了一个现象:并非所有 FCC 高熵合金都表现出高耐蚀性,这表明可能存在未被充分理解的潜在因素。

进一步的研究指出,固溶铬在高熵合金的耐蚀性中扮演着决定性角色,合金表面形成的氧化铬(Cr_2O_3)薄膜具有高度的稳定性和致密性。因此,FCC 高熵合金的耐腐蚀性能主要依赖于铬的作用,而与合金的混合熵无关[1]。此外,铬含量在一定范围内增加被认为会提高合金的耐蚀性能,这归因于钝化膜中铬的富集(图 9-1)[2]。

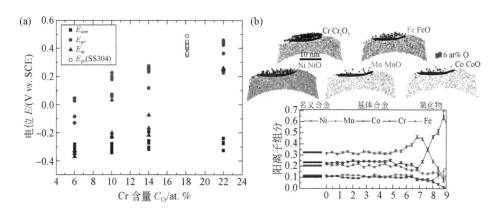

图 9-1　(a) Cr 含量对点蚀关键参数的影响;(b) 钝化膜中元素分布的
原子探针断层扫(APT)图[2]

2. BCC 结构高熵合金

自单相体心立方(BCC)耐火高熵合金(RHEA),例如等原子的 MoNbTaW 和 MoNbTaVW 合金问世以来,它们在极高温度下展现出的卓越力学性能和热稳定性引起了广泛的技术关注。这类合金通常由四种或更多种难熔金属元素组成,如锆(Zr)、铪(Hf)、钒(V)、铌(Nb)、钽(Ta)、铬(Cr)、钼(Mo)和钨(W)等。这些元素不仅赋予合金独特的高温机械性能,而且在较为苛刻的环境下在合金表面提供了具有保护性的钝化膜,展现出优异的耐腐蚀性能。例如,铬元素能够抵抗氧化性酸的侵蚀,而钼和钨元素则能够抵抗氯离子(Cl^-)侵蚀以及对抗还原性酸。同时,铪、锆和钒元素能够促进钝化膜的稳定性。

然而,与对单相面心立方(FCC)高熵合金的广泛研究相比,关于 BCC 相高熵合金的腐蚀行为的实验证据相对较少。这一点在现有文献中尚未得到充分的探讨,需要进一步的研究来阐明这些合金在不同腐蚀环境下的性能表现。

3. FCC+BCC 结构高熵合金

现有的研究已经表明，向单相 FCC 高熵合金中引入铝（Al）可以形成 FCC 和 BCC 双相结构的高熵合金，Al 元素可以促进 BCC 相的形成，并且能够控制 BCC 相的比例。铝的加入降低了合金的价电子浓度（VEC），进而影响了固溶体高熵合金的相稳定性。这种相变可以通过 VEC 值进行定量预测。具体来说，FCC 相在较高的 VEC 值（大于 8.0）下更为稳定，而 BCC 相在较低的 VEC 值（小于 6.87）下更为稳定。当 VEC 值介于 6.87~8.0，合金会形成 FCC+BCC 的双相结构。这种相变不仅能够改变合金的力学行为，还可能影响其腐蚀性能。

在腐蚀环境中，由于 FCC 相具有较高的电化学活性，它可能会首先发生腐蚀。然而，BCC 相的腐蚀可能导致局部区域应力集中，这可能会促进 BCC 相的腐蚀。但是，如果腐蚀过于严重，可能会导致 FCC 相的局部解体，从而影响合金的整体性能。总体而言，双相 FCC+BCC 高熵合金的腐蚀类型从初期 BCC 相的均匀溶解逐渐转变为后期层片区域的局部腐蚀为主（图 9-2）[3]。

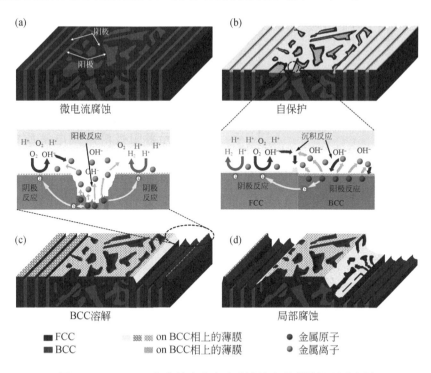

图 9-2　FCC+BCC 相高熵合金在硫酸溶液中的腐蚀机理示意图
（a）微电偶腐蚀效应；（b）短期自保护；（c）表面 BCC 相的溶解和 FCC 片层的溶解；
（d）片层区域的局部溶解[3]

9.1.2　高熵合金钝化膜的形成机制

金属的钝化膜是指在金属表面形成的氧化物或其他化合物层，它可以保护金属免受进一步的腐蚀。钝化膜的形成是由于金属表面与周围环境中的氧气或其他氧化剂发生化学反应，从而在金属表面形成一层致密的氧化物层。钝化膜的厚度通常非常薄，只有几个原子层，一般在 1～3nm 之内。但它可以有效地防止金属进一步氧化和腐蚀。钝化膜的形成机制与金属的种类、环境条件和处理方式等因素有关。

钝化膜的性质和稳定性对金属的耐腐蚀性能具有重要影响。如果钝化膜不稳定，容易被破坏或溶解，那么金属就容易受到腐蚀。而高熵合金作为多主元合金，主元的元素选择和各主元之间的相互作用与钝化膜稳定性密切相关，并且钝化膜的形成机制更为复杂。Feng 等[4] 提出了钝化膜的溶解–扩散–沉积模型，很好地揭示了高熵合金钝化膜的形成机制。

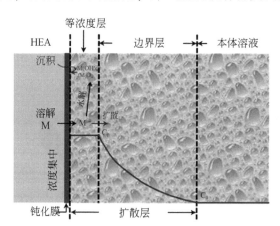

图 9-3　HEA 表面附近电解液中溶解–
扩散–沉积模型及阳离子浓度变化[4]

如图 9-3 所示，高熵合金钝化膜的形成过程经历以下几个阶段。第一，高熵合金表面的合金元素阳极溶解到电解质中（M ⟶ M^{n+}）；第二，金属阳离子在浓度梯度的驱动下向体溶液中扩散，部分阳离子集中在等浓度层中；第三，金属阳离子水解生成氧化物和（或）氢氧化物 [M^{n+} ⟶ M_2O_n/M（OH）$_n$]；第四，氧化物/氢氧化物以均/非均相成核的方式沉积在高熵合金表面，长大形成钝化膜。

1. 金属阳离子的溶解与扩散

合金元素在高熵合金表面首先发生阳极溶解，溶解速率遵循法拉第定律。随着金属阳离子在高熵合金表面附近电解质中的积累，在浓度梯度的驱动下，阳离子同时向本体溶液中扩散，扩散速率遵循菲克扩散定律。可以得到等浓度层中的阳离子浓度（c）：

$$V_{dc} = \frac{i_M \times S}{n_M F}dt - (c - c_0)S\sqrt{\frac{D_{M^{n+}}}{\pi t}}dt \tag{9-1}$$

对公式（9-1）积分可得到：

$$c = \frac{i_\mathrm{M}}{n_\mathrm{M} F} \left(\frac{\pi L}{2 D_{\mathrm{M}^{n+}}} \exp\left(-\frac{2}{L}\sqrt{\frac{D_{\mathrm{M}^{n+}} t}{\pi}} \right) + \sqrt{\frac{\pi t}{D_{\mathrm{M}^{n+}}}} - \frac{\pi L}{2 D_{\mathrm{M}^{n+}}} \right) \quad (9\text{-}2)$$

式中，c 为等浓度层中的阳离子浓度（$\mathrm{mol/m^3}$）；V_dc 为等浓度层体积（$\mathrm{m^3}$）；c_0 是本体溶液中的阳离子浓度（$c_0 = 0$）；i_M 为电流密度（$\mathrm{A/m^2}$）；S 为电极面积（$S = 10^{-4}\,\mathrm{m^2}$）；$n_\mathrm{M}$ 为阳离子的电荷数；F 是法拉第常数（$F = 96485\,\mathrm{C/mol}$）；$t$ 为时间（s）；$D_{\mathrm{M}^{n+}}$ 为阳离子扩散系数（$\mathrm{m^2/s}$）；L 是等浓度层的厚度（$L = V_\mathrm{dc}/S = 10^{-4}\,\mathrm{m}$）。

阳极溶解的电流密度（i_M）由下式给出：

$$i_\mathrm{M} = i_{\mathrm{M},0} \exp\left(\frac{\alpha n_\mathrm{M} F\, \eta_\mathrm{M}}{RT} \right) \quad (9\text{-}3)$$

式中，$i_{\mathrm{M},0}$ 为交换电流密度（$\mathrm{A/m^2}$）；R 是气体常数，$R = 8.314\,\mathrm{J/(mol \cdot K)}$；$\alpha$ 是传递系数（$298.15\,\mathrm{K}$ 时 $\alpha = 0.5$）；η_M 是过电势（V），可以通过高熵合金的腐蚀电势（E_corr）与各合金元素的电极电势（φ_M）之差来计算。

φ_M 的值可以通过能斯特方程（9-4）求得：

$$\varphi_\mathrm{M} = \varphi_\mathrm{M}^\theta + \frac{RT}{n_\mathrm{M} F} \ln C_{\mathrm{M}^{n+}} \quad (9\text{-}4)$$

式中，$\varphi_\mathrm{M}^\theta$ 为合金元素的标准电极电位；$C_{\mathrm{M}^{n+}}$ 的值假定为 $10^{-6}\,\mathrm{mol/L}$。此外，HEAs 的 E_corr 值可以通过混合势理论原理计算。简而言之，阳极反应是金属溶解反应，阳极电流密度（i_anodic）可由式（9-5）求得。阴极反应为氧还原反应，阴极电流密度（i_cathodic）可由式（9-6）求得。

$$i_\mathrm{anodic} = \sum x_\mathrm{M}\, i_{\mathrm{M},0} \exp\left(\frac{\alpha n_\mathrm{M} F\, \eta_\mathrm{M}}{RT} \right) \quad (9\text{-}5)$$

$$i_\mathrm{cathodic} = i_{\mathrm{O},0} \exp\left(\frac{-4(1-\alpha) F\, \eta_\mathrm{O}}{RT} \right) \quad (9\text{-}6)$$

式中，$i_{\mathrm{O},0}$ 是氧还原的交换电流密度（$i_{\mathrm{O},0} = 6.25 \times 10^{-10}\,\mathrm{A/cm^2}$）；$\eta_\mathrm{O}$ 是 HEAs 的 E_corr 与氧还原反应电位之间的差值（$\varphi_\mathrm{O}^\theta = 0.401\,\mathrm{V_{SHE}}$）。阴极和阳极反应的组合产生 HEA 的 E_corr 值为 $-0.457\,\mathrm{V_{SHE}}$。

在溶解过程中，HEA 第一层中的原子根据各合金元素的电流密度以不同的速率溶解。然而，第二层和底层的原子会被上层低溶解速率的原子所阻挡。考虑到钝化过程快速，参考时间可达 $1\mathrm{s}$。图9-4描述了高熵合金钝化膜的溶解过程。

2. 金属阳离子的水解

等浓度层中的金属阳离子会水解生成氢离子（$\mathrm{H^+}$）。水解前 M^{n+} 和 $\mathrm{H^+}$ 的浓度分别为 $C_{\mathrm{M}^{n+}}$ 和 $10^{-7}\,\mathrm{mol/L}$。假设 M^{n+} 的反应量为 $y\,\mathrm{mol/L}$，则水解后 M^{n+} 和 $\mathrm{H^+}$ 的浓度分别为（$C_{\mathrm{M}^{n+}} - y$）和（$10^{-7} + ny$）。

$$\mathrm{M}^{n+} + n\mathrm{H_2O} \rightleftharpoons \mathrm{M(OH)}_n + n\mathrm{H^+} \quad (9\text{-}7)$$

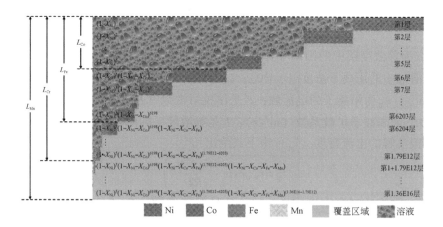

图 9-4 HEA 的溶解阻断示意图[4]

	水解前	$C_{M^{n+}}$	10^{-7}
	水解后	$C_{M^{n+}}-y$	$10^{-7}+ny$

得到平衡常数 K：

$$K=\frac{C_{H^+}^{\ n}}{C_{M^{n+}}}=\frac{(10^{-7}+ny)^n}{C_{M^{n+}}-y}=\frac{K_w^n}{K_{sp}[M(OH)_n]} \tag{9-8}$$

式中，K_w 是水的离子积（298.15K 时，$K_w=10^{-14}$）；$K_{sp}[M(OH)_n]$ 是 $M(OH)_n$ 的溶度积常数。由此可计算出金属离子水解后 pH 的变化。

3. 钝化膜的沉积

等浓度层中的金属阳离子会与 OH^-/H_2O 反应生成氧化物/氢氧化物，然后沉积在 HEA 表面形成钝化膜。根据每种腐蚀产物标准吉布斯自由能变化最小的反应（$\Delta G^\ominus$），可以通过化学平衡计算得到这些反应的金属阳离子的临界浓度。由此可以得到阳离子临界浓度与 pH 的关系，即沉积判据线（CLD）图，可根据 CLD 图分析每种元素在钝化膜沉积过程中所起的作用。

4. 钝化膜的成核与生长

对于沉积在 HEA 表面的氧化物和氢氧化物，过饱和程度最高的组分优先以均匀成核（HON）方式成核。HON 的二维成核速率（V_N）由式（9-9）给出：

$$V_N=A\sigma\exp\left(-\frac{16\pi v_0^2 \gamma_{HON}^3}{3K^3T^3\ln^2\sigma}\right) \tag{9-9}$$

式中，V_N 是成核率，单位为 $1/(cm^2\cdot s)$；A 是与温度相关的常数［设置为 $3.7\times10^7/(cm^2\cdot s)$］；$v_0$ 为分子体积（$v_0=2.00\times10^{-29}m^3$）；$\gamma_{HON}$ 为 HON 模式下的表

面能（$\gamma_{HON}=0.10J/m^2$）；T 是温度（$T=303.00K$）。一旦生成初始核，以下组分就可以通过异质成核（HEN）成核。HEN 下的表面能（γ_{HEN}）约为 $2/3\gamma_{HON}$，导致 HEN 成核率明显增强。此外，顺序成核也会影响 V_N。

因此，HEN 中 V_N' 的值可以通过式（9-10）计算。

$$V_{N_p}' = \frac{V_{N_{p-1}}'}{V_{N_{p-1}}}A\sigma\exp\left(-\frac{16\pi v_0^2\gamma_{HEN}^3}{3\,K^3\,T^3\ln^2\sigma}\right) \tag{9-10}$$

钝化膜成核后，晶核会逐渐长大，生长速率（V_R）可由式（9-11）求得：

$$V_R = A_1\sigma^2\tanh\left(\frac{B_1}{\sigma}\right) \tag{9-11}$$

不同的沉积物（金属氧化物或氢氧化物）有不同的沉积速率和生长速率，沉积速率较快的沉积物优先形核并逐渐长大，形核速率较慢的沉积物也能形核，尽管它们形核较慢。

9.1.3　高熵合金四大效应与腐蚀性能的关系

1. 高熵效应

高熵合金由于其多组元特性，倾向于形成单相固溶体结构，这通常有助于提高合金的均匀性和减少微观缺陷，如晶界、相界以及元素偏析等，这些缺陷往往是腐蚀的优先发生地。高熵效应还可能影响合金的电子结构，从而改变其在腐蚀环境中的稳定性。

2. 晶格畸变效应

畸变特征影响高熵合金的机械、光学、电学和化学性质，并且不规则的晶格阻碍了原子的运动。因此，严重的晶格畸变对位错运动和变形产生了强烈的阻碍，从而导致了不同的应力腐蚀开裂机制。此外，严重的晶格畸变降低了高熵合金的热力学稳定性，这可能会影响合金表面薄膜的钝化能力。迄今为止，尚无高熵合金晶格畸变效应与耐腐蚀性之间的相关性研究。

3. 缓慢扩散效应

高熵合金中的原子扩散速率较慢，这意味着在腐蚀过程中，合金中的组分元素不易发生偏聚或析出，有助于维持合金的均匀性和耐腐蚀性。缓慢的扩散速率有助于形成稳定的钝化膜，这层膜可以保护合金免受进一步的腐蚀。高熵合金由于其较低的氢扩散系数和阻碍裂纹扩展的变形孪晶而在环境温度下表现出抗氢脆性。一些研究表明，并非所有的高熵合金都具有这种作用，因此该功能的普遍性和广泛性需要进一步研究。

4. 鸡尾酒效应

这一效应描述了高熵合金中不同元素之间可能发生的复杂相互作用,这些相互作用可能导致出现一些非线性的、难以预测的性能,包括耐腐蚀性。例如,随着 Al 含量的增加,$Al_xCoCrFeNi$($0<x<1$)合金逐渐从单一 FCC 相转变为具有 FCC 和 BCC 的双相,并且这些合金的硬度和强度显著增加[5]。鸡尾酒效应提醒我们,在多元素的协同系统中,通过调整元素的比例,可能会产生优异的耐腐蚀性。

9.2　高熵合金腐蚀性能的影响因素

高熵合金的腐蚀行为是一个多变量影响的复杂过程,其影响因素包括但不限于合金的化学成分、微观结构特征、腐蚀介质的化学性质以及环境条件等。合金的化学成分是决定腐蚀类型和程度的关键因素,不同的合金元素与腐蚀介质之间的相互作用导致了不同的腐蚀反应。微观结构特征,例如晶粒尺寸、相的分布和形态,同样对腐蚀进程具有显著影响。腐蚀介质的化学性质,如 pH、离子浓度等,直接决定了腐蚀速率。此外,环境条件,包括温度和湿度,也会对高熵合金的腐蚀行为产生显著影响。高熵合金的腐蚀过程是一个涉及物理和化学相互作用的复杂现象。图 9-5 展示了影响高熵合金腐蚀行为和机理的关键因素的分布。深入理解这些因素及其相互作用对于优化高熵合金的耐腐蚀性能至关重要,这不仅有助于提高材料的使用寿命,还能扩展其在工业应用中的潜力。

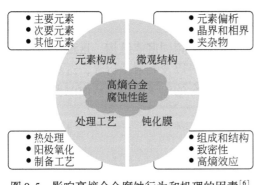

图 9-5　影响高熵合金腐蚀行为和机理的因素[6]

9.2.1　元素构成对高熵合金腐蚀特性的影响

合金的性能首先取决于材料的组元,这是材料的基因,准确设计合金元素对材料力学性能的相应变化是建立成分–结构–性能关联性的关键环节。高熵合金中元素构成主要包括过渡族元素、难熔元素和轻质元素。下面分别讨论这些合金元素以及元素含量对高熵合金耐蚀性能的影响。

1. 过渡族高熵合金元素

过渡族高熵合金元素包含 Al、Cu、Co、Cr、Fe、Mn、Ni、Ti、V 等元素。

在这些元素中，AlCrFeNi、CoCrFeNi、AlCoFeNi、AlCoCrNi、AlCoCrFe 等元素组合是当前研究和应用最为广泛的体系。研究表明，由过渡元素构成的高熵合金主要呈现体心立方（BCC）或面心立方（FCC）的固溶体结构。早期文献中报道的高熵合金大多为过渡元素高熵合金。根据现有研究，BCC 相结构的高熵合金通常具有较高的强度和硬度，而 FCC 相结构的高熵合金则展现出较好的塑性和耐蚀性。对于具有 FCC 和 BCC 双相结构的高熵合金，其屈服强度、抗压强度和伸长率等综合性能得到显著提升。

在过渡族元素中，Cr、Al 和 Ti 等元素能够在合金表面形成致密的钝化膜，如 Cr_2O_3 和 Al_2O_3。这些钝化膜能有效隔绝腐蚀介质与合金基体的接触，抑制腐蚀反应的进行，从而显著提高合金的耐蚀性能。此外，过渡族元素在高熵合金中的固溶强化作用也是提高耐蚀性能的关键机制。固溶强化通过增强合金基体的强度，增强了合金在应力腐蚀作用下的抗腐蚀能力。同时，固溶强化还能抑制晶界腐蚀和点蚀等局部腐蚀现象，进一步提升合金的整体耐蚀性能。

2. 难熔高熵合金元素

难熔高熵合金元素有 Ti、V、Cr、Zr、Nb、Mo、Hf、Ta、W 等，常见的难熔 HEA 主要为 HfNbTaTiZr、MoNbTaVW、Al-$Mo_{0.5}$NbTa$_{0.5}$TiZr、NbTiVZr 及其衍生体系。根据不同晶体结构，难熔 HEA 体系分为两类：一类是单相 BCC 固溶体难熔 HEA，另一类是在 BCC 型固溶体基体上析出第二相金属间化合物的难熔 HEA，包括 Laves 相析出强化和 BCC/B2（有序 BCC 结构）共格析出强化。

难熔金属元素能在合金中能够形成稳定的氧化物膜。这些氧化物膜层能有效隔绝腐蚀介质与合金基体的接触，从而抑制腐蚀反应的进行。类似于传统金属如不锈钢，这些氧化物膜能够保护合金基体，提高其耐蚀性能。在多数难熔高熵合金中，组成元素本身在侵蚀性介质中具有形成稳定氧化物膜的能力，例如 Ta、Nb、Zr 和 Ti 等。因此，在侵蚀性介质中，难熔高熵合金将经历各组元竞争形成氧化膜的过程。由于没有单一组元会发生严重的活性溶解，难熔高熵合金展现出更加优异的耐蚀性。特别是在生物医用等对腐蚀速率更为敏感的应用领域，难熔高熵合金的这一特性尤为重要。

3. 轻质高熵合金元素

轻质高熵合金是为了满足轻量化需求开发的一种新型合金，它们通常包含多种轻质元素，以降低合金的密度，同时保持或提高其性能。轻质高熵合金元素包括 Al、Mg、Li、Zn、Cu、Zr、Ti、Nb 和 Mo 等。

轻质金属元素对高熵合金耐蚀性能的影响主要通过以下方面实现：一是与合金中的其他元素形成稳定的氧化物膜或氮化物膜，有效阻止腐蚀介质对合金的侵蚀；二是改善合金的表面质量，提高其抗氧化能力；三是改善合金的力学性能，如提高强度、硬度和韧性等，从而提高合金的整体耐蚀性能。

9.2.2 处理工艺对高熵合金腐蚀特性的影响

1. 热处理工艺对高熵合金腐蚀特性的影响

高熵合金的组织结构及化学成分的不均匀是导致高熵合金耐腐蚀性能降低的重要原因之一。通过热处理工艺，可以消除合金中的内应力，粗化晶粒，促进第二相析出或溶解，改变合金相的形貌、大小和分布，加速组元再分配，从而影响合金的电化学行为。因而，合理控制热处理工艺，可以有效提升高熵合金在环境中的耐腐蚀性能。

目前，多采用退火处理和时效处理的方式优化耐蚀高熵合金的微观结构和耐蚀性能。Sun 等[7]对 CrMnFeNi 高熵合金进行 1200℃均匀化处理 2h 处理后减少了枝晶和枝晶间的电位差，极大降低了合金的腐蚀速率。此外，热处理温度和时间对高熵合金的耐蚀性能影响也作用显著。Shi 等[8]研究发现，对 Al_xCoCrFeNi 高熵合金进行不同时间的退火处理后，由于化学成分偏析造成的合金局部腐蚀行为得到了不同程度的缓解。在 1250℃退火温度下，将退火时长由 50h 提升至 1000h，高熵合金基体的组织结构更加均匀，同时合金成分偏析现象减弱，合金的功函数变化减小，耐腐蚀性能显著提高。经长时间退火处理后，高熵合金在盐溶液中的腐蚀行为得到了明显的控制。

2. 阳极氧化对高熵合金腐蚀机制的影响

阳极氧化是一种表面处理技术，通过在金属表面形成一层致密的氧化膜来提高金属的耐腐蚀性。对于高熵合金而言，阳极氧化是一种有效地提高高熵合金耐蚀性能的方法，可以进一步增强其耐蚀性能，从而拓展高熵合金的应用范围。据报道，酸处理后的 $Fe_{40}Mn_{20}Ni_{20}Cr_{20}$ HEA 耐点蚀性能明显提升[9]。此外，改变合金中的 Al 和 Ni 含量可以影响阳极氧化后电化学性能。含 Al 的高熵合金在阳极氧化后显示出更高的耐蚀性能潜力。

9.2.3 微观结构对高熵合金腐蚀机制的影响

1. 相体积分数对耐蚀性能的影响

高熵合金的耐蚀性能具有多因素影响的复杂特性，其中不同相的体积分数是关键因素之一。在高熵合金中，面心立方（FCC）相和体心立方（BCC）相是常见的相结构。这些相的体积分数对合金的耐蚀性能有显著影响。FCC 相由于其密排结构，通常与较高的延展性和韧性相关联，这有助于合金在腐蚀环境下抵抗裂纹扩展。相反，FCC 相体积分数的降低会导致合金延展性的减少，进而在腐蚀环境中容易产生应力集中，加速腐蚀过程。另一方面，BCC 相由于其较高的强度和硬度，以及晶格结构中晶界的数量较多，可能形成更多的腐蚀通道，从而加速腐蚀过程。此外，BCC 相在高熵合金中的高含量，由于晶格畸变程度较高，可能会导致局部电化学活性的差异，进而影响合金的耐蚀性。

顺序合金化是一种新兴的多组分合金合成技术，它允许在不改变合金整体成分的前提下调整晶体结构。通过改变元素混合的顺序，可以在 AlCoCrFeNi 等合金系统中获得不同体积分数的 BCC 和 FCC 相。FCC 相由于其密排结构，含量较高时有助于提升耐蚀性能。然而，FCC 相倾向于形成贫铬（Cr）的氧化层，而铬是提高耐蚀性的关键元素。同时，钴（Co）、镍（Ni）和铁（Fe）元素在 FCC 相中的含量高于 BCC 相，这可能导致它们在腐蚀过程中更容易溶解。因此，对于高熵合金而言，BCC 与 FCC 相的最佳体积比接近 3∶2，这一比例可以优化合金的耐蚀性能。

在双相高熵合金中，由于 FCC 相和 BCC 相之间天然存在的电偶腐蚀现象，其耐蚀性能可能不及单一 FCC 相的高熵合金。因此，对双相高熵合金的腐蚀机理进行深入研究具有重要的学术意义和实际应用价值。Wan 等[10]选取了铸态 $Al_{0.8}CrFeNi_{2.2}$ 共晶高熵合金作为研究对象，对其在 3.5% NaCl 溶液中的腐蚀行为进行了系统的研究，并揭示了双相共晶高熵合金的腐蚀过程。如图 9-6 所示，氯离子首先吸附在钝化膜表面，与氧竞争形成可溶性氯化物，这一过程破坏了钝化膜的完整性。相较于 FCC 相，BCC 相由于 Al 和 Cr 元素的贫乏，更易受到氯离子的攻击，从而导致点蚀在 BCC 相中萌生。在腐蚀过程的初期，由于点蚀尺寸较小，其在较低电位下处于亚稳态，不会发生扩展。然而，随着电位的增加，越来越多的点蚀在 BCC 相上形成，导致钝化膜被击穿。随后，点蚀开始扩展，并且伴随着 BCC 相的优先溶解。这一发现为理解双相高熵合金的腐蚀行为提供了新

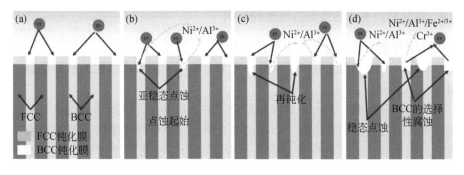

图 9-6　铸态 $Al_{0.8}CrFeNi_{2.2}$ 共晶高熵合金在 3.5% NaCl 溶液中的腐蚀过程示意[10]

的视角，并为进一步优化其耐蚀性能提供了理论依据。

　　2. 晶粒尺寸对耐蚀性能的影响

　　耐蚀性的差异直接体现在钝化膜溶解和点蚀程度的不同上。一般来说，材料的耐蚀性在很大程度上取决于钝化膜的特性，而钝化膜的特性主要受基体的化学成分和微观结构的影响。然而，在高熵合金中，基体的最大差异是平均晶粒尺寸，即晶界密度。因此，可以合理地认为，这种腐蚀行为的差异是由不同晶界密度引起的钝化膜的特性决定的[11]。

　　在高熵合金中，晶界密度较低的粗大晶粒形成薄且富含缺陷的钝化膜，导致钝化膜溶解并形成点蚀。细晶粒中丰富的晶界促进了钝化膜的形成，同时减轻了上述腐蚀。然而，与细晶粒和粗晶粒相比，在中等晶粒上形成的钝化膜显示出较低的施主密度和优异的稳定性，以防止传质和点蚀过程。从力学性能来看，晶粒尺寸增大，机械强度降低，而耐腐蚀性随晶粒尺寸增大，呈现先增大后减小的趋势。因此，在匹配耐腐蚀性和机械性能方面存在强烈的权衡，而中等晶粒具有强度和耐腐蚀性的良好组合。

　　3. 夹杂物对耐蚀性能的影响

　　除钝化膜外，高熵合金基体中的夹杂物对耐蚀性能的影响也至关重要。CoCrFeMnNi HEA 在 H_2SO_4 溶液中耐蚀性劣于 304 不锈钢的原因在于合金中存在的夹杂物诱导了局部腐蚀的发生[12]。此外，CoCrFeMnNi HEA 中随着 Mn 含量的增加夹杂物数量也随之增加，最终导致较差的耐蚀性能，并且夹杂物被确定为具有 FCC 结构的 $MnCr_2O_4$。但在不同的热处理方式下 CoCrFeMnNi HEA 夹杂物并不一定出现，在不锈钢中，一个经验性的结论是当热处理温度大于1000℃时，合金内部会形成夹杂物，但这一结论缺乏理论性的支撑。夹杂物的存在导致合金面临大量点蚀诱发的风险。

9.2.4 钝化膜对高熵合金耐蚀性能的影响

　　钝化膜对高熵合金耐蚀性能具有显著影响。钝化膜是一种在金属表面形成的保护性氧化层，能够阻止或减缓腐蚀介质与金属基体的直接接触，从而增强合金的耐蚀性。

　　对于高熵合金而言，由于其成分复杂、多元素共存，因此形成稳定且致密的钝化膜对其耐蚀性能尤为重要。当高熵合金暴露在腐蚀环境中时，其表面会迅速形成一层钝化膜。这层钝化膜通常是由合金中的某些元素（如 Cr、Ni、Mo 等）与腐蚀介质中的氧或其他阴离子反应生成的氧化物或氢氧化物组成。

　　此外，钝化膜的半导体特性与钝化膜致密性密切相关。高熵合金的主导半导体特性会随着特定元素的添加而发生变化。例如，Al 的添加导致 $Al_x(CoCrFeNi)_{100-x}$ 合金的主导半导体特性从 p 型变为 n 型，这影响了合金表面钝化膜的成分和性能[13]。Mott-Schottky 测试可提供有关钝化膜内载流子密度和半导体行为有价值的关键信息。空间电荷电容（C）与外加电位（E）之间的关系可描述如下：

$$\frac{1}{C^2}=\frac{2}{\varepsilon\varepsilon_0 eN_D}\left(E-E_{FB}-\frac{kT}{e}\right),\text{n 型半导体} \tag{9-12}$$

$$\frac{1}{C^2}=-\frac{2}{\varepsilon\varepsilon_0 eN_A}\left(E-E_{FB}-\frac{kT}{e}\right),\text{p 型半导体} \tag{9-13}$$

式中，ε 表示钝化膜的介电常数；ε_0 表示真空介电常数（8.85×10^{14} F/cm）；e 和 k 分别是电子电荷（1.602×10^{-19} C）和玻尔兹曼常数（1.38×10^{-23} J/K）。N_A 是 p 型半导体的受主密度，N_D 是 n 型半导体的施主密度。E_{FB} 是平带电势，可以在 $1/C^2=0$ 时计算。T 是绝对温度。室温下 kT/e 值仅为 25mV，常常被忽略。

9.3　高熵合金耐蚀性的决定因素分析

前面指出，影响高熵合金腐蚀机制的因素来源于 4 个方面，即元素构成、处理工艺、微观结构和钝化膜。也就是说，对同一种高熵合金来说，在热处理工艺相同的情况下，合金的微观结构和钝化膜保护能力决定了高熵合金耐蚀性能的高低。但对高熵合金耐蚀性的决定因素却存在争论。Luo 等[14]的研究表明，Cr 贫化和高缺陷钝化膜是导致 CoCrFeMnNi HEA 耐腐蚀性降低的主要因素。Feng 等[4]报道称，CoCrFeMnNi HEA 在氯化物溶液中无法进行钝化主要归因于 Cr 离子的水解，导致钝化膜形核过程中局部环境的酸化。并且，研究人员[12]指出，Cr-Mn-O 夹杂物是点蚀的起始点，这些夹杂物的存在使合金面临点蚀的风险。Yu 等[15]也报道了 Si 的添加可以通过改变破坏钝化膜均匀性的夹杂物来提升 CoCrFeMnNi HEA 的耐腐蚀性能。因此，有必要就高熵合金耐蚀性能的决定因素进行深入讨论。

Guo 等[16]开发设计的 $Fe_{40}Mn_{20}Cr_{20}Ni_{20}$ HEA 不含有昂贵的 Co 元素，且在低温下保持着优异的力学性能，极具工业应用前景。但其耐蚀性能却差于传统的 304 不锈钢，深入研究 $Fe_{40}Mn_{20}Cr_{20}Ni_{20}$ HEA 的腐蚀机理具有重要意义。大量研究已经证实，稀土元素的微量掺杂有助于 $Fe_{40}Mn_{20}Cr_{20}Ni_{20}$ HEA 耐蚀性能的提升。因此，这里以 $Fe_{40}Mn_{20}Cr_{20}Ni_{20}$ HEA 为例，结合已有的研究结果，深入讨论影响高熵合金耐蚀性的决定性因素。

9.3.1　$Fe_{40}Mn_{20}Cr_{20}Ni_{20}$ HEA 钝化膜的腐蚀机理

金属表面钝化膜的形成和破坏一直是合金腐蚀性研究中的主要热点。目前，描述钝化膜形成和破坏的动力学中钝化膜中高电场下点缺陷传输过程引起了广泛的研究兴趣。点缺陷模型（PDM）被用来分析合金表面钝化膜的形成和破坏。当电化学系统处于稳定状态时，空位或间隙阳离子在电化学界面（金属/钝化膜和钝化膜/溶液界面）的扩散和钝化膜的溶解动力学决定了其腐蚀速率[17]。因此，通过分析金属/钝化膜/溶液界面的电化学反应过程，可以建立钝化膜的电化学界面性质与点蚀敏感性之间的相关性。

根据 Macdonald 的点缺陷模型[18]，钝化膜的生长和溶解同时发生在电化学界面。亚稳态点蚀的发生是由于阴离子的催化作用，其中金属阳离子空位积聚在金属和钝化膜之间的界面上，导致钝化膜的击穿。Cl⁻在整个过程中起着重要的促进作用。图9-7为高熵合金在钝化膜的电化学界面处的反应机制的示意图。

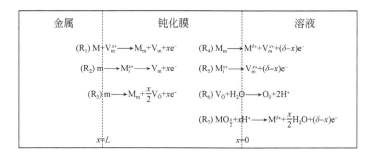

图 9-7　点缺陷模型

在图9-7中，V_M^{x+}表示金属阳离子空位，M_m表示晶格中金属离子位置的阳离子，M_i^{x+}表示间隙阳离子，V_m是金属/钝化膜界面的金属原子空位，$V_{\ddot{O}}$是氧空位，O_0表示晶格中阴离子位置的氧原子，$M^{\delta+}$表示钝化膜/溶液界面的阳离子，$MO_{\frac{x}{2}}$表示钝化膜中金属氧化物的化学计量式。图9-7说明了空位和间隙阳离子的产生和湮灭可能发生的基本反应。这些反应与钝化膜的生长、溶解和局部击穿密切相关。最初，通过反应（R_1）和（R_2）在金属/钝化膜界面形成金属空位。如果这些金属空位的形成速率超过金属阳离子空位向金属/钝化膜界面的迁移速率，则金属空位将积聚在钝化膜下方。一旦金属空隙达到临界尺寸，钝化膜就会发生快速溶解，从而引发点蚀的形成[19]。通过反应（R_3）在金属/钝化膜界面产生金属氧化物，而通过反应（R_7）在钝化膜/溶液界面发生钝化膜溶解。钝化膜的溶解受M_i^{x+}或$V_{\ddot{O}}$向钝化膜/溶液界面的传输控制。

1. 钝化膜的扩散系数计算

由此可知，点缺陷的扩散过程与合金钝化膜的溶解密切相关。通过定量分析点缺陷模型中钝化膜的缺陷密度和扩散通量，可以从理论上计算点缺陷的扩散系数，进一步评价钝化膜的保护能力[20]。

一致认为，钝化膜中具有高浓度的缺陷，点缺陷主要来自钝化膜中的金属空位和氧空位。然而钝化膜的晶格中金属空位很难运动，故研究钝化膜的缺陷运动与离子传输只考虑氧空位的扩散。当氧空位充当载流子时，钝化膜的扩散方程如下：

$$\frac{\partial C_0}{\partial t}=D_0\left(\frac{\partial^2 C_0}{\partial x^2}\right)-2KD_0\left(\frac{\partial C_0}{\partial x}\right) \tag{9-14}$$

在稳态条件下，假设钝化膜的电场强度 ε 与位置 x 无关，方程可简化为：

$$\left(\frac{\partial^2 C_0}{\partial x^2}\right)+2K\left(\frac{\partial C_0}{\partial x}\right)=0 \tag{9-15}$$

求得方程的通解为：

$$C_0=Ae^{-2Kx}+B \tag{9-16}$$

该方程通解旨在揭示钝化膜中空位浓度 C_0 与钝化膜各位置 x 的函数关系，将钝化膜/溶液界面（$x=0$）和钝化膜/金属界面（$x=L$）代入方程可得各界面处空位浓度表达式：

$$C_0(0)=A+B \tag{9-17}$$

$$C_0(L)=Ae^{-2KL}+B \tag{9-18}$$

代入菲克第一定律：

$$J=-D\frac{dC}{dx} \tag{9-19}$$

解得

$$J_0=-D_0\left(\frac{\partial C_0}{\partial x}\right)-2KD_0C_0 \tag{9-20}$$

对微积分方程进行求解可得钝化膜稳态条件下氧空位的浓度分布：

$$C_0(x)=C_0(0)e^{-2KL}-\frac{J_0}{2KD_0} \tag{9-21}$$

考虑到边界条件，在钝化膜/溶液界面有

$$C_0(0)=Ae^{2KL}+\frac{J_0}{2KD_0} \tag{9-22}$$

式中，系数 $A=\dfrac{C(0)-\frac{J_0}{2KD_0}}{e^{2KL}}=\left[C_0(0)-\frac{J_0}{2KD_0}\right]e^{-2KL}$。

推导至此，已经得出了氧空位在钝化膜/溶液界面处的表达式。然而，实际测得的氧空位浓度可以从如下的 Mott-Schottky 方程得到：

$$\frac{1}{C^2}=\frac{2}{\varepsilon\varepsilon_0 A^2 eN_D}\left(V-V_{f_s}-\frac{k_B T}{e}\right) \tag{9-23}$$

式中，N_D 为缺陷密度中的施主密度，将钝化膜视为氧空位掺杂的半导体，钝化膜中在靠近金属界面处能带发生弯曲，此处电荷层主要聚集，可以认为此处氧空位浓度等于施主密度，于是有：

$$N_D = C_0(L) = C_0(0)\,\mathrm{e}^{-2KL} - \frac{J_0}{2KD_0} \tag{9-24}$$

图 9-7 中提到，钝化膜的形成和溶解过程主要涉及 5 个反应，其中（R_4）反应为钝化膜形成和溶解至关重要的一环。因此，考虑钝化膜在钝化过程中的法拉第电流时，氧空位的重要性要大于金属空位。因此，可以通过在钝化膜/溶液界面处（$x=0$）的化学反应平衡关系，来得到空位通量 J_0 和氧空位浓度 C_0 之间的关系：

$$-J_0 = k_4 C_0(0) \tag{9-25}$$

式中，k_4 为反应（R_4）发生时的平衡常数：

$$k_4 = k_4^0\,\mathrm{e}^{2\alpha_4\gamma\Phi_{f/s}} \tag{9-26}$$

$$\Phi_{f/s} = \Phi_{f/s}^0 + \alpha V + \beta\mathrm{pH} \tag{9-27}$$

式中，k_4^0 为 $\Phi_{f/s}=0$ 时的速度常数；α_4 为对称系数；$\Phi_{f/s}^0$ 为 $V_{SCE}=0$、pH＝0 时钝化膜/溶液界面处的电位；pH 为溶液的酸碱度；α、β 为系数。

$$C_0(0) = \frac{J_0}{k_4^0\exp\left[2\,\alpha_4\gamma\left(\Phi_{\frac{f}{s}}^0 + \alpha V + \beta pH\right)\right]} \tag{9-28}$$

将式（9-28）代入式（9-24）可得：

$$N_D = \frac{J_0}{k_4^0}\,\mathrm{e}^{-2\alpha_4\gamma\left(\Phi_{f/s}^0 + \alpha V + \beta pH\right)}\,\mathrm{e}^{-\frac{2FV}{RT} - 2\alpha_4\gamma\alpha V} - \frac{J_0}{2KD_0}\left(1 - \mathrm{e}^{-\frac{2FV}{RT}}\right) \tag{9-29}$$

由于式（9-29）中 $\left(1 - \mathrm{e}^{-\frac{2FV}{RT}}\right) \approx 1$，由此可以简化为

$$C_0(L_{SS}) = N_D(V) = \rho_1\exp(-\rho_2 V) + \rho_3 \tag{9-30}$$

式中，$\rho_1 = \exp\left[-2\alpha_4\gamma\,\left(\Phi_{f/s}^0 + \beta pH\right)\right]$，$\rho_2 = -2F/RT - 2\,\alpha_4\gamma\alpha$，$\rho_3 = \dfrac{J_0}{2KD_0}$

考虑到钝化膜中电流通量主要由氧空位通量决定，因此点缺陷的稳态通量 J_0 可表示为：

$$J_0 = -\frac{i_{ss}}{2e} \tag{9-31}$$

式中，i_{ss} 为稳态电流密度。

PDM 假设钝化膜膜厚 L_{SS} 取决于成膜电位和平均电场强度：

$$L_{SS} = \frac{1}{\varepsilon}(1-\alpha)V_{ff} + B \tag{9-32}$$

式中，α 为钝化膜/溶液界面处的极化率，B 为常数。

至此，可求出钝化膜中平均电场强度和扩散系数。

2. 钝化膜厚度 δ 与 N_D 之间存在的线性关系

Zhang 等[21]研究中恒电位极化状态下 $Fe_{40}Mn_{20}Cr_{20}Ni_{20}$ HEA 的 EIS 和 M-S 测试数据发现，钝化膜的厚度（δ）和施主密度 N_D 随着铈的添加具有非常相似的变化趋势。因此，将这两组数据绘制在图 9-8 中。如图 9-8 所示的拟合结果，钝化膜厚度 δ 和 N_D 之间存在线性的数学关系。为了解释这种线性关系，从点缺陷模型出发进行了深入研究。

根据点缺陷模型，氧空位和（或）阳离子间隙，作为电子供体，被认为是钝化膜中的主要点缺陷。氧空位和金属间隙原子（Cr^{2+}、Cr^{3+}、Fe^{2+}、Fe^{3+}）从金属/薄膜到薄膜/溶液的扩散对于钝化膜的生长过程至关重要，薄膜生长动力学可以描述为：

$$\begin{cases} \dfrac{d\delta}{dt} = J\dfrac{\Omega}{N_A} \\ J = J_C + J_P \\ J_P = -2KD_0N_D \end{cases} \tag{9-33}$$

式中，δ 是薄膜的厚度，t 是时间，Ω 是每个阳离子的摩尔体积，N_A 是阿伏伽德罗常数，J 是空位的通量。J_C 和 J_P 分别是浓度梯度和电位梯度引起的通量。k 是玻尔兹曼常数，N_D 是施主密度，D_0 是点缺陷的扩散率。

在本研究涉及的钝化膜形成过程中，以下假设被认为是合理的：①所有合金的每个阳离子的摩尔体积 Ω 相同；②浓度梯度产生的通量 J_C 值的差异可以忽略不计；③尽管添加了 Ce，点缺陷 D_0 的扩散率仍保持恒定。

理论上，在极化过程中，合金表面会形成有缺陷的薄膜。Ce 添加的影响体现在通过 M-S 测试获得的 N_D 值的变化。正如式（9-33）所示，由电位梯度引起的通量 J_P 会随着 N_D 值的变化而变化。因此，薄膜的厚度也随着 J_P 值的不同而变化。在上述假设下，通过推导证实 δ 的值确实与供体密度 N_D 成正比。

关于 δ 和 N_D 的拟合线性方程也显示在图 9-8 中。钝化膜厚度和缺陷浓度之间的这种相当违反直觉的线性关系值得进一步阐述。钝化膜的 $Cr(OH)_3$ 外层生长缓慢归因于 Ce 的存在增加了膜的致密性。因此，可以认为添加 Ce 会导致钝化膜的外层变薄，进而导致整体膜厚（δ）减小。同时，由 Ce 添加引起的致密性增加通常与缺陷浓度（N_D）的降低有关。

此外，另一个值得注意的是 δ 和 N_D 之间这种线性关系的适用范围。对于许多不锈钢和高熵合金，当 N_D 分别约为 1×10^{21} 和 1×10^{20} 时，薄膜的厚度为 1 ~ 10nm 和约 0.5nm。这些报告的数据实际与图 9-8 中的线性方程基本一致。如果这种线性关系的有效范围很大，那么在直线的左下延伸部分可能会出现一些有趣

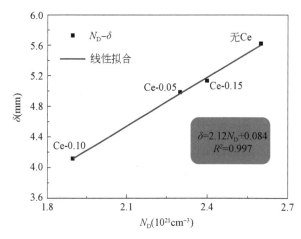

图 9-8　钝化膜厚度和 N_D 之间存在的线性关系

的情况，其中一个非常薄的薄膜对应于极低的点缺陷浓度。事实上，从关于钝化膜形成机制的氧吸附模型的角度来看，可能的最薄薄膜只有一层氧吸附层，大约为 0.14nm 厚。用图9-8 的线性方程计算，氧吸附层对应的施主密度 N_D 约为 1×10^{19}。然而，目前尚不清楚应该采用哪种技术途径来实现如此低的 N_D 值。

对 $Fe_{40}Mn_{20}Cr_{20}Ni_{20}$ HEA 而言，稀土元素 Ce 和 Sc 的掺杂并不改变高熵合金钝化膜的半导体特性，但却降低了钝化膜的缺陷密度和扩散系数，这也是为什么稀土掺杂后高熵合金钝化膜致密性提升的原因。

9.3.2　$Fe_{40}Mn_{20}Cr_{20}Ni_{20}$ HEA 夹杂物的腐蚀机理

Duan 等[22]对 $Fe_{40}Mn_{20}Cr_{20}Ni_{20}$ HEA 涉及点蚀开始、再钝化或稳定扩展的动态数据进行了统计，并利用 SEM/EDS 分析了不同点蚀扩展阶段的实际形貌和成分演变，发现在 $Fe_{40}Mn_{20}Cr_{20}Ni_{20}$ HEA 中，Ce 掺杂与夹杂物的演化模式之间存在相当明显的相关性。这一实验观察为深入探讨 Ce 掺杂对 $Fe_{40}Mn_{20}Cr_{20}Ni_{20}$ HEA 点蚀机理的影响提供了契机。

据报道，Ce 掺杂可以软化夹杂物并减少夹杂物与基体之间的应力集中[23,24]。众所周知，夹杂物的存在通常与夹杂物和基体之间的应力集中和化学元素分布不均匀有关[25]。因此，在轧制甚至机械磨削过程中容易出现微裂纹和晶格畸变区。这些由夹杂物引起的薄弱点被证明容易受到腐蚀攻击，并且经常成为点蚀的成核点。在该研究中，Ce 掺杂导致 $Fe_{40}Mn_{20}Cr_{20}Ni_{20}$ HEA 中的夹杂物尺寸相对较小且夹杂物数量明显减少，因此，可以合理地认为 Ce 掺杂后合金中夹杂物周围的微裂纹和晶格畸变区数量显著减少。

该研究对在不同腐蚀阶段夹杂物的 SEM 和 EDS 进行了细致分析，发现关于 $Fe_{40}Mn_{20}Cr_{20}Ni_{20}$ HEA 点蚀机理涉及两个重要信息。一是合金的点蚀来自于夹杂物，二是 Ce 掺杂后 $Fe_{40}Mn_{20}Cr_{20}Ni_{20}$ HEA 中夹杂物为双层核-壳结构，并在点蚀扩展过程中呈现不规则的扩展路径。

图 9-9 绘制的俯视图和侧视图示意性地描绘了 3 个点蚀发展阶段，包括起

始、扩展和完全发展。图 9-9（a_1）和（a_2）显示了无 Ce 合金和 Ce-0.10 合金夹杂物的组织特征。图中重点指出了 Ce 掺杂引起的显著差异，即 Ce-0.10 合金中夹杂物的双层结构。对于无 Ce 合金，夹杂物被指定为 $MnCr_2O_4$，整个夹杂体具有均匀的成分。而 Ce-0.10 合金中的夹杂物则呈现双层结构。上层的主要成分被认为是 Ce 和 Al 的氧化物，而下层则保留了夹杂物的原始成分，即 $MnCr_2O_4$。这些图的基本假设是，诸如 $Fe_{40}Mn_{20}Cr_{20}Ni_{20}$ HEA 中夹杂物的形成主要归因于 Mn 和 Cr 元素。稀土 Ce 的引入导致在原始夹杂物的顶部形成覆盖层。

图 9-9（a_1）和（a_2）中的深灰色小点是点蚀的指示性起始位置，通常被认为是由于夹杂物和基体之间界面处的应力集中和元素分布不均匀而导致的高化学活性区。据信，这些微裂纹将发生阳极优先溶解，如下所示：

$$M \rightarrow M^{n+} + ne^- \tag{9-34}$$

与此同时，微裂纹附近的夹杂物与 HEA 基体发生阴极反应：

$$O_2 + 2H_2O + 4e^- \rightarrow 4OH^- \tag{9-35}$$

图 9-9（b_1）和（b_2）说明了无 Ce 合金和 Ce-0.10 合金之间显著不同的点蚀扩展模式。

对于无 Ce 合金，夹杂物中存在 Mn、Cr 和 O 元素，可能会形成 $MnCr_2O_4$ 化合物。在这种化学均匀性相对较高的夹杂物中，点蚀扩展是一个渐进的过程，如图 9-9（b_1）和（c_1）所示。

涉及无 Ce 合金中夹杂物内点蚀扩展的可能溶解反应如下：

$$Cr_2O_4^{2-} + 4H_2O + 3e^- \rightarrow Cr(OH)_3 + 5OH^- \tag{9-36}$$

腐蚀产物［$Cr(OH)_3$ 和 $Mn(OH)_2$］在坑内沉积，形成封闭的腐蚀池，有利于坑的进一步扩大。

然而，Ce-0.10 合金中夹杂物内的点蚀传播路径并不是沿着分隔溶解区和夹杂物的稳定前沿线逐渐前进。相反，它优先向中心区域延伸，呈现出图 9-9（b_2）和（c_2）俯视图中示意性描绘的穿透方案。造成这种不规则蚀坑的主要传播模式归因于顶层成分不均匀性引起的电化学不均匀性，顶层被认为由氧化铈和氧化铝的复合化合物组成。观察到的夹杂物内点蚀的不均匀发展被认为是局部电化学不均匀性的直接结果。此外，图 9-9（b_2）和（c_2）的侧视图还突出了点蚀传播不同阶段双层结构的状态。假设腐蚀优先蚀刻掉上层的 Ce 氧化物，留下一层薄薄的 Al 氧化物［如图 9-9（b_2）和（c_2）中的深色曲线。Al 氧化物的薄层厚度呈现出下面的层］，EDS 图谱中可检测到 $MnCr_2O_4$ 的含量。值得一提的是，一些研究称 Ce^{3+} 可以作为溶液中的缓蚀剂[26]。因此，这可以部分解释为什么在由 $MnCr_2O_4$ 组成的下层中没有探测到明显的溶解。

纵观合金的腐蚀过程，钝化膜和夹杂物都扮演着重要角色，但它们的作用机制和影响却各有不同，在 9.3.1 节和 9.3.2 节中以 $Fe_{40}Mn_{20}Cr_{20}Ni_{20}$ HEA 为例，就

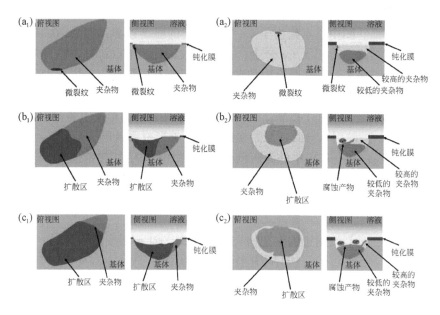

图 9-9　不同 Ce 掺杂量下合金夹杂物诱发点蚀的腐蚀机理示意图[22]

高熵合金中稀土掺杂后合金的钝化膜和夹杂物的作用机制进行了讨论。然而，在实际应用中，钝化膜和夹杂物对合金腐蚀的影响往往是相互作用的。钝化膜提供了一道防线，而夹杂物可能在局部区域破坏这道防线。因此，控制夹杂物的数量、尺寸和分布，以及提高钝化膜的稳定性，都是提高合金耐蚀性能的重要策略。因此，稀土掺杂改性高熵合金中夹杂物并提升钝化膜致密性是一种提升高熵合金耐蚀性能的有效手段。

9.4　高熵合金耐蚀性能比较

9.4.1　一般腐蚀行为的比较

　　一般耐蚀性能优异的合金通常具有较高的自腐蚀电位（E_{corr}）和较低的自腐蚀电流密度（i_{corr}），这是极化实验中评价合金耐蚀性能的有效参数。图 9-10（a）比较了目前报道的高熵合金和其他传统耐腐蚀合金在 3.5wt.% NaCl 溶液（研究最广泛的水溶液环境）中的 E_{corr} 与 i_{corr}。此外，EIS 实验在开路电位（OCP）下得到的 R_{ct} 值与 i_{corr} 成反比，也能反映合金的一般耐蚀性。作为 E_{corr} 与 i_{corr} 对比的补充，图 9-10（b）显示了各种高熵合金与传统合金在 3.5wt.% NaCl 溶液中的 R_{ct} 与 E_{corr} 对比数据。

图 9-10（a）和（b）展示了目前对高熵合金腐蚀行为的研究主要集中在 FCC 结构上。这种结构由于其组织均匀性，最小化了结构和化学的非均质性，使得单相 FCC 高熵合金的腐蚀性能与奥氏体不锈钢相近。例如，等原子比例的 Cantor 合金在一般腐蚀环境下的耐蚀能力略低于 304 不锈钢。相比之下，等原子比例的 NiCoCr、FeCoNiCr 和 FeNiCr 高熵合金由于不含锰（Mn）且铬（Cr）含量较高，展现出优于 304 不锈钢的耐腐蚀性。

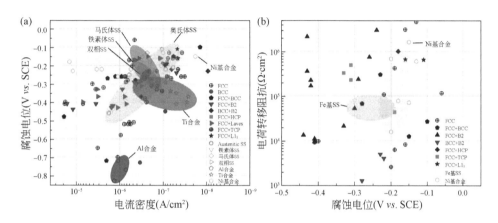

图 9-10　室温下高熵合金与其他耐蚀合金在 3.5wt.% NaCl 溶液中的
耐蚀性对比（a）E_{corr} 与 i_{corr}；（b）R_{ct} 与 E_{corr}[2]

难熔元素构成的单相 BCC 结构高熵合金的总体耐蚀性不仅不及传统铁素体不锈钢和马氏体不锈钢，而且根据电化学腐蚀测试的 E_{corr} 来看，其耐蚀性也普遍弱于大多数单相 FCC 结构的高熵合金。尽管如此，但这些具有 BCC 结构的高熵合金在抗局部腐蚀性能方面表现出意外的优异性能。

近年来，双相高熵合金的腐蚀行为和机理逐渐成为研究的焦点。尽管存在成分或结构的不均匀性，一些双相结构的高熵合金显示出与奥氏体不锈钢和镍基合金相媲美的一般耐腐蚀性。特别值得注意的是，具有 FCC+BCC 结构的 $Al_{0.3}Cr_{1.5}FeCoNi$ 和 $Al_{0.3}Cr_{2.0}FeCoNi$ 高熵合金，由于其较高的铬含量，展现出比具有相同 FCC+BCC 结构的传统双相不锈钢更优的耐腐蚀性。然而，广泛报道的 $FeCoNiCrAl_x$（$x=0\sim1$）高熵合金，尽管具有 FCC+BCC 结构，却因为表面含有分散的氧化铝钝化膜，而比奥氏体不锈钢和双相不锈钢表现出更差的一般耐腐蚀性。

在高熵合金中，合金元素的组成变化或热处理条件的调整有时会引发相变，这种相变对合金体系的腐蚀行为有显著的影响。图 9-11（a）和（b）分别展示了在含盐环境中，E_{corr} 随 i_{corr} 的变化情况以及几种高熵合金在 3.5wt.% NaCl 溶液中电荷转移阻抗（R_{ct}）相对于 E_{corr} 的变化。初步观察表明，相变通常会导致腐蚀性能的降低，这主要表现在 E_{corr} 和 R_{ct} 的降低以及 i_{corr} 的增加。这种腐蚀性能的下降主要归因于由化学不均匀性引起的局部电偶腐蚀。

　　与化学上均匀的单相固溶体相比，双相结构的高熵合金由于存在不同电化学势的相，其腐蚀敏感性自然增加。然而，也存在一些特殊情况，其中相变反而提高了合金的耐腐蚀性。例如，在图 9-11（a）和（b）展示的 $Al_{0.3}Cr_xFeCoNi$ 高熵合金，尽管该合金从单相 FCC 结构转变为 FCC+BCC 双相结构，但由于铬（Cr）含量的增加，其耐腐蚀性得到了改善。铬的增加被认为有利于形成更加稳定和致密的钝化膜，从而提高了合金的耐腐蚀性能。

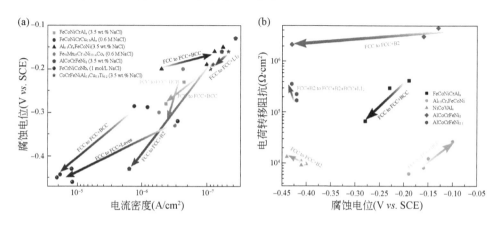

图 9-11　在 3.5wt.% NaCl 溶液中高熵合金发生相变而导致腐蚀性能的变化

（a）E_{corr} 与 i_{corr}；（b）R_{ct} 与 E_{corr} [2]

9.4.2　局部腐蚀行为的比较

　　点蚀或局部腐蚀是在不连续部位的加速腐蚀。它通常发生在腐蚀环境中形成的钝化膜局部破裂时，使局部位置对表面的其余部分表现为阳极，然后腐蚀得更快，宏观上表现为稳定腐蚀坑的形成。合金抵抗局部腐蚀的能力通常由点蚀电位（E_{pit}）反映，较高的 E_{pit} 表明在钝化区形成了更稳定和致密的钝化膜。

　　单相 FCC 结构的高熵合金在电化学参数，如 E_{pit} 和 i_{corr} 方面，基本上覆盖了铁基不锈钢的整个性能范围。这一现象证实了单相 FCC 高熵合金在耐腐蚀性方面的广泛适用性。正如前文所述，尽管单相 BCC 结构的高熵合金在一般腐蚀抵抗性方面表现较差，但它们在局部腐蚀抵抗性方面却表现出意外的优越性。例如，$HF_{0.5}Nb_{0.5}Ta_{0.5}Ti_{1.5}Zr$ 和 $Al_{0.5}TiVCrNb_{0.5}$ 轻量化高熵合金的 E_{pit} 值分别为 8.36V 和 1.95V，这些值超过了目前文献中报道的所有高熵合金以及传统耐腐蚀合金的性能[27,28]。

在双相高熵合金中，特别是含有较高铬（Cr）含量、钼（Mo）、钨（W）和

铌（Nb）的合金，展现出与双相不锈钢和单相FCC高熵合金相当甚至更优的抗局部腐蚀性能。相反，含有铝（Al）、不含铬和钼或含有较高锰（Mn）含量的双相高熵合金则表现出对局部腐蚀的高度敏感性。此外，具有FCC和L_{12}结构的高熵合金在E_{pit}和i_{corr}方面位于性能谱的中间位置，这表明它们的抗局部腐蚀性能虽然不如含有高Cr和Mo的高熵合金，但仍然优于含有高Al和Mn的高熵合金（图9-12）。

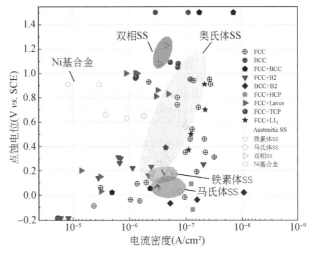

图9-12　各种高熵合金和其他耐腐蚀合金在3.5wt.% NaCl溶液中的E_{pit}与i_{corr}在室温下的对比[2]

9.5　高熵合金耐蚀性的未来展望

高熵合金打破了传统合金以单一元素作为主要组成部分的限制，展现出极为广阔的应用前景。在功能方面，高熵合金可用作储氢材料、抗辐射材料、精密电阻材料等。此外，高熵合金还具备出色的耐蚀性能和力学性能。然而，与传统金属材料相比，高熵合金的腐蚀机理研究起步较晚，尚未引起足够的关注。因此，对其在各种环境中的腐蚀机理仍需进行更深入和系统的研究，尤其对于各个相的腐蚀机理还有待进一步探究和完善。此外，对于合金元素之间的相互作用的研究相对较少，若能深入探究元素之间的相互作用和机理，可降低制备高性能合金的成本，这对促进高熵合金的工程化应用具有重要意义。另外，由于高熵合金中合金元素含量较高，容易引起偏析现象，因此在确保力学性能和耐蚀性能的基础上，需开发更高效的制备工艺。为揭示高熵合金的腐蚀机制，后续研究工作需要加强对腐蚀细节的原位观察。

参 考 文 献

[1]　Shang X L, Wang Z J, He F, et al. The intrinsic mechanism of corrosion resistance for FCC high

entropy alloys. Science China-Technological Sciences, 2018, 61 (2): 189-196.

[2] Zhang J Y, Xiao B, Chou T H, et al. High-entropy alloys: A critical review of aqueous corrosion behavior and mechanisms. High Entropy Alloys & Materials, 2023, 1 (2): 195-259.

[3] Wei L, Qin W M. Corrosion mechanism of eutectic high-entropy alloy induced by micro-galvanic corrosion in sulfuric acid solution. Corrosion Science, 2022, 206: 17.

[4] Feng H, Li H B, Dai J, et al. Why CoCrFeMnNi HEA could not passivate in chloride solution? —A novel strategy to significantly improve corrosion resistance of CoCrFeMnNi HEA by N-alloying. Corrosion Science, 2022, 204: 17.

[5] Shi Y Z, Collins L, Balke N, et al. *In-situ* electrochemical-AFM study of localized corrosion of Al_xCoCrFeNi high-entropy alloys in chloride solution. Applied Surface Science, 2018, 439: 533-544.

[6] Fu Y, Li J, Luo H, et al. Recent advances on environmental corrosion behavior and mechanism of high-entropy alloys. Journal of Materials Science & Technology, 2021, 80: 217-233.

[7] Sun Y P, Wang Z, Yang H J, et al. Effects of the element La on the corrosion properties of CrMnFeNi high entropy alloys. Journal of Alloys and Compounds, 2020, 842: 10.

[8] Shi Y Z, Collins L, Feng R, et al. Homogenization of Al_xCoCrFeNi high-entropy alloys with improved corrosion resistance. Corrosion Science, 2018, 133: 120-131.

[9] 王重, 孙一璞, 简选, 等. 酸处理优化 $Fe_{40}Mn_{20}Cr_{20}Ni_{20}$ 高熵合金抗点蚀性能. 钢铁研究学报, 2024, 36 (04): 511-519.

[10] Wan X L, Lan A D, Zhang M, et al. Corrosion and passive behavior of $Al_{0.8}$CrFeNi$_{2.2}$ eutectic high entropy alloy in different media. Journal of Alloys and Compounds, 2023, 944: 12.

[11] Lu K J, Lei Z R, Deng S, et al. Synergistic effects of grain sizes on the corrosion behavior and mechanical properties in a metastable high-entropy alloy. Corrosion Science, 2023, 225: 15.

[12] Pao L, Muto I, Sugawara Y. Pitting at inclusions of the equiatomic CoCrFeMnNi alloy and improving corrosion resistance by potentiodynamic polarization in H_2SO_4. Corrosion Science, 2021, 191: 13.

[13] Izadi M, Soltanieh M, Alamolhoda S, et al. Microstructural characterization and corrosion behavior of Al_xCoCrFeNi high entropy alloys. Materials Chemistry and Physics, 2021, 273: 8.

[14] Luo H, Li Z M, Mingers A M, et al. Corrosion behavior of an equiatomic CoCrFeMnNi high-entropy alloy compared with 304 stainless steel in sulfuric acid solution. Corrosion Science, 2018, 134: 131-139.

[15] Yu K, Feng S, Ding C, et al. Improving anti-corrosion properties of CoCrFeMnNi high entropy alloy by introducing Si into nonmetallic inclusions. Corrosion Science, 2022, 208: 13.

[16] Bian B B, Guo N, Yang H J, et al. A novel cobalt-free FeMnCrNi medium-entropy alloy with exceptional yield strength and ductility at cryogenic temperature. Journal of Alloys and Compounds, 2020, 827: 7.

[17] Nguyen T Q, Breitkopf C. Determination of diffusion coefficients using impedance spectroscopy Data. Journal of the Electrochemical Society, 2018, 165 (14): E826-E831.

[18] McMillion L G, Sun A, Macdonald D D, et al. General corrosion of alloy 22: Experimental determination of model parameters from electrochemical impedance spectroscopy data. Metallurgical and Materials Transactions A- Physical Metallurgy and Materials Science, 2005, 36A (5): 1129-1141.

[19] Gharbi O, Tran M T T, Orazem M E, et al. Impedance response of a thin film on an electrode: Deciphering the influence of the double layer capacitance. Chemphyschem, 2021, 22 (13):

1371-1378.

［20］刘佐嘉，程学群，刘小辉，等．2205 双相不锈钢与 316L 奥氏体不锈钢钝化膜内点缺陷扩散系数的计算分析．中国腐蚀与防护学报，2010，30（04）：273-277，82.

［21］Zhang Z C, Lan A D, Zhang M, et al. Effect of Ce on the localized corrosion behavior of non-equiatomic high-entropy alloy $Fe_{40}Mn_{20}Cr_{20}Ni_{20}$ in 0.5mol/L H_2SO_4 solution. Corrosion Science, 2022, 206: 13.

［22］Duan J F, Lan A D, Jin X, et al. Irregular pitting propagation within the inclusions in Ce-doped $Fe_{40}Mn_{20}Cr_{20}Ni_{20}$ high-entropy alloy. Journal of Alloys and Compounds, 2023, 968: 12.

［23］Jeon S H, Kim S T, Choi M S, et al. Effects of cerium on the compositional variations in and around inclusions and the initiation and propagation of pitting corrosion in hyperduplex stainless steels. Corrosion Science, 2013, 75: 367-375.

［24］Cai G J, Li C S. Effects of Ce on inclusions, microstructure, mechanical properties, and corrosion behavior of AISI 202 stainless steel. Journal of Materials Engineering and Performance, 2015, 24 (10): 3989-4009.

［25］Liu C, Li X, Revilla R I, et al. Towards a better understanding of localised corrosion induced by typical non-metallic inclusions in low-alloy steels. Corrosion Science, 2021, 179: 9.

［26］Xue S Y, Li B F, Mu P, et al. Designing attapulgite-based self-healing superhydrophobic coatings for efficient corrosion protection of magnesium alloys. Progress in Organic Coatings, 2022, 170: 11.

［27］Zhou Q Y, Sheikh S, Ou P, et al. Corrosion behavior of $Hf_{0.5}Nb_{0.5}Ta_{0.5}Ti_{1.5}Zr$ refractory high-entropy in aqueous chloride solutions. Electrochemistry Communications, 2019, 98: 63-68.

［28］Li M J, Chen Q J, Cui X, et al. Evaluation of corrosion resistance of the single-phase light refractory high entropy alloy $TiCrVNb_{0.5}Al_{0.5}$ in chloride environment. Journal of Alloys and Compounds, 2021, 857: 10.

第 10 章　高熵合金的磁性能

磁性是人类自然科学史中最古老的现象之一。近代量子力学使人类认识到物质的磁性是内部原子磁矩的宏观表现，而原子磁矩主要由原子中电子的轨道磁矩和自旋磁矩构成。据此，根据物质中原子磁矩的排列情况，将物质的磁性分为五种：抗磁性、顺磁性、反铁磁性、铁磁性和亚铁磁性。

由于抗磁性、顺磁性和反铁磁性材料的磁性较弱，因此实际应用较少。通常所说的磁性材料是指具有铁磁性或亚铁磁性的强磁性材料，按应用可进一步分为软磁材料、硬磁材料和磁性功能材料。据文献记载，最早发现的磁性材料是具有亚铁磁性的天然磁石，中国古人利用天然磁石的指极性制成了现代指南针的前身——司南。北宋年间，工匠们发现将烧红的钢针淬火后，钢针也会表现出磁性，从而得到最早的人工磁体。之后，指南针传入欧洲，开启了大航海时代，间接影响了美洲大陆的发现。随着时间的推移，电磁理论的发展进一步促进了磁性材料的研究和开发，硅钢、坡莫合金、钕铁硼永磁体等软磁和硬磁材料相继被开发出来，人类进入电气时代。时至今日，电动机、传感器、变压器、音响、硬盘等器件都需要使用大量的磁性材料。此外，磁致伸缩材料、磁热效应材料、磁流体等功能磁性材料的应用领域也在不断地探索中。由此可见，磁性材料的发展极大程度提高了人类的生产生活水平。

随着人类电子信息、航空航天等领域的不断进步，对于磁性材料的需求越来越大，同时对磁性材料的性能提出了更高的要求，如降低成本和功率损耗，提高可加工性等。针对这样的需求，现有的磁性材料难以同时满足，因此亟需开发新的磁性材料以适应科技的发展。高熵合金作为一种全新的合金设计理念，有望突破传统合金的性能极限，解决磁性材料的需求问题。本章将从合金体系角度入手，就磁性高熵合金的组织结构及饱和磁感应强度 B_s、饱和磁化强度 M_s、矫顽力 H_c、磁导率 μ、居里温度 T_c 和磁损耗 P 等关键参数对高熵合金的磁性能进行系统综述。

10.1　CoFeNi 及 CoFeNi-X 高熵合金

由于 Co、Fe、Ni 元素具有铁磁性，因而被广泛应用于传统磁性材料中，高熵合金也不例外。目前有关磁性高熵合金的研究中绝大多数磁性高熵合金中均含有这三种元素，因此首先介绍 CoFeNi 合金的磁性能。Nartu 等[1]对比了激光近净成形（LENS）和传统铸造法制备的等原子比 CoFeNi 中熵合金的力学性能和磁性能。研究发现两种不同方法制备的高熵合金均为 FCC 单相。值得注意的是，尽管 LENS 制备的 CoFeNi 合金的平均晶粒尺寸达约 99μm，相比轧后退火态（约 16μm）明显粗化，二者却同时拥有相似的磁性能，饱和磁化强度 M_s 约 160emu/g，矫顽力 H_c 约 10Oe，居里温度 T_c 约 705℃，但 LENS 样品的最大磁导率 μ_{max} 显著低于轧后退火态样品，这可能是由 LENS 样品晶粒不规则、孔隙率及亚结构含量高所致。与此同时，大量亚结构的存在也使 LENS 样品获得了更高的屈服强度，而塑性有所降低。Rathi 等[2]通过机械合金化方法制备了 CoFeNi 合金粉末，深入了解了粉末合成过程中结构、形态以及磁性能的变化。结果发现，球磨 9h 后完全形成纳米晶粉末，平均晶粒尺寸约 20nm±5nm。粉末的饱和磁化强度 M_s 约为 136emu/g，矫顽力 H_c 约 0.2kA/m。此外，研究还发现球磨介质（不锈钢/淬火钢）和球磨气氛（氩气/空气）也会对粉末的磁性能产生显著的影响，其中在氩气氛围中以淬火钢作为介质制备的粉末具有较好的软磁性能，粉末的饱和磁化强度约为 138emu/g，矫顽力约为 2kA/m。可见制备技术及技术参数的选择会对合金的磁性能产生不同程度的影响。

铝元素具有室温顺磁性，硅元素具有室温抗磁性。将这两种元素与铁元素以一定的比例组合能够获得具备优良软磁性能的材料，如硅钢、铁铝合金。理所应当的两种元素也被研究者添加到高熵合金中。Zuo 等[3]采用电弧熔炼技术制备了不同 Al、Si 含量的 Al_xCoFeNi（x=0、0.25、0.5、0.75、1）和 CoFeNiSi$_x$（x=0、0.25、0.5、0.75）合金，以探究 Al 和 Si 元素含量对 CoFeNi 合金组织和性能的影响。研究发现，Al 元素的添加使合金中出现成分偏析，并在 x=0.5 时开始出现 BCC 相，x=1 时呈 BCC 单相。对于 Si 元素，由于 Si 和 Ni 元素之间具有较负的混合焓 ΔH_{mix}，导致在 CoFeNiSi$_{0.5}$ 合金中开始析出 Ni_3Si 相，并且 Ni_3Si 相的衍射峰强度随着 Si 含量的升高而变得更强。添加不同含量 Al、Si 元素的 Al_xCoFeNi 和 CoFeNiSi$_x$ 合金室温下均具有铁磁性，但 Al、Si 元素的添加使合金的饱和磁化强度出现不同程度的降低，图 10-1 给出了两种合金的磁滞回线。电阻率 ρ 的变化趋势与 M_s 刚好相反，随着 Al、Si 元素的添加，两种合金的 ρ 均出现显著上升，且 Si 元素的提升效果更明显。

Xu 等[4]研究了不同温度时效处理对 CoFeNiAl$_{0.5}$ 合金组织及性能的影响。研究发现，铸态 CoFeNiAl$_{0.5}$ 合金中存在明显的树枝状晶粒，且树枝状基体为 FCC 结构，晶间为 BCC 结构。经均匀化处理后开始在 FCC 基体中析出 BCC 结构的长棒状析出物，这些棒状析出物在后续退火过程中仍然存在并在 600℃时含量达到最高，800℃时由于 Oswald 熟化析出相密度显著降低。合金的力学性能及饱和磁化强度 M_s 与这些棒状析出物的含量和尺寸密切相关，400℃退火样品的 M_s 达到最高，600℃退火时由于纳米级颗粒的出现导致 M_s 略有降低，800℃退火处理后，

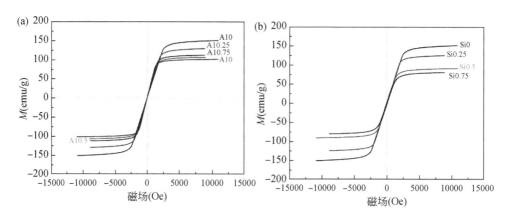

图 10-1 　（a）Al$_x$CoFeNi 和（b）CoFeNiSi$_x$合金的磁滞回线[3]

由于纳米级颗粒的溶解和棒状析出物的粗化，M_s 又略有上升。矫顽力 H_c 的变化趋势与 M_s 总体类似，但在 800℃退火样品中达到最高。

　　有研究者将具有反铁磁性的铬元素加入高熵合金中，以探究对合金组织和性能的影响。Lucas 等[5]研究了包括 CoFeNiCr 在内的一系列合金的磁性能，研究发现 CoFeNiCr 合金为单相 FCC 结构，并且在室温下表现出顺磁性。之后 Lucas 等[6]制备了不同 Cr 含量的 CoFeNiCr$_x$合金，发现 CoFeNiCr 合金的居里温度 T_c 低于室温，而通过降低 Cr 元素含量能够在一定程度上提高 T_c。

　　Kitagawa[7]研究了贵金属 Pd 和 Pt 对 CoFeNi 合金电磁性能及力学性能的影响。铸态和退火态（氩气氛围中 800℃退火 4 天）CoFeNiPd 和 CoFeNiPt 合金均为 FCC 单相结构。测量了两种合金在 50K 时的磁性能。相比铸态，经退火处理后两种合金的 M_s、T_c 和 H_c 均未发生显著变化，CoFeNiPd 和 CoFeNiPt 合金的 M_s 分别为 116emu/g 和 88emu/g；T_c 分别为 955K 和 851K。特别值得注意的是，CoFeNiPd 合金中并未观察到磁滞现象的出现，说明 H_c 极小，而 CoFeNiPt 的 H_c 约为 2Oe。铸态 CoFeNiPd 和 CoFeNiPt 合金的电阻率 ρ 分别为 9.6μΩ · cm 和 26.1μΩ · cm，经退火处理后分别降至 8.1μΩ · cm 和 21.2μΩ · cm。由于弹性恢复效应的存在，两种合金的维氏硬度随着载荷的增加而逐渐降低，在载荷接近 5N 时两种合金的退火态具有相似的硬度（约 188HV）。

10.2　CoFeNiAl-X 高熵合金

　　10.1 节中提到 CoFeNiCr 合金由于 T_c 过低，在室温下表现为顺磁性，不能用作磁性材料。然而，当在 CoFeNiCr 合金中加入铝元素后，能够明显改善合金的磁性能。Kao 等[8] 研究了均匀化态 CoFeNiAl$_x$Cr（$x = 0$、0.25、0.50、0.75、1.25、2.0）合金的相组成和磁性能。发现当 $x = 0$、0.25 时，合金为单相 FCC；当 $x = 0.50$、0.75 时，合金由 FCC+BCC 双相组成；当 $x = 1.25$、2.0 时，合金为单相 BCC。所有成分合金在 5K 和 50K 的低温下均表现为铁磁性，并且 CoFeNiAl$_{1.25}$Cr 合金的饱和磁化强度 M_s 达到约 530emu/cca，显著高于其他几种成分的合金。说明低温环境下 BCC 相具有比 FCC 相更高的 M_s。在室温（300K）下，CoFeNiAl$_{0.5}$Cr、CoFeNiAl$_{1.25}$Cr 和 CoFeNiAl$_2$Cr 合金依然表现为铁磁性，且 CoFeNiAl$_{1.25}$Cr 合金的 M_s 仍有约 301emu/cca，其他 3 种成分的合金转变为顺磁性。

除了调控合金成分，适当的加工工艺也能提升 CoFeNiAlCr 合金的磁性能。Uporov 等[9] 研究了不同加工工艺（铸态、吸铸态、重熔态和均匀化态）对等原子比 CoFeNiAlCr 合金组织和磁性能的影响。研究发现铸态样品由 BCC+B2 相构成，其他 3 种状态样品均由 FCC+B2 相构成。在室温（300K）和低温（4K）测定了合金的磁性能，发现铸态样品的磁性能优于其他 3 种状态的合金，而均匀化态样品性能最差。结合 3 种合金的相组成，发现均匀化态样品以 FCC 相为主，其他 3 种状态的合金均以 BCC 相为主，由此可以认定 CoFeNiAlCr 合金的磁性能主要由 BCC 相决定。这与 Huang 等[10] 利用第一性原理和蒙特卡洛方法模拟得到的结果一致。Zhao 等[11] 在对 CoFeNiAlCr 合金进行热处理的同时施加强磁场，一定程度上提升了合金的磁性能。这是由于在进行磁场热处理时能够改变合金的相变自由能[12]，从而导致 BCC 相含量的升高。在经过 6T 1200℃ 的磁场热处理后，获得了饱和磁化强度 M_s 约 89emu/g，矫顽力 H_c 约 17Oe，电阻率 ρ 约 187μΩ·cm 的优异性能组合。Duan 等[13] 通过高能球磨制备了 CoFeNiAlCr$_x$（$x = 0.1$、0.3、0.5、0.7、0.9）合金，研究发现所有成分的粉末主要由 FCC 和 BCC 构成，同时含有少量的非晶相和未固溶 Co 元素。经退火处理后，原始粉末中的非晶相和未固溶 Co 元素消失，但出现了 Fe$_3$O$_4$ 相。原始粉末样品的 M_s 除在 $x = 0.7$ 时有所上升外整体呈下降趋势，这可能与 BCC 相含量略有上升有关；退火样品的 M_s 也呈整体下降趋势，但在 $x = 0.3$ 时略有上升。原始样品和退火样品的 H_c 均呈先增加后减小的趋势，但退火后的 H_c 明显更低。综上，在 CoFeNiAlCr 系合金中，通过调控合金成分和加工工艺提升合金中 BCC 相的含量，能够在很大程度上提升合金的软磁性能。

Zhang 等[14] 探究了相组成对 CoFeNi（AlCu）$_x$（$x = 0 \sim 1.2$）合金磁性能的影响。研究发现，当 $0 \leqslant x \leqslant 0.6$ 时，合金为单相 FCC；$0.7 \leqslant x \leqslant 0.9$ 时，合金为 FCC+BCC 双相；$0.9 \leqslant x \leqslant 1.2$ 时，合金以 BCC 为主相同时含有少量的 FCC 相。铸态合金的磁性能总体上随着 x 的增大而降低，但在 $0.8 \sim 0.9$ 时略有上升。图 10-2 分别给出了铸态和不同温度退火处理对合金饱和磁化强度 M_s 的影响。可

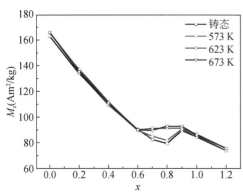

图 10-2　铸态和退火态 CoFeNi（AlCu）$_x$
合金的饱和磁化强度[14]

以看出，在合金为单相或近单相状态时，退火对合金的磁性能几乎没有影响。合金为 FCC+BCC 双相时，合金的 M_s 获得了较为明显的提升。Liu 等[15]研究了 CoFeNi$_x$AlCu（x = 0.5、0.8、1.0、1.5、2.0、3.0）合金的组织和性能。当 $0.5 \leqslant x \leqslant 2.0$ 时，合金由 FCC+BCC+B2 三相组成，且在 $x \leqslant$ 0.8 时以 BCC 为主相，$x \geqslant 1.0$ 时以 FCC 为主相。x = 3.0 时，合金中的 BCC 和 B2 相基本消失，FCC 相成为唯一相。由于 Ni 元素的原子磁矩小于

Fe 和 Co 元素[16]，并且合金中 BCC 含量随着 Ni 的添加而减少，导致合金的 M_s 随 x 的增加而逐渐降低。H_c 的变化趋势相对复杂，但总体来说随着 x 的增加而增加。Wu 等[17]研究了 CoFeNi$_x$AlCu（$1 \leqslant x \leqslant 1.75$）合金的动态磁化特性。所有成分的合金均包含 FCC 相和 BCC 相，且合金中 FCC 相含量随着 Ni 元素的增加而增加。与此同时，Ni 含量的增加使合金的饱和磁感应强度 B_s、剩余磁感应强度 B_r、矫顽力 H_c 和磁损耗 P 均降低，而电阻率 ρ 从 54.7$\mu\Omega$·cm 增加至 93.3$\mu\Omega$·cm。

考虑到 MnAl 合金具有良好的磁性能[18,19]，Li 等[20]制备了不同成分的 CoFeNi（MnAl）$_x$（$0 \leqslant x \leqslant 2$）合金，并研究了其磁性能。随着 x 的增加，合金的相结构由单相 FCC 过渡到 FCC+BCC，最终变为单相 BCC。合金的饱和磁化强度 M_s 随 x 的增加呈先下降后上升的趋势，这可能与合金中存在的短程有序有关。矫顽力的变化趋势与 M_s 相反，并在 x = 1（即 CoFeNiMn$_{0.5}$Al$_{0.5}$合金）时达到最高，为 730A/m，这是由于该成分合金中较高含量的相界阻碍了退磁过程中畴壁的运动。此外，Al、Mn 元素的加入造成了更严重的晶格畸变，增大了电子运动的平均自由程，导致合金的电阻率 ρ 随着 x 的增加而增加。

Zhang 等[21]制备了不同 Al、Si 含量的 CoFeNi（AlSi）$_x$（$0 \leqslant x \leqslant$ 0.8）合金，意图弥补 CoFeNi 合金电阻率较低的不足。图 10-3 给出了 CoFeNi（AlSi）$_x$合金饱和磁化强

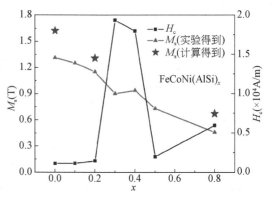

图 10-3　CoFeNi（AlSi）$_x$合金的饱和磁化强度和矫顽力[21]

度 M_s 和矫顽力 H_c 的变化趋势。可见随着 Al 和 Si 元素含量的增加,合金的 M_s 几乎呈单调下降趋势。而合金电阻率 ρ 的变化趋势与 M_s 刚好相反,但在 $0.3 \leqslant x \leqslant 0.5$ 有一定程度的下降。合金的 H_c 在 $x \leqslant 0.2$ 时处于较低水平,当 $0.3 \leqslant x \leqslant 0.4$ 时,H_c 迅速上升至约 18000A/m,在 $x = 0.5$ 时又下降至较低水平,之后随 x 的增加而单调增加。制备技术的选择会对合金的组织和性能产生巨大的影响,Zhang 等[22]通过单辊旋淬、退火和机械合金化制备了 $CoFeNiAl_{0.4}Si_{0.4}$ 合金粉末,并研究了其结构和磁性能。其中单辊旋淬后获得的原始合金条带由 BCC+B2+非晶相组成。条带退火处理后合金中开始出现 FCC 相,且相含量随退火时间的延长而升高。粉末样品中 BCC 相和 B2 相消失,由 FCC 相和非晶相组成。图 10-4 给出了条带样品和粉末样品的磁滞回线。对于条带样品,由于退火时间的延长使 FCC 相含量逐渐升高,导致合金的饱和磁化强度 M_s 由 132.9emu/g 单调下降至 109.6emu/g。合金的矫顽力 H_c 在退火处理 2h 后明显升高,之后随着退火时间的延长呈单调下降趋势。对于粉末样品,合金的 M_s 和 H_c 均呈先上升后下降的趋势。相比前面铸态 $CoFeNiAl_{0.4}Si_{0.4}$ 合金样品的 H_c,条带样品和粉末样品的 H_c 显著下降。

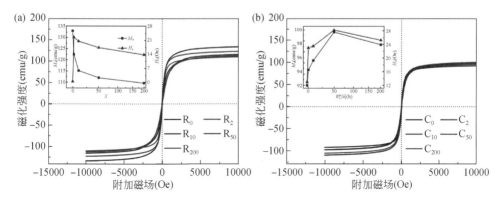

图 10-4　$CoFeNiAl_{0.4}Si_{0.4}$ 合金的磁滞回线

(a) 条带样品;(b) 粉末样品[22]

软磁材料于交变磁场中服役时产生的磁损耗 P 是决定该材料能否使用的关键因素,因此有研究者对高熵合金的磁损耗行为进行了系统研究。Zhang 等[23]以磁致伸缩系数 λ 较小的 $Co_{0.5}Fe_{0.3}Ni_{0.2}$ 合金为基底,研究了 $(Co_{0.5}Fe_{0.3}Ni_{0.2})_{100-x}(Al_{1/3}Si_{2/3})_x$ ($x = 0$、5、10、15、25) 合金的组织和性能。研究发现,当 $x \leqslant 10$ 时,合金为单相 FCC;$x = 15$ 时,合金中出现 BCC 相,表现为 FCC+BCC 双相结构;$x = 25$ 时,合金为单相 BCC 结构。随着 x 的增加,合金的饱和磁化强度 M_s 单调下降。而矫顽力 H_c 的变化趋势相对复杂,当 $x \leqslant 10$ 时,合金的 H_c 随 x 的增加而增加;$x = 15$

时，H_c 显著下降；$15 \leqslant x \leqslant 25$ 时，H_c 先降低后增加。测量了 $(Fe_{0.3}Co_{0.5}Ni_{0.2})_{95}(Al_{1/3}Si_{2/3})_5$ 合金的动态磁化特性，在 50Hz、1T 的工频条件下，铸态、冷轧态、淬火态和炉冷态的磁滞损耗分别为 3.13W/kg、8.91W/kg、4.26W/kg 和 4.43W/kg，如图 10-5 所示。

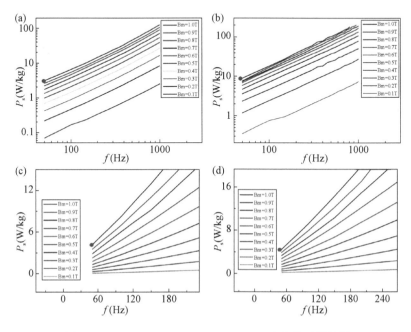

图 10-5　$(Fe_{0.3}Co_{0.5}Ni_{0.2})_{95}$ $(Al_{1/3}Si_{2/3})_5$ 合金的磁滞损耗
（a）铸态；（b）冷轧态；（c）淬火态；（d）炉冷态[23]

Zhou 等[24] 研究了非等原子比 $(Co_{30}Fe_{45}Ni_{25})_{1-x}$ $(Al_{40}Si_{60})_x$ $(x = 0 \sim 0.3)$ 合金的组织和磁性能。研究发现，当 $x \leqslant 0.18$ 时，合金中可以同时观察到 FCC 相和 BCC 相的存在，且 BCC 相的含量随 x 的增大而增大；$0.18 \leqslant x \leqslant 0.3$ 时，合金以 BCC 相为主，并在 $x = 0.19$ 和 0.3 时观察到 Heusler 相的析出。由于 Al、Si 元素的添加对磁矩、相组成等因素的影响比较复杂，导致合金饱和磁感应强度 B_s、矫顽力 H_c 和电阻率 ρ 与 x 呈非线性关系。总体来看，$(Co_{30}Fe_{45}Ni_{25})_{0.8}$ $(Al_{40}Si_{60})_{0.2}$ 合金具有较好的软磁性能，B_s 为 1.24T，H_c 为 59.7A/m，ρ 为 68μΩ·cm。因而测量了该合金的动态磁化特性，并与硅钢进行了对比。在频率 f 低于 200Hz 时，该合金的磁损耗 P 大于硅钢；当 f 大于 200Hz 时，合金的 P 小于硅钢，说明该合金具有较好的高频应用特性。

随着科技的不断进步，软磁材料可能在机械负载的条件下服役[25]，这便要求软磁材料在具有优异磁性能的同时还要具有良好的力学性能。Han 等[26] 研究

了 $Co_{27.7}Fe_{32.6}Ni_{27.7}Al_7Ta_5$ 合金的组织和性能。经 1173K 退火处理 5h 后，在 FCC 基体相中形成了平均颗粒尺寸约 91nm 的 $L1_2$ 相沉淀。该合金的饱和磁化强度 M_s 约 100.2emu/g，矫顽力 H_c 约 78A/m，电阻率 ρ 约 $103\mu\Omega\cdot cm$。与此同时，该合金的极限抗拉强度约 1336MPa，断裂伸长率约 54%。

10.3　CoFeNiCr-X 和 CoFeNiMn-X 高熵合金

CoFeNiCrMn 合金作为最早出现的高熵合金[27]，有关其组织和性能方面的研究已经相当丰富。Yu 等[28]利用机械合金化和高压烧结分别制备了 CoFeNiCrCu 和 CoFeNiCrMn 合金。研究发现两种高熵合金的粉末均由 FCC 相和少量 BCC 相构成。经烧结后，两种合金块体均由单相 FCC 构成。室温下，CoFeNiCrCu 合金具有较好的软磁性能，饱和磁化强度 M_s 为 53.41emu/g，矫顽力 H_c 为 166Oe；而 CoFeNiCrMn 合金表现为顺磁性，M_s 仅有 1.34emu/g。Chaudhary 等[29]研究了 $CoFeNiCrCu_x$ （$x=0$、0.5、1）合金的组织和磁性能，其中 CoFeNiCr 合金由单一 FCC 相构成，而 $CoFeNiCrCu_{0.5}$ 和 $CoFeNiCrCu_1$ 合金中除基体 FCC 相外还出现了富 Cu 元素的析出相。在室温下，3 种成分的合金均表现为顺磁性。而在 10K 时，3 种合金均表现为铁磁性。随着 Cu 元素含量的增加，合金的 M_s 先是由 30.7emu/g 增加至 32.7emu/g，然后下降至 29.6emu/g。Cu 元素含量由 0.5 增加至 1 并未显著改变 FCC 基体的成分，导致两种合金具有相同的 H_c 和 T_c，分别为 33Oe 和 118K，高于不添加 Cu 时的 23Oe 和 85K。

Lucas 等[5]发现 Pd 元素的添加能有效提升 CoFeNiCr 合金的 T_c，同时还能提高 M_s，但 Pd 的成本较高。为此 Belyea 等[30]适当降低了 Pd 含量，研究了 $CoFeNiCrPd_x$ （$0\leqslant x\leqslant 0.5$）合金的组织和磁性能。研究发现 Pd 元素的添加并未改变合金的晶体结构，所有成分的合金均由单一 FCC 相构成。随 Pd 含量的增加，无论是轧制样品还是退火样品（900℃退火 1h），合金的 M_s 和 T_c 均呈上升趋势。

Zhang 等[31]对 $CoFeNiCr_{0.2}Si_{0.2}$ 合金的组织和性能进行了研究。研究发现，铸态、热轧态（773K，压下率 59%）和退火态（1273K 退火 1h）合金均由单一 FCC 相构成，且 3 种合金的 T_c 均接近 705K。经热轧后，合金的 M_s 由 98.11emu/g 增加至 102.96emu/g，H_c 由 187.9A/m 增加至 298.2A/m。进一步退火处理后，M_s 和 H_c 有所下降，分别为 98.33emu/g 和 186.3A/m，与铸态样品的磁性能近似。

Mishra 等对 CoFeNiCrTi 系合金的组织和磁性能进行了相当深入的研究[32-38]。CoFeNiCrTi 合金粉末由单一 FCC 相构成，经 700℃退火 1h 后也没有新相生成。原始粉末的 M_s 为 24.44emu/g，H_c 为 149.54Oe，经退火处理后，M_s 下降至

1.44emu/g，H_c下降至 121.4Oe[32]。Zhang 等[39]通过电弧熔炼制备的 CoFeNiCrTi 合金块体由 FCC+BCC+CoTi$_2$ 三相组成，M_s 为 4.83emu/g，H_c 为 14Oe，电阻率 ρ 为 107μΩ·cm。Mishra 等[33] 以机械合金化法分别制备了 Co$_{35}$Cr$_5$Fe$_{20}$Ni$_{20}$Ti$_{20}$、Co$_{20}$Cr$_5$Fe$_{35}$Ni$_{20}$Ti$_{20}$、Co$_{20}$Cr$_5$Fe$_{20}$Ni$_{35}$Ti$_{20}$ 三种合金粉末，以研究相对含量 Co/Cr、Fe/Cr、Ni/Cr 对合金组织和磁性能的影响。研究发现，完全合金化后 3 种合金的原始粉末和退火处理后的粉末均由 FCC+BCC+R 相（Ni$_4$Ti$_3$ 型）组成，且经 200℃退火处理后相含量也未发生明显改变。经 700℃退火处理 2h 后，Co$_{35}$Cr$_5$Fe$_{20}$Ni$_{20}$Ti$_{20}$合金中的 FCC 相含量由 83.9% 降低至 59.7%；而其他两种合金中的 FCC 相含量增加约 10%。图 10-6 给出了 3 种合金不同工艺样品的磁滞回线。Co$_{35}$Cr$_5$Fe$_{20}$Ni$_{20}$Ti$_{20}$、Co$_{20}$Cr$_5$Fe$_{35}$Ni$_{20}$Ti$_{20}$、Co$_{20}$Cr$_5$Fe$_{20}$Ni$_{35}$Ti$_{20}$ 三种合金原始粉末的 M_s 和 H_c 分别为 45.9emu/g 和 16.5Oe、41.9emu/g 和 89Oe、31.1emu/g 和 39.4Oe。经退火处理后 3 种合金的 M_s 均出现不同程度的升高。H_c 的变化相对复

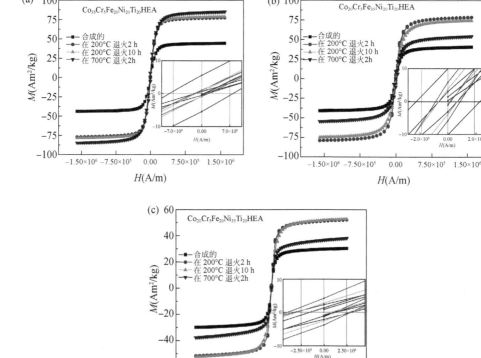

图 10-6　（a）Co$_{35}$Cr$_5$Fe$_{20}$Ni$_{20}$Ti$_{20}$、（b）Co$_{20}$Cr$_5$Fe$_{35}$Ni$_{20}$Ti$_{20}$ 和（c）Co$_{20}$Cr$_5$Fe$_{20}$Ni$_{35}$Ti$_{20}$合金的磁滞回线[33]

杂，经 200℃ 退火 2h 后，3 种合金的 H_c 均有所升高；于同温度下退火 10h 后，3 种合金的 H_c 又有所降低。经 700℃ 退火后，$Co_{35}Cr_5Fe_{20}Ni_{20}Ti_{20}$ 和 $Co_{20}Cr_5Fe_{35}Ni_{20}Ti_{20}$ 的合金的 H_c 迅速增加，分别为 98.6Oe 和 303.2Oe；而 $Co_{20}Cr_5Fe_{20}Ni_{35}Ti_{20}$ 合金的 H_c 则下降至 17.9Oe。3 种合金的 T_c 均大于 400K。综合来看，$Co_{35}Cr_5Fe_{20}Ni_{20}Ti_{20}$ 合金拥有最佳的磁性能。在此基础上，Mishra 等[38,40]进一步调控该合金中 Fe 和 Ni 元素的含量，制备了 $Co_{35}Cr_5Fe_{10}Ni_{30}Ti_{20}$ 合金粉末。该合金经 790℃ 退火 2h 后获得了非常优异的软磁性能，M_s 达到 90.79emu/g，H_c 低至 1.66Oe。

　　研究表明 Zr 元素在 CoFeNiCr 合金中的固溶度趋近于零，并额外产生了 Laves 相和 Ni_7Zr_2 相[41]。为了研究相分离对合金性能的影响，Vrtnik 等[42]研究了 $CoFeNiCrZr_x$（$x=0.4$、0.45、0.5）合金的磁性能。3 种成分的合金均以 FCC 固溶体相为主相，且其中未发现有 Zr 元素的存在，剩余相为 C15 型 Laves 相。图 10-7 给出了 3 种成分合金的磁滞回线。可以看出 3 种合金在室温下均表现为顺磁

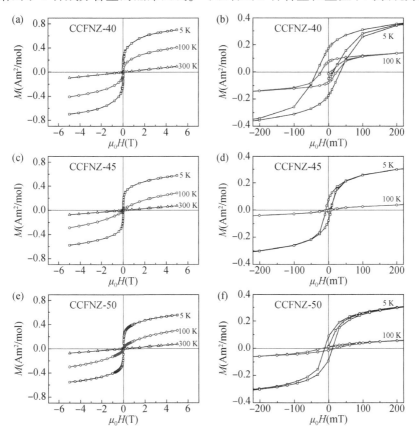

图 10-7　（a）、（b）$CoFeNiCrZr_{0.4}$，（c）、（d）$CoFeNiCrZr_{0.45}$，（e）、（f）$CoFeNiCrZr_{0.5}$ 合金的磁滞回线[42]

性。在 100K 下，$CoFeNiCrZr_{0.4}$ 合金表现出比较明显的磁滞行为，说明该合金具有铁磁性，而其他两种成分的合金依然表现为顺磁性，这可能与两种合金中铁磁性相完全消失有关。在 5K 下，3 种合金均表现出铁磁性，合金的 M_s 和 H_c 随 Zr 的添加有所下降。

Sahu 等[43] 利用机械合金化法制备了 $CoFeNi(MnSi)_x$（$0 \leqslant x \leqslant 1$）合金粉末，并研究了其组织和磁性能。在 $x = 0$、0.1、0.25 合金中观察 BCC+FCC 双相结构的形成，且以 BCC 为主要相；在 $x = 0.5$、0.75、1 合金中 FCC 相变为主相。合金的 M_s 随着 MnSi 含量的增加而降低。球磨 15min 粉末的 H_c 对合金成分不敏感，球磨 15h 粉末的 H_c 随着 MnSi 含量的增加而增加，球磨 35h 粉末的 H_c 随 MnSi 含量的增加呈先下降后上升趋势。Al、Mn、Sn 和 Ga 元素常被用于 Heusler 合金中，且这些合金在室温下常表现出铁磁性。Zuo 等[44] 以 CoFeNiMn 合金为基底，研究了 Al、Ga 和 Sn 元素对合金磁性能的影响。CoFeNiMnAl 合金由 B2+BCC 两相组成，CoFeNiMnGa 合金由 FCC+B2 相构成，而 CoFeNiMnSn 合金由 $L2_1$+BCC 相构成。3 种合金均表现出明显的铁磁性行为，CoFeNiMnAl、CoFeNiMnGa 和 CoFeNiMnSn 合金的 M_s 和 H_c 分别为 147.86emu/g 和 629A/m、80.43emu/g 和 915A/m、80.29emu/g 和 3431A/m。

10.4　其他 CoFeNi 基高熵合金

本节将对一些组元数相对较多（组元数大于 5）或体系比较单一的 CoFeNi 基磁性高熵合金进行介绍。Jiang 等[45] 制备了 $CoFeNi_2V_{0.5}Nb_x$（$0 \leqslant x \leqslant 1$）合金以探究 Nb 元素添加对合金组织和性能的影响。研究发现，未添加 Nb 元素合金由单一 FCC 相构成。添加 Nb 元素后合金表现为 FCC+Laves 双相结构，且 Laves 相含量随着 Nb 元素含量的增加而增加，在 x 大于 0.8 时 Laves 相含量甚至超过 FCC 相。随 Nb 元素的添加，合金的饱和磁化强度 M_s 逐渐下降，矫顽力 H_c 逐渐上升。而合金的剩余磁化强度 M_r 在 $0 \leqslant x \leqslant 0.75$ 随 Nb 含量的增加而增加，最终达到 0.87emu/g。$x = 1$ 时，M_r 降至 0.78emu/g。

Zaara 等[46] 结合机械合金化和放电等离子烧结制备了 $CoFeNiSi_{0.5}B_{0.5}$ 合金，并对合金的组织及性能进行了研究。球磨 50h 后，所有元素完全合金化，粉末由单一 FCC 相构成。球磨 150h 后，FCC 相衍射峰强度降低，宽度增加，说明形成了 FCC 过饱和固溶体。球磨 150h 粉末经 650℃退火 1h 后出现 BCC 结构的（Fe, Ni）$_{23}B_6$、Fe_3Si 相和 FCC 结构的 $Ni_{17}Si_3$ 相的衍射峰，这是亚稳态过饱和固溶体转变的结果。以球磨 150h 粉末为原料，分别在 750℃和 1000℃下进行放电等离子烧结制得合金块体。原始粉末、退火粉末、750℃烧结样品和 1000℃烧结样品的饱和磁化强度 M_s 分别为 94.31emu/g、127.3emu/g、110.91emu/g 和 115.84emu/g；

矫顽力 H_c 分别为 3905A/m、2353A/m、1994A/m 和 2220A/m。Wei 等[47]利用单辊旋淬法研究了冷却速率对 $Co_{28.5}Fe_{26.7}Ni_{28.5}Si_{4.6}B_{8.7}P_3$ 合金相结构和磁性能的影响。高冷却速率下制备的合金为非晶相,低冷却速率下形成了 FCC 固溶体相以及微量的有序相。非晶合金表现出良好的软磁性能,饱和磁感应强度 B_s 和矫顽力 H_c 分别为 1.07T 和 4A/m,优于低冷却速率下制成的 FCC 固溶体基合金(1.0T 和 168A/m)。Li 等[48]研究了 $Co_{10}Fe_{66.8-x}Ni_xSi_{11.5}B_8Cu_{0.8}Nb_{2.9}$($x = 1$、5、10、15)合金的组织和磁性能。铸态下 4 种成分的合金均为非晶相。随着 Ni 含量的增加,合金的饱和磁极化强度 J_s 由 1.26T 逐渐降低至 1.04T。$Co_{10}Fe_{65.8}Ni_1Si_{11.5}B_8Cu_{0.8}Nb_{2.9}$ 合金的 H_c 和 B_r 随退火时间的增加而降低,而 $Co_{10}Fe_{61.8}Ni_5Si_{11.5}B_8Cu_{0.8}Nb_{2.9}$ 合金的 H_c 和 B_r 随热处理时间的延长先增大后减小。当 Ni 含量更高时,H_c 和 B_r 随热处理时间的增加而增加,其中 $Co_{10}Fe_{51.8}Ni_{15}Si_{11.5}B_8Cu_{0.8}Nb_{2.9}$ 合金的增加尤为明显,H_c 由 15.81A/m 增加至 163.8A/m,B_r 由 28mT 增加至 330mT。

Chen 等[49]对 $CoFeNiAlCrB_x$($x = 0 \leqslant x \leqslant 1$)合金的组织及性能进行了研究。$x = 0$ 时,合金由 BCC+B2 两相构成;$0.1 \leqslant x \leqslant 0.25$ 时,合金中出现 FCC 相,且相含量随 x 增加而增加。从 $x = 0.25$ 开始,随 B 元素含量的增加,合金中开始出现硼化物,且 FCC、BCC 和 B2 相的衍射峰强度均有所降低。$CoFeNiAlCr$、$CoFeNiAlCrB_{0.25}$ 和 $CoFeNiAlCrB_{0.75}$ 合金的磁导率 μ、M_s 和 H_c 逐渐降低,μ 分别为 5.8×10^{-3}、3.6×10^{-3} 和 3.5×10^{-3},M_s 分别为 53.91emu/g、34.64emu/g 和 34.27emu/g,H_c 分别为 3680A/m、2480A/m 和 1760A/m。Singh 等[50,51]对 $CoFeNiAlCrCu$ 合金的组织及性能进行了研究。在喷溅淬火样品中仅观察到 BCC 相存在,而铸造合金中同时观察到 BCC 相和另外两种 FCC 相的存在。喷溅淬火样品的 M_s 和 H_c 分别为 46emu/g 和 11Oe,可以认为是一种软磁材料;铸态样品和时效(600℃ 退火 2h)样品的 M_s 与喷溅淬火样品相差不大,而 H_c 分别为 44Oe 和 264Oe,属于半硬磁材料。

Li 等[52]研究了 $CoFeNi(AlCu)_{0.8}Sn_x$($0 \leqslant x \leqslant 0.1$)合金的组织和磁性能。所有成分的合金均由 FCC+BCC 双相构成,随 Sn 含量的增加合金中 BCC 相逐渐增多,FCC 相逐渐减少。此外,在 $x \geqslant 0.02$ 时合金中额外出现一种未知相。随着 Sn 元素的添加,合金的 M_s、H_c 和磁滞损耗 P_h 单调上升,起始磁导率 μ_i、最大磁导率 μ_{max} 及剩余磁感应强度 B_r 呈总体下降趋势。Li 等[53]研究了 $CoFeNi(AlCu)_{0.8}Ga_x$($0 \leqslant x \leqslant 0.08$)合金的组织和交流磁性能。所有成分的合金均由 FCC+BCC 双相构成,由于原子级应变效应的存在,合金中 BCC 相含量随 Ga 含量的增加而增加。随着 Ga 元素的添加,合金的 B_s、B_r、M_s、H_c 和 P_h 单调增加,μ_i 和 μ_{max} 单调减少。Zhu 等[54]研究了 $CoFeNi(AlCu)_{0.8}RE_{0.05}$(RE = Nd、Y)合金的组织及性能。所有成分的合金均由 FCC+BCC 双相构成,初始合金中的 BCC 相含量约为 25.3%,

添加 Nd 和 Y 元素后，合金中 BCC 相含量分别增加至 42.0% 和 43.3%。此外，在 Nd 添加合金中还观察到一种未知相。相比原始合金，添加 Nd 和 Y 元素后合金中条带状磁畴宽度减小（图 10-8），从而导致 M_s 分别由 78.6emu/g 增加至 81.3emu/g 和 81.7emu/g；μ_{max} 分别由 254.3 降至 206.7 和 196.8；B_r 由 0.18T 降至均为 0.12T；H_c 由 362.0A/m 降至 301.0A/m 和 309.6A/m；P_h 由 558.6J/m³ 降至 313.1J/m³ 和 329.4J/m³。

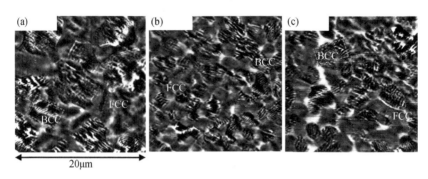

图 10-8　（a）原始合金，（b）Nd 添加和（c）Y 添加合金的磁力显微镜照片[54]

Ibrahim 等[55]研究了 CoFeNiAlMnX₁₀（X = Ti、Cr、Sn、V、Hf、Ga）合金的组织及磁性能。所有成分合金中均观察到 FCC 相和 BCC 相存在。此外，在基体合金和添加 Hf 或 Ga 的合金中额外观察到 B₂ 相存在；在添加 Sn 的合金中额外观察到一种未知相的存在，这与 Li 等[52]的研究结果一致。制备的几种合金均表现出明显的硬磁性能，其中 CoFeNiAlMn 合金具有最高的 M_s 和 H_c，分别为 141.1emu/g 和 325.1Oe；CoFeNiAlMnHf₁₀ 合金磁性能最差，M_s 和 H_c 分别为 51.2emu/g 和 78.6Oe。

10.5　其他体系的高熵合金

本节对一些不同时包含 CoFeNi 元素的磁性高熵合金进行介绍，目前有关这类合金的研究相对较少。Dastanpour 等[56]研究了 Al₅₀Vₓ（Cr₀.₃₃Mn₀.₃₃Co₀.₃₃）₅₀₋ₓ（x = 12.5、6.5、3.5、0.5）合金的组织和磁性能。4 种成分的合金均由 BCC+B₂ 双相构成，随 V 含量的降低，合金中 B₂ 相含量逐渐增多，说明 V 对 B₂ 相形成有一定的阻碍作用。室温下，V 含量为 12.5% 和 6.5% 的合金以顺磁性为主导，其他两种合金以铁磁性为主导。

Wang 等[57]研究了 Al₃（Co，Fe，Cr）₁₄ 合金的组织和磁性能。制备了 5 种成分的合金，分别是 Al₃Co₇Fe₇、Al₃Co₆Fe₇Cr₁、Al₃Co₆Fe₆Cr₂、Al₃Co₇Fe₄Cr₃ 和

$Al_3Co_4Fe_7Cr_3$。所有成分的合金均由 B2+BCC 相构成。经均匀化处理后，5 种合金的电阻率 ρ 随 Cr 添加呈上升趋势。在 5 种合金中，$Al_3Co_7Fe_7$ 合金具有最低的起始磁导率 μ_i，为 24.8。以 Cr 元素替代 Co 或 Fe 元素能够提高合金的 μ_i，以 $Al_3Co_4Fe_7Cr_3$ 合金的 μ_i 最高，为 36.5。对 $Al_3Co_7Fe_7$、$Al_3Co_6Fe_6Cr_2$ 和 $Al_3Co_4Fe_7Cr_3$ 合金进行了高温（773~1073K）时效处理，发现 $Al_3Co_7Fe_7$ 合金的 M_s 和 H_c 没有随时效温度的提高而发生明显改变，与均匀化态合金的 M_s（167.5emu/g）和 H_c（191.0A/m）近似。$Al_3Co_6Fe_6Cr_2$ 合金的 M_s 经不同温度时效处理后基本不变（127.0emu/g），而 H_c 随温度的增加而增加，1073K 退火后 H_c 为 374.1A/m。$Al_3Co_4Fe_7Cr_3$ 合金的 M_s 也基本保持不变，H_c 随时效温度的增加而显著增加，1073K 退火后 H_c 为 1974.1A/m。由此可见，$Al_3Co_7Fe_7$ 和 $Al_3Co_6Fe_6Cr_2$ 合金具有良好的软磁性能，两种合金的 T_c 分别为 1254K 和 1052K，且在高温下依然具有良好的软磁性能。

Wang 等[58]研究了 FeSiBAlNi 和 FeSiBAlNiNb 合金粉末的组织和磁性能。球磨 120h 后，FeSiBAlNi 合金粉末完全形成非晶相。添加 Nb 元素后，降低了 FeSiBAlNi 合金的玻璃形成能力，完全形成非晶相需要的球磨时间延长至 180h。图 10-9 给出了 FeSiBAlNi 和 FeSiBAlNiNb 合金粉末的 M_s 和 H_c 随球磨时间的变化趋势，可以看出，两种成分合金的 M_s 均随球磨时间的延长而下降。球磨时间小于 160h 时，FeSiBAlNi 合金的 M_s 高于 FeSiBAlNiNb 合金，但差值随球磨时间的延长而降低。球磨时间大于 160h 时，两种合金的 M_s 基本一致。两种合金的 H_c 随球磨时间的延长呈先上升后下降的趋势。Zhai 等[59]研究了 Co 和 Gd 添加对

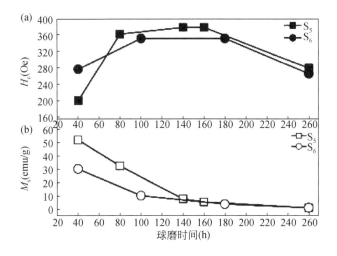

图 10-9　FeSiBAlNi 和 FeSiBAlNiNb 粉末的 M_s 和 H_c 随球磨时间的变化趋势[58]

FeSiBAlNi 合金组织和性能的影响。铸态基体合金由 BCC 和富 FeSi 相组成；添加 Co 元素后，合金完全由富 FeSi 相组成；添加 Gd 元素后，合金由 BCC+FCC 双相组成。经退火处理后，基体合金中除富 FeSi 相外出现了一种不同于铸态时的新 BCC 相；FeSiBAlNiCo 合金依然由富 FeSi 相组成；FeSiBAlNiGd 合金中除 BCC 相和 FCC 相外，还出现 AlNi、AlGd 和 Gd 的氧化物。对于基体合金和 FeSiBAlNiCo 合金，退火处理使合金的 H_c 降低，而 FeSiBAlNiGd 合金的 H_c 在退火后明显升高。3 种合金铸态样品的 M_s 没有明显差距，基体合金略高于其他两种合金，为 12.91emu/g。经 600℃ 退火处理后，基体合金的 M_s 没有明显变化；于 1000℃ 退火处理后，M_s 下降至 10emu/g 以下。FeSiBAlNiCo 合金的 M_s 没有因退火而发生明显改变，而 FeSiBAlNiGd 合金退火后 M_s 显著升高，经 650℃ 退火后，M_s 由铸态时的 10.93emu/g 上升至 31.91emu/g；经 1050℃ 退火后，M_s 进一步增加至 62.78emu/g。

参 考 文 献

[1] Nartu M S K K Y, Jagetiaa A, Chaudhary V, et al. Magnetic and mechanical properties of an additively manufactured equiatomic CoFeNi complex concentrated alloy. Scripta Materialia, 2020, 187: 30-36.

[2] Rathi A, Meka V M, Jayaraman T V. Synthesis of nanocrystalline equiatomic nickel-cobalt-iron alloy powders by mechanical alloying and their structural and magnetic characterization. Journal of Magnetism and Magnetic Materials, 2019, 469: 467-482.

[3] Zuo T T, Li R B, Ren X J, et al. Effects of Al and Si addition on the structure and properties of CoFeNi equal atomic ratio alloy. Journal of Magnetism and Magnetic Materials, 2014, 371: 60-68.

[4] Xu J, Zhang J Y, Wang Y Q, et al. Annealing-dependent microstructure, magnetic and mechanical properties of high-entropy FeCoNiAl$_{0.5}$ alloy. Materials Science and Engineering: A, 2020, 776: 139003.

[5] Lucas M S, Maujre L, MUÑOZ J A, et al. Magnetic and vibrational properties of high-entropy alloys. Journal of Applied Physics, 2011, 109 (7): 07E307.

[6] Lucas M S, Belyea D, Bauer C, et al. Thermomagnetic analysis of FeCoCrxNi alloys: Magnetic entropy of high-entropy alloys. Journal of Applied Physics, 2013, 113 (17): 17A923.

[7] Kitagawa J. Magnetic properties, electrical resistivity, and hardness of high-entropy alloys FeCoNiPd and FeCoNiPt. Journal of Magnetism and Magnetic Materials, 2022, 563: 170024.

[8] Kao Y F, Chen S K, Chen T J, et al. Electrical, magnetic, and Hall properties of AlxCoCrFeNi high-entropy alloys. Journal of Alloys and Compounds, 2011, 509 (5): 1607-1614.

[9] Uporov S, Bykov V, Pryanichnikov S, et al. Effect of synthesis route on structure and properties of AlCoCrFeNi high-entropy alloy. Intermetallics, 2017, 83: 1-8.

[10] Huang S, Li W, Li X, et al. Mechanism of magnetic transition in FeCrCoNi-based high entropy alloys. Materials & Design, 2016, 103: 71-74.

[11] Zhao C, Li J, He Y, et al. Effect of strong magnetic field on the microstructure and mechanical-magnetic properties of AlCoCrFeNi high-entropy alloy. Journal of Alloys and Compounds, 2020,

820: 153407.

[12] Garcin T, Rivoirard S, Elgoyhen C, et al. Experimental evidence and thermodynamics analysis of high magnetic field effects on the austenite to ferrite transformation temperature in Fe−C−Mn alloys. Acta Materialia, 2010, 58 (6): 2026-2032.

[13] Duan Y, Wen X, Zhang B, et al. Optimizing the electromagnetic properties of the FeCoNiAlCrx high entropy alloy powders by composition adjustment and annealing treatment. Journal of Magnetism and Magnetic Materials, 2020, 497: 165947.

[14] Zhang Q, Xu H, Tan X H, et al. The effects of phase constitution on magnetic and mechanical properties of FeCoNi (CuAl)$_x$ ($x = 0 \sim 1.2$) high- entropy alloys. Journal of Alloys and Compounds, 2017, 693: 1061-1067.

[15] Liu C, Peng W, Jiang C S, et al. Composition and phase structure dependence of mechanical and magnetic properties for AlCoCuFeNi$_x$ high entropy alloys. Journal of Materials Science & Technology, 2019, 35 (6): 1175-1183.

[16] Huang S, Li W, Li X, et al. Mechanism of magnetic transition in FeCrCoNi-based high entropy alloys. Materials & Design, 2016, 103: 71-74.

[17] Wu Z, Wang C, Zhang Y, et al. The AC soft magnetic properties of FeCoNi$_x$CuAl ($1.0 \leqslant x \leqslant 1.75$) high-entropy alloys. Materials, Multidisciplinary Digital Publishing Institute, 2019, 12 (24): 4222.

[18] Park J H, Hong Y K, Bae S, et al. Saturation magnetization and crystalline anisotropy calculations for MnAl permanent magnet. Journal of Applied Physics, 2010, 107 (9): 09A731.

[19] Liu Z W, Chen C, Zheng Z G, et al. Phase transitions and hard magnetic properties for rapidly solidified MnAl alloys doped with C, B, and rare earth elements. Journal of Materials Science, 2012, 47 (5): 2333-2338.

[20] Li P, Wang A, Liu C T. Composition dependence of structure, physical and mechanical properties of FeCoNi (MnAl)$_x$ high entropy alloys. Intermetallics, 2017, 87: 21-26.

[21] Zhang Y, Zuo T, Cheng Y, et al. High- entropy alloys with high saturation magnetization, electrical resistivity and malleability. Scientific Reports, Nature Publishing Group, 2013, 3 (1): 1455.

[22] Zhang B, Duan Y, Yang X, et al. Tuning magnetic properties based on FeCoNiSi$_{0.4}$Al$_{0.4}$ with dual-phase nano-crystal and nano-amorphous microstructure. Intermetallics, 2020, 117: 106678.

[23] Zhang Y, Zhang M, Li D, et al. Compositional design of soft magnetic high entropy alloys by minimizing magnetostriction coefficient in (Fe$_{0.3}$Co$_{0.5}$Ni$_{0.2}$) $100 - x$ (Al$_{1/3}$Si$_{2/3}$)$_x$ system. Metals, 2019, 9 (3): 382.

[24] Zhou K X, Sun B R, Liu G Y, et al. FeCoNiAlSi high entropy alloys with exceptional fundamental and application-oriented magnetism. Intermetallics, 2020, 122: 106801.

[25] Henke M, Narues G, Hoffmann J, et al. Challenges and opportunities of very light high-performance electric drives for aviation. Energies, Multidisciplinary Digital Publishing Institute, 2018, 11 (2): 344.

[26] Han L, Maccari F, Souza Filho I R, et al. A mechanically strong and ductile soft magnet with extremely low coercivity. Nature, 2022, 608 (7922): 310-316.

[27] Cantor B, Chang I T H, Knight P, et al. Microstructural development in equiatomic multicomponent alloys. Materials Science and Engineering: A, 2004, 375-377: 213-218.

[28] YuP F, Zhang L J, Cheng H, et al. The high- entropy alloys with high hardness and soft magnetic property prepared by mechanical alloying and high-pressure sintering. Intermetallics,

2016, 70: 82-87.

[29] Chaudhary V, Soni V, Gwalani B, et al. Influence of non-magnetic Cu on enhancing the low temperature magnetic properties and curie temperature of FeCoNiCrCu$_x$ high entropy alloys. Scripta Materialia, 2020, 182: 99-103.

[30] Belyea D D, Lucas M S, Michel E, et al. Tunable magnetocaloric effect in transition metal alloys. Scientific Reports, Nature Publishing Group, 2015, 5 (1): 15755.

[31] Zhang H, Yang Y, Liu L, et al. A novel FeCoNiCr$_{0.2}$Si$_{0.2}$ high entropy alloy with an excellent balance of mechanical and soft magnetic properties. Journal of Magnetism and Magnetic Materials, 2019, 478: 116-121.

[32] Mishra R K, Shahi R R. Phase evolution and magnetic characteristics of TiFeNiCr and TiFeNiCrM (M=Mn, Co) high entropy alloys. Journal of Magnetism and Magnetic Materials, 2017, 442: 218-223.

[33] Mishra R K, Shahi R. A systematic approach for enhancing magnetic properties of CoCrFeNiTi-based high entropy alloys via stoichiometric variation and annealing. Journal of Alloys and Compounds, 2020, 821: 153534.

[34] Mishra R K, Sahay P P, Shahi R R. Alloying, magnetic and corrosion behavior of AlCrFeMnNiTi high entropy alloy. Journal of Materials Science, 2019, 54 (5): 4433-4443.

[35] Mishra R K, Kumari P, GUPTA A K, et al. Comparison on structural andmagnetic properties of FeCoNi medium entropy alloy, FeCoNiAl and FeCoNiAlTi high entropy alloys. Proceedings of the Indian National Science Academy, 2023, 89 (2): 347-354.

[36] Mishra R K, Shahi R R. Novel Co$_{35}$Cr$_5$Fe$_{20}$Ni$_{20}$Ti$_{20}$ high entropy alloy for high magnetization and low coercivity. Journal of Magnetism and Magnetic Materials, North-Holland, 2019, 484: 83-87.

[37] Mishra R K, Shahi R R. Effect of annealing on phase formation and their correlation with magnetic characteristics of TiFeNiCrCo HEA. Materials Today: Proceedings, 2019, 18: 1422-1429.

[38] Mishra R K, Kumari P, Gupta A K, et al. Design and development of Co$_{35}$Cr$_5$Fe$_{20-x}$Ni$_{20+x}$Ti$_{20}$ high entropy alloy with excellent magnetic softness. Journal of Alloys and Compounds, 2021, 889: 161773.

[39] Zhang K, Fu Z. Effects of annealing treatment on properties of CoCrFeNiTiAl$_x$ multi-component alloys. Intermetallics, 2012, 28: 34-39.

[40] Kumari P, Mishra R K, Gupta A K, et al. A systematic investigations on effect of annealing temperature on magnetic properties of a promising soft magnetic Co$_{35}$Cr$_5$Fe$_{10}$Ni$_{30}$Ti$_{20}$ HEA. Journal of Alloys and Compounds, 2023, 931: 167451.

[41] Sheikh S, Mao H, Guo S. Predicting solid solubility in CoCrFeNiM$_x$ (M=4d transition metal) high-entropy alloys. Journal of Applied Physics, 2017, 121 (19): 194903.

[42] Vrtnik S, Guo S, Sheikh S, et al. Magnetism of CoCrFeNiZr$_x$ eutectic high-entropy alloys. Intermetallics, 2018, 93: 122-133.

[43] Sahu P, Samal S, Kumar V. Microstructural, magnetic, and geometrical thermodynamic investigation of FeCoNi (MnSi)$_x$ (0.0, 0.1, 0.25, 0.5, 0.75, 1.0) high entropy alloys. Materialia, 2021, 18: 101133.

[44] Zuo T, Gao M C, Ouyang L, et al. Tailoring magnetic behavior of CoFeMnNiX (X=Al, Cr, Ga, and Sn) high entropy alloys by metal doping. Acta Materialia, 2017, 130: 10-18.

[45] Jiang L, Lu Y, Dong Y, et al. Effects of Nb addition on structural evolution and properties of

the $CoFeNi_2V_{0.5}$ high-entropy alloy. Applied Physics A, 2015, 119 (1): 291-297.

[46] Zaara K, Chemingui M, le Gallet S, et al. High-entropy $FeCoNiB_{0.5}Si_{0.5}$ alloy synthesized by mechanical alloying and spark plasma sintering. Crystals, Multidisciplinary Digital Publishing Institute, 2020, 10 (10): 929.

[47] Wei R, Sun H, Chen C, et al. Effect of cooling rate on the phase structure and magnetic properties of $Fe_{26.7}Co_{28.5}Ni_{28.5}Si_{4.6}B_{8.7}P_3$ high entropy alloy. Journal of Magnetism and Magnetic Materials, 2017, 435: 184-186.

[48] Li Z, Yao K F, Liu T C, et al. Effect of Annealing on the magnetic properties of FeCoNiCuNbSiB soft magnetic alloys. Frontiers in Materials, Frontiers, 2022, 8.

[49] Chen Q S, Dong Y, Zhang J J, et al. Microstructure and properties of $AlCoCrFeNiB_x$ ($x=0$, 0.1, 0.25, 0.5, 0.75, 1.0) high entropy alloys. Rare Metal Materials and Engineering, 2017, 46 (3): 651-656.

[50] Singh S, Wanderka N, Murty B S, et al. Decomposition in multi-component AlCoCrCuFeNi high-entropy alloy. Acta Materialia, 2011, 59 (1): 182-190.

[51] Singh S, Wanderka N, Kiefer K, et al. Effect of decomposition of the Cr–Fe–Co rich phase of AlCoCrCuFeNi high entropy alloy on magnetic properties. Ultramicroscopy, 2011, 111 (6): 619-622.

[52] Li Z, Wang C, Yu L, et al. Magnetic properties and microstructure of FeCoNi $(CuAl)_{0.8}Sn_x$ ($0 \leq x \leq 0.10$) high-entropy alloys. Entropy, Multidisciplinary Digital Publishing Institute, 2018, 20 (11): 872.

[53] Li Z, Xu H, Gu Y, et al. Correlation between the magnetic properties and phase constitution of FeCoNi $(CuAl)_{0.8}Ga_x$ ($0 \leq x \leq 0.08$) high-entropy alloys. Journal of Alloys and Compounds, 2018, 746: 285-291.

[54] Zhu J, Lv M, Liu C, et al. Effect of neodymium and yttrium addition on microstructure and DC soft magnetic property of dual-phase FeCoNi $(CuAl)_{0.8}$ high-entropy alloy. Journal of Rare Earths, 2023, 41 (10): 1562-1567.

[55] Ibrahim P A, Canbay C A, Özkuli. Microstructure, thermal, and magnetic properties of the Al-CoFeMnNi and $AlCoFeMnNiX_{10}$ (X=Ti, Cr, Sn, V, Hf, Ga) high-entropy alloys. Journal of Superconductivity and Novel Magnetism, 2022, 35 (12): 3713-3726.

[56] Dastanpour E, Huang S, SCHÖNECKER S, et al. On the structural and magnetic properties of Al-rich high entropy alloys: A joint experimental-theoretical study. Journal of Physics D: Applied Physics, IOP Publishing, 2022, 56 (1): 015003.

[57] Wang Z, Yuan J, Wang Q, et al. Developing novel high-temperature soft-magnetic B2-based multi-principal-element alloys with coherent body-centered-cubic nanoprecipitates. Acta Materialia, 2024, 266: 119686.

[58] Wang J, Zheng Z, Xu J, et al. Microstructure and magnetic properties of mechanically alloyed FeSiBAlNi (Nb) high entropy alloys. Journal of Magnetism and Magnetic Materials, 2014, 355: 58-64.

[59] Zhai S, Wang W, Xu J, et al. Effect of Co and Gd additions on microstructures and properties of FeSiBAlNi high entropy alloys. Entropy, Multidisciplinary Digital Publishing Institute, 2018, 20 (7): 487.

第11章 低维度高熵材料——高熵薄膜和高熵纤维

11.1 引　言

"高熵合金"概念的提出极大地扩展了合金材料的研究领域，将相图的研究范围从边角扩展至中心[1]。由此发展出的"熵调控"合金设计理念进一步扩展"高熵合金"的研究范围，并基于此发展出"中熵合金"等区别于传统合金的新材料[2]。相比以一种元素作为主要组成元素、添加少量微量元素的传统合金，中熵和高熵合金一般包含 3 ~ 5 种主要组成元素，并大幅提高了组成元素的百分比，每种组元的原子百分比在 5% ~ 35% 之间。一般认为，中熵合金的混合熵在 R ~ 1.5R 之间（$R<\Delta S_{mix}<1.5R$，$\Delta S_{mix}=-R\Sigma c_i \ln c_i$，其中 c_i 是每个组元的原子百分比，R 是气体常数），而高熵合金的混合熵则大于 1.5R（$\Delta S_{mix}\geq 1.5R$）[2]。目前，初步研究证实，由于这种新颖的成分设计理念，中熵和高熵合金表现出一系列优异的性能特征，包括克服传统合金强塑性极限[3]、抗辐照[4]、耐腐蚀[5]、良好的高温稳定性[6]等。但是，这同时也带来合金成本的提高。例如，在传统合金中，价格较高的 V 和 Co 等通常作为微量添加元素，而在中/高熵合金中，这些元素都将作为主要组成元素。这严重限制了这类合金的进一步发展和工业化应用。在这种情况下，相比三维块体合金，开发低维度中/高熵合金，包括一维合金纤维和二维合金薄膜，成为同时实现利用中/高熵合金优异性能和降低合金成本的重要方式。如图 11-1 所示为本章所述高熵薄膜和高熵纤维概况，通过分别介绍典型结构和典型成分的一维和二维高熵合金材料，即合金纤维和合金薄膜，包括其制备方法、微观结构和力学特性等，揭示低维中/高熵合金的特征，探讨这类材料的应用前景。

11.2 一维高熵合金——高熵纤维

中/高熵合金纤维主要是基于对高强度丝材的需求而开发的。高强度丝材广泛应用于生活的方方面面，包括钢琴琴弦、轮胎帘线、悬索桥缆索、航母阻拦索等，这些领域所需求的丝材强度从 1500MPa 到大于 2500MPa 不等。目前，高强度丝材主要使用中、高碳钢丝和珠光体钢丝，其强度来自于剧烈的塑性变形带来的超高位错密度和非常窄的珠光体、铁素体片层间距，但随之带来的是极低的塑

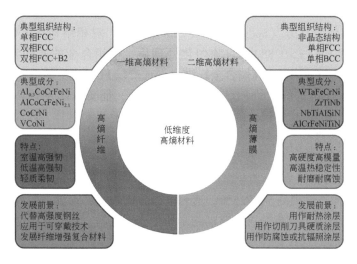

图 11-1　本章所述高熵薄膜和高熵纤维概况

性，高强度钢丝的拉伸塑性均低于 2%，断裂方式为脆性断裂。基于中/高熵合金所表现出的克服传统合金强韧性此消彼长的优势，人们开始关注这类合金纤维的制备和相关性能，希望它能成为一种候选的新型高强度丝材，进一步提高现有钢丝的强塑性。因此，目前对中/高熵合金纤维的研究主要集中于其力学性能，研究滑移系较多、拉伸塑性较好的单相面心立方结构（face centered cubic，FCC）和双相合金体系，致力于实现强塑性的协同优化。常见的制备方法主要有热拉拔、冷拉拔（室温拉拔）、深冷拉拔（77K 拉拔）和玻璃包覆法。接下来将对使用这一些方法制备的典型合金纤维进行详细介绍，主要包括 $Al_{0.3}CoCrFeNi$ 和 Al-CoCrFeNi$_{2.1}$ 高熵合金以及 CoCrNi 和 VCoNi 中熵合金纤维。

11.2.1　$Al_{0.3}CoCrFeNi$ 高熵合金纤维

北京科技大学 Li 等[7] 率先通过旋锻拉拔技术制备了直径为 1 ~ 3.15mm 的 $Al_{0.3}CoCrFeNi$ 高熵合金纤维。该方法首先将熔炼好的合金倒入预先设计好的模具中，进行快速凝固或快速凝固后的热加工，制备成棒状或柱状、直径略大于最终所需的合金丝直径的坯料。然后将制备好的坯料放入旋锻机中，通过旋转和挤压，将坯料逐渐变细和延长，制备出合金纤维。旋锻后的合金纤维还可以通过拉拔机进行后续冷拔加工和热处理，实现纤维直径的进一步减小和力学性能的进一步调控。合金纤维在旋锻拉拔过程中经历了多次挤压和拉伸，可以显著提高其晶粒细化程度，还可以消除内部缺陷，实现综合力学性能的提升。采用先进电子显微技术对所制备的 $Al_{0.3}CoCrFeNi$ 高熵合金纤维的组织结构进行了表征。在 Al_x CoCrFeNi 系高熵合金中，Al 元素的含量对相结构有重要影响。早在 2009 年，

Kao 等[8]就发现，铸态合金随着 Al 含量增加，依次表现出单相 FCC 结构（$x <$ 0.45）、FCC+体心立方（body centered cubic, BCC）双相结构（$0.45 < x < 0.88$）和单相 BCC 结构（$x > 0.88$），且均匀化处理后，单相合金的区间将减小为 $x <$ 0.3。因此，$Al_{0.3}CoCrFeNi$ 高熵合金纤维也表现出以 FCC 为主的结构。如图 11-2 所示为直径为 1mm 的纤维的 EDS 和 3D-APT 表征，证实基体为 FCC 结构，并伴随纳米尺度的 Al-Ni 相颗粒，由于其强度硬度均大于 FCC 基体，因而能很好地起到强化作用。该高熵合金纤维表现出优异的室温和液氮（77K）温度力学性能，尤其是在液氮温度下，其强塑性同时提高。直径为 1mm 的纤维在室温下抗拉强度达到 1200MPa，并保持 7.8% 拉伸塑性，而在 77K 下抗拉强度可以达到 1600MPa，拉伸塑性提高至 17.5%。透射电镜分析表明，室温下的变形主要依赖位错滑移，而低温下变形则可以启动纳米孪生变形机制，从而获得强塑性的同时提高。高熵合金的这种特性可能更有利于其低温应用。

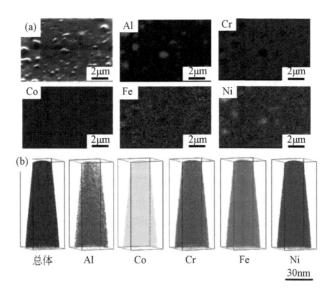

图 11-2　（a）直径为 1mm 的 $Al_{0.3}CoCrFeNi$ 高熵合金纤维的 EDS 表征，
显示出 FCC 基体和 B2 结构 Al-Ni 相；（b）FCC 基体的 3D-APT 表征

　　在此基础上，Li 等[9]进一步研究了 900℃退火不同时间对该成分高熵合金纤维组织结构和力学性能的影响。研究发现，退火后纤维仍然表现为 FCC 基体+B2 纳米相的双相结构，随着退火时间延长，B2 纳米相的百分比增加。纤维的晶粒尺寸在 30min 退火时迅速增大，而后续随着退火时间的进一步增加，晶粒尺寸增加幅度减缓，这可能是因为不断增加到 B2 相的纳米粒子对晶界起到钉扎作用以及高熵合金本征的迟滞扩散效应所致。退火显著提高了纤维的拉伸塑性，退火

10min 后直径 1mm 纤维的塑性由 7.8% 提高到 20% 以上，同时保持 900MPa 以上抗拉强度。

11.2.2　AlCoCrFeNi$_{2.1}$ 高熵合金纤维

软而韧的 FCC 相可以提高合金的拉伸塑性，硬而脆的 BCC/B2（有序 BCC）相可以提高合金的强度，因此将 FCC 相和 BCC/B2 相结合设计双相高熵合金，通过两相的协同作用可以有效改善高熵合金的强度或塑性。AlCoCrFeNi$_{2.1}$ 双相共晶高熵合金正是在这种设计理念下，最早由 Lu 等开发的[10]。该合金不仅具有良好的铸造和成形性能，更由于层片状的两相协同变形，而在铸态下实现抗拉强度 944MPa，延伸率超过 20%。

Zhou 等[11]通过将铸态样品线切割成合适尺寸，然后多道次冷拔和退火制备了直径为 0.3mm 的 AlCoCrFeNi$_{2.1}$ 共晶高熵合金纤维，冷拔速度为 240mm/min，退火温度为 950℃，总变形量达到 98%。进一步在 650℃、700℃和 750℃下进行 1h 退火处理，研究了其组织结构和力学性能的演变。通过该方法制备的高熵合金纤维的组织结构成竹纤维状，即 FCC 基体包裹着 B2 纤维相，且 B2 纤维相沿拉拔方向（轴向）生长，因此命名为仿生竹纤维异质结构纤维。FCC 相和 B2 相的晶粒尺寸均约为 460nm。经 700℃退火的纤维表现出强塑性的优良组合，室温下屈服强度、抗拉强度和均匀延伸率分别为 1600MPa、1725MPa 和 31%，这是由于两相协同变形引发的强化效应（HDI 效应）所致。FCC 和 B2 两相间发生的不协调变形引发大量几何必需位错的产生，对这种变形特征进行适应、调节，进而在软的 FCC 相中产生背应力，提高强度；相应地，在硬的 B2 相中产生前应力，促进变形，最终实现强度和塑性的同时优化。该纤维在低温下同样表现出优良的力学性能，77K 下拉伸变形的抗拉强度达到 1890MPa，而塑性仍有 12%。与室温变形机制不同，低温（77K）时有层错产生，促进了缺陷和位错的交互作用，提高了加工硬化能力。

与此同时，Chen 等[12]改善了 AlCoCrFeNi$_{2.1}$ 纤维的制备方法，首先对铸态合金进行多道次热轧，然后在 1073K 下热拉拔至变形量达到 52.9%，经中间退火后进行冷拉拔，最终得到直径为 500μm 的纤维，并在 813K 下退火 20h。通过这一方法制备的纤维表现出 B2 相镶嵌在 FCC 基体中且呈梯度分布的结构，并表现出优良的室温和低温力学性能，尤其是在 77K 下抗拉强度达到 2.52GPa，延伸率达到 14.3%。这种强韧化是由于在梯度分布的 FCC/B2 片层中产生梯度分布的几何必需位错，从而产生应变梯度强化效应，推迟了拉伸过程中的颈缩不稳定性。此外，在 FCC 相中还存在孪晶增韧，尤其是低温下出现沿 {111} 面的堆垛层错和大量层错–孪晶网络，这种多机制交互作用促进了纤维强塑性的同时提高。

11. 2. 3　CoCrNi 中熵合金纤维

CoCrNi 中熵合金是在 CoCrFeMnNi（Cantor）高熵合金[13]的基础上开发的。2014 年，Wu 等[14]研究了 CoCrFeMnNi 高熵合金所有子集在 77 ~ 673K 的拉伸性能，包括二元 FeNi、CoNi，三元 CoCrNi、CoMnNi、CoFeNi、FeNiMn 和四元 CoCrFeNi、CoMnFeNi 合金，研究发现三元 CoCrNi 合金在整个温度范围内始终表现出最高的拉伸强度，从而开启了这种中熵合金研究的热潮。

Liu 等[15]通过 1123K 下热轧和 1073K 下热拉拔的方法，制备了直径为 2mm 的 CoCrNi 合金纤维。与铸态合金相似，该纤维为单相 FCC 结构，但平均晶粒尺寸仅有 2μm，表现出优异的室温和低温力学性能，室温抗拉强度达到 1220MPa，断裂延伸率 24.5%，77K 下强塑性进一步提升，抗拉强度达到 1783MPa，断裂延伸率 37.4%。CoCrNi 合金属于低层错能合金（层错能约 18mJ/m²），所以能够有效促进孪晶的生成。室温拉伸变形的样品中出现了大量由孪晶、几何必需位错和位错墙构成的亚微米菱形块结构，这种结构起到细化晶粒并阻碍位错运动的作用，促进了纤维的强度、塑性和加工硬化能力的提高。而在低温下，纤维中生成了更高密度的菱形块组织、纳米孪晶和层错，并发生了 FCC-HCP（密排六方结构，hexagonal close packed structure）马氏体相变，因而表现出比室温更为优异的力学性能。

Chen 等[16]采用 Taylor-Ulitovsky 技术，即玻璃包覆丝技术，制备了直径分别为 100μm 和 40μm 的 CoCrNi 中熵合金纤维。该方法可以通过一次成型直接制备直径为微米级的纤维，具有生产连续性、功能稳定性、尺寸可调性等众多优点，其天然具备的玻璃外层使纤维具有较强的耐腐蚀性和绝缘性，便于与多种基体构成复合材料，也可以很方便地将玻璃层腐蚀后得到纯金属纤维。由此制备的 CoCrNi 中熵合金纤维由随机取向的等轴晶组成，伴有少量孪晶，直径 40μm 的纤维中平均晶粒尺寸为 5.1μm。力学性能方面，与前面采用热拉拔制备的样品相比，采用玻璃包覆拉丝技术制备的纤维表现出更为优异的拉伸塑性。直径 40μm 的纤维抗拉强度为 1188MPa，拉伸塑性为 48%，在牺牲少量强度的同时，塑性几乎提高了两倍。同时通过这种微米级纤维的制备还发现，CoCrNi 中熵合金纤维具有较大的尺寸效应，即与直径 100μm 纤维相比，直径 40μm 纤维的强度和塑性均有明显提高，这是因为 40μm 纤维中几何必需位错密度更高，从而导致了较高的应变梯度，而应变梯度又与多个变形孪晶相连，进而产生了高强度和延展性。

11. 2. 4　VCoNi 中熵合金纤维

FCC 结构等原子比 VCoNi 中熵合金最早由 Sohn 等设计[17]。他们基于 V 原子

（原子半径 134pm）、Co（原子半径 125pm）和 Ni（原子半径 124pm）原子半径的差异，利用严重的晶格畸变，实现了该合金接近 1GPa 的屈服强度和接近 40% 的拉伸塑性。他们提出，大晶格畸变提高了屈服应力及合金对晶粒尺寸的敏感性，并同时产生大量纳米级位错亚结构对位错运动进行钉扎，最终实现了强塑性的协同突破。此外，后续还发现这类合金具有特殊的短程序结构和超塑性行为[18,19]。

基于这类中熵合金优良的力学性能，Deng 等[20]通过依次对铸态等原子比 VCoNi 合金进行热轧、均匀化、冷轧、退火、冷拉拔和 850~1000℃ 退火，得到了直径为 300μm、长度超过 3m 的 CoNiV 纤维。发现该合金纤维的微观结构对温度高度敏感，1000℃ 退火得到具有等轴晶的单相 FCC 结构，随着退火温度 1000℃ 降低至 850℃，晶粒尺寸迅速减小（9.4μm±1.1μm 到 6.1μm±0.7μm），同时产生具有不稳定 9R 结构的板条状 κ 相，其面积分数从 0 快速增加到 18.2% ±1.1%，通过调整退火参数和预变形程度可以精确调节 κ 相的含量。如图 11-3 （a）和（b）所示为不同温度退火后纤维的力学性能与其他同类合金的对比，在

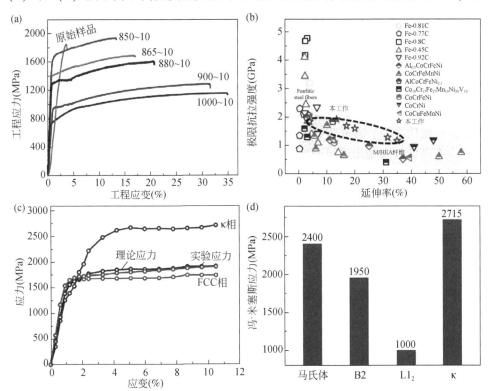

图 11-3　（a）不同温度退火后纤维的力学性能，（b）与同类高熵合金纤维的力学性能对比，
（c）、（d）不同相在拉伸变形中提供的强化应力

850℃退火10min的纤维中获得了1681MPa的屈服强度、1932MPa的抗拉强度和13.4%拉伸塑性。如图11-3（c）和（d）所示，相关表征分析证明，κ相具有约2715MPa的冯·米塞斯（Von Mises）应力，是强度的主要贡献者，而FCC基体本征的高塑性特征和形变孪晶的形成，是得到高均匀伸长率的关键。

11.2.5 其他高熵合金纤维

其他典型高熵合金纤维体系还包括单相FCC结构等原子比CoCrFeNi合金[21]、等原子比CoCrFeMnNi合金[22,23]、非等原子比$Co_{10}Cr_{15}Fe_{25}Mn_{10}Ni_{30}V_{10}$合金[24]和双相FCC结构CoCuFeMnNi合金[25]等。

在单相FCC结构高熵合金纤维方面，Huo等[21]采用冷拔工艺制备了直径约为7mm的CoCrFeNi高熵合金纤维，并研究了其在不同温度下的力学性能和变形机理。该合金纤维在223K时具有较高的屈服强度（1.2GPa）和高延伸率（13.6%），室温时强塑性有少量下降，拉伸屈服强度为1107MPa，延伸率为12.6%。当温度升高到923K时，其强度仍保持在较高水平（800MPa以上）。低温和室温具有优异力学性能的主要原因是一级和二级纳米级孪晶界对位错滑移的阻碍所致，而高温下则主要发生位错滑移和动态恢复。Kwon等[23]采用深冷拔工艺制备出同时具有高强度和抗氢脆性能的CoCrFeMnNi高熵合金纤维。该高熵合金纤维中有大量纳米一次孪晶和二次孪晶，对晶粒起到细化作用，其屈服强度为1.54GPa，抗拉强度为1.71GPa，同时保持约5%延伸率。当充氢量增加到仅1.8ppm（1ppm=1×10^{-6}，后同）时，回火马氏体钢和珠光体钢的断裂应力均迅速降低，相比之下，在充氢量8ppm范围内，CoCrFeMnNi高熵合金的断裂应力几乎都没有降低，表现出优异的抗氢脆性能。与此同时，Ma等[22]详细研究了冷拔变形对CoCrFeMnNi高熵合金纤维力学性能的影响，并对不同应变条件下的变形机理和织构演变进行了讨论，发现应变量为2.77时，硬度值在430HV处饱和，达到初始硬度值的3倍，并提出冷拔预应变可以通过孪晶和织构强化显著提高CoCrFeMnNi高熵合金的屈服强度。Cho等[24]通过多道次冷拉拔制备了直径为1mm的FCC结构非等原子比CoCrFeMnNiV高熵合金丝材，该纤维的抗拉强度最高可达1.6GPa，电子背散射衍射（EBSD）和透射电子显微镜（TEM）表征表明，多道次拉伸过程产生了纳米级超细晶粒和变形孪晶，这是纤维表现出高强度的主要原因。

在双相FCC结构高熵合金纤维方面，Shim等[25]研究了直径为0.74mm冷拔CoCuFeMnNi高熵合金纤维的力学性能和纳米结构演化，发现由于交替排列的富Cu和富CoCrFeNi两相，该纤维的位错壁边界结构的平均间距（43.4nm）比低温处理的单相FCC结构CoCrFeMnNi合金（约100nm）更窄，由此产生极高的强度（>2GPa）和较好的延展性（3.8%）。

11.2.6　高熵纤维的发展前景

表 11-1 总结了现有高熵合金纤维的成分和力学性能,可见其表现出较好的强韧性组合。通过将具有优良性能的中/高熵合金制备成一维纤维,降低了合金成本,使得这类合金在未来的应用前景充满了无限可能,有望成为引领新一代材料发展的先驱。中/高熵合金纤维独特的力学性能和多尺度协同变形机制,实现了强度与柔韧性的完美平衡,为设计更安全、更耐用的产品奠定了基础,这对航空航天和汽车工业尤为重要。例如,在航空航天领域,减轻飞机和航天器的重量是提高燃油效率和降低成本的关键,而高熵合金纤维能够在提供更可靠性能的同时,显著降低结构重量。同样,在汽车工业中,这种纤维材料的应用可以制造出更轻便、更耐用的汽车部件,提升车辆的整体性能和安全性。此外,利用其柔韧性,在柔性材料领域,高熵合金纤维的出现为可穿戴技术和医疗器械开辟了全新的可能性,可以用于开发更舒适、更耐用的可穿戴设备,如智能手表、健康监测设备等,还有望用于制造更具生物相容性和更耐用的医疗工具,例如高精度手术器械和植入设备,提升医疗水平和患者舒适度。

表 11-1　部分高熵合金纤维的力学性能

成分	直径（mm）	屈服强度（MPa）	抗拉强度（MPa）	延伸率（%）	温度（K）	参考文献
$Al_{0.3}CoCrFeNi$	1	1100	1200	8	298	[7]
$Al_{0.3}CoCrFeNi$	1	1350	1600	17	77	[7]
$Al_{0.3}CoCrFeNi$	1	600	984	25	298	[9]
$AlCoCrFeNi_{2.1}$	0.3	1600	1725	31	298	[11]
$AlCoCrFeNi_{2.1}$	0.5	1600	1750	12	298	[12]
$AlCoCrFeNi_{2.1}$	0.5	2200	2500	15	77	[12]
CoCrNi	2	1100	1220	24.5	298	[15]
CoCrNi	2	1515	1783	37.4	77	[15]
CoCrNi	0.04	650	1188	48	298	[16]
VCoNi	0.3	1681	1932	13.4	298	[20]
CoCrFeNi	7	1200	1200	13.6	223	[21]
CoCrFeNi	7	1107	1107	12.6	293	[21]
CoCrFeNi	7	800	850	26	923	[21]
CoCrFeMnNi	7.5	1540	1710	4	298	[23]
CoCrFeMnNi	4	1310	1310	6	298	[22]
CoCrFeMnNiV	1	1600	1650	2	298	[24]
CoCuFeMnNi	0.74	1771	2006	3.8	298	[25]

尽管高熵合金纤维展示了广阔的应用前景，但其制备工艺和材料成分的局限性仍然是当前面临的主要挑战。目前，仅有少数特定成分的高熵合金纤维被成功研发，制约了其更广泛的应用。未来需要进行更广泛的探索和研究，以扩展高熵合金纤维的成分范围。现代技术如机器学习和智能算法的应用，能够快速有效地探索和优化制备工艺参数，推动该领域的进步。此外，更精细的表征手段和模拟方法将有助于深入理解高熵合金纤维的微观结构与性能之间的关联。这些技术手段能够揭示纤维内部的微观结构特征，为进一步优化纤维性能提供重要线索。例如，先进的电子显微镜技术和原子级模拟方法，可以帮助科学家更好地了解纤维的内部构造，进而设计出性能更加优异的高熵合金纤维。高熵合金纤维在复合材料领域的潜力也尚未充分发掘。通过与其他材料结合，这些纤维可以形成具有更优异综合性能的复合材料，实现性能的互补和提升。

总之，高熵合金纤维在未来的工程领域、柔性材料和复合材料等领域中都有巨大的应用前景，有待进一步发掘。随着科学技术的不断进步，进一步探索和优化高熵合金纤维的制备工艺和性能，将推动其在各个领域中的广泛应用，带来一系列创新性的突破。

11.3　二维高熵合金——高熵薄膜

高熵合金薄膜是一种二维形态的高熵合金材料，通常厚度为几十微米以内，也可以做到几百微米。其主要的制备方法包括物理气相沉积法和电化学沉积法。物理气相沉积（physical vapor deposition，PVD）技术是一种通过物理方式将材料高能气化，从而产生气相的原子、分子或离子，并将这些气相物质输运到基底表面，最终沉积形成金属、非金属或化合物薄膜的过程。其中，磁控溅射是目前制备高熵合金薄膜最广泛使用的一种方法，可以通过单靶或多靶、也可以通过单质金属靶或合金靶进行薄膜溅射，并可以通过调节靶材的功率、位置和组合，达到调整薄膜化学成分的目的。按照薄膜材料的成分组成，可以高熵薄膜分为两类：一类是完全由纯金属元素组成的高熵合金薄膜，另一类是加入 C、N 等非金属元素形成的氮化物、碳化物等化合物薄膜，也可以说是高熵陶瓷薄膜。接下来将分别介绍使用磁控溅射技术制备的这两种高熵合金，对其组织结构和性能进行讨论，并探讨其应用前景。

11.3.1　高熵合金薄膜

近年来，在某些极端条件下应用的结构部件对材料的高温承载能力提出了更为严苛的要求。迫切需要寻找并开发新型超高温材料，使其在高温条件下仍能保持较高的强度，同时在室温条件下具有较好的塑性和成型能力，以满足复杂结构的加工要求。传统难熔合金，如钨合金，尽管熔点较高，但在2000℃时抗拉强度仍然不足，难以满足越来越高的承载要求。含 W 和 Ta 的难熔高熵合金，如 NbMoTaW 高熵合金，尽管表现出较高的高温强度，但却具有严重的室温脆性，块体合金进一步发展应用难度较大。另一方面，将含 W 和 Ta 的高熵合金制备成薄膜，是利用其高强度同时规避其室温塑性的重要方式之一。

Li 等[26]使用三靶共溅射的磁控溅射方法，利用两个单质靶 W 和 Ta 以及一个等原子比合金靶 CrFeNi，制备了基本覆盖整个伪三元相图中心区域的 W-Ta-(Cr，Fe，Ni) 成分梯度薄膜，研究了合金成分对薄膜相结构的影响规律，发现不同成分的薄膜样品随着 CrFeNi 含量的升高，逐渐由 BCC 结构过渡到非晶态结构，表面形貌由纳米鼓包状转变为平滑结构。利用纳米压痕仪测定了合金样品的力学性能，筛选得到了具有超高硬度的 $W_{15.39}Ta_{38.81}Cr_{14.58}Fe_{15.45}Ni_{15.77}$ 高熵合金薄膜，其纳米压痕硬度达到 20.6GPa，能够媲美一些高熵陶瓷薄膜的硬度，纳米晶的细晶强化+非晶复合+固溶强化三种强化机制的复合可能是该合金薄膜具有超高硬度的原因。此外，还发现这种合金薄膜的硬度与混合熵存在非线性关系，而弹性模量与混合熵存在负相关关系，具有高熵成分的薄膜表现出较低弹性模量。

Xing 等[27]使用两个等原子比合金靶 CrFeV 和 TaW，制备了 $(Cr_{0.33}Fe_{0.33}V_{0.33})_x$ $(Ta_{0.5}W_{0.5})_{100-x}$ 成分梯度薄膜，并对其组织结构和光热转换性能进行了研究。发现与上述 W-Ta-(Cr，Fe，Ni) 薄膜相似，随着 CrFeV 含量升高，薄膜由 BCC 结构转变为非晶态结构，而太阳能吸收率在非晶到 BCC 结构的过渡区域达到峰值。他们进一步研究了退火对薄膜力学性能的影响[28]，发现经600℃退火0.5h后薄膜硬度均有不同程度的提高，$Ta_{34}W_{33}Cr_{12}Fe_{11}V_{10}$ 薄膜的最大硬度可达 20.96GPa。高 Cr、Fe、V 含量的薄膜退火后硬度增幅大于高 Ta、W 含量的薄膜，但其热稳定性降低。

此外，高熵合金薄膜还包括 CoCrFeMnNi[29]、AlTiCrFeNi[30]等合金体系，均表现出比块体铸态合金更高的硬度。一般来讲，薄膜是直接溅射在硅基底上，将硬质的硅基底改为高分子基底，则可以获得柔性高熵合金薄膜。Huang 等[31]使用了高分子有机硅化合物聚二甲基硅氧烷（PDMS）基底，将厚度为500μm 的 PDMS 切成 $35×15mm^2$ 的尺寸，使用合金靶材 $Zr_{52}Ti_{34}Nb_{14}$ 制备了柔性高熵合金薄膜，进一步基底预应变，创建了独特的褶皱结构，如图 11-4 所示为薄膜制备过程。发现褶皱的幅度和波长均与预应变大小和薄膜厚度线性相关，可

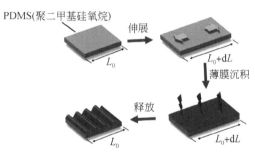

图 11-4　$Zr_{52}Ti_{34}Nb_{14}$ 柔性高熵合金薄膜制备过程

以通过不同的施加预应变和沉积时间来精确控制褶皱结构。研究了薄膜的光学透射率和润湿行为。由于褶皱结构对入射光的散射，薄膜的透射率急剧降低；而随着预应变的施加，褶皱结构变平减少了入射光的散射，使薄膜从不透明状态变为透明状态。此外，具有褶皱结构的薄膜的表面粗糙度促进了疏水性表面行为，其表现出比光滑表面更大的接触角，接触角随着基底应变量的增加线性减小，在最大应变时达到最小值，然后在释放施加的应变后返回到初始值。此外，由于褶皱结构的各向异性，薄膜在各个方向上表现出不同的润湿角。这种透光性能和润湿行为可调的高熵合金薄膜的开发拓宽了高熵合金在柔性材料领域中的应用，并有望用作智能窗、微流体通道和防污涂层。

11.3.2　高熵陶瓷薄膜

高熵陶瓷薄膜是通过在高熵合金薄膜中掺入碳（C）、氮（N）、氧（O）等非金属元素形成的碳化物、氮化物和氧化物高熵薄膜材料，其中，高熵氮化物薄膜的研究最为广泛。这类薄膜集合了高熵合金材料和陶瓷材料的部分优点，在高构型熵和迟滞扩散等效应的影响下，表现出高硬度、耐高温和抗氧化性能，在高温条件下依然能维持相结构的稳定和较好的抗氧化性能。

2016年，Sheng 等[32] 在 $N_2 + Ar$ 混合气氛下，采用磁控溅射方法制备了 NbTiAlSiN$_y$ 和 NbTiAlSiWN$_y$ 高熵薄膜，薄膜均表现为非晶态结构，且在 700℃ 下高温退火 24h 后仍保持稳定。经 1000℃ 热处理后，薄膜开始结晶，NbTiAlSiN$_y$ 薄膜表现出 FCC 结构，而 NbTiAlSiWN$_y$ 金属薄膜表现出 BCC 结构，随着氮气流量的增加转变为由纳米级颗粒组成的 FCC 结构。NbTiAlSiN$_y$ 薄膜的硬度和模量分别可以达到 20.5GPa 和 206.8GPa，有望作为高温保护涂层使用。

进一步，Zhang 等[33] 研究了 N_2 流量对（Al$_{0.5}$CrFeNiTi$_{0.25}$）N$_x$ 高熵薄膜组织结构的影响，并对其相形成规律进行了讨论。发现 $x = 0$ 时高熵薄膜为非晶态，随着氮含量的增加转变为 FCC 结构，而通过铸造制备的块体 Al$_{0.5}$CrFeNiTi$_{0.25}$ 高熵合金表现为 BCC 相结构。他使用原子尺寸差（δ）来解释相结构的变化。不含氮的块体高熵合金 δ 约为 6.4%，这一较大的原子尺寸差促进了 BCC 或有序 BCC 结构的形成[34]，而不含氮的高熵薄膜由于沉积过程冷却速度快，容易形成非晶态结构。充入 N_2 后，每种金属元素都有形成氮化物的趋势，如 TiN、CrN、AlN 和 FeN，这些氮化物原子尺寸差较小，并且很容易相互溶解，从而形成 FCC 固溶体结构[34]。

11.3.3　高熵薄膜的发展前景

高熵薄膜凭借其优异的硬度、弹性模量和高温稳定性，在众多领域展示出广阔的应用前景。例如，由于高熵薄膜在高温下表现出优异的热稳定性和抗氧化性能，可以作为耐热涂层应用在诸如航空发动机和能源领域的涡轮叶片上，从而提高这些关键部件在高温环境中的使用寿命和性能。基于薄膜的高硬度和由此带来的耐磨性能，可以作为切削刀具的理想硬质涂层，提升刀具的耐用性和切削效率，降低生产成本。此外，还有部分研究报道高熵合金具有良好的抗腐蚀性能和抗辐照性能，将这类高熵合金制备成薄膜，有望用于化工设备和海洋工程中的金属表面腐蚀防护涂层或核反应堆等关键结构部件涂层，实现现用材料综合性能提高和降低成本的目标。

但是，当前对于高熵薄膜的研究尚且不够深入，关于高熵薄膜的成分、组织结构和性能仍有诸多问题有待解决。例如，目前有关成分对于薄膜综合性能的影响及其相关机制缺乏系统性归纳总结，未来可以进一步发展成分梯度薄膜制备和机器学习等技术，提高新材料的开发效率。关于薄膜相形成规律，已经发现与块体合金的相形成规律并不相同，有必要进一步开展高熵合金薄膜相形成规律的研究，这对于高熵薄膜的设计与应用具有指导作用。此外，针对实际多种介质耦合的环境，如第四代新型核反应堆要求的抗辐照、耐高温、抗腐蚀等极端特殊工况环境，有待进一步发展综合性能更为优良的高熵薄膜体系。

参 考 文 献

[1] Zhang Y, Zuo T T, Tang Z, et al. Microstructures and properties of high-entropy alloys. Progress in Materials Science, 2014, 61: 1-93.

[2] Zhang W, Liaw P K, Zhang Y. Science and technology in high-entropy alloys. Science China Materials, 2018, 61 (1): 2-22.

[3] He F, Chen D, Han B, et al. Design of D022 superlattice with superior strengthening effect in high entropy alloys. Acta Materialia, 2019, 167: 275-286.

[4] Zhang Z, Han E H, Xiang C. Irradiation behaviors of two novel single-phase bcc-structure high-entropy alloys for accident-tolerant fuel cladding. Journal of Materials Science & Technology, 2021, 84: 230-238.

[5] Weng F, Chew Y, Ong W K, et al. Enhanced corrosion resistance of laser aided additive manufactured CoCrNi medium entropy alloys with oxide inclusion. Corrosion Science, 2022, 195: 109965.

[6] Senkov O N, Senkova S V, Woodward C, et al. Low-density, refractory multi-principal element alloys of the Cr-Nb-Ti-V-Zr system: Microstructure and phase analysis. Acta Materialia, 2013, 61 (5): 1545-1557.

[7] Li D, Li C, Feng T, et al. High-entropy $Al_{0.3}$CoCrFeNi alloy fibers with high tensile strength and ductility at ambient and cryogenic temperatures. Acta Materialia, 2017, 123: 285-294.

[8] Kao Y F, Chen T J, Chen S K, et al. Microstructure and mechanical property of as-cast, -homogenized, and-deformed Al_xCoCrFeNi ($0 \leq x \leq 2$) high-entropy alloys. Journal of Alloys and Compounds, 2009, 488 (1): 57-64.

[9] Li D, Gao M C, Hawk J A, et al. Annealing effect for the $Al_{0.3}$CoCrFeNi high-entropy alloy fibers. Journal of Alloys and Compounds, 2019, 778: 23-29.

[10] Lu Y, Dong Y, Guo S, et al. A promising new class of high-temperature alloys: Eutectic high-entropy alloys. Scientific Reports, 2014, 4 (1): 1-5.

[11] Zhou S, Dai C, Hou H, et al. A remarkable toughening high-entropy-alloy wire with a bionic bamboo fiber heterogeneous structure. Scripta Materialia, 2023, 226: 115234.

[12] Chen J X, Li T, Chen Y, et al. Ultra-strong heavy-drawn eutectic high entropy alloy wire. Acta Materialia, 2023, 243: 118515.

[13] Cantor B, Chang I T H, Knight P A, et al. Microstructural development in equiatomic multi-component alloys. Materials Science and Engineering: A, 2004, 375-377: 213-218.

[14] Wu Z, Bei H, Pharr G M, et al. Temperature dependence of the mechanical properties of equiatomic solid solution alloys with face-centered cubic crystal structures, Acta Materialia, 2014, 81: 428-441.

[15] Liu J P, Chen J X, Liu T W, et al. Superior strength-ductility CoCrNi medium-entropy alloy wire. Scripta Materialia, 2020, 181: 19-24.

[16] Chen J X, Chen Y, Liu J P, et al. Anomalous size effect in micron-scale CoCrNi medium-entropy alloy wire. Scripta Materialia, 2021, 199: 113897.

[17] Sohn S S, Kwiatkowski da, Silva A, et al. Ultrastrong medium-entropy single-phase alloys designed via severe lattice distortion. Advanced Materials, 2018, 31 (8): 1807142.

[18] Sohn S S, Kim D G, Jo Y H, et al. High-rate superplasticity in an equiatomic medium-entropy VCoNi alloy enabled through dynamic recrystallization of a duplex microstructure of ordered phases. Acta Materialia, 2020, 194: 106-117.

[19] Kostiuchenko T, Ruban A V, Neugebauer J, et al. Short-range order in face-centered cubic VCoNi alloys. Physical Review Materials, 2020, 4 (11): 113802.

[20] Deng L, Li R, Luo J, et al. Plastic deformation and strengthening mechanism in CoNiV medium-entropy alloy fiber. International Journal of Plasticity, 2024, 175: 103929.

[21] Huo W, Fang F, Zhou H, et al. Remarkable strength of CoCrFeNi high-entropy alloy wires at cryogenic and elevated temperatures. Scripta Materialia, 2017, 141: 125-128.

[22] Ma X, Chen J, Wang X, et al. Microstructure and mechanical properties of cold drawing CoCrFeMnNi high entropy alloy. Journal of Alloys and Compounds, 2019, 795: 45-53.

[23] Kwon Y J, Won J W, Park S H, et al. Ultrahigh-strength CoCrFeMnNi high-entropy alloy wire rod with excellent resistance to hydrogen embrittlement. Materials Science and Engineering: A, 2018, 732: 105-111.

[24] Cho H S, Bae S J, Na Y S, et al. Influence of reduction ratio on the microstructural evolution and subsequent mechanical properties of cold-drawn $Co_{10}Cr_{15}Fe_{25}Mn_{10}Ni_{30}V_{10}$ high entropy alloy wires. Journal of Alloys and Compounds, 2020, 821: 153526.

[25] Shim S H, Pouraliakbar H, Hong S I. High strength dual fcc phase CoCuFeMnNi high-entropy alloy wires with dislocation wall boundaries stabilized by phase boundaries. Materials Science and Engineering: A, 2021, 825: 141875.

[26] Li, Y S Ma J, Liaw P K, et al. Exploring the amorphous phase formation and properties of W-Ta-(Cr, Fe, Ni) high-entropy alloy gradient films via a high-throughput technique. Journal of Alloys and Compounds, 2022, 913: 165294.

[27] Xing Q, Ma J, Wang C, et al. High-throughput screening solar-thermal conversion films in a pseudobinary (Cr, Fe, V) -(Ta, W) system. ACS Combinatorial Science, 2018, 20 (11): 602-610.

[28] Xing Q W, Ma J, Zhang Y. Phase thermal stability and mechanical properties analyses of (Cr,

Fe, V) -(Ta, W) multiple-based elemental system using a compositional gradient film. International Journal of Minerals Metallurgy and Materials, 2020, 27 (10): 1379-1387.

[29] Yue Y, Yan X, Zhang Y. Nano-fiber-structured Cantor alloy films prepared by sputtering. Journal of Materials Research and Technology, 2022, 21: 1120-1127.

[30] Zhang Y, Yan X, Ma J, et al. Compositional gradient films constructed by sputtering in a multi-component Ti-Al-(Cr, Fe, Ni) system. Journal of Materials Research, 2018, 33 (19): 3330-3338.

[31] Huang H L P K, Zhang Y. Structure design and property of multiple-basis-element (MBE) alloys flexible films. Nano Research, 2022, 15 (6): 4837-4844.

[32] Sheng W, Yang X, Wang C, et al. Nano-crystallization of high-entropy amorphous $NbTiAlSiW_xN_y$ films prepared by magnetron sputtering. Entropy, 2016, 18 (6): 226.

[33] Zhang Y, Yan X H, Liao W B, et al. Effects of nitrogen content on the structure and mechanical properties of ($Al_{0.5}CrFeNiTi_{0.25}$) N_x high-entropy films by reactive sputtering. Entropy, 2018, 20: 624.

[34] Yang X, Zhang Y. Prediction of high-entropy stabilized solid-solution in multi-component alloys. Materials Chemistry and Physics, 2012, 132 (2-3): 233-238.

第 12 章　高熵合金的 Bridgman 定向凝固

12.1　定向凝固技术

12.1.1　定向凝固技术的概念

定向凝固，又称为定向结晶，是指使金属或合金受生长速率和温度梯度控制在熔体中定向生长晶体的一种工艺方法[1]。定向凝固技术在凝固金属和未凝固熔体中建立了特定方向的温度梯度，使熔体沿着热流相反方向，按要求的结晶取向进行凝固。最初被用来消除结晶过程中生成的横向晶界，从而提高材料的单向力学性能，主要运用于生产燃气涡轮发动机叶片，使获得的具有柱状乃至单晶组织的材料具有优良的抗热冲击性能、较长的疲劳寿命、较高的蠕变抗力和中温塑性，从而提高叶片的使用寿命和使用温度。

定向凝固技术对金属的凝固理论研究与新型高温合金等的发展提供了一个极其有效的手段。但是传统的定向凝固方法得到的铸件长度是有限的，在凝固末期易出现等轴晶，且晶粒易粗大。为此出现了连续定向凝固技术，它综合了连铸和定向凝固的优点，又相互弥补了各自的缺点及不足，从而可以得到具有理想定向凝固组织、任意长度和断面形状的铸锭或铸件。它的出现标志着定向凝固技术进入了一个新的阶段。

12.1.2　定向凝固技术的分类及其优势

根据凝固过程中液态金属熔区的大小，可以将定向凝固技术分为全熔定向凝固技术和区熔定向凝固技术。全熔定向凝固技术又称之为 Bridgman 定向凝固法，其特点将在后续详细介绍。而区熔定向凝固技术是在定向凝固过程中，使需要进行定向凝固的母材以一定的速度通过加热区，在加热区通常采用电磁感应或电子束对其进行加热，加热熔化后的熔体再沿着一定方向以一定速度运动而冷却凝固[2-4]。这种定向凝固的特点是可以通过控制感应加热区的加热功率，从而使合金熔体获得不同的温度梯度，而熔化后的合金熔体可以在较快的速度下凝固，从而避免了整块母材熔化后与膜壳的接触从而产生污染，保证了高熔点高活性合金的纯度，非常适用于要求高性能但元素性质活泼的合金制备。

此外，按照凝固过程中所施加外场的不同还可以将典型的定向凝固技术分为强磁场定向凝固技术、电磁冷坩埚定向凝固技术以及深过冷定向凝固技术等。

　　强磁场定向凝固技术是指通过在材料凝固过程中施加磁场，显著改变合金熔体固液界面前沿的传热和传质行为，进而影响晶体的形核长大以及排列规律，获得组织独特且性能优良的新型材料。传统的定向凝固技术是以温度场和温度梯度为控制因素的凝固方法，而强磁场的定向凝固技术可以通过改变所添加的磁场和磁感应强度的大小以形成磁场梯度，从而达到控制凝固组织的形成及组织形貌，开发出新的材料制备途径[5]。

　　电磁冷坩埚定向凝固技术是由哈尔滨工业大学自主开发的一种新型定向凝固技术[6]。这种新型定向凝固技术是采用电磁感应加热熔化合金材料，利用电磁场对熔化后的合金熔体进行约束，以减少合金熔体与坩埚的接触，从而避免合金的污染。这种新型凝固技术在制备高活性的 Ti 合金等新型材料中具有明显的优势。另外，由于电磁场加热熔化可以输入功率使金属熔体获得很高的温度梯度，使合金在凝固过程中获得较大的冷却速度，改变凝固组织的形貌及其分布，从而显著提高合金的综合力学性能。

　　常规的定向凝固技术是使加热熔体以一定的速度进入 Ga-In 液中以实现材料的定向凝固。这种凝固方法的冷却速度受到冷端 Ga-In 液热传导效率的影响，难以实现较高温度梯度的定向凝固。较高的温度梯度可以使合金在凝固的过程中获得较大的过冷度，从而获得更好的凝固组织。因此，如何进一步提高定向凝固过程中的过冷度是未来定向凝固发展的一个热点。传统增加温度梯度是采用提高合金熔体温度的方法，但是由于熔体温度的提高，相应的凝固设备需要承受的温度也逐渐提高，这对定向凝固设备的要求也极高。另外，合金熔体温度的提高，易导致合金液挥发和氧化，这不利于成分精度要求极高的高温合金。深过冷定向凝固技术是通过前处理保证合金熔体的洁净度，从而消除熔体的异质形核的核心，然后把液态金属过冷到平衡液相线以下数百摄氏度，控制其沿着指定方向凝固，从而获得定向凝固组织。由于熔体间存在较高的温度梯度，因此熔体处于一种非稳定状态，凝固时晶体生长速度极快，故而获得的组织较为细小，从而显著提高合金的力学性能[7]。

12.1.3　定向凝固技术的应用

　　利用定向凝固技术制备的合金材料消除了基体相与增强相相界面之间的影响，有效地改善了合金的综合性能。同时，该技术也是学者们研究凝固理论与金属凝固规律的重要手段[8]。

　　此外，工业技术的发展要求材料具有更高的纯净度和更强的服役性能。在航空航天领域，航空发动机叶片在纵向上需要承受更大的应力，同时高温高压的服役环境要求材料具有更高的蠕变性能。因此，要求叶片材料在制备过程中尽量减少横向晶界的产生，而且要求材料制备过程中尽量不引入杂质从而避免产生各种缺陷。但普通铸造获得的是大量的等轴晶，等轴晶粒的长度和宽度大致相等，其纵向晶界与横向晶界的数量也大致相同。通过采用定向凝固技术来制备合金，可以得到单方向生长的柱状晶，不产生横向晶界，较大地提高了材料的单向力学性能。因此，应用定向凝固技术获得的单晶叶片可显著提高现代航空航天材料的使用寿命。对于磁性材料，应用定向凝固技术，可使柱状晶排列方向与磁化方向一致，大大改善材料的磁性能。定向凝固技术还广泛用于自生复合材料的生产制造，用定向凝固方法得到的自生复合材料消除了其他复合材料制备过程中增强相与基体间界面的影响，使复合材料的性能大大提高[9]。在半导体材料领域，由于功能材料的性能主要取决于杂质的含量，因此在功能材料的制备过程中，如何控制杂质的含量，成为现代功能材料制备的一个热点[10,11]。定向凝固技术通过控制凝固过程中热量的传输方向从而控制凝固组织的形貌及生长方式，可以实现凝固组织沿着确定方向生长从而获得优异的力学和物理性能，在磁性材料、航空材料以及大型燃机涡轮叶片等领域具有巨大应用潜力[12,13]。

12.2　Bridgman 定向凝固法

12.2.1　Bridgman 定向凝固法的概念

1925 年，美国的布里支曼（Bridgman）发明了一种半导体生长单晶的方法，称为 Bridgman 定向凝固法，并且在经完善后用来生长半导体单晶，尤其是砷化物、磷化物单晶，已成为生产砷化镓单晶的主要方法[14]。Bridgman 定向凝固法是定向结晶法，即在特定温度场的条件下，使材料保持全熔状态并进行一定时间的热稳定处理，之后从熔体的一端到另一端缓慢降温而结晶。这种定向凝固方法的优势是可以对需要定向凝固的熔体进行一定时间的前处理，保证固–液界面前沿获得稳定的温度场和溶质场。另外，由于 Bridgman 定向凝固法可以通过控制凝固速度达到近平衡的凝固状态，从而达到定量控制合金的凝固参数，这非常有利于凝固理论的基础研究[15,16]。其要点是将需要培育单晶的材料放在一个垂直放置的带有尖端的坩埚内，然后从坩埚的尖端开始通过一个陡的温度梯度做定向凝固。通过的速度根据不同材料有不同的要求。Bridgman 定向凝固法主要通过以下几种方式来完成单晶生长：

①盛晶体的容器不动，而整个加热炉移动，这样靠结晶部位的温度移动而生成单晶。

②加热炉不动，而盛晶体的容器移动，使熔体缓慢地经过特定的温度梯度部位而生成单晶。

③加热炉与盛晶体容器均不移动，而采用降温的方法使温度场变化而生长成单晶，此种方法称为梯度凝固法。

12.2.2　Bridgman 定向凝固法的设备及流程

Bridgman 定向凝固法的系统图及设备如图 12-1 所示，其主要由真空系统、加热系统、抽拉系统以及冷却系统四部分组成。其制备定向凝固合金的具体操作步骤如下[17]：

①检查实验仪器后，将切割好的母材装入刚玉管内，然后将其安装在抽拉杆上端，上升结晶罐，调节试样位置，使试样底部与冷却液持平，并在程序上设定零点位置后盖上炉盖。

②将仪器按规定抽好真空，根据实验要求，在抽拉系统中设定拉伸程序，在加热系统中设定加热程序。之后打开控温电源，开启加热程序。待温度升至指定温度后，保温一段时间以保证熔融的金属液内温度场均匀，随后进行试样定向凝固。

③运行设备，使抽拉设备按照设定的抽拉时间与抽拉速率运行，将熔融的合金拉入液态 Ga-In-Sn 合金液中，当抽拉杆位移至指定位置时，结束试样的抽拉。在试样抽拉至设定位置后，启动淬火设置，将试样快速拉入液态金属液中，从而获得特定抽拉速率下合金的固液界面形貌。

④在完成定向凝固后结束加热，系统开始降温。等炉温低于 100℃ 后关闭设备所有开关，并将样品取出。

图 12-1　Bridgman 定向凝固法的系统图及设备

（a）Bridgman 定向凝固法的系统图[18]；（b）Bridgman 定向凝固法的设备[19]

12.3　Bridgman 定向凝固法在高熵合金中的应用与研究

高熵合金（HEA）凭借其四大效应以及良好的耐高温软化性，具有巨大的工业应用潜力[20-24]，特别是在航空航天等领域。但高熵合金目前仍存在塑性较差、成形性能不佳等缺点。同时，大量研究结果表明[25-32]，高熵合金的性能与其显微组织高度相关。然而，目前对高熵合金相及显微组织形成机理的分析方法仍然以试错法和经验法进行推导为主，而对高熵合金凝固理论的研究相对较少。由于高熵合金包含多个主元，其凝固过程中的相变与形核过程相较于传统合金更加复杂，而 Bridgman 定向凝固法通过控制凝固参数，能够有效控制合金的界面结构与晶体生长取向，获得定向有序的凝固组织，有利于进一步探究高熵合金凝固过程中的相和显微组织形成机理以及转变过程，明晰凝固组织与力学性能之间的关系，从而显著改善高熵合金的力学性能，促进高熵合金凝固理论的发展。此外，通过 Bridgman 定向凝固法有望制备具有良好高温性能的高熵合金单晶，从而替代高温合金成为航空发动机涡轮叶片新材料，在带来高熵合金独特性能的同时降低了生产成本，为国防事业添砖加瓦。目前已有一些研究者利用 Bridgman 定向凝固法对高熵合金展开了一系列研究[18,33-51]。

张勇教授课题组率先开展了 Bridgman 定向凝固法制备高熵合金的研究[18,33,34]。首先，研究对比了铜模铸造制备以及 Bridgman 定向凝固法制备的 Al-CoCrFeNi 高熵合金的异同[33]。结果表明，两种工艺下合金均由体心立方（BCC）固溶体组成，具有良好的相稳定性。不同的是，Bridgman 定向凝固后，合金的显微组织形貌从枝晶转变为等轴晶，这主要与温度梯度与生长速率之比有关。同时，Bridgman 定向凝固法制备的合金塑性得以提升了 35%。之后，张勇教授在极低的抽拉速度和恒定的温度梯度下利用 Bridgman 定向凝固法制备出了面心立方（FCC）单晶 $CoCrFeNiAl_{0.3}$ 高熵合金，并与之前 Bridgman 定向凝固法制备的 BCC 相 AlCoCrFeNi 高熵合金进行了对比[18]。研究发现，$CoCrFeNiAl_{0.3}$ 高熵合金的凝固组织经历了枝晶──→等轴晶──→柱状晶──→单晶的转变，且在等轴晶区域出现了退火孪晶，而同样条件下制备的 AlCoCrFeNi 高熵合金中并没有观察到单晶和退火孪晶的存在，如图 12-2 和图 12-3 所示，这可能是因为更低 Al 含量的 $CoCrFeNiAl_{0.3}$ 高熵合金具有更低的层错能导致的。此外，通过研究 $CoCrFeNiAl_{0.3}$ 高熵合金的晶体取向和拉伸行为等发现[34]，单晶试样的生长方向主要集中在 <001>取向上，且实现了约 80% 的极限拉伸延伸率。超高延伸率主要来源于单晶取向导致的塑性变形不相容性较小和较大的加工硬化指数。总的来说，Bridgman 定向凝固法使得凝固组织沿着一定的方向长大，从而减少了横向晶界的产生。较少的晶界使得在拉伸过程中裂纹萌生和扩展较为困难，故而使得合金具有高塑性。因此，采用 Bridgman 定向凝固法可以通过调控高熵合金的显微组织来改善高熵合金的力学性能。

此后，Liu 等[35]采用 Bridgman 定向凝固法制备了独特的片层-枝晶组织<001>定向 $Al_{0.7}CoCrFeNi$ 高熵合金。在凝固过程中，Ni、Fe 和 Co 偏聚到片层-枝晶，而 Al 和 Cr 偏聚到晶间，片层-枝晶组织由无序的 FCC 相和 BCC 相组成，枝晶间由 B2 相和无序的 BCC 相组成，如图 12-4 所示。由图 12-5 可知，随着冷却速率

的增加，片层间距显著减小，合金的硬度和压缩屈服强度增大。因此，Bridgman
定向凝固法同样是提高多相高熵合金力学性能的有效途径。

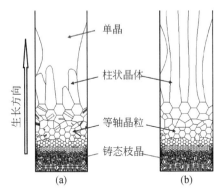

图 12-2　两种结构高熵合金的凝固组织
演变示意图[18]

（a）CoCrFeNiAl$_{0.3}$高熵合金的凝固组织演变；

（b）AlCoCrFeNi 高熵合金的凝固组织演变

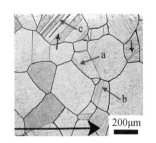

图 12-3　CoCrFeNiAl$_{0.3}$高熵合金等轴晶
区域的退火孪晶[18]

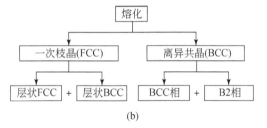

图 12-4　Bridgman 定向凝固 Al$_{0.7}$CoCrFeNi 高熵合金的显微组织及晶体结构[35]

（a）片晶-枝晶显微组织示意图；（b）晶体结构变化流程图

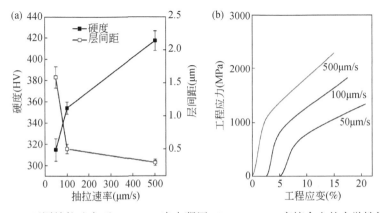

图 12-5　不同抽拉速率下 Bridgman 定向凝固 Al$_{0.7}$CoCrFeNi 高熵合金的力学性能[35]

（a）不同抽拉速率下合金的硬度和片层间距；（b）不同抽拉速率下合金的应力-应变曲线

Wang 等[36]将 AlCoCrFeNi$_{2.1}$共晶高熵合金真空感应熔炼后通过 Bridgman 装置定向凝固，研究铸态及定向凝固后合金的组织及对应的拉伸性能。研究发现，铸态合金的显微组织由富 NiAl 的 B2 相和富 CoCrFeNi 的 L1$_2$ 相组成，包括排列整齐

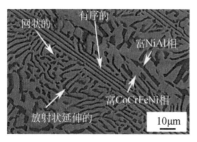

的片层组织、放射状的片层组织和网状组织三种微观结构，如图 12-6 所示。对于 Bridgman 定向凝固合金，如图 12-7 所示，当抽拉速率为 6μm/s 时，其固-液界面形貌为平面状，且观察到排列良好的片层组织。当抽拉速度增加到 15μm/s 时，其固-液界面形貌由平面状转变为胞状，且显微组织由平面状共晶组织转变为胞状共晶组织。当抽拉速率达到 60μm/s 和 120μm/s 时，局部区域开

图 12-6　铸态 AlCoCrFeNi$_{2.1}$共晶
高熵合金的微观结构[36]

始出现枝晶状共晶组织。此外，由图 12-8 可知，片层间距的大小与抽拉速率呈反比，这是由于在凝固过程中片层的间距取决于溶质传输的快慢，抽拉速度越快，溶质传输越困难，故而得到的片层间距越细小，而缓慢的定向凝固有利于溶质的充分扩散，故而片层间距可以充分长大。此外，抽拉速率为 60μm/s 的定向凝固合金表现出良好的强度和塑性组合，如图 12-9 所示。这进一步详细说明了特定抽拉速率对高熵合金显微组织及拉伸性能的影响。

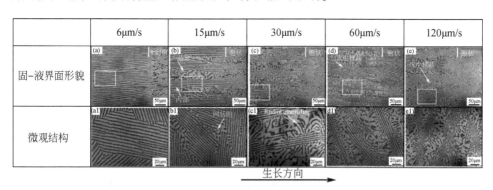

图 12-7　不同抽拉速率下 AlCoCrFeNi$_{2.1}$共晶高熵合金的固-液界面形貌及微观结构[36]

Peng 等[37]同样针对不同抽拉速率下 Bridgman 定向凝固 AlCoCrFeNi$_{2.1}$高熵合金的显微组织及力学性能展开了研究。该研究的特殊贡献在于通过对比合金在轴向及径向的显微组织及力学性能的差异，提出 Bridgman 定向凝固法可以有效地调整共晶组织的取向，并使合金沿生长方向获得较好的力学性能。这为高熵合金的工业应用提供了理论基础。

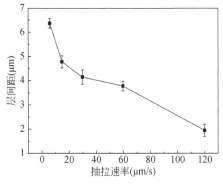

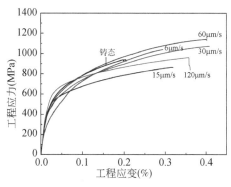

图 12-8　不同抽拉速率下共晶团
　　　　内部的片层间距[36]

图 12-9　不同抽拉速率下
　　　　合金的应力-应变曲线[36]

在 Bridgman 定向凝固法能够有效调控高熵合金的结构与性能被广泛证实后, 研究开始重点围绕 Bridgman 定向凝固高熵合金的强韧化机制进一步制展。例如 Xu 等[38]认为 $Al_{0.9}CoCrNi_{2.1}$ 共晶高熵合金 Bridgman 定向凝固共晶组织中 $L1_2$ 相和富 Cr 析出相两种纳米析出相与位错相互作用产生的沉淀强化以及高抽拉速率带来的晶粒细化是导致合金力学性能提高的主要原因。对于 $FeCoCrNiCuTi_{0.8}$ 高熵合金, 定向凝固使得元素偏析更为严重, 形成二次枝晶, 增加了晶界密度, 带来了晶界强化[39]。钟云波教授课题组研究发现采用 Bridgman 定向凝固法可以得到具有多级异质结构的 $AlCoCrFeNi_{2.1}$ 共晶高熵合金, 不同异质结构区域间变形能力不同, 使得合金出现了有序的跨尺度异质变形, 产生异质变形诱导硬化, 导致合金具有优异的强塑性匹配[40]。

另外, 陈瑞润教授课题组同样利用自行改进的 Bridgman 定向凝固装置制备了一系列不同成分的力学性能出色的高熵合金, 并对这些高熵合金的强化机制展开了详细的研究[41-49]。首先, 研究发现随着凝固速率的增加, 柱状晶宽度减小, 横向晶界增加, 导致晶界强化, 断裂模式由准解理断裂转变为韧性断裂, 使得合金在保持良好延伸率的前提下, 强度得以提高, 如图 12-10 所示[41]。柱状晶界强化带来的拉伸性能提升同样在 CoCrFeNiCu 高熵合金[42] 及 CoCrFeMnNi 高熵合金[43] 中得到证实。此外, 初生枝晶的细化及均匀化带来的细晶强化、原子半径较大的 Ti 和 Al 固溶到合金中产生的固溶强化以及生成的纳米沉淀相导致的第二相强化被证实是提高 $Ni_{36}Co_{30}Fe_{11}Cr_{11}Al_6Ti_6$[44] 和 $Ni_{36}Co_{30}Fe_{11}Cr_{11}Al_6Ti_5Nb_1$[45] 高熵合金力学性能的重要因素。同时, 对于 $Ni_{36}Co_{30}Cr_{11}Fe_{11}Al_8Ta_4$ 和 $Ni_{40.5}Co_{30}Cr_{11}Fe_{11}Al_6Ta_{1.5}$ 高熵合金, 主要的强化机制是沉淀强化及界面强化[46,47]。不同的是, 对于 $Ni_{36}Co_{30}Cr_{11}Fe_{11}Al_8Ta_4$ 高熵合金, 其沉淀强化的机制为奥罗万绕过机制[46], 对于 $Ni_{40.5}Co_{30}Cr_{11}Fe_{11}Al_6Ta_{1.5}$ 高熵合金则变成了析出相剪切机制[47], 如图 12-11 和图 12-12 所示。另外, $Ni_{36}Co_{30}Fe_{11}Cr_{11}Al_8Nb_4$ 高熵合金表现出的良好强度-塑性组合来源于枝晶的细化带来的细晶强化，FCC$_2$-Laves 相界面阻碍位错运动带来的界面强化，以及变形能力不同的 FCC$_1$ 相、FCC$_2$ 相和 Laves 相之间的有序协调变形（图 12-13）[48]。最后，由图 12-14 和图 12-15 可知，Al$_{1.25}$CoCrFeNi$_3$ 高熵合金的强度-塑性协同不仅仅归因于一般的细晶强化，晶界强化和固溶强化，独特的人字形微观结构延缓了裂纹的扩展，相邻晶粒的不规则共晶区域有效协调了相邻晶粒的塑性变形不相容，有效避免了晶界裂纹的萌生，L1$_2$-B2 相异质界面有效阻碍了位错运动，这些对合金的强韧化起到更为重要的作用[49]。因此，Bridgman 定向凝固法制备的高熵合金的强韧化是多种复杂的强化机制共同作用的结果。

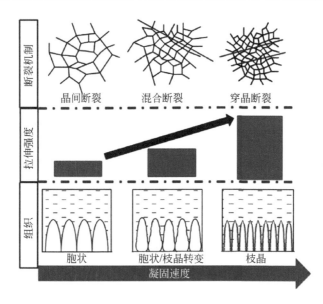

图 12-10   凝固速度与 CoCrFeNi 高熵合金组织和性能的关系[41]

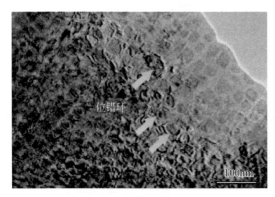

图 12-11   Ni$_{36}$Co$_{30}$Cr$_{11}$Fe$_{11}$A$_{18}$Ta$_4$
高熵合金中位错绕过析出相形成位错环[46]

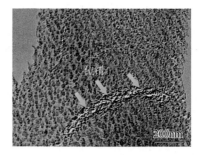

图 12-12   Ni$_{40.5}$Co$_{30}$Cr$_{11}$Fe$_{11}$Al$_6$Ta$_{1.5}$
高熵合金中位错剪切析出相[47]

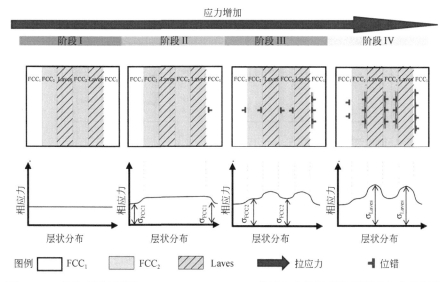

图 12-13　拉伸变形过程中 $Ni_{36}Co_{30}Fe_{11}Cr_{11}A_{18}Nb_4$ 高熵合金的微观组织演变与力学行为关系示意图[48]

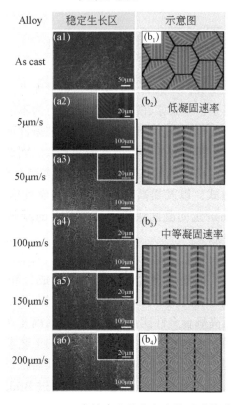

图 12-14　$Al_{1.25}CoCrFeNi_3$ 高熵合金的稳定生长区形貌及示意图[49]

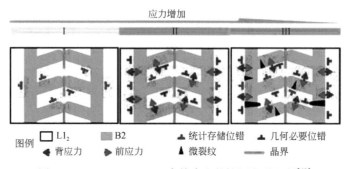

图 12-15　$Al_{1.25}CoCrFeNi_3$高熵合金的协调变形机制[48]

研究表明，通过将 Bridgman 定向凝固法和其他工艺相有机结合，可以更好地改善高熵合金的力学性能。例如李升渊在利用 Bridgman 定向凝固法得到 $AlCoCrFeNi_{2.1}$ 共晶高熵合金后，通过后续热处理进一步调控了合金的显微组织和力学性能[50]。Shi 等[51]采用 Bridgman 定向凝固法和强磁场协同的方式来调控 Al-$CoCrFeNi_{2.1}$ 共晶高熵合金的组织及性能，并分析了在不同磁场和不同生长速率耦合作用下定向凝固组织的演化规律及对合金拉伸性能的影响。

12.4　总结和展望

随着高熵合金迅猛发展，目前高熵合金体系数量庞大，且包含的元素种类众多，形成的微观结构复杂，各元素在凝固过程中的行为不能被有效预测，凝固组织的相及显微组织的形成机理还不清晰，且不同工艺条件下制备的高熵合金表现出的各种性能与其凝固组织之间的对应关系较为复杂。因此，Bridgman 定向凝固法可以通过定量控制温度梯度和抽拉速率，为研究高熵合金凝固过程中相形成、组织演变、晶体生长方式，以及提高高熵合金的力学性能提供了一种有效的方法。因此，采用 Bridgman 定向凝固法研究高熵合金的凝固过程，对高熵合金凝固理论的完善具有重要意义。

然而，目前关于高熵合金定向凝固的研究较少，未来仍有大量工作需要进一步开展。Bridgman 定向凝固高熵合金的性能由合金成分和工艺参数两个因素决定。由于高熵合金的成分对其组织、结构及力学性能有重要作用，高熵合金的成分优化和选择对于提高高熵合金性能至关重要，需明确元素添加在不同合金体系中的含量、范围及作用。定向凝固制备高熵合金中的工艺参数（如抽拉速度、温度梯度等）也会对性能产生影响。因此可采用正交实验法通过详尽全面的实验优化合金成分和工艺参数[52]。此外，虽然已经证明通过 Bridgman 定向凝固法可以调控高熵合金的显微组织，改善其力学性能，然而其内在的影响机制还不明细，还需进一步展开实验研究和理论分析。同时，在得到良好的 Bridgman 定向凝固参数基础上，开发后续新加工工艺并与 Bridgman 定向凝固法有机结合，耦合作用协同提升高熵合金的性能，是目前研究的一个新思路。

参 考 文 献

[1] Kühn G W Kurz, Fisher D J. Fundamentals of solidification. Switzerland：Trans Tech Publications，1986.

[2] Cui C, Ren C, Liu Y, et al. Directional solidification of Fe-Al-Ta eutectic by electron beam floating zone melting. Journal of Alloys and Compounds, 2019, 785：62-71.

[3] Wang S, Chu Z, Liu J. Microstructure and mechanical properties of directionally solidified $Al_2O_3/GdAlO_3$ eutectic ceramic prepared with horizontal high-frequency zone melting. Ceramics International, 2019, 45（8）：10279-10285.

[4] Lenart R, Eshraghi M. Modeling columnar to equiaxed transition in directional solidification of Inconel 718 alloy. Computational Materials Science, 2020, 172：109374.

[5] Xuan W, Lan J, Zhao D, et al. Effect of a high magnetic field on γ' phase for Ni-based single crystal superalloy during directional solidification. Metallurgical and Materials Transactions B, 2018, DOI：10.1007/s11663-018-1293-9.

[6] Yang J, Chen R, Guo J, et al. Temperature distribution in bottomless electromagnetic cold crucible applied to directional solidification. International Journal of Heat and Mass Transfer, 2016, 100：131-138.

[7] 郑辉庭. CoCrFeNi 系高熵合金定向凝固组织演变及力学性能. 哈尔滨：哈尔滨工业大学，2021.

[8] 马幼平，崔春娟. 金属凝固理论及应用技术. 北京：冶金工业出版社，2015.

[9] 张彦华. 工程材料与成型技术. 北京：北京航空航天大学出版社，2005.

[10] Liu T, Luo L, Wang L, et al. Influence of thermal stabilization treatment on microstructure evolution of the mushy zone and subsequent directional solidification in $Ti_{43}Al_3Si$ alloy. Materials & Design, 2016, 97：392-399.

[11] Wang X, Wang D, Zhang H, et al. Mechanism of eutectic growth in directional solidification of an $Al_2O_3/Y_3Al_5O_{12}$ crystal. Scripta Materialia, 2016, 116：44-48.

[12] Liang Y, Li J, Li A, et al. Solidification path of single-crystal nickel-base superalloys with minor carbon additions under laser rapid directional solidification conditions. Scripta Materialia, 2017, 127：58-62.

[13] Yoon Y, Yim J, Choi E, et al. Texture control of 3.04%-Si electrical steel sheets by local laser melting and directional solidification. Materials Letters, 2016, 185：43-46.

[14] 《电子工业技术词典》编辑委员会. 电子工业技术词典 半导体. 北京：国防工业出版社，1977.

[15] Aufgebauer H, Kundin J, Emmerich H, et al. Phase-field simulations of particle capture during the directional solidification of silicon. Journal of Crystal Growth, 2016, 446：12-26.

[16] Sun D, Pan S, Han Q, et al. Numerical simulation of dendritic growth in directional solidification of binary alloys using a lattice Boltzmann scheme. International Journal of Heat and Mass Transfer, 2016, 103：821-831.

[17] 李聪玲. $Ni_{43.9}Co_{22.4}Fe_{8.8}Al_{10.7}Ti_{11.7}B_{2.5}$ 高熵合金定向凝固组织演变及性能研究. 西安：长安大学，2023.

[18] Ma G S, Zhang F S, Gao C M, et al. A successful synthesis of the CoCrFeNiAl$_{0.3}$ single-crystal, high-entropy alloy by Bridgman solidification. JOM, 2013, 65 (12): 1751-1758.

[19] Zhang Y. High-entropy materials: A brief introduction. Cham: Springer, 2019.

[20] Yeh J W, Chen S K, Lin S J, et al. Nanostructured high-entropy alloys with multiple principal elements: novel alloy design concepts and outcomes. Advanced Engineering Materials, 2004, 6 (5): 299-303.

[21] Miracle D B, Senkov O N. A critical review of high entropy alloys and related concepts. Acta Materialia, 2017, 122: 448-511.

[22] Lu Z P, Wang H, Chen M W, et al. An assessment on the future development of high-entropy alloys: Summary from a Recent Workshop. Intermetallics, 2015, 66: 67-76.

[23] Zhang F, Wu Y, Lou H B, et al. Polymorphism in a high-entropy alloy. Nature Communications, 2017, 8: 15687.

[24] Zhang Y, Zuo T T, Tang Z, et al. Microstructures and properties of high-entropy alloys. Progress in Materials Science, 2014, 61: 1-93.

[25] Shi P, Ren W, Zheng T, et al. Enhanced strength-ductility synergy in ultrafine-grained eutectic high-entropy alloys by inheriting microstructural lamellae. Nature Communications, 2019, 10 (1): 489.

[26] Lozinko A, Gholizadeh R, Zhang Y, et al. Evolution of microstructure and mechanical properties during annealing of heavily rolled AlCoCrFeNi$_{2.1}$ eutectic high-entropy alloy. Materials Science and Engineering: A, 2022, 833: 142558.

[27] Wu Q, He F, Li J, et al. Phase-selective recrystallization makes eutectic high-entropy alloys ultra-ductile. Nature Communications, 2022, 13 (1): 4697.

[28] Reddy S R, Sunkari U, Lozinko A, et al. Microstructural design by severe warm-rolling for tuning mechanical properties of AlCoCrFeNi$_{2.1}$ eutectic high entropy alloy. Intermetallics, 2019, 114: 106601.

[29] Shi P, Li R, Li Y, et al. Hierarchical crack buffering triples ductility in eutectic herringbone high-entropy alloys. Science, 2021, 373 (6557): 912-918.

[30] Ye Z, Li C, Zheng M, et al. Realizing superior strength-ductility combination in dual-phase Al-FeCoNiV high-entropy alloy through composition and microstructure design. Materials Research Letters, 2022, 10 (11): 736-743.

[31] Fu W, Sun Y, Fan G, et al. Strain delocalization in a gradient-structured high entropy alloy under uniaxial tensile loading. International Journal of Plasticity, 2023, 171: 103808.

[32] Wu B, Man J, Duan G, et al. Constructing a heterogeneous microstructure in the CoCrFeNi-based high entropy alloy to obtain a superior strength-ductility synergy. Materials Science and Engineering: A, 2023, 886: 145669.

[33] Zhang Y, Ma S G, Qiao J W. Morphology transition from dendrites to equiaxed grains for AlCoCrFeNi high-entropy alloys by copper mold casting and Bridgman solidification. Metallurgical and Materials Transactions A, 2012, 43: 2625-2630.

[34] Ma S G, Zhang S F, Qiao J W, et al. Superior high tensile elongation of a single-crystal CoCrFe-NiAl$_{0.3}$ high-entropy alloy by Bridgman solidification. Intermetallics, 2014, 54: 104-109.

[35] Liu G, Liu L, Liu X, et al. Microstructure and mechanical properties of Al$_{0.7}$CoCrFeNi high-entropy-alloy prepared by directional solidification. Intermetallics, 2018, 93: 93-100.

[36] Wang L, Yao C, Shen J, et al. Microstructures and room temperature tensile properties of as-cast and directionally solidified AlCoCrFeNi$_{2.1}$ eutectic high-entropy alloy. Intermetallics, 2020,

118：106681.

[37] Peng P, Li S, Chen W, et al. Phase selection and mechanical properties of directionally solidified AlCoCrFeNi$_{2.1}$ eutectic high-entropy alloy. Journal of Alloys and Compounds, 2022, 898：162907.

[38] Xu Y, Liu S, Chang J, et al. Formation of lamellar eutectic structure and improved mechanical properties of directional solidified Al$_{0.9}$CoCrNi$_{2.1}$ high-entropy alloy. Intermetallics, 2024, 173：108430.

[39] Xu Y, Li C, Huang Z, et al. Microstructure evolution and mechanical properties of FeCoCrNiCuTi$_{0.8}$ high-entropy alloy prepared by directional solidification. Entropy, 2020, 22 (7)：786.

[40] 李毅, 时培建, 温跃波, 等. 定向凝固法制备高强塑性多级异构共晶高熵合金. 上海金属, 2021 (005)：043.

[41] Zheng H, Chen R, Qin G, et al. Transition of solid-liquid interface and tensile properties of CoCrFeNi high-entropy alloys during directional solidification. Journal of Alloys and Compounds, 2019, 787：1023-1031.

[42] Zheng H, Chen R, Qin G, et al. Microstructure evolution, Cu segregation and tensile properties of CoCrFeNiCu high entropy alloy during directional solidification. Journal of Materials Science & Technology, 2020, 38：19-27.

[43] Zheng H, Xu Q, Chen R, et al. Microstructure evolution and mechanical property of directionally solidified CoCrFeMnNi high entropy alloy. Intermetallics, 2020, 119：106723.

[44] Yang X, Chen R, Liu T, et al. Formation of dendrites and strengthening mechanism of dual-phase Ni$_{36}$Co$_{30}$Fe$_{11}$Cr$_{11}$Al$_6$Ti$_6$ HEA by directional solidification. Journal of Alloys and Compounds, 2023, 948：169806.

[45] Yang X, Xu X, Liu T, et al. Strength and ductility dual-enhancement of Ni$_{36}$Co$_{30}$Fe$_{11}$Cr$_{11}$Al$_6$Ti$_5$Nb high entropy alloy by directional solidification. Vacuum, 2024, 220：112835.

[46] Liu T, Gao X, Qin G, et al. Investigation of multi-phase strengthened Ni$_{36}$Co$_{30}$Cr$_{11}$Fe$_{11}$Al$_8$Ta$_4$ high entropy alloy prepared by directional solidification. Materials Science and Engineering：A, 2023, 888：145800.

[47] Liu T, Gao X, Qin G, et al. Microstructure evolution and strengthening mechanism of directional solidification Ni$_{40.5}$Co$_{30}$Cr$_{11}$Fe$_{11}$Al$_6$Ta$_{1.5}$ high entropy alloy. Materials Characterization, 2023, 205：113302.

[48] Yang X, Xu X, Liu T, et al. Microstructure evolution and mechanical properties of directionally solidified Ni$_{36}$Co$_{30}$Fe$_{11}$Cr$_{11}$A$_{18}$Nb$_4$ high entropy alloy. Journal of Materials Research and Technology, 2023.

[49] LiuT, Gao X, Qin G, et al. Microstructure evolution and strengthening mechanism of directional solidification Ni$_{40.5}$Co$_{30}$Cr$_{11}$Fe$_{11}$Al$_6$Ta$_{1.5}$ high entropy alloy. Materials Characterization, 2023, 205：113302.

[50] 李升渊. 定向凝固和热处理对 AlCoCrFeNi$_{2.1}$ 共晶高熵合金组织及力学性能的影响. 兰州：兰州大学, 2022.

[51] Jiang X, Li Y, Shi P, et al. Synergistic control of microstructures and properties in eutectic high-entropy alloys via directional solidification and strong magnetic field. Journal of Materials Research and Technology, 2024, 28：4440-4462.

[52] 徐义库, 张经纬, 常锦睿, 等. 定向凝固高熵合金研究进展. 热加工工艺, 2024, 3：1-6.

第13章　高熵合金的抗辐照性能

13.1　引　言

高熵合金由于多个不同主元的存在，使其具有一些传统合金所不具备的优异性能，如高强度、高耐磨性能、较好的耐腐蚀性能等。高熵合金由于高度无序的固溶体基体和固有的应变晶格，导致其溶质扩散缓慢，另外，尺寸差和模量差的存在，其具有较大的晶格畸变。缓慢扩散和晶格畸变造成了较高的原子级应力的存在，对辐照产生的点缺陷和缺陷簇的形成和迁移产生一定的阻碍。高熵合金存在自修复机制，其具有优异的抗辐照性能，因此高熵合金也成为核结构材料领域的研究热点。

目前，高熵合金的抗辐照研究无法进行反应堆内实验，其抗辐照研究主要通过离子辐照进行模拟。离子辐照实验相对于中子辐照，具有离子辐照源充足、放射性低、成本低廉和实验周期短等优点。高能离子注入合金表面，通过级联扩散形成不同种类的点缺陷和缺陷簇。通过对离子辐照层的研究，从而得到合金的组织（辐照肿胀和相变等）和性能（辐照硬化）的变化，这是目前离子辐照高熵合金的研究内容。在微观结构变化方面，辐照一般会导致材料中空位、间隙原子、位错环和间隙四面体等辐照诱导缺陷密度升高，从而造成辐照诱导偏析和相稳定性变差。辐照硬化方面主要使用纳米压痕来构建辐照层的硬度随深度变化。由于辐照诱导缺陷数量的增加，加上高熵合金特有的严重晶格畸变和扩散缓慢，导致存储几何必要位错的塑性区尺寸发生显著变化。由此，本书作者课题组提出并完善了更加适合高熵合金辐照层硬度变化的辐照硬化模型。

13.2　高熵合金抗辐照性能研究初衷

在人类发展进程中，能源与环境问题日益凸显。传统的能源（煤、石油、天然气等化石能源）储量有限且不可再生，同时化石能源在生产和使用过程中会产生许多含碳和含硫的气体。为了应对温室效应引起的气候问题，例如极寒极热天气、酸雨、海平面上升等[1]，一系列清洁能源和可再生能源被不断地开发应用，如风能、太阳能、水能、波浪能、潮汐能、地热能、核能等。其中一些可再生能源虽然有污染小和可再生的优点，但是由于它们受到技术水平、分布区域、储能、季节气候等许多方面的约束和限制，很难进行大规模的推广应用，因此许多国家把目光投向了核能。

地球上拥有丰富的核能资源，且核能对环境不会产生实质性的有害作用，但是需要有比较良好的结构材料来保护和支撑核反应堆的安全运行。21 世纪初，多个国家共同提出了第四代核能系统的概念[2]。在第四代核反应堆中，结构材料要面临更高剂量、更高温度和腐蚀性更强的辐照环境，这就要求未来的核结构材料能够应对这些极端环境[3]。其中 6 个先进的核反应堆的工作温度和承受的辐照损伤范围如图 13-1 所示。在核反应堆结构材料中，高能粒子（离子、中子、电子等）与材料本身原子的相互作用是造成材料性能恶化的最重要因素。在辐照条件下，入射的高能粒子冲击处于晶格点阵上的原子，原子会获得一部分能量，当获得的能量大于离位能阈值时，原子会离开原来的点阵位置，成为间隙原子并在原来的点阵位置留下一个空位，这个原子被称为初级碰撞原子（PKA）[4]。PKA 通过级联碰撞把能量不断地传递下去，直到最后一个原子获得的能量低于其离位能阈值，在这个过程中会不断地产生空位和间隙原子。空位和间隙原子会有一部分复合，但是另外一部分在晶界或者位错处聚集成缺陷簇，如空位聚集形成的空洞、间隙原子聚集形成的间隙位错环等[5]。这些点缺陷的迁移和聚集使结构材料出现体积肿胀、辐照硬化和脆化、辐照蠕变、高温氦脆、辐照诱导相变或者辐照诱导元素偏析等问题[6]，从而对核反应堆的安全性和可靠性造成了严重影响。

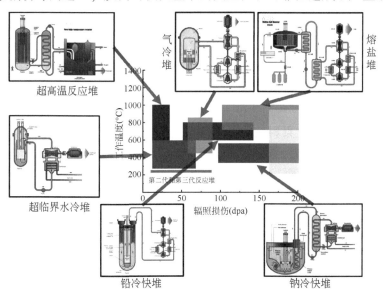

图 13-1　六个第四代先进反应堆概念、行波反应堆和聚变反应堆概念运行的堆芯结构材料的温度和剂量要求。矩形的尺寸代表每个反应堆概念的温度和离位损坏范围[3]

核结构材料（包层、管道、堆芯等）不仅需要抵抗数百 dpa 的辐照损伤，还要能够在高温高压的环境中保持良好的力学性能[7]。另外，这些材料也要满足一些其他的性能指标，例如足够的蠕变强度、断裂韧性、强耐腐蚀性、低的中子吸收截面、良好的加工性能和焊接性能等。基于这些要求，在压水堆、轻水堆中使用的是锆合金，但是锆合金[8]要注意使用温度，它容易与高温水蒸气发生反应，反应产生的氢气可能会增大爆炸的可能性。2011 年福岛第一核电站由于冷却剂丢失导致的爆炸事故就暴露出锆合金的固有缺陷。铁素体–马氏体（F-M）钢[9]是目前包层和管道材料应用的焦点。其中氧化物弥散强化（ODS）钢显示出良好的前景，但是这种材料仍然存在成本较高、难以大规模生产等缺点。其他材料，如碳化硅复合材料，也存在切削加工性能较差的问题，钒合金则是价格昂贵，易于辐照硬化和脆化[4]。现有的合金体系难以满足严苛的辐照环境的要求，为了寻找更多的有潜力的合金材料，由多种组元构成的高熵合金成为新合金成分设计的焦点。

13.3 高熵合金的抗辐照性能

13.3.1 相结构稳定性

在室温和高温辐照下，溶质和杂质元素通过扩散的空间重新分布，可能导致合金元素在位错环、空隙、晶界和相界处富集或者耗尽，从而诱导产生平衡热力学上不可能的相变。例如，钢中局部铁素体或者奥氏体相变就是辐照诱导偏析导致 Cr 和 Ni 富集或者贫化的结果。FCC 结构和 BCC 结构的高熵合金可以在很高的辐照剂量下保持稳定的相结构[10]。在辐照后，非晶合金通常会出现晶化，纳米晶 Cu 基合金也会出现一些尺寸更小的纳米颗粒析出物，这些都表明了辐照环境下相的不稳定性。在北京科技大学张勇课题组[6,11,12]的 Al$_x$CoCrFeNi（x 为摩尔比，x = 0.1、0.75、1.5）系多组元高熵合金研究中，随着 Al 含量的增多，该多组元合金相结构依次为面心立方、面心立方+体心立方、体心立方。经过辐照之后，Al$_{0.75}$CoCrFeNi 和 Al$_{1.5}$CoCrFeNi 合金的相结构没有发生变化，基体相和析出相没有发生显著互溶，如图 13-2 和图 13-3 所示，表现出较高相稳定性。另外，由于无序相中缺陷迁移率降低，无序 FCC 相和无序 BCC 相中缺陷簇比有序 B2 相中的缺陷簇尺寸更小，分布范围更窄。

辐照在缺陷处诱发的元素偏聚以另一种方式表现材料的辐照稳定性。北京理工大学靳柯课题组在单相 BCC 结构难熔高熵合金（TiVNbTa）氢气泡的形成研究中，认为原子尺寸差异在偏析中起着关键作用：空位优先与较大元素交换，而较小元素倾向于作为间隙扩散[13]。较大的 Ti、Ta 和 Nb 原子优先与远离氢气泡的

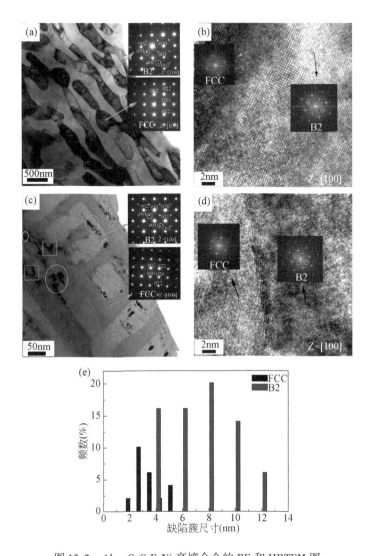

图 13-2　Al$_{0.75}$CoCrFeNi 高熵合金的 BF 和 HRTEM 图

（a）和（b）原始状态；（c）和（d）在 3MeV Au 离子辐照下辐照剂量为 1×10^{16} cm^{-2}（约 91dpa）；
（e）在无序 FCC 相与有序 B2 相中观察到的缺陷簇的频数和尺寸分布的比较。（c）中椭圆表示 B2 相
的缺陷，正方形表示 FCC 相的缺陷[11]

空位交换，导致较小的 V 富集在气泡周围。此外，在对 Fe$_{49.5}$Mn$_{30}$Co$_{10}$Cr$_{10}$C$_{0.5}$
合金的位错环和氦泡附近的偏析行为研究中，西安交通大学卢晨阳课题组[14]
通过第一性原理计算得到空位迁移能大小顺序为 Co>Fe>Mn>Cr。在辐照区位
错环附近，Fe 和 Co 的空位扩散速度较慢导致其富集，而 Mn 和 Cr 的空位扩散
速度较快导致其耗损，如图 13-4（a）所示。另外，图 13-4（a）中显示，在

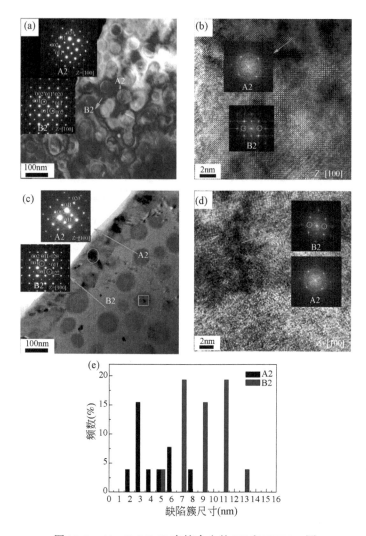

图 13-3　$Al_{1.5}CoCrFeNi$ 高熵合金的 BF 和 HRTEM 图

（a）和（b）原始状态；（c）和（d）在 3MeV Au 离子辐照下辐照剂量为 $1\times10^{16}cm^{-2}$（约 81dpa）；
（e）在无序 BCC 相与有序 B2 相中观察到的缺陷簇的频数和尺寸分布的比较。（c）中椭圆表示 B2 相
的缺陷，正方形表示无序 BCC 相的缺陷[11]

$Fe_{49.5}Mn_{30}Co_{10}Cr_{10}C_{0.5}$ 位错环中心周围，出现了宽度约为 1nm 的"w"形轮廓，这是辐照诱导缺陷梯度和化学梯度之间的驱动力达到平衡时出现的一种亚稳态现象。

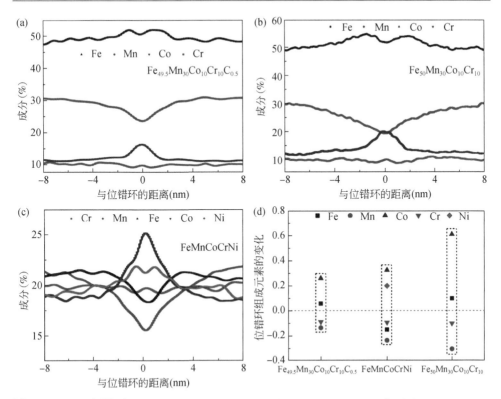

图 13-4　350℃辐照下（a）$Fe_{49.5}Mn_{30}Co_{10}Cr_{10}C_{0.5}$；（b）$Fe_{50}Mn_{30}Co_{10}Cr_{10}$ 和（c）FeMnCoCrNi
　　　　中位错环周围的成分分布；（d）位错环与基体元素组成相对变化的比较[14]

13.3.2　辐照肿胀

辐照肿胀是一种由于辐照引起材料微观结构变化而使材料体积膨胀的现象。肿胀是由于辐照引起的正常排列的晶格原子从其原始位置位移，导致在基体中形成空位和间隙。随着辐照温度和辐照剂量的增加，这些空位或间隙原子会聚集形成空洞或位错环，导致空腔的形成。一般情况下，在 $0.3 \sim 0.6 T_m$（T_m 为合金的熔点）温度下，合金内部的空位会聚集并形成大尺寸的空腔。在辐照环境中，大多数空腔还包含杂质气体原子，例如氦团簇和氦泡。随着空腔的出现，合金在宏观上密度降低，体积膨胀，即辐照膨胀。辐照膨胀不仅造成反应堆材料中紧固件断裂和套筒弯曲，使材料韧性大大降低，同时也加剧了其他辐照损伤，如辐照硬化、蠕变、应力腐蚀开裂等，严重威胁反应堆的使用寿命和安全。

在 Au 离子辐照条件下，对抛光后的块体样品进行遮挡，通过遮挡区和未遮挡区高度的变化，北京科技大学张勇课题组测量得到 $Al_xCoCrFeNi$（x 为摩尔比，$x = 0.1$、0.75、1.5）系多组元高熵合金的体积肿胀率[12]。其与常用的 316 不锈

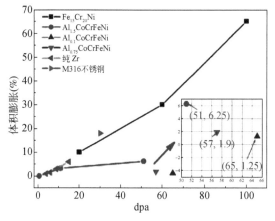

图 13-5 辐照后 Al$_x$CoCrFeNi 的体积膨胀
（在 675℃下的 Fe$_{15}$Cr$_{20}$Ni；在 450℃下的
纯 Zr；在 500℃下的 316 不锈钢）[12]

钢、高铬镍奥氏体不锈钢和纯锆进行了对比，如图 13-5 所示。高熵合金的体积肿胀率远低于其他几种金属或者合金。另外，Al$_x$CoCrFeNi 合金的体积膨胀由小到大依次为面心立方<面心立方+体心立方<体心立方，表现出与传统合金（体心立方结构合金体积肿胀率小于面心立方结构合金）相反的现象。在单质 Ni 与 NiCoFeCrMn 及其子体系合金在 500℃和 5MeV 下镍离子辐照的辐照肿胀比较中，北京理工大学靳柯课题组发现在不

改变组织结构的情况下，通过组元复杂性的调控，FeCoCrMnNi 高熵合金的体积溶胀率（<0.2%）比 Ni（约 6.7%）低 30 倍[15]，如图 13-6 所示。这里辐照肿胀率大幅度降低主要是因为相比于简单合金，组元复杂的合金改变了运动模式。间隙原子团簇的迁移能大幅提升，其一维运动受到显著的抑制，在短距离迁移后

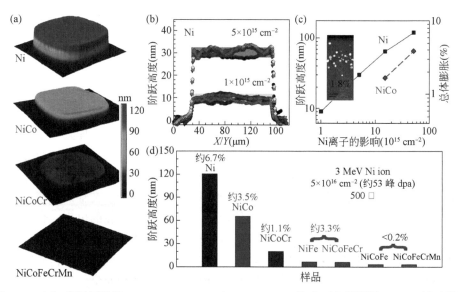

图 13-6 （a）离子辐照后 Ni、NiCo、NiCoCr 和 NiCoFeCrMn 的表面阶跃测量；（b）低通量辐照下 Ni 的阶梯高度分布图。斑点是数据，带表示平均值和不确定性；（c）随着 Ni 和 NiCo 中离子的影响，从台阶高度开始的总体膨胀；插图是在 5×10^{15}cm^{-2}镍辐照下的透射电镜横截面图像；（d）7 种材料的台阶高度和整体膨胀的比较[15]

会发生随机的变向,呈现"三维"的运动模式。这种三维运动模式又有更高的概率遇到空位,引起大量复合,抑制了孔洞的形成。

13.3.3　合金的抗辐照机理

无论是体心立方结构还是面心立方结构的多组元合金,在辐照条件下都表现出优异的相结构稳定性和较低的体积肿胀率。其抗辐照的机理主要归结于高熵合金在高原子级别应力条件下具有自修复机制[6]。在受到来自粒子(中子、电子或者离子)辐照之后,合金内部会产生一定的点缺陷分布,以空位和间隙原子为主。这些空位和间隙原子,在单一组元金属中,往往能够聚集成环或者空洞,从而破坏合金原有的结构,造成辐照损伤。空位和间隙原子的交互作用,或者自身的交互作用,能够加速原子的扩散,使单一组元金属容易在辐照环境下失效。但对于多组元合金,由于晶格畸变程度高,空位和间隙原子很难在多组元合金中形成,且空位和间隙原子也很难迁移形成环或者空洞,这就使得多组元合金具有较高的原子级别应力。在辐照时,由于原子级别应力的存在,使得多组元合金通过非晶化、再晶化,完成整个"自修复"过程,使得多组元合金拥有较高的抗辐照性能,如图 13-7 所示。

近年来,对高熵合金化学复杂性的认识已经从直观的组元数量、种类及含量发展到了微观层面的成分。在纳米尺度上,由于不同元素间不同的亲和性,高熵合金表现出一定的成分不均匀性,即化学短程有序(chemical short-range order,CSRO)。目前西安交通大学卢晨阳课题组已经证明了化学短程有序可以影响缺陷的微观结构和减轻辐照损伤[16]。形成化学短程有序有两种方式:一是通过间隙合金元素(即 C 和 N)与其他原子之间的化学亲和力的差异,使得某些元素会在间隙合金元素周围优先分布[17]。通过 $Ni_{19.8}Co_{19.8}Fe_{19.8}Cr_{19.8}Mn_{19.8}C_{0.5}N_{0.5}$ 合金的辐照研究,发现 C 和 N 间隙合金元素的存在降低了空位迁移速率,使得空位的积累变得困难。另外,就是降低了间隙原子的扩散速率,使得间隙原子和空位的扩散速率更加接近,从而增强了辐照诱导的缺陷的复合和湮灭。最主要是化学短程有序结构形成了稳固的局部结构,阻碍了间隙原子和团簇的迁移,同时也在不断改变这些缺陷复合和重组的速率和途径,从而有效地延缓了空位的生长和位错环的演化。具体的化学短程有序与辐照诱导缺陷之间相互作用如图 13-8 所示。二是通过退火和时效[18]。对退火和时效形成的局部化学有序(LCO)CrCoNi 合金进行辐照损伤情况的 MD 模拟。MD 模拟结果如图 13-9 所示。局部化学有序的存在,使得间隙和空位两种类型的点缺陷的迁移局部化,同时使得间隙和空位的活化能的差值更小,从而使它们有更高的重组概率,更容易在碰撞级联中湮灭。难熔高熵合金中缺陷密度较少,主要是因为化学波动和局部晶格畸变。其会导致粗糙的缺陷能量分布,限制缺陷在局部区域运动和复合,从而影响缺陷积累和扩散[19]。

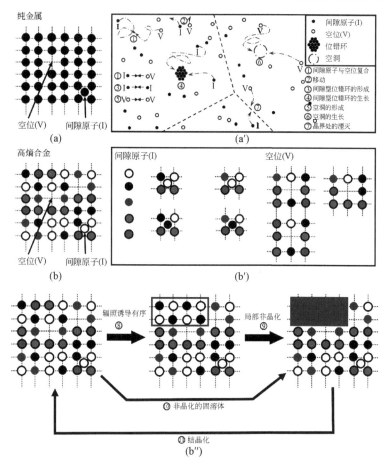

图 13-7　单一组元金属辐照损伤形成和多组元合金自修复过程示意图[6]

（a）、（a′）单一组元金属；（b）、（b′）、（b″）多组元合金

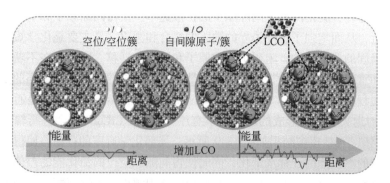

图 13-8　FCC HEA 中 LCO 与辐照诱导缺陷之间相互作用的示意图。箭头用于标记迁移点

缺陷与 LCO 簇之间的相互作用，改变它们的迁移轨迹。底部的示意图

说明了移动缺陷的迁移能量形式[17]

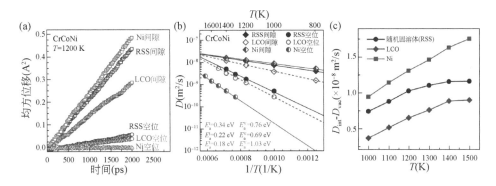

图 13-9　点缺陷在纯 Ni、RSS 和 LCO CrCoNi 样品中的扩散。（a）在 1200K 时空位和间隙的均方位移（MSD）；（b）不同温度下空位和间隙的示踪扩散系数（D）；（c）不同温度下间隙扩散系数（D_{int}）和空位扩散系数（D_{vac}）的差异[18]

13.4　难熔高熵合金的辐照力学性能

13.4.1　难熔高熵合金的辐照研究现状

对于核结构材料的研究来说，目前大部分的研究都集中在面心立方合金，CoCrFeMnNi 等合金及其子体系[20]在系统地改变元素的种类、数量后仍然可以保持稳定的 FCC 结构，而 BCC 系多组元合金由于熔点普遍较高，熔炼较为困难，很难得到比较均匀的成分，因此对其研究较少[21]。但是与面心立方合金相比，体心立方合金的致密度更低，点缺陷扩散系数更大，更加有利于缺陷的复合。另外，体心立方合金在高温辐照下的应用更加有优势[22]。

在考虑抗辐照结构材料时，不仅需要合金在大剂量辐照损伤下保持较低的硬化率和膨胀率，还要保证其在辐照环境（300~800℃）下具有良好的力学性能。W 元素由于其高温性能和低溅射率，作为容器内组件（如聚变反应堆中的分流器和覆盖层）的理想材料，受到了极大地重视[23]。但是 W 在低温下固有的脆性和辐照脆化阻碍了其在聚变反应堆中的应用。Ta 和 Mo 合金具有优异的高温强度和延展性，Ti 元素对改善高熵合金的延展性有很重要的作用。Mo 和 Nb 是提高高温合金耐蚀性的典型元素。低活化元素[24]（Ti、V、Cr、Fe、Hf、Ta、W、Zr、Mn 等）由于较快的放射性衰变以及在受到高能中子辐照后不会活化，便于回收处理并显著降低了放射性污染，可以进一步提高合金的抗辐照性能。

目前，难熔高熵合金在辐照下表现出稳定的相结构、较低的硬化率和较低的氦泡密度。但是在更为恶劣和复杂的核反应堆环境中，辐照可能会诱导产生相分离和沉淀、空腔和膨胀、氢脆化等问题，从而导致材料的脆化或者强度降低以及合金在机械应力下的过早失效[25]。另外，在反应堆长期的工作中，难熔高熵合金在辐照下的长期行为尚未完全了解，这需要更加接近反应堆环境的中子辐照来进一步研究。从而预测难熔高熵合金在核反应堆寿命期间的表现，消除其在安全应用中的不确定性。真实核反应堆环境除了要考虑高能粒子辐照和高温之外，腐蚀、氧化、蠕变和相稳定性等方面也要在接下来的工作中纳入考量，从而建立一个全面的考量标准[26,27]。

13.4.2　难熔高熵合金的高温变形机理

难熔高熵合金在较大的温度范围内表现出良好的强度，使得其成为有前景的核反应堆高温结构材料，但是难熔高熵合金的高强度和良好的塑性不能兼顾。本书作者课题组[28]首先向 NbTaV 合金中添加 Ti 和 W 元素，得到了拥有较好室温压缩性能的 NbTaTiVW RHEA（屈服强度为 1420MPa，断裂应变为 20%）。相比于室温压缩性能，室温拉伸塑性的提升对于难熔高熵合金的实际应用至关重要。目前只有部分难熔高熵合金表现出 5% 以上的室温拉伸塑性，如 TiZrHfNbTa 和 TiZrHfNb 等[29,30]。通过对合金成分比例进行调整或者制备工艺进行优化，从而进一步改善高熵合金强塑性匹配关系，本书作者课题组制备出室温强塑性较好的 $Ti_{37}V_{15}Nb_{22}Hf_{23}W_3$（屈服强度为 980MPa，断裂应变为 19.8%）、$TiZrHfNbMo_{0.1}$（屈服强度为 802MPa，断裂应变为 19.8%）[31,32]、$Ti_2ZrHfV_{0.5}Mo_{0.2}$（屈服强度为 955MPa，断裂应变为 14.1%）和 $Ti_2ZrHfV_{0.5}Mo_{0.2}Ta_{0.25}$（屈服强度为 1044MPa，断裂应变为 13.3%）难熔高熵合金。在核反应堆环境中，研究辐照损伤固然很重要，但是合金在高温环境下的力学性能和变形机理也同样不能忽视。不同于传统 BCC 合金中螺型位错在变形中发挥主导作用，BCC 高熵合金中刃位错也会显著影响材料的变形过程。在铸态 $Ti_{37}V_{15}Nb_{22}Hf_{23}W_3$ RHEA 的高温拉伸实验中，刃位错的比例随着温度的升高而逐渐增加。在 673K 时，30 条位错线中只有七条刃位错，如图 13-10 所示。当温度升高到 873K 时，30 条位错线中有 17 条刃位错，如图 13-11 所示。当温度达到 1073K 时，15 条位错线中有 14 条刃位错，剩下的位错是混合位错，如图 13-12 所示。随着温度的升高，导致合金塑性变形的位错类型逐渐从螺型位错转变为刃位错。这主要是由于在高温下螺型位错的滑移速率低于刃位错的滑移速率[33]。

13.4.3　难熔高熵合金辐照损伤机理

1. 难熔高熵合金辐照晶格收缩

在离子辐照对合金结构与组织影响的研究范畴内，BCC 结构的难熔高熵合金

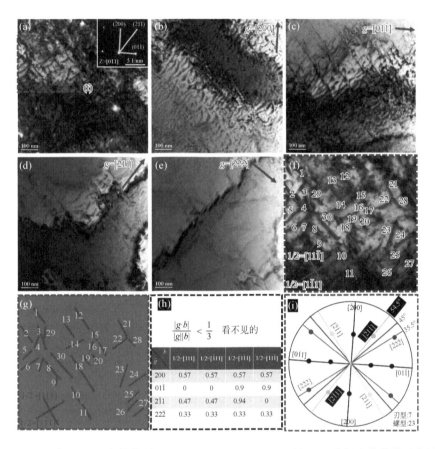

图 13-10　在 673K 下拉伸断裂后 $Ti_{37}V_{15}Nb_{22}Hf_{23}W_3$ RHEA 的 TEM 表征和位错类型分析
（a）亮场 TEM 图像和 SAED 分析；（b）~（e）在 673K 下沿区轴 [011] 不同 g 矢量的形变试样位错的双光束亮场 TEM 图像，在每个图像中，用箭头所示的方向标注 g 向量；（f）（a）中方框区域的放大位错区域，Burgers 向量由投影的立方点阵确定，深色线和浅色线分别表示 1/2 [11$\bar{1}$] 和 1/2 [1$\bar{1}$1]；（g）（f）中标注的位错线示意图，其中位错编号为 1~30，用于位错线方向分析，这些位错是根据它们各自的 Burgers 向量来着色的；（h）在（g）中使用的成像条件下，可能的 Burgers 向量的归一化 $g \cdot b$ 值，$\dfrac{|g \cdot b|}{|g \cdot b|} < \dfrac{1}{3}$ 的绝对值是看不见的；（i）与 [011] 取向相关的立体投影，确定了（g）中所有可能的位错线 ξ 与 Burgers 向量 b 之间的关系，如果 ξ 平行于 b，位错类型为螺型位错[33]

展现出与传统合金截然不同的行为特征。具体而言，当难熔高熵合金遭受 He^+ 辐照时，它们倾向于发生晶格收缩，而非如 316L、304H 或 Zr-Nb 等传统合金那般出现晶格膨胀。大连理工大学卢一平课题组[34]揭示了新型耐辐照难熔高熵合金 $Ti_2ZrHfV_{0.5}Mo_{0.2}$ 的独特现象：离子辐照导致其晶格常数异常下降。这一现象归因于合金中因溶质原子尺寸差异产生的极端晶格畸变，而辐照作用缓解了这种畸

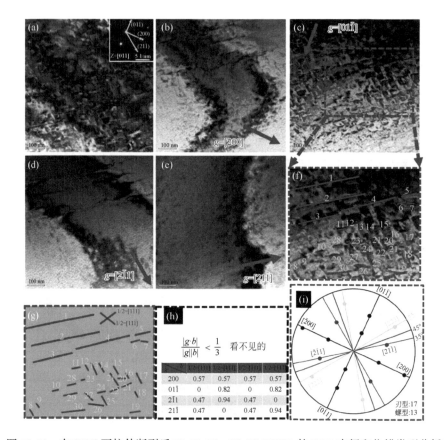

图 13-11　在 873K 下拉伸断裂后 $Ti_{37}V_{15}Nb_{22}Hf_{23}W_3$ RHEA 的 TEM 表征和位错类型分析

（a）亮场 TEM 图像和 SAED 分析；（b）~（e）在 873K 下沿区轴 [011] 不同 g 矢量的形变试样位错的双光束亮场 TEM 图像，在每个图像中，用箭头所示的方向标注 g 向量；（f）（a）中方框区域的放大位错区域，Burgers 向量由投影的立方点阵确定，深色线和浅色线分别表示 1/2 $[1\bar{1}1]$ 和 1/2 $[11\bar{1}]$；（g）（f）中标注的位错线示意图，其中位错编号为 1~30，用于位错线方向分析，这些位错是根据它们各自的 Burgers 向量来着色的；（h）在（g）中使用的成像条件下，可能的 Burgers 向量的归一化 $g \cdot b$ 值，$\dfrac{|g \cdot b|}{|g| \cdot |b|} < \dfrac{1}{3}$ 的绝对值是看不见的；（i）与 [011] 取向相关的立体投影，确定了（g）中所有可能的位错线方向 ξ 与 Burgers 向量 b 之间的关系，如果 ξ 平行于 b，位错类型为螺型位错[33]

变，从而引发晶格收缩。同时，北京大学付恩刚团队[35]则在探究氦离子辐照对 BCC 结构 V、VCr、VCrFe 及 VCrFeMn 合金的影响时，观察到随着成分复杂性的提升，4 种材料辐照后均出现不同程度的晶格收缩。团队推测，这种晶格收缩源于氦泡在材料中形成并挤压周围晶格所致。兰州理工大学的刘德学等[16]在考察单相 BCC 结构 Zr-Nb-Ti 体系中熵合金的抗辐照性能时，亦发现辐照后合金的晶格常数异常减小，同样归因于辐照缓解了难熔高熵合金的极端晶格畸变，导致晶

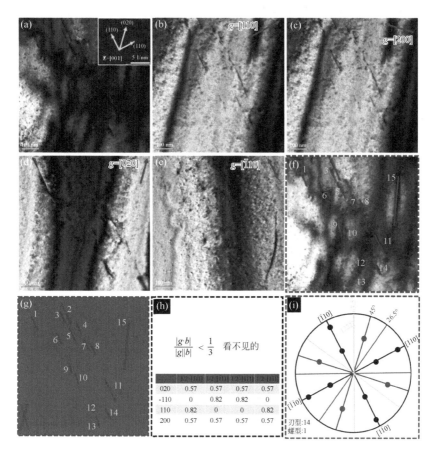

图 13-12　在 1073K 下拉伸断裂后 $Ti_{37}V_{15}Nb_{22}Hf_{23}W_3$ RHEA 的 TEM 表征和位错类型分析
（a）亮场 TEM 图像和 SAED 分析；（b）~（e）在 1073K 下沿区轴［011］不同 g 矢量的形变试样位错的双光束亮场 TEM 图像，在每个图像中，用箭头所示的方向标注 g 向量；（f）（a）中方框区域的放大位错区域，Burgers 向量由投影的立方点阵确定，深色线和浅色线分别表示 1/2［1$\bar{1}$1］和 1/2［11$\bar{1}$］；（g）（f）中标注的位错线示意图，其中位错编号为 1~15，用于位错线方向分析，这些位错是根据它们各自的 Burgers 向量来着色的；（h）在（g）中使用的成像条件下，可能的 Burgers 向量的归一化 $g \cdot b$ 值，$\dfrac{|g \cdot b|}{|g| \cdot |b|} < \dfrac{1}{3}$ 的绝对值是看不见的；（i）与［011］取向相关的立体投影，确定了（g）中所有可能的位错线 ξ 与 Burgers 向量 b 之间的关系，如果 ξ 平行于 b，位错类型为螺型位错[33]

格收缩。本书作者课题组利用 XRD 测试技术，研究了 180keV 不同剂量 He⁺ 辐照对 $Ti_2ZrHfV_{0.5}Mo_{0.2}$ 和 $Ti_2ZrHfV_{0.5}Mo_{0.2}Ta_{0.25}$ 两种难熔高熵合金晶体结构的影响。如图 13-13 所示，与未辐照的样品相比，低离子剂量（1×10^{16} cm⁻²）辐照下，两合金的（110）衍射峰向大 2θ 角偏移，晶格常数减小；当剂量增至 5×10^{16} cm⁻² 和 1×10^{17} cm⁻² 时，晶格常数增大。在 1×10^{16} cm⁻² 剂量 He⁺ 辐照下，两种难熔高熵合金因溶质原子尺寸差异产生极端晶格畸变，但辐照后应力松弛缓和了晶格畸变，导致晶格收缩，与传统合金的晶格膨胀相反。难熔高熵合金中高浓度平衡空位可以有效捕获氦原子，减少畸变，降低晶格常数[34]。低剂量时，由于级联碰撞效应会产生大量空位和自间隙原子，He$^+$注入后会优先与空位结合形成 He 泡核[36]，以及自间隙原子之间结合形成位错。辐照剂量增加至 $5×10^{16}$ cm^{-2} 和 $1×10^{17}$ cm^{-2} 时，He 空位团簇吸收 He 原子和空位生长为大气泡，挤压周围晶格形成 Frankel 缺陷，同时团簇长大为氦泡[35]，间隙原子聚集为位错环或层错四面体[37,38]，导致晶格膨胀。

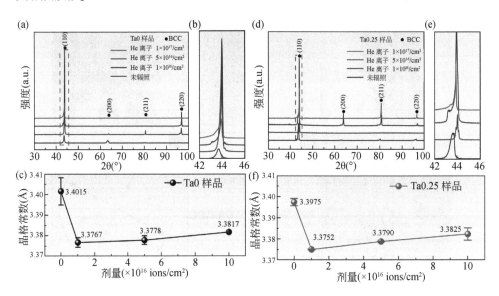

图 13-13　(a) $Ti_2ZrHfV_{0.5}Mo_{0.2}$，(d) $Ti_2ZrHfV_{0.5}Mo_{0.2}Ta_{0.25}$辐照前后的 XRD 图，(b)、(e) 是 (110) 峰的局部放大图，(c) $Ti_2ZrHfV_{0.5}Mo_{0.2}$，(f) $Ti_2ZrHfV_{0.5}Mo_{0.2}Ta_{0.25}$ 的晶格参数随辐照剂量的变化

2. 难熔高熵合金辐照位错环

位错环是高能离子辐照金属引入的一种典型的微观缺陷，直接影响材料的服役行为，是导致核材料性能恶化的罪魁祸首之一。位错环在低的辐照剂量下就开始形核与生长，研究位错环可以大大降低辐照实验难度。离子注入合金所导致的损伤并不是均匀分布的，而是损伤程度随着注入深度的增加而增加至峰值后又随深度的增加而减小[32]。本书作者课题组使用球差矫正透射电镜（TEM）对 $Ti_2ZrHfV_{0.5}Mo_{0.2}$ 和 $Ti_2ZrHfV_{0.5}Mo_{0.2}Ta_{0.25}$ 两种难熔高熵合金辐照损伤峰值处诱导的位错环进行了表征和尺寸测量，如图 13-14 所示。在 $1×10^{17}/cm^2$ 氦离子辐照剂量下，$Ti_2ZrHfV_{0.5}Mo_{0.2}$ 难熔高熵合金表现出较高密度和较大尺寸的位错环，且出现

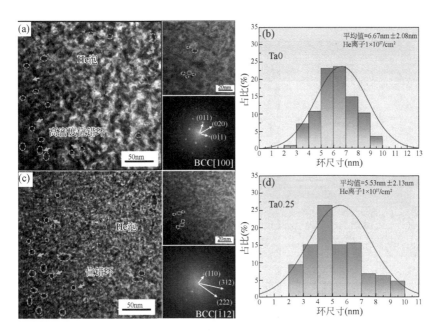

图 13-14　(a) $Ti_2ZrHfV_{0.5}Mo_{0.2}$ 在 $1×10^{17}/cm^2$ He^+辐照剂量下的峰值区域微观组织的 TEM-BF 图,以及相应的 HRTEM 图和 FFT 图,(b) $Ti_2ZrHfV_{0.5}Mo_{0.2}$ 在 $1×10^{17}/cm^2$ He^+辐照剂量下的峰值区域的位错环的尺寸分布情况,(c) $Ti_2ZrHfV_{0.5}Mo_{0.2}Ta_{0.25}$ 在 $1×10^{17}/cm^2$ He^+辐照剂量下的峰值区域微观组织的 TEM-BF 图,以及相应的 HRTEM 图和 FFT 图,(d) $Ti_2ZrHfV_{0.5}Mo_{0.2}Ta_{0.25}$ 在 $1×10^{17}/cm^2$ He^+辐照剂量下的峰值区域的位错环的尺寸分布情况

小位错环聚集的现象,位错环平均尺寸为 6.67nm。$Ti_2ZrHfV_{0.5}Mo_{0.2}Ta_{0.25}$ 难熔高熵合金的位错环分布比较分散,位错环平均尺寸仅为 5.53nm。Ta 元素的加入抑制了位错环的聚集和生长。主要原因是 Ta 的加入不仅提高了化学复杂性,而且由于难熔高熵合金各组元元素原子间相互作用不同,产生了大的局部晶格畸变和短程有序化提高了对辐照后产生的缺陷(间隙原子和空位)的钉扎能力并阻碍了缺陷的积累。另外位错环的尺寸会随辐照剂量的增加而增加。如图 13-15 所示,当氦离子辐照剂量从 $1×10^{16}/cm^2$ 增加至 $5×10^{16}/cm^2$ 时,位错环的平均尺寸由 4.61nm 增加到 5.37nm。在材料受到辐照时,会产生大量的离位原子,这些离位原子通过扩散、迁移乃至相互结合,形成位错和空洞等缺陷。随着辐照剂量的增加,产生的离位原子数量增多,从而有更多的原子参与形成位错环,导致位错环的尺寸增加[39]。随着辐照剂量的增加,形成的位错环数量增多,这些位错环之间可能会发生交叠和合并,合并后的位错环形成更大的尺寸。特别是在高温下,由于间隙原子的迁移能更小,更容易聚集成团簇,不断形成大尺寸位错环,

直至其位错环断裂，变成线性位错。

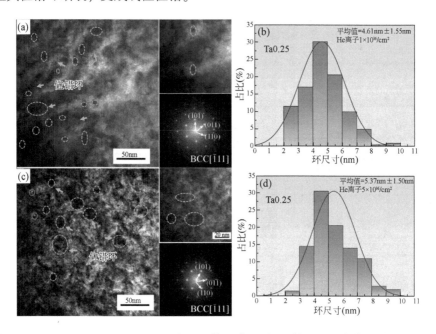

图 13-15　（a）Ti$_2$ZrHfV$_{0.5}$Mo$_{0.2}$Ta$_{0.25}$ 在 $1\times10^{16}/$cm^2 He$^+$辐照剂量下的峰值区域微观组织的 TEM-BF 图，以及相应的 HRTEM 图和 FFT 图，（b）Ti$_2$ZrHfV$_{0.5}$Mo$_{0.2}$Ta$_{0.25}$ 在 $1\times10^{16}/$cm^2 He$^+$辐照剂量下的峰值区域的位错环的尺寸分布情况，（c）Ti$_2$ZrHfV$_{0.5}$Mo$_{0.2}$Ta$_{0.25}$ 在 $5\times10^{16}/$cm^2 He$^+$辐照剂量下的峰值区域微观组织的 TEM-BF 图，以及相应的 HRTEM 图和 FFT 图，（d）Ti$_2$ZrHfV$_{0.5}$Mo$_{0.2}$Ta$_{0.25}$ 在 $5\times10^{16}/$cm^2 He 离子辐照剂量下的峰值区域的位错环的尺寸分布情况

3. 难熔高熵合金辐照氦泡

核工程材料中，He 的存在是导致材料性能恶化的重要因素之一，材料中 He 的来源之一是入射中子与核素（n，α）嬗变反应而产生，另一个来源是 D-T 聚变反应产生的氦。He 对微观结构的影响主要是形成氦泡，氦泡是金属材料在受到高能粒子（如氦离子）辐照后产生的一种典型辐照缺陷。高熵合金中氦泡成核机制、迁移行为和能量关系与传统合金钢（奥氏体不锈钢）相似，主要受辐照温度、辐照剂量、氦原子在材料中的迁移能和氦原子在材料中的溶解度等因素控制。但与纯金属和传统合金钢相比，高熵合金特别是难熔高熵合金具有更强的氦泡抑制能力，因为高熵合金中的晶格畸变可以作为空位和辐照产生的氦原子的陷阱，从而降低氦的浓度和扩散速率，阻碍氦泡的聚集。同时，固溶体元素内部

应力的波动会进一步阻碍氦的扩散和氦泡的形成。此外，由于高熵合金中的高熵效应、严重的晶格畸变和化学无序性，辐照产生的空位等缺陷数量减少，扩散能力下降，都减慢了氦原子的扩散，抑制了氦泡的生长。本书作者课题组主要分析了 $Ti_2ZrHfV_{0.5}Mo_{0.2}$ 和 $Ti_2ZrHfV_{0.5}Mo_{0.2}Ta_{0.25}$ 两种难熔高熵合金在 $1\times10^{17}/cm^2 He^+$ 辐照下峰值区域的氦泡分布情况。如图 13-16 所示，$Ti_2ZrHfV_{0.5}Mo_{0.2}$ 难熔高熵合金峰值区域的氦泡尺寸相对较大且均匀分布，氦泡平均尺寸约为 6.62nm，氦泡形状多为椭球形，氦气泡的形状很大程度上取决于气泡中的 He 与空位的比率，或气泡内压力与氦密度的比值。而 $Ti_2ZrHfV_{0.5}Mo_{0.2}Ta_{0.25}$ 难熔高熵合金峰值区域的氦泡尺寸要更小，分布更加密集，氦泡的平均尺寸仅为 3.31nm。显然 Ta 元素的加入提高了化学复杂性，产生了局部晶格畸变与短程有序化，从而抑制了难熔高熵合金中氦泡的生长和聚集，提高了难熔高熵合金的抗辐照性能。

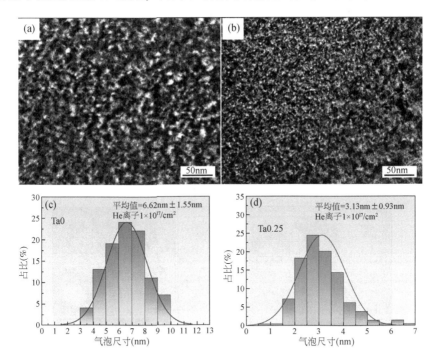

图 13-16　（a）$Ti_2ZrHfV_{0.5}Mo_{0.2}$，（b）$Ti_2ZrHfV_{0.5}Mo_{0.2}Ta_{0.25}$ 在 $1\times10^{17}/cm^2 He^+$ 辐照后峰值区域的氦泡的 TEM-BF 图像；（c）$Ti_2ZrHfV_{0.5}Mo_{0.2}$，（d）$Ti_2ZrHfV_{0.5}Mo_{0.2}Ta_{0.25}$ 在 $1\times10^{17}/cm^2$ 的峰值区域的氦泡的尺寸分布情况

4. 氦泡对位错环的影响

目前绝大部分关于氦离子辐照合金的研究都聚焦于氦泡方面。相比之下，氦

泡对位错环的影响则研究的很少。实际上，材料中一旦有了 He，就能捕获空位，引起空位迁移能的增加，并导致与空位复合湮灭的间隙原子数减少，更多的间隙原子有机会存活下来参与位错环的演变，从而必然影响位错环的生长。例如，中国科学院黄鹤飞团队[40]利用原位透射电子显微镜（TEM）技术，深入观察了 Ni 基合金 GH3535 在 30keV 的 H^{2+} 与 He^+ 双束离子辐照条件下的行为，分析了辐照剂量及预先存在的位错环对氦泡与位错环演变的具体影响。研究发现，在缺乏足够空位的情况下，氦泡倾向于形成面状结构，这种结构不仅能对位错环产生冲压效应，还能诱发棱柱位错环的发射。同样在高熵合金中，氦泡的生长促进位错环的生长和演化。北京大学傅恩刚课题组[41]探讨了含钯（Pd）的高熵合金在氦离子辐照下的微观结构的演变，包括位错环和氦泡的形核、合并和尺寸变化。如图 13-17 所示，每个氦泡周围都可以观察到多个位错环。这些位错环沿氦泡几乎对称分布，可以看作是由环冲压机制产生的完美环。本书作者课题组在使用球差矫正透射电镜（TEM）对氦离子辐照后的 $Ti_2ZrHfV_{0.5}Mo_{0.2}$ 和 $Ti_2ZrHfV_{0.5}Mo_{0.2}Ta_{0.25}$ 难熔高熵合金进行观察时，也发现了氦泡周围有位错环的生成，如图 13-14 所示。氦泡可能促进位错环的成核与生长，一方面位错环通过环冲压机制产生，环冲压机制可以描述为在氦泡生长的过程中在周围产生应力场，当应力场足够大时，相邻的原子可以直接从晶格中挤出，这些被挤压出的原子倾向于演化成位错环。这表明氦泡可以在基体中产生不可忽略的应力场。另一方面氦泡在长大过程中需要不断吸收空位，导致可以与间隙原子重新组合的空位数显著减少，这就导致了更多存活的间隙原子参与位错环的形成和生长。

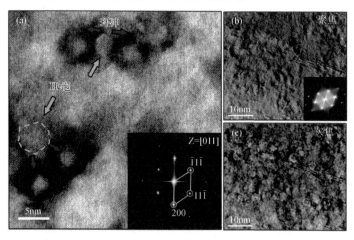

图 13-17　（a）25Pd 样品在氦离子辐照至 $5×10^{16}cm^{-2}$ 通量后，其典型环冲压机制的 STEM-BF 图像，以及在（b）聚焦和（c）欠聚焦时拍摄的气泡周围应力变形的 TEM-BF 图像，（a）和（b）中的插图是相应的 FFT 图案，（a）中的虚线圆圈和浅色箭头标记了氦泡[41]

13.4.4　离子辐照硬化机理

辐照引起的硬化、脆化、蠕变等力学性能变化是辐照损伤最重要的考量因素之一。在室温和高温力学性能较好的合金中，本书作者课题组通过对离子辐照样品进行纳米压痕来研究 $TiZrHfNbMo_{0.1}$、$Ti_2ZrHfV_{0.5}Mo_{0.2}$ 和 $Ti_2ZrHfV_{0.5}Mo_{0.2}Ta_{0.25}$ 难熔高熵合金的辐照硬化。当离子注入机产生的氦离子经过引出电压和加速电压部分之后，注入位于靶室的合金样品上。氦离子注入表面层会使得一部分原子离开平衡位置，通过碰撞级联的作用，从而产生空位和间隙原子等点缺陷。之后，这些点缺陷进行一定的扩散、聚集和湮灭等行为。间隙原子聚集会形成间隙型位错环，空位聚集能够形成空洞、层错四面体（SFT）和空位型位错环[27]。另外，空位可以和辐照过程产生的氦原子形成氦-空位团簇，随着团簇中氦原子的增加，团簇挤压并挤出基体原子形成缺陷对，新形成的空位继续捕获氦原子，从而促进氦泡成核。在氦泡形成过程中，材料中存在的晶界和扩展缺陷会成为氦泡优先成核和生长的位置。氦泡在氦浓度较低时，只是以原子的形式孤立存在。在氦浓度达到阈

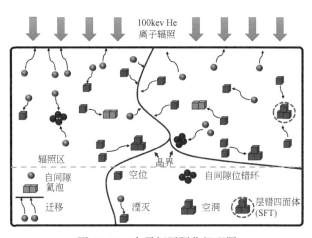

图 13-18　离子辐照硬化机理图

值之后，才会出现形核和生长。辐照诱导缺陷在不同程度上阻碍了合金中位错的迁移，造成了辐照硬化。特别是在辐照损伤的峰值位置，会出现更高密度的辐照诱导缺陷。具体的离子辐照产生辐照硬化的机理图如图 13-18 所示。

13.4.5　离子辐照硬化模型

1. Nix-Gao 模型

由于离子辐照下辐照深度有限（通常在几十微米以内），且辐照缺陷分布不均匀，纳米压痕作为一种有效而便捷的方法，被广泛用于离子辐照金属材料的薄表面层[42,43]。大量研究表明[44-47]，辐照的晶体材料中存在和未辐照材料类似的压痕尺寸效应（ISE），即测量的硬度随着压痕深度的增加而降低，如图 13-19 所示。此外，材料在压痕实验下的行为显示出类似的趋势：①与未辐照材料的压痕

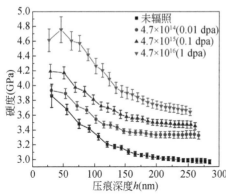

图 13-19　热处理后 TiZrHfNbMo$_{0.1}$ 合金不同辐照剂量下压痕硬度随深度变化[32]

类似，离子辐照材料中也存在压痕尺寸效应，其中观察到硬度随着压痕深度的减小而增加，尤其是在亚微米深度范围内，这种现象更加明显；②存在损伤梯度效应，即硬度通常随着辐照缺陷密度的增加而增加，并最终随着辐照剂量的进一步增加而达到上限；③存在一种软基底效应，即存在一个阈值压痕深度，超过该阈值，硬度与深度的关系曲线会发生显著变化，表明压痕诱导的塑性区已经深入未辐照材料中。采用 Nix 和 Gao 提出的模型[45]来描述压痕尺寸效应，具体如下：

$$H = H_0 \sqrt{1+(h^*/h)} \tag{13-1}$$

式中，H_0 表示无限深度处的硬度；H 表示深度为 h 处的硬度；h^* 为特征长度，取决于压痕材料的性质和压头尖端的几何形状。通过 Nix-Gao 模型，将硬度（H）的平方绘制为压痕深度（h）的倒数，可以拟合得到 H_0 和 h^* 值。辐照样品的 H^2 与 h^{-1} 线性曲线中会出现一个拐点，从而使得 Nix-Gao 模型在较深处不能完整地拟合整个硬度随深度变化的过程。这个拐点是由于压头形成的塑性区接触了未被辐照的区域，辐照区和未辐照区的软硬程度不一样[48]。另外，Nix-Gao 模型中的 h^* 的值越大，也在一定程度表明其抗辐照性能越好。

2. 考虑尺度因子的辐照硬化模型[32]

Nix-Gao 模型作为描述压痕尺寸效应的通用模型，不能捕获辐照诱导产生的缺陷导致的硬化，也不能反映软基体效应。Orowan 模型不能反映离子辐照材料中不均匀的缺陷分布。因此，Xiao 等[46]构建了一个硬度随深度变化的新模型来解决这些问题。模型考虑两部分：位错的相互作用和辐照诱导缺陷的相互作用。通过随深度变化的辐照诱导缺陷密度的变化，把损伤梯度效应的影响也加入模型中。具体的模型如下：

$$H_{irr} = \begin{cases} H_0 \sqrt{1+\dfrac{\bar{h}^*}{h}+\dfrac{A^2 \bar{h}^* h^n}{(n+1)(n+3)(h_c^{sep})^{n+1}}}, & h \leq h_c^{sep} \\ H_0 \sqrt{1+\dfrac{\bar{h}^*}{h}+\dfrac{A^2 \bar{h}^*}{2h}\left[\dfrac{1}{n+1}-\dfrac{(h_c^{sep})^2}{(n+3)h^2}\right]}, & h > h_c^{sep} \end{cases} \tag{13-2}$$

$$A = \frac{\beta}{\alpha} M \sqrt{2b\tan\theta \, L_\mathrm{d} N_\mathrm{def}^0 d_\mathrm{def}} \qquad (13\text{-}3)$$

式中, H_irr 为辐照的硬度。$\bar{h}^*$ 和 H_0 分别由 $\bar{h}^* = h^*/M^3$ 和 $H_0 = 3\sqrt{3}\mu b\alpha\sqrt{\bar{\rho}_\mathrm{s}}$ 得到。A 为硬化系数 α 与 β 的比值、压头几何形状 θ、比值系数 M、缺陷尺寸 d_def 和辐照损伤状态(以 N_def^0 和 L_d 表示)相关的系数。通过压头造成的塑性区接触未辐照的软基体为界限,即压头深度为 $h_\mathrm{c}^\mathrm{sep}$ 时,将模型分为两部分。由于当 $N_\mathrm{def}^0 = 0$ 时,该方程很容易简化为未辐照材料的 Nix-Gao 模型,所以可以通过未辐照材料的 Nix-Gao 模型数据拟合得到未知参量 H_0 和 $\bar{h}^*$ 的值。之后将实验得到的 H_irr-h 曲线转化为 $g(h) \equiv [(H_\mathrm{irr}/H_0)^2 - \bar{h}^*/h - 1]$-$h$ 曲线,具体如下:

$$g(h) \equiv \left(\frac{H_\mathrm{irr}}{H_0}\right)^2 - \frac{\bar{h}^*}{h} - 1 = K_\mathrm{irr} = \begin{cases} P\,h^n, & h \leq h_\mathrm{c}^\mathrm{sep} \\ Z\dfrac{1}{h} - Q\dfrac{1}{h^3}, & h > h_\mathrm{c}^\mathrm{sep} \end{cases} \qquad (13\text{-}4)$$

式中,

$$P = \frac{A^2\,\bar{h}^*}{(n+1)(n+3)(h_\mathrm{c}^\mathrm{sep})^{n+1}}, \quad Z = \frac{P}{2}(n+3)(h_\mathrm{c}^\mathrm{sep})^{n+1}, \quad Q = \frac{P}{2}(n+1)(h_\mathrm{c}^\mathrm{sep})^{n+3}$$

$$(13\text{-}5)$$

通过以上公式可知,辐照过后在样品表面产生了一个辐照层。随着纳米探针压痕的压入,会在探针下方产生一个塑性区(离子辐照过的样品的具体的纳米压痕情况在图 13-20 中表现出来)。式 (13-4) 右侧的 K_irr 代表去除合金未辐照的压痕尺寸效应后留下的由辐照诱导缺陷引起的硬化部分。这一部分和压头下塑性区内的平均辐照诱导缺陷密度呈现正相关。在 $h \leq h_\mathrm{c}^\mathrm{sep}$ 区域,$g(h) = Ph^n$ 随着压痕深度 h 的

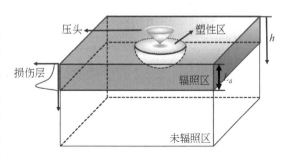

图 13-20 离子辐照金属试样的纳米压痕示意图[32]

增加而增加。在 $h_\mathrm{c}^\mathrm{sep} < h \leq h_\mathrm{c}^\mathrm{max}$ 区域,$g(h) = Z/h - Q/h^3$ 随着压痕深度 h 的增加而增加,直到达到阈值深度 $h_\mathrm{c}^\mathrm{max}$,$g(h) = Z/h - Q/h^3$ 达到最大值。当 $h > h_\mathrm{c}^\mathrm{max}$ 时,$g(h) = Z/h - Q/h^3$ 随着深度的增加而单调减小。$g(h) = Z/h - Q/h^3$ 出现这种现象的原因是当 $h \leq h_\mathrm{c}^\mathrm{sep}$ 时,随着压痕深度 h 的增大,塑性区向缺陷密度较高的材料中扩展得更深,因此塑性区上的平均缺陷密度增大。当 $h > h_\mathrm{c}^\mathrm{sep}$ 时,塑性区刚刚接触到未辐照区域,塑性区向周围扩展,包含了更多体积的有高缺陷密度的材料,因此塑性区的平均缺陷密度仍然随着压痕深度 h 的增加而增加。在 $h = h_\mathrm{c}^\mathrm{max}$ 之后,当辐照区以

下的塑性区部分足够大时，塑性区上的平均缺陷密度开始随着压痕深度 h 的进一步增大而减小。

在 100keV 室温 He 离子辐照实验中，本书作者课题组对 1100℃/h 均匀化热处理之后的 TiZrHfNbMo$_{0.1}$ 难熔高熵合金进行 3 个剂量的离子注入实验，辐照通量分别为 $4.7×10^{14}$ ions/cm^2（0.01dpa）、$4.7×10^{15}$ ions/cm^2（0.1dpa）和 $4.7×10^{16}$ ions/cm^2（1dpa）。在参数化过程中，由于受到塑性区大小的参数 M 影响，不同剂量下 $\bar{h}^*$ 值有所改变。本书作者课题组对 M 添加了尺度因子 f 来描述，$R_s = f·R = fM·h$，R_s 为尺度因子 f 修正后的塑性区半径[49]，由此得到了更加贴合 TiZrHfNbMo$_{0.1}$ 难熔高熵合金的函数关系[32]：

$$\varphi(h) \equiv \left(\frac{H_{\mathrm{irr}}}{H_0}\right)^2 \frac{\bar{h}^*}{f^3 h} - 1 = K_{\mathrm{irr}} = \begin{cases} Ph^n, & h \leqslant h_c^{\mathrm{sep}} \\ Z\dfrac{1}{h} - Q\dfrac{1}{h^3}, & h > h_c^{\mathrm{sep}} \end{cases} \tag{13-6}$$

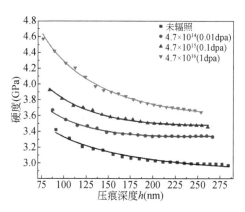

图 13-21　未辐照和不同剂量辐照下热处理的合金硬度随深度变化的对应点和比例因子 f 修正模型对应曲线[32]

在去除受到表面影响较大的小于 80nm 的数据点之后，通过调整尺度因子 f 值，可以得到式（13-6）最右侧辐照硬化部分在特定尺度因子范围内的硬化趋势，即随着深度增加，硬化程度不断增加，在峰值损伤处存在硬化程度最高的区域，如图 13-21 所示。在考虑尺度因子 f 的情况下，辐照之后随着深度变化的硬化模型可以很好地描述辐照之后压痕的尺寸效应，最终拟合结果如图 13-22 所示。

3. 尺度因子对塑性区的影响[32]

在离子辐照金属试样的纳米压痕中，离子辐照引起的缺陷分布在表面正下方的辐照区域。在纳米压痕的压头向下压的过程中，产生的半球形的塑性区有所变化[50]。由本节辐照硬化模型参数化得到的 f 的变化列在表 13-1。随着辐照剂量的增加，尺度因子 f 不断减小，因此，塑性区半径不断减小。这和很多钢和合金[51-53] 的 TEM 和有限元模拟得到的结果是一致的。例如，辐照后的 Fe-9% Cr-ODS 纳米压痕显示，在中子辐照和离子辐照下合金的归一化塑性区尺寸均减小。在氢氦离子辐照的 V-4Ti 合金的纳米压痕中，塑性区的最大深度随着损伤程度的增加而减小。

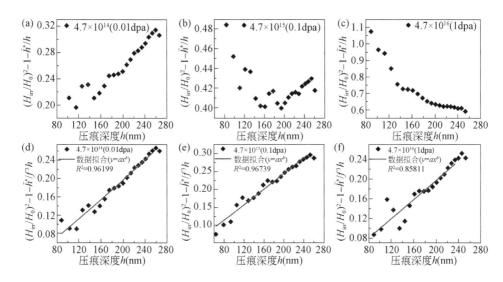

图 13-22 (a)~(c)热处理后合金在不同剂量下 $g(h)$-h 的对应点；(d)~(f)不同剂量
下经过尺度因子 f 修正后的 $\varphi(h)$-h 的对应点以及拟合曲线[32]

表 13-1 不同 dpa 下合金对应的 h_c^{max} 和 h_c^{sep} 以及尺度因子 f[32]

dpa	h_c^{sep} （nm）	h_c^{max} （nm）	f
0.01	210	260	0.928±0.055
0.1	207	254	0.838±0.040
1	165	247	0.709±0.011

f 反映了位错储存范围的空间大小，与位错的成核和运动有密不可分的联系。在纳米压痕过程中，位错激活是一个应力偏置的热激活过程，在这个过程中，临界应力和激活体积 V 是重要的[54,55]。随着图 13-23 中辐照剂量的增加，Pop-in 出现所需的载荷越大。说明辐照剂量越大的情况下，位错形核越来越困难，形核所需的临界分剪切应力也越大。Pop-in 的宽度越宽，说明压头下的形核的位错密度越大[56,57]。1dpa 下的 Pop-in 不可见主

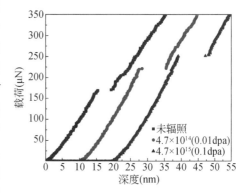

图 13-23 未辐照和不同剂量辐照下，
热处理后合金的 Pop-in。为了对比清晰，
曲线进行了平移[32]

要可能是因为在较高的辐照损伤下，材料中已经存在位错，材料通过原有位错激活来实现塑性变形，所以 Pop-in 现象可能不明显。面对不断增加的形核位错密度和不断减小的塑性区，可以预见的是位错的激活体积可能会有一定的减小。

此外，对于位错密度来说，统计存储位错密度保持不变。几何必要位错与 f 的关系如下：

$$\rho_{\text{GND}} = \frac{\lambda}{V} = \frac{\dfrac{\pi h R}{b}}{\dfrac{2}{3}\pi R_{\text{s}}^{3}} = \frac{3}{2}\frac{hR}{bf^{3}R^{3}} = \frac{3}{2}\frac{1}{f^{3}}\frac{\tan^{2}\theta}{bh} \tag{13-7}$$

在纳米压痕的浅层中，几何必要位错密度占主导地位[49,58]，式（13-7）中的几何必要位错密度随着尺度因子 f 的减小而增加。这也说明了压头下的几何必要位错的形核位错密度随着剂量的增加而不断增加。这也和图 13-23 的 Pop-in 得到的结论相互印证。

与纯金属相比，由于本身更大的晶格畸变等因素，难熔高熵合金的塑性区更小。在离子辐照中，离子注入样品之后，会使得原子离位产生空位和间隙原子等缺陷，缺陷聚集会产生位错环、空洞和层错四面体等。缺陷和氦离子结合形成氦泡。以上这些辐照诱导缺陷都会导致合金的晶格畸变的增大，这也是大多数合金和钢会出现的情况。很少会出现 $Ti_2ZrHfV_{0.5}Mo_{0.2}$ 难熔高熵合金在辐照后峰向右偏移，晶格常数减小的异常 XRD 现象[34]。严重的晶格畸变[59]会抑制位错的滑移，从而抑制塑性区的扩展。因此，反映塑性区尺寸的尺度因子可以一定程度上反映材料的抗辐照性能。

在 Xiao 等[46]之前的模型中，未辐照和辐照下的塑性区尺寸是相同的。该模型可以很好地拟合不同剂量离子辐照下 A508-3 钢和 16MND5 钢的纳米压痕结果。然而，在高熵合金中，在未辐照和不同剂量离子辐照下，改变塑性区的尺寸才能更好地拟合不同剂量离子辐照的纳米压痕结果。这主要是因为辐照缺陷数量的增加，加上高熵合金特有的严重晶格畸变和缓慢扩散，导致存储几何必要位错的塑性区尺寸发生显著变化。考虑尺度因子的辐照硬化模型将更加详细地描述高熵合金辐照层整体硬度随深度的变化。

13.4.6　离子硬化模型的修正与优化

由于离子辐照材料的损伤梯度有限，理论上分析离子辐照材料的硬化行为并不容易。为了完全分离出辐照诱导缺陷导致的硬化，在研究中不仅要充分考虑缺陷的梯度分布、压痕尺寸效应（ISE）、未辐照软基底效应（SSE）以及离子辐照对压痕塑性区的影响[32]，而且辐照引起的缺陷不仅会导致材料的硬化还会增强材料的弹性恢复行为[51]，材料本身的位错硬化、固溶硬化、晶界硬化和沉淀硬化等因素也会带来额外的硬化效应[60]，这些都需要在研究中予以综合考量。本书作者课题组在之前研究的离子辐照硬化模型中进行了完善与补充。

分析模型的初始理论，基于 Mises 流动定律，流变应力 σ 确定为 $\sigma = \sqrt{3} \tau_{\text{CRSS}}$，其中 τ_{CRSS} 表示临界分剪切应力，进一步，通过 Tabor 因子[61]得到纳米压痕硬度 H 与流变应力 σ 之间的关系，即 $H = 3\sigma$。建立硬度与临界分剪切应力之间的直接关系：

$$H = 3\sqrt{3} \tau_{\text{CRSS}} \tag{13-8}$$

在离子辐照材料的研究中，为了表征 τ_{CRSS}，通常采用两种叠加模型即线性叠加模型和平方叠加模型。其中，平方叠加模型因其能更准确地评估离子辐照材料的硬化行为，而在先前的研究中得到了广泛应用。辐照前，由于在合金中不存在辐照诱导的缺陷，所以辐照前的临界分剪切应力为 $\tau_{\text{CRSS}}^{\text{unirr}} = \sqrt{\tau_{\text{dis}}^2 + \tau_{\text{GB}}^2 + \tau_{\text{pp}}^2 + \tau_{\text{ss}}^2}$，辐照后的临界分剪切应力则为 $\tau_{\text{CRSS}}^{\text{unirr}} = \sqrt{\tau_{\text{dis}}^2 + \tau_{\text{def}}^2 + \tau_{\text{GB}}^2 + \tau_{\text{pp}}^2 + \tau_{\text{ss}}^2}$，式中，$\tau_{\text{dis}}$，$\tau_{\text{def}}$，$\tau_{\text{GB}}$，$\tau_{\text{pp}}$，$\tau_{\text{ss}}$ 分别为位错、辐照缺陷、晶界、析出相以及固溶硬化的临界分剪切应力。

1. 考虑弹性变形作用的影响

一般来说，金属材料的机械变形包括弹性变形和塑性变形，在纳米压痕中，塑性变形被广泛认为比弹性变形更重要，在大压痕深度下，弹性变形的作用微不足道，但小压痕深度下，忽略弹性变形的作用会导致对纳米压痕硬度的严重高估，弹性变形不会产生几何必要位错，所以不去除弹性变形部分，会导致几何必要位错的高估，进而导致压痕硬度的高估。Liu 等[50]通过把压痕下压过程中的塑性变形前的弹性部分去除，以此来得到更加契合的辐照硬化模型。如图 13-24 所示，在加载之后的载荷位移曲线中，卸载部分的深度会有一部分的恢复。

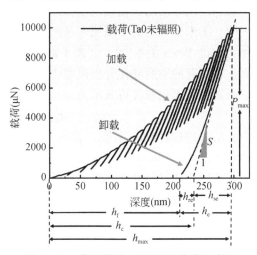

图 13-24　典型载荷–压痕深度曲线示意图

其中 h_e 为弹性变形的恢复，主要分为两部分：一部分是压头本身的弹性作用（h_{re}），另一部分是合金材料的弹性作用（h_{se}）。由于离子辐照材料的表面弹性深度 h_{se} 未知，所以假设 $h_e = h_{\text{re}}$，$h_{\text{max}} = h_c$，而 h_f、h_c 是通过实验获得的，所以可以求得 h_e 的值。在考虑尺度因子 f 的前提下去除弹性作用后，平均几何必要位错密度发生改变，如式（13-9）所示：

$$\bar{\rho}_{\mathrm{G}} = \frac{\lambda}{V} = \frac{3h(h-h_e)}{\frac{b}{\frac{2}{3}\pi R^3}} = \frac{3h(h-h_e)}{2b\,(fMh)^3}\tan^2\theta \qquad (13\text{-}9)$$

平均位错密度和位错提供的临界解析剪应力也随之变化，如式（13-10）和式（13-11）所示：

$$\bar{\rho}_{\mathrm{dis}} = \bar{\rho}_{\mathrm{G}} + \bar{\rho}_{\mathrm{s}} = \frac{3(h-h_e)\tan^2\theta}{2b\,f^3M^3h^2} + \frac{3\tan^2\theta}{2b\,h^*}$$

$$= \frac{3\tan^2\theta[f^3M^3h^2 + h^*(h-h_e)]}{2b\,f^3M^3h^2\,h^*} \qquad (13\text{-}10)$$

$$\tau_{\mathrm{dis}} = \mu b\alpha\sqrt{\frac{3\tan^2\theta[f^3M^3h^2 + h^*(h-h_e)]}{2b\,f^3M^3h^2\,h^*}} \qquad (13\text{-}11)$$

2. 晶界硬化和沉淀硬化

除了网络位错相互作用和位错缺陷相互作用引起的硬化贡献外，晶界硬化是多晶材料硬化机制中的一个关键因素，特别是当材料具有较小的晶粒尺寸时，晶界提供硬化的有效性主要取决于晶界的结构和相邻晶粒之间的位错，在压痕过程中，发动滑动运动的位错倾向于在晶界处积累，从而导致材料硬化。已有实验研究表明：①未辐照和离子辐照多晶的材料硬度都随着晶粒尺寸的减小而增大，这被称为 Hall-Petch 关系[62]。②离子辐照材料的晶粒尺寸越小，辐照硬化越小[63]。然而，在现有的辐照硬化分析模型中，晶粒尺寸和离子辐照的影响并没有同时考虑。所以晶界硬化程度可表示为

$$\tau_{\mathrm{GB}} = K_{\mathrm{HP}} / d_{\mathrm{G}}^{0.5} \qquad (13\text{-}12)$$

式中，K_{HP} 为 Hall-Petch 系数，表示晶界的累积强化效应，d_{G} 为材料的平均晶粒尺寸。

沉淀硬化在材料硬度增强方面扮演着至关重要的角色，这主要源于材料内部均匀分布的颗粒对位错运动的显著阻碍作用。这些颗粒的形成往往是通过快速冷却、热处理、变形处理或合金元素的析出等工艺实现的。析出强化的效果深受多个因素影响，包括颗粒的体积分数、大小以及颗粒与位错之间的相互作用机制等。为了深入理解这一现象，本书作者课题组通常借助分散屏障硬化（DBH）模型来进行解释[64]，并推导为

$$\tau_{\mathrm{p}} = \mu b\sqrt{h_{\mathrm{p}}\bar{\rho}_{\mathrm{p}}d_{\mathrm{p}}} \qquad (13\text{-}13)$$

3. 固溶硬化

固溶硬化的作用在高熵合金中尤为显著，因为高熵合金的多组元成分配比造

成的尺寸错配和模量差异，使得合金表现出显著的固溶硬化效应。固溶硬化是指纯金属经过适当的合金化后，强度和硬度都提高的现象。对于高熵合金，所有的元素都可以看作是溶质原子，属于置换型的无序固溶体。其本质是溶质原子应力场与位错局部应力场之间的交互作用导致位错运动受阻[65]。其中交互作用力 F 可以表示为：

$$F = G b^2 f \tag{13-14}$$

式中，G 为合金的剪切模量，b 为伯氏矢量，f 为错配系数。高熵合金的所有组元可以看作是互为溶质和溶剂的高浓度固溶体，其中由溶质原子引起的固溶强化作用可以表示为

$$\Delta \sigma b^2 = Z F^{4/3} c^{2/3} E_{\mathrm{L}}^{-1/3} \tag{13-15}$$

式中，Z 为无量纲材料常数，c 为溶质组元的成分浓度，$E_{\mathrm{L}} = G b^2 / 2$，$E_{\mathrm{L}}$ 为位错线张力，结合式（13-14）和式（13-15），得出第 i 个元素的固溶强化贡献为：

$$\Delta \sigma_i = A G f_i^{4/3} c^{2/3} \tag{13-16}$$

式中，A 为与材料有关的无量纲常数，在此取值 0.04。f_i 为合金错配系数，可以表示为

$$f_i = \sqrt[2]{\delta_{G_i}^2 + \alpha \, \delta_{r_i}^2} \tag{13-17}$$

式中，$\delta_{G_i} = (1/G) \, \mathrm{d}G/\mathrm{d}c_i$ 代表元素之间的剪切模量差，$\delta_{G_i} = (1/r) \, \mathrm{d}r/\mathrm{d}c_i$ 代表元素间的原子半径差，α 是与合金位错相关的常数，代表的是螺型位错和刃型位错与溶质原子之间相互作用力的差异。一般情况下，刃型位错的 $\alpha \geqslant 16$，螺型位错的 $\alpha = 2 \sim 4$，大多数合金中的位错都是刃型位错与螺型位错之间的随机组合，因此 α 设为 9[31]。

BCC 型结构合金中，每个原子周围都会有 8 个最相近的原子来形成一个由 9 个原子所构成的团簇，假设若干个原子团簇内部各元素都是平均分布的，那么每个 i 原子的周围分布了 $9j$ 个其他原子和 $9i-1$ 个 i 元素原子。那么元素间的剪切模量差 δ_{G_i} 和原子半径差 δ_{r_i}：

$$\delta_{G_i} = \frac{9}{8} \sum c_j \, \delta_{G_{ij}} \tag{13-18}$$

$$\delta_{r_i} = \frac{9}{8} \sum c_j \, \delta_{r_{ij}} \tag{13-19}$$

式中，c_j 为合金中第 j 个元素的原子分数，$\delta_{G_{ij}} = 2(G_i - G_j)/(G_i + G_j)$ 为第 i 元素和第 j 元素的原子模量差，$\delta_{r_{ij}} = 2(r_i - r_j)/(r_i + r_j)$ 为第 i 元素与第 j 元素的原子尺寸差。表 13-2 是各难熔元素的原子尺寸和剪切模量。

单个组元的固溶强化影响计算后，所有组元的共同固溶强化作用可表示为：

$$\sigma_{\mathrm{ss}} = \Delta \sigma = \left(\sum \Delta \sigma_i^{\frac{3}{2}} \right)^{\frac{2}{3}} \tag{13-20}$$

固溶硬化提供的临界分剪切应力为：

$$\tau_{ss}=t^{-1}\sigma_{ss} \tag{13-21}$$

式中，$t=3.06$ 是泰勒系数。

表 13-2　难熔元素的原子半径和剪切模量值

	Ti	Zr	Hf	V	Mo	Ta
$r(\mathrm{pm})$	147	155	155	135	145	143
$G(\mathrm{GPa})$	44	25	28	47	126	69

4. 修正的离子辐照硬化模型

综合考虑尺度因子、弹性段作用、位错硬化、晶界硬化、沉淀硬化、固溶硬化对离子辐照后材料的影响后，具体的模型如式（13-22）所示：

$$H_{irr}=3\sqrt{3}\tau_{CRSS}=\begin{cases}H_0\sqrt{1+\dfrac{1}{f^3}\left(\dfrac{\bar{h}^*}{h}-\dfrac{\bar{h}^*h_e}{h^2}+\dfrac{A^2\bar{h}^*h^n}{(n+1)(n+3)(h_c^{sep})^{n+1}}\right)+\dfrac{B+C+D}{H_0^2}},h\leqslant h_c^{sep}\\[4mm]H_0\sqrt{1+\dfrac{\bar{h}^*}{f^3h}-\dfrac{\bar{h}^*h_e}{f^3h^2}+\dfrac{A^2\bar{h}^*}{2hf^3}\left[\dfrac{1}{n+1}-\dfrac{(h_c^{sep})^2}{(n+3)h^2}\right]+\dfrac{B+C+D}{H_0^2}},h>h_c^{sep}\end{cases} \tag{13-22}$$

式中，$A=\dfrac{\beta}{\alpha}fM\sqrt{2bL_dN_{def}^{max}d_{def}/\tan\theta}$ 为硬化系数 α 与 β 的比值，压头几何形状 θ，尺寸因子 f、比值系数 M、缺陷尺寸 d_{def} 和辐照损伤状态（N_{def}^{max}和 L_d）相关的系数 $B=27\,k_{HP}^2/10^6\,d_G$ 为晶界硬化相关系数，$C=27\,\rho_p d_p(\mu b\gamma_p)^2$ 为沉淀硬化相关的系数，$D=27\,\tau_{ss}^2=27\,t^{-2}\sigma_{ss}^2$ 为固溶硬化相关系数。未辐照的材料由于不存在辐照诱导缺陷硬化，$A=0$，B、C、D 的值可以单独计算，最后模型可以简化为

$$H_{unirr}=H_0\sqrt{1+\dfrac{\bar{h}^*}{h}+\dfrac{B+C+D}{H_0^2}} \tag{13-23}$$

所以可以通过未辐照材料的 Nix-Gao 模型数据拟合得到未知参量 H_0 和 $\bar{h}^*$ 的值。之后将实验得到的 $H_{irr}-h$ 曲线可以转化为 $K_{irr}-h$ 曲线，具体如式（13-24）所示：

$$K_{irr}\equiv\left(\dfrac{H_{irr}}{H_0}\right)^2-\dfrac{\bar{h}^*}{f^3h}+\dfrac{\bar{h}^*h_e}{f^3h^2}-\dfrac{B+C+D}{H_0^2}-1=f(h)=\begin{cases}P\,h^n,h\leqslant h_c^{sep}\\[2mm]Z\dfrac{1}{h}-Q\dfrac{1}{h^3},h>h_c^{sep}\end{cases} \tag{13-24}$$

式中，$P=\dfrac{A^2\bar{h}^*}{f^3(n+1)(n+3)(h_c^{sep})^{n+1}}$，$Z=\dfrac{P}{2}(n+3)(h_c^{sep})^{n+1}$，$Q=\dfrac{P}{2}(n+1)(h_c^{sep})^{n+3}$，$h_c^{sep}=L_d\tan\theta/fM$。

修正后的模型的正确与合理性需要通过实验数据来验证，本书作者课题组在 180keV 室温 He$^+$辐照实验中，对 1100℃ 均匀化退火 30min 后的 Ti$_2$ZrHfV$_{0.5}$Mo$_{0.2}$ 和 Ti$_2$ZrHfV$_{0.5}$Mo$_{0.2}$Ta$_{0.25}$ 两个难熔高熵合金进行三个剂量的离子注入实验，辐照通量分别为 $1×10^{16}$ions/cm^2（0.2dpa）、$5×10^{16}$ions/cm^2（1.2dpa）和 $1×10^{17}$ions/cm^2（2.3dpa）。如图 13-25 所示，K_{irr}-h 的曲线在考虑尺度因子、弹性段作用及其他硬化项后，理论结果与实验数据表现出良好的一致性，揭示了在纳米压痕的前几百纳米内明显的辐照诱导硬化效应。此外，Ti$_2$ZrHfV$_{0.5}$Mo$_{0.2}$ 和 Ti$_2$ZrHfV$_{0.5}$Mo$_{0.2}$Ta$_{0.25}$ 合金在不同辐照剂量下的硬化效应 K_{irr} 初始先随深度的增加而增加至峰值。当压痕深度进一步增加，辐照硬化效应逐渐减弱并趋于收敛。这主要是辐照层与软基底的共同作用导致的。

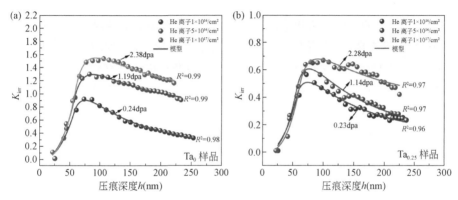

图 13-25　热处理后理论模型（线）与实验数据（点）的比较

（a）Ti$_2$ZrHfV$_{0.5}$Mo$_{0.2}$；（b）Ti$_2$ZrHfV$_{0.5}$Mo$_{0.2}$Ta$_{0.25}$

图 13-26 展示了 Ti$_2$ZrHfV$_{0.5}$Mo$_{0.2}$ 和 Ti$_2$ZrHfV$_{0.5}$Mo$_{0.2}$Ta$_{0.25}$ 合金的辐照硬化效应的最大值 K_{irr}^{max} 随辐照剂量的变化趋势。由于辐照缺陷密度不断增加，两个合金的硬化效应都随着辐照剂量的增加而增加，特别地，Ti$_2$ZrHfV$_{0.5}$Mo$_{0.2}$Ta$_{0.25}$ 合金的硬化效应增加不明显，表现出更加优异的抗辐照硬化性能。模型拟合后的参数如表 13-3 所示，尺度因子 f 随着辐照剂量的增加呈下降趋势，这是因为辐照诱导缺陷密度升高，从而

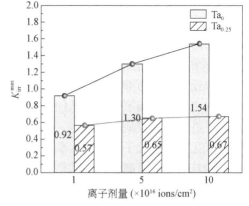

图 13-26　Ti$_2$ZrHfV$_{0.5}$Mo$_{0.2}$ 和 Ti$_2$ZrHfV$_{0.5}$Mo$_{0.2}$Ta$_{0.25}$ 的 K_{irr}^{max} 随辐照剂量的变化

阻碍了塑性区的扩展,并且与纯金属相比,RHEA 本身存在更大的晶格畸变,晶格畸变会抑制位错的滑移,使得塑性区会更小。加入 Ta 元素后,合金固溶硬化值 D 显著提升,源于 Ta 的加入增大了剪切模量差与原子尺寸差,导致晶格畸变更严重,固溶硬化效应显著增强。因此,在处理辐照缺陷硬化时,需考虑并去除固溶硬化的影响。

表 13-3　Ti$_2$ZrHfV$_{0.5}$Mo$_{0.2}$、Ti$_2$ZrHfV$_{0.5}$Mo$_{0.2}$Ta$_{0.25}$拟合模型后的各种参数值

材料	Ta$_0$			Ta$_{0.25}$		
dpa	1×10^{16}	5×10^{16}	1×10^{17}	1×10^{16}	5×10^{16}	1×10^{17}
h_c^{max}(nm)	72.70	81.71	105.45	71.56	82.02	99.15
P(nm^{-n})	4.51×10^{-5}	3.75×10^{-5}	1.58×10^{-5}	2.09×10^{-5}	0.54×10^{-5}	0.23×10^{-5}
n(-)	2.40	2.50	2.73	2.45	2.83	2.98
Z(nm)	114.37	97.61	93.51	58.72	60.32	61.00
Q(nm^3)	2.14×10^5	2.48×10^5	3.33×10^5	1.07×10^5	1.44×10^5	1.67×10^5
A	3.11	4.22	5.53	3.67	4.84	4.61
h_c^{sep}(nm)	52.90	59.14	75.46	51.93	58.42	70.17
L_d(nm)	600	600	600	576	576	576
D	0.184	0.184	0.184	0.189	0.189	0.189
f	1.223	1.207	1.005	1.287	1.197	0.964

13.5　高熵合金抗辐照材料的未来展望

目前 FCC 系和 BCC 系两种常见的高熵合金由于独特的晶格畸变、缓慢扩散以及复杂的局域化学环境影响了间隙原子和空位的扩散,使得空位和间隙原子的复合概率增加,从而降低了辐照诱导缺陷的浓度。另外,缺陷只能沿着三维方向进行短程迁移,从而抑制了缺陷的聚集长大。通过调整缺陷的迁移和复合,使得辐照材料出现低的辐照肿胀、低的辐照硬化等更加优异的抗辐照损伤性能。

为了进一步调控缺陷的产生、演变和聚集等过程,高密度的位错网络、弥散分布的氧化物纳米粒子、晶界、孪晶界等微观结构被构建为湮灭缺陷的陷阱。其中第二相粒子引入了高密度的共格、半共格、非共格界面,但是三种界面吸收缺陷的能力有所差别,因此,在未来抗辐照材料的设计中,不仅需要考虑析出相的数量密度,还要选择合适的界面,例如,丰富的半共格界面是抗辐照的。同样,磁控溅射沉积得到的 Al$_{0.1}$CoFeNi 合金膜,具有丰富自由表面的纳米通道结构可以充当"缺陷阱",有效地捕获和消除辐照诱导的缺陷或者辐照引入的 He 原子,

从而抑制 He 泡的形成和成长。

另外，虽然多组元合金是长程混乱无序的固溶体，但其复杂的局域化学环境会形成化学短程有序（CSRO）结构。通过间隙合金元素的加入或者退火和时效形成的化学短程有序结构形成了稳固的局部结构，阻碍了间隙原子和团簇的迁移，同时也在不断改变这些缺陷复合和重组的速率和途径，从而有效地延缓了空位的生长和位错环的演化。CSRO 不仅能够改善合金力学性能，而且是高熵合金抗辐照性能提高的非常重要的强化方式。

理论上高熵合金具有较好的抗辐照性能，但是实际服役环境要面临更多的问题。从力学性能角度来说，FCC 系高熵合金的高温性能较差，BCC 系高熵合金高温方面表现较好。但是能否制备出结构非常复杂且满足核电站使用要求的构件也非常重要，所以材料加工方式如锻造、轧制、焊接等对合金的塑性变形能力以及焊接能力提出了更高的要求，这就需要 BCC 系高熵合金克服室温脆性等难题。从低活化元素角度来说，用于核反应堆的高熵合金最好是由具有低中子吸收截面和低活化的元素组成的，这样可以减少放射性污染，进一步提高合金的抗辐照性能。

参 考 文 献

[1] Knapp V, Pevec D. Promises and limitations of nuclear fission energy in combating climate change. Energy Policy, 2018, 120: 94-99.

[2] Murty K L, Charit I. Structural materials for Gen- IV nuclear reactors: Challenges and opportunities. Journal of Nuclear Materials, 2008, 383 (1-2): 189-195.

[3] Zinkle S J, Was G S. Materials challenges in nuclear energy. Acta Materialia, 2013, 61 (3): 735-758.

[4] Cheng Z, Sun J, Gao X, et al. Irradiation effects in high- entropy alloys and their applications. Journal of Alloys and Compounds, 2023, 930: 166768.

[5] Zinkle S J, Snead L L. Designing radiation resistance in materials for fusion energy. Annual Review of Materials Research, 2014, 44 (1): 241-267.

[6] Xia S Q, Wang Z, Yang T F, et al. Irradiation behavior in high entropy alloys. Journal of Iron and Steel Research International, 2015, 22 (10): 879-884.

[7] Zinkle S J, Bosby J T. Structvral materials for fission & fosion energy. Materials Today, 2009, 12 (11): 12-19.

[8] Yan C, Wang R, Wang Y, et al. Effects of ion irradiation on microstructure and properties of zir-conium alloys- A review. Nuclear Engineering and Technology, 2015, 47 (3): 323-331.

[9] Tavassoli A a f, Diegele E, Lindau R, et al. Current status and recent research achievements in ferritic/martensitic steels. Journal of Nuclear Materials, 2014, 455 (1-3): 269-276.

[10] Pickering E J, Carruthers A W, Barron P J, et al. High-entropy alloys for advanced nuclear ap-plications. Entropy (Basel), 2021, 23 (1): 98.

[11] Xia S, Gao M C, Yang T, et al. Phase stability and microstructures of high entropy alloys ion irradiated to high doses. Journal of Nuclear Materials, 2016, 480: 100-108.

[12] Xia S Q, Yang X, Yang T F, et al. Irradiation resistance in Al$_x$CoCrFeNi high entropy alloys. JOM, 2015, 67 (10): 2340-2344.

[13] Jia N, Li Y, Huang H, et al. Helium bubble formation in refractory single-phase concentrated solid solution alloys under MeV He ion irradiation. Journal of Nuclear Materials, 2021, 550: 152937.

[14] Su Z, Shi T, Yang J, et al. The effect of interstitial carbon atoms on defect evolution in high entropy alloys under helium irradiation. Acta Materialia, 2022, 233: 117955.

[15] Jin K, Lu C, Wang L M, et al. Effects of compositional complexity on the ion-irradiation induced swelling and hardening in Ni-containing equiatomic alloys. Scripta Materialia, 2016, 119: 65-70.

[16] Su Z, Shi T, Shen H, et al. Radiation-assisted chemical short-range order formation in high-entropy alloys. Scripta Materialia, 2022, 212: 114547.

[17] Su Z, Ding J, Song M, et al. Enhancing the radiation tolerance of high-entropy alloys via solute-promoted chemical heterogeneities. Acta Materialia, 2023, 245: 118662.

[18] Zhang Z, Su Z, Zhang B, et al. Effect of local chemical order on the irradiation-induced defect evolution in CrCoNi medium-entropy alloy. Proceedings of the National Academy of Sciences, 2023, 120 (15): e2218673120.

[19] Zhao S, Xiong Y, Ma S, et al. Defect accumulation and evolution in refractory multi-principal element alloys. Acta Materialia, 2021, 219: 117233.

[20] Zhang Z, Armstrong D E J, Grant P S. The effects of irradiation on CrMnFeCoNi high-entropy alloy and its derivatives. Progress in Materials Science, 2022, 123: 100807.

[21] Chang S, Tseng K K, Yang T Y, et al. Irradiation-induced swelling and hardening in HfNbTaTiZr refractory high-entropy alloy. Materials Letters, 2020, 272: 127832.

[22] Senkov O N, Wilks G B, Miracle D B, et al. Refractory high-entropy alloys. Intermetallics 2010, 18 (9): 1758-1765.

[23] Zong Y, Hashimoto N, Oka H. Study on irradiation effects of refractory bcc high-entropy alloy. Nuclear Materials and Energy, 2022, 31: 101158.

[24] Zhang J, Chen S, Liu J, et al. Microstructure and mechanical properties of novel high-strength, low-activation W_x ($TaVZr$)$_{100-x}$ (x = 5, 10, 15, 20, 25) refractory high entropy alloys. Entropy, 2022, 24 (10): 1342.

[25] Wang B, Yang C, Shu D, et al. A review of irradiation-tolerant refractory high-entropy alloys. Metals, 2023, 14 (1): 45.

[26] Tian X L, Yi P L, Zhi Q C, et al. Opportunity and challenge of refractory high-entropy alloys in the field of reactor structural materials. Acta Metall Sin, 2021, 57 (1): 42-54.

[27] Zhen T, Congcong L, Yuan W, et al. Research progress in multiprincipal element alloys for nuclear structure materials on irradiation damage. Journal of Materials Engineering, 2024, 52 (1): 1-15.

[28] Yao H W, Qiao J W, Gao M C, et al. NbTaV-(Ti, W) refractory high-entropy alloys: Experiments and modeling. Materials Science and Engineering: A, 2016, 674: 203-211.

[29] Wu Y D, Cai Y H, Wang T, et al. A refractory $Hf_{25}Nb_{25}Ti_{25}Zr_{25}$ high-entropy alloy with excellent structural stability and tensile properties. Materials Letters, 2014, 130: 277-280.

[30] Wang S, Wu M, Shu D, et al. Mechanical instability and tensile properties of TiZrHfNbTa high entropy alloy at cryogenic temperatures. Acta Materialia, 2020, 201: 517-527.

[31] Huang W, Hou J, Wang X, et al. Excellent room-temperature tensile ductility in as-cast $Ti_{37}V_{15}Nb_{22}Hf_{23}W_3$ refractory high entropy alloys. Intermetallics, 2022, 151: 107735.

[32] Fan Y, Wang X, Li Y, et al. Irradiation-hardening model of $TiZrHfNbMo_{0.1}$ refractory high-

entropy alloys. Entropy, 2024, 26 (4): 340.

[33] Huang W, Wang X, Qiao J, et al. Edge dislocation-induced high-temperature strengthening in the $Ti_{37}V_{15}Nb_{22}Hf_{23}W_3$ refractory high-entropy alloys. Materials Science and Engineering: A, 2024, 902: 146634.

[34] Lu Y, Huang H, Gao X, et al. A promising new class of irradiation tolerant materials: $Ti_2ZrHfV_{0.5}Mo_{0.2}$ high-entropy alloy. Journal of Materials Science & Technology 2019, 35 (3): 369-373.

[35] Wang Y, Chen H, Sun B, et al. The impact of vacancy formation energies on the nucleation and growth of helium (He) bubbles in low-activation multicomponent vanadium-based alloys. Materials Today Communications 2023, 36: 106897.

[36] Fu C, Willaime F. Ab initio study of helium in α-Fe: Dissolution, migration, and clustering with vacancies. Physical Review B, 2005, 72 (6): 064117.

[37] Li X, Liu Y, Yu Y. Helium defects interactions and mechanism of helium bubble growth in tungsten: A molecular dynamics simulation. Journal of Nuclear Materials, 2014, 451 (1-3): 356-360.

[38] Hussain A, Khan S, Sharma S, et al. Influence of defect dynamics on the nanoindentation hardness in NiCoCrFePd high entropy alloy under high dose Xe^{3+} irradiation. Materials Science and Engineering: A, 2023, 863: 144523.

[39] Yan X, Sun L, Zhou D, et al. Effects of interstitial cluster mobility on dislocation loops evolution under irradiation of austenitic steel. Nuclear Science and Techniques, 2024, 35 (8): 132.

[40] Zhu Z, Ji W, Huang H. *In-situ* TEM investigation on the evolution of He bubbles and dislocation loops in Ni-based alloy irradiated by H^+ & He^+ dual-beam ions. Journal of Materials Science & Technology, 2023, 138: 36-49.

[41] Shen S, Hao L, Liu X, et al. The design of Pd-containing high-entropy alloys and their hardening behavior under He ion irradiation. Acta Materialia, 2023, 261: 119404.

[42] Fu Z Y, Liu P P, Wan F R, et al. Helium and hydrogen irradiation induced hardening in CLAM steel. Fusion Engineering and Design, 2015, 91: 73-78.

[43] Kasada R, Konishi S, Yabuuchi K, et al. Depth-dependent nanoindentation hardness of reduced-activation ferritic steels after MeV Fe-ion irradiation. Fusion Engineering and Design, 2014, 89 (7-8): 1637-1641.

[44] Liu Y, Liu W, Yu L, et al. Hardening and creep of ion irradiated CLAM steel by nanoindentation. Crystals, 2020, 10 (1): 44.

[45] Huang Y, Zhang F, Hwang K, et al. A model of size effects in nano-indentation. Journal of the Mechanics and Physics of Solids, 2006, 54 (8): 1668-1686.

[46] Xiao X, Chen Q, Yang H, et al. A mechanistic model for depth-dependent hardness of ion irradiated metals. Journal of Nuclear Materials, 2017, 485: 80-89.

[47] Yabuuchi K, Kuribayashi Y, Nogami S, et al. Evaluation of irradiation hardening of proton irradiated stainless steels by nanoindentation. Journal of Nuclear Materials, 2014, 446 (1-3): 142-147.

[48] Zhang H, Zhu Z, Huang H, et al. Microstructures, mechanical properties, and irradiation tolerance of the Ti-Zr-Nb-V-Mo refractory high-entropy alloys. Intermetallics, 2023, 157: 107873.

[49] Gao Y, Ruestes C J, Tramontina D R, et al. Comparative simulation study of the structure of

the plastic zone produced by nanoindentation. Journal of the Mechanics and Physics of Solids, 2015, 75: 58-75.

[50] Liu W, Chen L, Cheng Y, et al. Model of nanoindentation size effect incorporating the role of elastic deformation. Journal of the Mechanics and Physics of Solids, 2019, 126: 245-255.

[51] Dolph C K, Da Silva D J, Swenson M J, et al. Plastic zone size for nanoindention of irradiated Fe-9% Cr ODS. Journal of Nuclear Materials, 2016, 481: 33-45.

[52] Yang Y, Zhang C, Meng Y, et al. Nanoindentation on V-4Ti alloy irradiated by H and He ions. Journal of Nuclear Materials, 2015, 459: 1-4.

[53] Mason J K, Lund A C, Schuh C A. Determining the activation energy and volume for the onset of plasticity during nanoindentation. Physical Review B, 2006, 73 (5): 054102.

[54] Zhu C, Lu Z P, Nieh T G. Incipient plasticity and dislocation nucleation of FeCoCrNiMn high-entropy alloy. Acta Materialia, 2013, 61 (8): 2993-3001.

[55] Zhang X, Lin P, Huang J C. Lattice distortion effect on incipient behavior of Ti-based multi-principal element alloys. Journal of Materials Research and Technology, 2020, 9 (4): 8136-8147.

[56] Ohmura T, Tsuzaki K. Plasticity initiation and subsequent deformation behavior in the vicinity of single grain boundary investigated through nanoindentation technique. Journal of Materials Science, 2007, 42 (5): 1728-1732.

[57] Xiao X, Chen L, Yu L, et al. Modelling nano-indentation of ion-irradiated FCC single crystals by strain-gradient crystal plasticity theory. International Journal of Plasticity, 2019, 116: 216-231.

[58] Khorsand Zak A, Abd Majid W H, Abrishami M E, et al. X-ray analysis of ZnO nanoparticles by Williamson-Hall and size-strain plot methods. Solid State Sciences, 2011, 13 (1): 251-256.

[59] Liu D, Hou J, Jin X, et al. The cobalt-free $Fe_{35}Mn_{15}Cr_{15}Ni_{25}Al_{10}$ high-entropy alloy with multiscale particles for excellent strength-ductility synergy. Intermetallics, 2023, 163: 108064.

[60] Mattucci M, Cherubin I, Changizian P, et al. Indentation size effect, geometrically necessary dislocations and pile-up effects in hardness testing of irradiated nickel. Acta Materialia, 2021, 207: 116702.

[61] Hou X, Jennett N. Application of a modified slip-distance theory to the indentation of single-crystal and polycrystalline copper to model the interactions between indentation size and structure size effects. Acta Materialia, 2012, 60 (10): 4128-4135.

[62] Liu K, Long X. Li B, et al. A hardening model considering grain size effect for ion-irradiated polycrystals under nanoindentation. Nuclear Engineering and Technology, 2021, 53 (9): 2960-2967.

[63] Yu L, Xiao X, Chen L, et al. A micromechanical model for nano-metallic-multilayers with helium irradiation. International Journal of Solids and Structures, 2016, 102-103: 267-274.

[64] Yao H, Qiao J, Hawk, J, et al. Mechanical properties of refractory high-entropy alloys: Experiments and modeling. Journal of Alloys and Compounds, 2017, 696: 1139-1150.

[65] Fang Q, Peng J, Chen Y, et al. Hardening behaviour in the irradiated high entropy alloy. Mechanics of Materials, 2021, 155: 103744.

第14章　高熵合金的功能特性

14.1　引　言

除具有优异的力学性能外，以多种元素为组元的高熵合金因具有广阔的成分设计区间与高熵混合结构等特点也表现出卓越的功能特性。研究者常通过选择合适的合金元素并调控其成分占比，来获得不同微观组织相组成的高熵合金，从而赋予合金相异的本征物性。同时，得益于多组元间的协同作用、特殊的晶格结构、良好的稳定性等特点，高熵合金常被用作一些特殊服役性能的应用中。本章将基于功能高熵合金的现有研究，从电学、磁学、热学、化学、生物医学等方面概述高熵合金晶体的功能特性。

14.2　电　学　性　能

14.2.1　导电性

作为基本物理特性之一，导电性被用来衡量物体传导电流的能力，采用电阻率 ρ 或电导率 σ 两个参数值来表示。在电场能量作用下，若金属被激发变为导电态的电子数越多，意味着其导电性越好，即 ρ 值更低（σ 值更高）。影响金属导电性的外在因素有温度、压力等，通常金属导体的电阻率随温度的升高而升高；内在因素为材料种类、电子自由度、元素含量、缺陷、杂质等，故对于确定合金体系，控制材料加工条件可有效改变其电阻值。高熵合金具有高的电阻率与低的电阻温度系数（temperature coefficient of resistance，TCR），有望作为电阻材料应用于电子器件中。目前关于其导电性的研究主要集中在 Al-Co-Cr-Fe-Ni 体系与 Ti-Zr-Hf-Nb 体系，常在此基础上增删合金元素、调控合金成分、改变制备方法或热处理路线等来改变电阻率。

Chen 等[1]采用真空电弧熔炼法获得的均匀化 $Al_x CoCrFeNi$（$0 \leqslant x \leqslant 2$）合金在 298~400K 的电阻值如图 14-1（a）所示，处于 100~180$\mu\Omega \cdot$cm，且随温度的升高呈线性增加，这表明合金电阻率主要受声子作用影响。图 14-1（b）揭示了 $x=1$、1.5 和 2 的合金的电阻率随温度的变化，得出 4~300K 电阻率受电子-电子相互作用、磁效应与声子的控制，300~400K 时则主要由声子主导。Al 含量的逐步增加使合金微观组织实现了从 FCC 单相到 FCC+BCC 双相再到 BCC 单相的转变，但正如图 14-1（c）所示，合金电导率并未单一增加或降低，双相区的电导率明显低于单相区，当 $x = 0.875$ 时电导率最小。除元素含量变化外，Chen 等[2]后续研究了加工条件的影响，由于大的变形量与高的冷却速率都会引入更多缺陷使电阻率提高，故当 $x = 0.25$ 时 1100℃ 均匀化样品、铸态样品、50%冷轧样品、75%冷轧样品、熔融纺丝样品、900℃ 均匀化样品的电阻率值依次增加。此外，该系列合金的 TCR 值为 82.5 ~ 927ppm/K，$x = 2.00$ 时的均匀化样品中 TCR 值最低，同时该样品在低温区间内的类 Kondo 效应（即低温下电阻率存在极小值）最为显著。

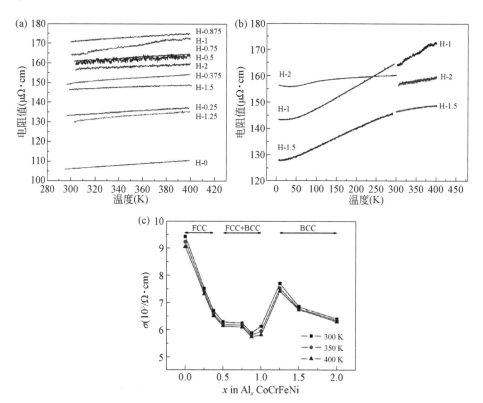

图 14-1　（a）$Al_x CoCrFeNi$（0≤x≤2）合金 300 ~ 400K 的电阻值；（b）0 ~ 400K 的电阻值；
（c）Al 含量对电导率的影响[1]

在上述合金体系中加入 Ti 元素的 $Al_x CoCrFeNiTi$（0≤x≤2）合金[3]除固溶体相外还含有金属间化合物相，随机固溶增加了晶格缺陷浓度，金属间化合物相又具有更高的本征电阻率，因此其铸态下具有高的电阻率（60 ~ 114μΩ·cm）。对合金进行退火处理后，即使晶格畸变与缺陷减少，但金属间化合物相的量大大增加，所发挥作用更为强烈，故退火样品一反常态，电阻率较铸态显著提升，最高可达到 $396\mu\Omega\cdot cm$。去除 Co 元素后的 $Al_xCrFeNi$（$x=0.9\sim1.3$）合金的电阻率随着 Al 元素的增加呈单调增加趋势，这是由于 Al 元素的增加使得有更多富余的 Al 原子进入富 Fe-Cr 固溶体相，其大的晶粒尺寸带来了晶格畸变的不断强化，使铸态合金电阻率从 $73.78\mu\Omega\cdot cm$ 增加到 $89.94\mu\Omega\cdot cm$，而均匀化后合金发生的 Ostwald 熟化减少了晶界与缺陷，使电阻率降至 $64.87\sim79.14\mu\Omega\cdot cm$。

为更深入探究元素种类的作用，Jin 等[4] 向 Ni（-Fe-Co）体系中分别加入 Cr、Mn、Pd 元素来测定电阻率变化情况，Ni、NiCo、NiCoFe、NiFe 的电阻率（$0\sim35\mu\Omega\cdot cm$）比 4 种含 Cr 的 NiCoFeCr、NiCoCr、NiCoFeCrMn、NiCoFeCrPd 合金（$70\sim130\mu\Omega\cdot cm$）约低一个数量级，这是因为 Cr 的加入增强了 FCC 相 Ni 系合金的电子散射。图 14-2（a）表明所测 8 种合金 300K 时的 TCR 值随阻值增加而降低，这可能与 Ioffe-Regel 极限有关，电子平均自由程接近原子间间距的量级。图 14-2（b）显示出 NiCoFeCrMn 五元合金在数十 K 时表现出类 Kondo 效应，NiCoFeCrPd 中也出现了不太明显的同样现象。Bag 等[5] 同样认为 Cr、Mn、Pd 元素的合金化显著改变了残余电阻率与 TCR（电阻温度系数）值，利用幂律方程分析了低温下电子散射的温度依赖性机理，发现 NiCoCr、NiCoFeCr 和 NiCoFeMn 合金的低温电阻率与温度近线性相关，NiCoCrMn 和 NiCoFeCrMn 合金因微弱的局部化效应存在电阻率极小值。以上研究均表明，相较于合金主元数量，元素种类才是调节高熵合金电阻率的关键因素。

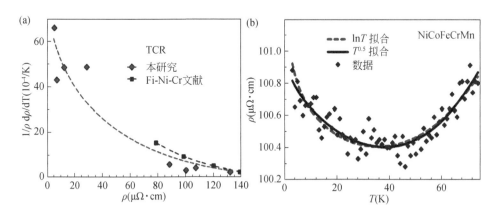

图 14-2　（a）300K 时 Ni、NiCo、NiCoFe、NiFe、NiCoFeCr、NiCoCr、NiCoFeCrMn、NiCoFeCrPd 合金的 TCR 值随电阻率的变化情况；（b）NiCoFeCrMn 的类 Kondo 行为[4]

对于由难熔金属元素组成的合金体系而言，高能球磨后烧结的 TaTiNb、TaTiNbZr、TaTiNbZrMo、TaTiNbZrW 合金[6] 因结构缺陷多，比直接混合粉末烧结得到的样品电阻率更高，其中含 W 合金提高的幅度最大，且该合金电阻率值最高，在 298 ~ 573K 可达到 132 ~ 143.6μΩ·cm。此外，由稳定 BCC 单相构成的 TiZrHfNb 合金[7] 的电阻率几乎不受温度变化的影响，但其电阻率随压力的增加而减小，当温度为 250 ~ 295K、受压 2.5GPa 时，数值降低了 6%，这一行为由合金德拜温度和费米能级处的电子态密度随压力的改变而决定，大的张阻效应也使其在极端条件下可作为张量传感器的敏感元件的候选材料之一。由更多不同价电子与半径的元素组成的 TiZrHfNbVCrMoMnFeCoNiAl 合金[8] 是具有 Laves 相的 HCP 固溶体，它的电阻率值高达 296 ~ 380μΩ·cm，无论是铸态还是退火态，合金电导率值都与温度非单调相关，表现出显著的类 Kondo 行为，80K 以上呈正相关，与金属导体特点相符。

除上述常见体系外，还有少数研究对含低熔点元素的高熵合金的电阻率进行了报道。Chikova 等[9] 测得 CuSn、CuSnBi、CuSnBiIn、CuSnBiInCd 等原子比合金在 870 ~ 1570K 呈液态时加热与冷却过程中的电阻率分别为 50 ~ 60μΩ·cm、110 ~ 150μΩ·cm、80 ~ 120μΩ·cm、80 ~ 90μΩ·cm，可能由于合金微观结构的改变冷却电阻率比加热过程高。Lu 等[10] 制备的 GaInSnCdZn$_2$ 合金和 Bai 等[11] 设计的 GaInSnZn$_x$（$1 \leqslant x \leqslant 3$）系高熵合金完全由低熔点合金元素组成，它们的电阻率在 0.00136 ~ 0.00214μΩ·cm，比其他高熵合金低了 4 ~ 5 个量级，其中低阻值和高导电性的特点赋予了它们充当可拉伸器件或回路中柔性导线的潜力。

14.2.2　超导性能

超导材料是指在临界转变温度（T_c）时电阻为零且排斥磁力线的一类材料，具有完全电导性、完全抗磁性、通量量子化的基本特性。与这三个特征相对应，除 T_c 外，临界磁场强度（H_c）、临界电流密度（J_c）也是影响材料是否表现为超导态的临界参数，只有当超导体同时满足三个临界条件，即温度低于 T_c、外界磁场强度不超过 H_c、流经超导体的电流密度不超过 J_c 时，才能表现出超导性，实现无损耗的电能传输，在磁体、无摩擦陀螺仪、轴承与辐射探测器等的制作领域发挥重要作用。除了本征超导电元素外，研究者常向超导金属中添加其他元素获得合金或化合物，以改善超导材料的性能。高熵概念问世后，直至 2014 年，Kozelj 等[12] 以 4d、5d 金属元素为主元首次合成了具有 BCC 结构的 Ta$_{34}$Nb$_{33}$Hf$_8$Zr$_{14}$Ti$_{11}$ 高熵合金，合金表现出第 Ⅱ 类超导性，在零磁场下 T_c 温度为 7.3K，上临界磁场强度 H_{c2} 为 8.2T，丰富了性能优异的超导材料体系，也掀起了关于高熵合金超导性的研究热潮。

以合金的晶格类型作为分类依据，由于高熵合金超导体的常见组成元素多集中于难熔金属，故它们多数都表现为 BCC 晶格结构，如 Ta-Nb-Hf-Zr-Ti 系高熵合金或向其中掺杂入 Al、Ta、Fe、Ge、Mo 等其他元素形成合金[13,14]，以及 Nb$_{21}$Re$_{16}$Zr$_{20}$Hf$_{23}$Ti$_{20}$[15]、Hf$_{21}$Nb$_{25}$Ti$_{15}$V$_{15}$Zr$_{24}$[16] 等高熵合金。除此之外，高熵合金超导体还存在多种其他晶体结构的表现形式，代表性的合金有：呈 α- Mn 型结构的 $(ZrNb)_{1-x}$ $(MoReRu)_x$、$(HfTaWIr)_{1-x}$ $(Re)_x$、$(HfTaWPt)_{1-x}$ $(Re)_x^{[17]}$，呈 CsCl 型结构的 $(ScZrNb)_{1-x}$ $(RhPd)_x$、$(ScZrNbTa)_{1-x}$ $(RhPd)_x^{[18]}$，为 $CuAl_2$ 型结构的 $Mo_{11}W_{11}V_{11}Re_{34}B_{33}^{[19]}$，具有 HCP 晶格的 $Re_{56}Nb_{11}Ti_{11}Zr_{11}Hf_{11}^{[20]}$，含 f 电子型的 $(TaNb)_{31}$ $(TiUHf)_{69}^{[21]}$，为立方 A15 型的 $V_{5+2x}Nb_{35-x}Mo_{35-x}Ir_{10}Pt_{15}$（$0 \leqslant x \leqslant 10$）$^{[22]}$，呈四方 σ 型的 Ta_5 $(Mo_{35-x}W_{5+x})$ $Re_{35}Ru_{20}$、$(Ta_{5+y}Mo_{35-y})$ $W_5Re_{35}Ru_{20}$ 合金$^{[23]}$，为混合型的 $(V_{0.5}Nb_{0.5})_{3-x}Mo_xAl_{0.5}Ga_{0.5}$（$0.2 < x \leqslant 1.4$）等$^{[24]}$。因合金组分与晶格结构的差异，如表 14-1 所示，以上高熵合金均表现出不同的超导特性，数值上体现为波动的 T_c 值与 H_{C2} 值。

表 14-1　不同晶格结构的高熵合金超导体的临界转变温度（T_c）与上临界磁场强度（H_{C2}）

高熵合金超导体	晶格结构	T_c（K）	H_{C2}（1）（T）
$Ta_{34}Nb_{33}Hf_8Zr_{14}Ti_{11}^{[12]}$	BCC	7. 3	8. 2
$(TaNb)_{0.7}$ $(ZrHfTi)_{0.3}^{[13]}$	BCC	8. 03	6. 67
$(TaNb)_{0.67}$ $(ZrHfTi)_{0.33}^{[13]}$	BCC	7. 75	7. 75
$(TaNb)_{0.6}$ $(ZrHfTi)_{0.4}^{[13]}$	BCC	7. 56	8. 43
$(TaNb)_{0.5}$ $(ZrHfTi)_{0.5}^{[13]}$	BCC	6. 46	11. 67
$(TaNb)_{0.16}$ $(ZrHfTi)_{0.84}^{[13]}$	BCC	4. 52	9. 02
$Hf_{20}Nb_{20}Ta_{20}Ti_{20}V_{20}^{[25]}$	BCC	5. 0	6. 63
$Hf_{21}Nb_{25}Ti_{15}V_{15}Zr_{24}^{[16]}$	BCC	5. 3	—
$Ti_{15}Zr_{15}Nb_{35}Ta_{35}^{[26]}$	BCC	8. 00	—
$Nb_{20}Re_{20}Zr_{20}Hf_{20}Ti_{20}^{[15]}$	BCC	5. 3	8. 88
$NbTaTiZrFe^{[27]}$	BCC	6. 9	—
$NbTaTiZrGe^{[27]}$	BCC	8. 4	1. 3
$NbTaTiZrSiV^{[27]}$	BCC	4. 3	—
$NbTaTiZrSiGe^{[27]}$	BCC	7. 4	0. 9
$(ZrNb)_{0.1}$ $(MoReRu)_{0.9}^{[17]}$	α- Mn	5. 3	7. 9
$(HfTaWIr)_{0.4}Re_{0.6}^{[17]}$	α- Mn	4. 0	4. 7
$(HfTaWPt)_{0.4}Re_{0.6}^{[17]}$	α- Mn	4. 4	5. 9
$(ScZrNb)_{0.65}$ $(RhPd)_{0.35}^{[18]}$	CsCl	9. 3	10. 7
$(ScZrNbTa)_{0.685}$ $(RhPd)_{0.315}^{[18]}$	CsCl	6. 2	8. 8

高熵合金超导体	晶格结构	T_c（K）	H_{C2}（1）（T）
$Mo_{0.11}W_{0.11}V_{0.11}Re_{0.34}B_{0.33}$[19]	$CuAl_2$	4.0	1.90
$Re_{0.56}Nb_{0.11}Ti_{0.11}Zr_{0.11}Hf_{0.11}$[20]	HCP	4.4	3.6
$Nb_{10+2x}Mo_{35-x}Ru_{35-x}Rh_{10}Pd_{10}$[28]	HCP	6.19（$x=2.5$）	8.3（$x=5$）
$(MoReRu)_{(1-2x)/3}(PdPt)_x$ C_y（$0.042 \leqslant x \leqslant 0.167$）[29]	HCP	1.75 ~ 8.17	—
$(TaNb)_{31}(TiUHf)_{69}$[21]	含 f 电子	3.2	6.4
$V_5Nb_{35}Mo_{35}Ir_{10}Pt_{15}$[22]	立方 A15	5.18	6.4
$Ta_5Mo_{35}W_5Re_{35}Ru_{20}$[23]	四方 σ	6.29	—
$Ta_{10}Mo_{30}Cr_5Re_{35}Ru_{20}$[30]	四方 σ	4.79	6.1
$Ta_{10}Mo_5W_{30}Re_{35}Ru_{20}$[31]	四方 σ	4.87	6.7
$Mo_{0.167}Re_{0.167}Ru_{0.25}Rh_{0.167}Ti_{0.25}$[32]	混合型	5.5	—
$(V_{0.5}Nb_{0.5})_{2.6}Mo_{0.4}Al_{0.5}Ga_{0.5}$[24]	混合型	9.2	17.7
$Ta_{1/6}Nb_{2/6}Hf_{1/6}Zr_{1/6}Ti_{1/6}$[33]	混合型	7.8	10.5

　　为更好调控高熵合金的超导性能，理解价电子数（VEC）、元素组分、压力等因素对 T_c 值和材料稳定性的影响至关重要。与二元过渡金属超导体的 Matthias 规则类似，高熵超导体中，在不考虑原子尺寸影响时，T_c 值对 VEC 有很强的温度依赖性。图 14-3（a）为非晶合金、晶态合金、不同晶格结构的高熵超导体的 VEC 和 T_c 值的关系图[34]，从中可以看出，高熵合金的超导转变临界温度常介于晶态合金与非晶合金之间，同时，不同晶格结构超导体的 T_c 值都表现出一定的 VEC 值依赖性，图中 HCP 高熵合金的 VEC 值更高，调控成分后能获得相对更高的 T_c 值。然而，用同 VEC 值元素取代原有元素制备的高熵合金的 T_c 值也存在显著差异，Rohr 等[14]用 Mo-Y、Mo-Sc 和 Cr-Sc 混合物以等电子数替换 BCC 相 Ta-Nb-Zr-Hf-Ti HEA 超导体中价电子数为 4 和 5 的元素，替代 Ta 或 Nb 后 T_c 值降低 60% 以上，而替代 Zr、Hf、Ti 的影响不大，这证实了 T_c 值并不仅仅依赖于 VEC 值，也与合金组分息息相关。施加压力会缩短原子间距离，从而改变超导体的晶体和电子结构，影响材料超导性，如图 14-3（b）所示，对 $(TaNb)_{0.67}(HfZrTi)_{0.33}$[35] 和 $(ScZrNbTa)_{0.6}(RhPd)_{0.4}$[36] 高熵超导体的压力与 T_c 值关系的研究表明，当达到一定饱和压力时，即使压力继续增加，T_c 值的大小仍不受影响，这体现出高熵超导体具有在高压条件应用的优越潜力。除此之外，还有研究选择 Ta-Nb-Hf-Zr-Ti 高熵超导合金体系为研究对象[13]，探究发现混合熵

这一参数并不影响 T_c 值，认为对超导特性来说，高熵作用的发挥体现在稳定高对称晶体结构上。

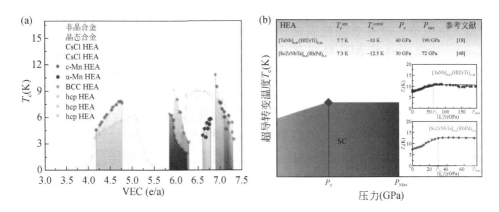

图 14-3　（a）非晶合金、晶态合金、不同晶格结构的高熵超导体的 VEC 和 T_c 值的关系图[34]；
（b）$(TaNb)_{0.67}(HfZrTi)_{0.33}$[35] 和 $(ScZrNbTa)_{0.6}(RhPd)_{0.4}$ 高熵超导体的压力与 T_c 值关系图[36]

14.3　磁学功能

14.3.1　软磁性能

软磁性材料，又称软磁体，通常指磁化发生在低矫顽力范围（$H_c \leqslant 1000A/m$）内的材料，极小的剩磁和矫顽磁力导致了窄的磁滞回线，与基本磁化曲线相重合，被广泛用作电机、变压器、继电器等的铁心。优异的铁磁材料需具备高饱和磁化强度（M_s）、低矫顽力（H_c）与高电阻率，且实现磁性和力学性能的良好平衡。然而，传统软磁材料面临加工复杂、强度差、延展性有限等问题[37,38]，高熵合金因多组元随机混合的成分特性表现出良好的磁学性能，再加上其具有高的电阻率与居里温度，有望成为高温软磁领域的优异候选材料[39]。

高熵软磁合金常含有大量 Co、Fe、Ni 等铁磁性元素，以这些激发磁性行为的元素为基础，再向其中添加 Al、B、Cu、Cr、Ga、Mn、Si、Sn 等元素调控合金的相结构并优化合金性能。Zuo 等[40]研究发现具有单相 FCC 晶体结构的 CoFeNi 合金的 M_s 值为 151.3emu/g，逐渐添加 Al 后的 $Al_xCoFeNi$（$x = 0$、0.25、0.5、0.75 和 1）高熵合金，相结构由 FCC 向 BCC 转变，导致塑性变差但屈服强度和硬度提高，当 x 为 1 时 M_s 值下降至 101.8emu/g，H_c 值却呈现先增加后减少的趋势；而加入 Si 后的 $CoFeNiSi_x$（$x = 0$、0.25、0.5、0.75 和 1）高熵合金的

FCC 相将调幅分解析出 Ni₃Si 化合物，对力学性能和磁化强度的影响趋势与加入 Al 相同，但效果更为显著，当 x 为 0.75 时 M_s 值下降至 80.5emu/g，H_c 值先缓慢增加再大幅提高，这与更复杂的微观析出物息息相关。同时，添加的合金元素也将增大电阻率，以有效降低涡流损耗。此外，两类合金的磁致收缩量均小于 35ppm，能保证材料在外界磁场中不受外力作用。之后，他们继续探索了 CoFeMnNiX（X = Al、Cr、Ga 和 Sn）高熵合金随元素种类改变的磁性转变[41]，如图 14-4 所示，发现当加入 Al、Ga、Sn 时，由于改变了具有 FCC 相结构的 CoFeMnNi 合金的晶体和电子结构，反铁磁有序度得到抑制，合金均表现出典型的铁磁行为，同时伴随着 M_s 值和 H_c 值的增加，如加 Al 时可分别增加至 147.86Am²/kg 与 629A/m，而 CoFeMnNiCr HEA 则表现为顺磁性，即使在 $5×10^6$ A/m 的外部磁场下也未发生饱和磁化，但顺磁矫顽力值最高，为 10804A/m。

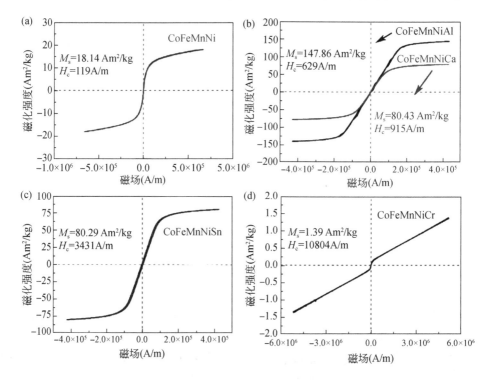

图 14-4　（a）CoFeMnNi、（b）CoFeMnNiAl 和 CoFeMnNiGa、（c）CoFeMnNiSn
与（d）CoFeMnNiCr 合金室温下的磁滞回线[41]

　　除了合金元素种类及含量外，高熵合金的磁性性能也常常受到制备及加工条件等因素的影响。Uporov 等[42]研究了加工制备方法对 AlCoCrFeNi 合金微观结构和磁性的影响，对电弧熔炼得到的铸态样品分别进行真空吸铸（淬火）、电弧炉中缓慢重熔（重熔）、结晶态下长时间高温退火（均匀化）处理。几个处理态下合金均由 FCC 相和 BCC 相组成，H_c 值为 60 ~ 1600e，M_s 值为 15 ~ 54emu/g。铸态、淬火态、重熔态样品中 BCC 相占主导，而均匀化样品中 FCC 相占主导，其中 BCC 合金具有更显著的类铁磁性质，导致均匀态样品的 M_s 值低于其他状态。Shivam 等[43]用机械合金化方法制备获得的 AlCoCrFeNi 合金，粉末烧结后 BCC 相转变为 Al-Ni 型 B2 相、Ni_3Al 型 $L1_2$ 相和 Co-Cr 型 σ 相的混合，不仅具有高硬度（919HV）、高强度（2700MPa）等良好的力学性能，还有优异的磁学性能，H_c 值为 51.400e，M_s 值为 70.05emu/g，较电弧熔炼获得的同成分样品更高。

　　无论是元素组成还是加工方法，无一不是通过改变合金相结构与分布来实现磁性性能的调整。然而，目前研究仍未对高熵合金中多原子间的磁性相互作用进行更细节的测试与研究。因此，未来研究应从原子级别深入探究合金元素、不同的微观结构对 H_c 值、M_s 值等性能间的密切关系，更清晰地对高熵合金的软磁性能做出解释，以获得更优异的软磁高熵合金。

14.3.2　电磁波吸收材料

　　电磁波吸收材料是建立在电磁能量的有效转换上，通过损耗电磁能量来吸收、衰减射入的电磁波能量，以减少或消除电磁波的反射，从而有效可持续地解决严重电磁污染问题的一类功能材料。这要求材料中存在电偶极子或磁偶极子与电磁波相互作用，因此，具有高饱和磁化强度的铁磁合金能提供出色的磁损耗来显著减轻电磁波污染。但是，目前传统吸波材料耐高温、耐蚀性能差，难以实现高温、盐腐蚀等恶劣环境中的长期稳定服役，同时频率增大时材料磁导率会急剧下降，影响阻抗匹配与吸波性能。针对这一困境，高熵合金因优异的磁性、良好的高温稳定性与耐蚀性能而受到吸波领域的广泛关注。

　　良好的吸波材料必须具备电磁波吸收能力强、覆盖频率范围宽两个基本特点，这也是评价吸波材料性能好坏的重要指标，通常以反射损耗（reflection loss，RL）与有效吸收宽度两个参数来反映。其中，RL 表示材料对固定频率电磁波的损耗能力，单位为 dB；有效吸收宽度常指 RL<−10dB 的频率宽度，体现能够吸收 90% 能量电磁波的频率范围，单位为 GHz，其区间越宽，材料的吸波性能越好。对于合金材料来说，合理优化材料组分、微观结构、合成方法、加工条件等能有效促进微波吸收性能。

　　Fe、Co、Ni 等铁磁性元素能实现高磁损耗，是高熵吸波材料的基本构成元素，向其中继续添加 Al、Cr、Cu、Si、Mn 等元素并调节其含量与微观结构将影响合金的磁学特性及吸收能力。Duan 等[44]设计了 $FeCoNiMn_xAl_{1-x}$（$x = 0$、0.2、0.4、0.5、0.6、0.8 和 1）系列高熵合金，均由相似比例的 FCC 与 BCC 双相组成。Mn、Al 的相对含量对电磁感应产生明显影响，调节了合金磁矩，Mn 含量增加减弱了铁磁耦合，使磁性减小。$FeCoNiMn_{0.2}Al_{0.8}$因具有较高的平均磁矩（0.85/原子）而表现出最高的M_s值（95.0emu/g），这也使其有更高的初始磁导率与微波磁耗散，在GHz频率范围内相对复磁导率的实部与虚部分别为2.341和0.823。Zhang等[45]通过改变$FeCoNiSi_xAl_{0.4}$（$x = 0.1$、0.2、0.3、0.4和0.5）的元素比例和添加乙醇的含量来调节微波吸收剂的结晶度，采用熔融、铸带、铣削等组合制备方法获得了分别具有纳米晶、纳米非晶、纳米晶中嵌有纳米非晶等多种独特微观结构，铸态干磨法获得的粉末颗粒长径比更大，具有更小的矫顽力（14.05～23.43Oe）和更大的磁导率（1GHz时为2.41～2.80），消耗电磁波的能力更高。Lan等[46]采用球磨方法制备了球形$FeCoNiCrCuAl_{0.3}$高熵合金并用硝酸与硝酸铜溶液进行刻蚀，获得的多孔高熵吸波材料具有良好的阻抗匹配、磁损耗性能与介电损耗，为实现良好的电磁波吸收性能打下了基础，如图14-5（a）所示，在1.7mm厚度时有效吸收宽度可达4.48GHz，同时最小RL可达-40.2dB。

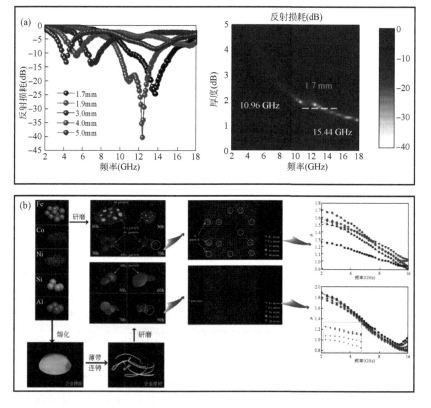

图14-5 （a）机械球磨后经硝酸与硝酸铜溶液刻蚀得到的$FeCoNiCrCuAl_{0.3}$高熵合金的RL值随频率与厚度的变化情况[46]；（b）由机械球磨法（M-HEA）和熔带铸造球磨法（C-HEA）分别制备的$FeCoNiSi_{0.4}Al_{0.4}$ HEAs粉末的合成流程图、形貌、元素分布均匀性及相对复磁导率的改变[47]

不同的合成方式与加工路线，也将对材料微波吸收的相关性能产生重要影响。Zhang 等[47]采用机械球磨法（M-HEA）和熔带铸造球磨法（C-HEA）分别制备了 FeCoNiSi$_{0.4}$Al$_{0.4}$ HEA 粉末，如图 14-5（b）所示，与 M-HEA 样品相比，C-HEA 粉末元素分布更均匀，缺陷更少，长径比更大，M_s 值更小，H_c 值更高。由于具有较小的磁晶和应力各向异性以及较大的形状各向异性，随着球磨时间的延长，C-HEA 样品的相对复介电常数和相对复磁导率也更大，更利于微波吸收。Duan 等[48]使用机械球磨法制备了 FeCoNiCuAl 高熵合金，大长宽比的片状颗粒与高饱和磁化引起的偏振与共振保障了合金的良好吸收特性，厚度为 2mm 的样品研磨 30h 后达到最大的 RL 值，为 -19.17dB。经退火处理后，由于 CoFe$_2$O$_4$ 和 AlFe$_3$ 两种新相的出现，引起的颗粒尺寸增加与 M_s 值提高促进了复介电常数和复磁导率增大，RL 也得以增大，为改善微波吸收性能提供了新路径。

14.4　热　学　功　能

14.4.1　导热性

材料的导热性反映其传递热量的能力，常以热导率（κ）、热扩散系数（α）等固有热物性参数作为量度。材料的 κ 值和 α 值通常受成分、温度、压力等因素的影响，两数值越大，对应材料的导热能力越好。与纯金属与其他合金相比，高熵合金因严重晶格畸变和大量的内部缺陷[49]，导致电子运动受阻、声子散射更为显著，获得了相对较低的 κ 值，有望用作隔热材料。学者们展开了许多相关研究来解密高熵合金 κ 值随元素含量、温度与微观组织等因素的转变，主要集中在 Al 及过渡金属所构成合金与难熔高熵合金等体系。

对于 Al 及过渡金属元素构成的合金体系，Chou 等[1]研究了 Al 含量对退火后水淬的 Al$_x$CoCrFeNi（$0 \leqslant x \leqslant 2$）合金导热行为的影响，认为由于合金中存在严重的晶格散射效应，κ 值低于纯金属元素，298~573K 时为 10~27.5W/（m·K），且随温度变化趋势也与纯金属相反，表现为随温度增加而增加，这一行为与 Ni 基合金和不锈钢类似[50]。同时，如图 14-6（a）所示，x 值的增加也使合金由 FCC 单相逐渐向 BCC+FCC 双相、BCC 单相依次转变，当处于单相区时，合金 κ 值均随 x 增加单调减小，BCC 相合金的 κ 值相对更高；双相区合金则因存在大量界面边界，有更多的载流子屏障，κ 值小于单相区，当两相体积分数相等时值最小。Kumar 等[51]在铸态 Al$_{0.4}$FeCrNiCo$_x$（x=0, 0.25, 0.5 和 1.0）中同样揭示了相的晶格结构与化学成分对 κ 值的影响，图 14-6（b）表明随 x 值增加合金由 BCC+FCC 双相转变为 FCC 单相（x=1.0 时），有更高声子速度的 BCC 相体积分数逐渐减少，使室温下的合金热导率由 4.87W/（m·K）逐渐降低到

2.674W/(m·K)，未出现 Chou 等观察到的与组成相数目的相关性。随着温度从 300K 增加到 1000K，含纳米析出和短程有序结构的铸态 Al$_{0.3}$CoCrFeNi HEAs 的 κ 值由 5.989W/(m·K) 降至 3.144W/(m·K)，以声子热导占主导，由于介于有序与无序之间的结构该值温度依赖性较弱，升温过程中经历的无序到有序再到无序的转变也使分子动力学模拟预测在高温下更为有效[52]。为了更准确预测 Al 及过渡金属基高熵合金的热物理性质，Abere 及其合作者[53] 分别基于 Leibfried 和 Schlömann 公式及虚拟晶体近似对声子和电子两个子系统进行定量计算预测，提出的预测模型将热导率视为多相的加权平均复合，在 Al$_x$CoCrCu$_y$FeNi 系统中能将合理考虑成分和温度引起的相变的影响，所得预测值与实验值良好吻合。

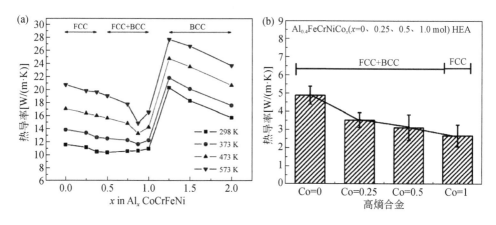

图 14-6　（a）Al$_x$CoCrFeNi 合金的热导率随 Al 含量的变化[1]；（b）Al$_{0.4}$FeCrNiCo$_x$
合金的热导率随 Co 含量的变化[51]

除了实验观察成分与温度造成的 κ 值变化，Yang 等也试图揭示与纯金属 Ni 相较 CrMnFeCoNi（Cantor 合金）低 κ 值的起源，由 Wiedemann-Franz 定律分析认为低电子热导由无序散射引起，通过非弹性中子散射确定低晶格热导主要由导热这一热激活扩散行为中的声子缺陷散射主导[54]。

兼具高强度与优异延展性的结构材料如 WTaVTiCr 难熔高熵合金在高温或核反应堆服役时，也常需对热导率这一指标做出考虑。由于大原子尺寸错配引起的严重晶格畸变，该合金的室温 κ 值低至 13.8W/(m·K)，远小于纯 W 数值 [178W/(m·K)]，但与其相反随温度单调增加的趋势在升温时逐渐缩小了二者间差距[55]。与 Cantor 合金 [13.6W/(m·K)] 相比，尽管 κ 值相近，但屈服强度与热导率的比值却近乎 Cantor 合金的 4 倍[55]。难熔合金体系中，从 WTa 到 WTaVTiCr，合金成分复杂度增加的同时，理想混合熵数值逐渐增加，但随之变化的合金 κ 值逐渐降低，这一变化趋势为从合金基本参数出发计算预测 κ 值区间提供了思路。

在导热过程中，了解材料的热膨胀行为对于理解材料受热时的性能变化十分关键。Lu 等将几种 Al 及过渡金属基高熵合金热导率随温度升高的增大归因于热膨胀过程引起的平均自由程延长与晶格膨胀时的尺度延长[56]。金属热膨胀系数常受到化学组成、结晶状态、晶体结构、相变、织构、裂纹及缺陷等因素的影响。Al_xCoCrFeNi（$0 \leqslant x \leqslant 2$）合金的热膨胀系数与原子键合密切相关，随 Al 含量的增加逐渐降低，在 293 ~ 303K 由 $11.25 \times 10^{-6} K^{-1}$ 降至 $8.84 \times 10^{-6} K^{-1[1]}$。等原子比单相 FCC 合金 CoCrFeMnNi 在 300 ~ 1270K 热膨胀系数从 $15 \times 10^{-6} K^{-1}$ 单调增加到 $23 \times 10^{-6} K^{-1}$，变化曲线能拟合为指数函数的变形，可表示为[57]：

$$\alpha = 23.7 \times 10^{-6}(1 - e^{-T/299}) \tag{14-1}$$

14.4.2　热电材料

能源开发与利用时，一半以上以废热形式损失到环境中造成严重资源浪费，发展有效的废热回收技术为缓解能源危机提供了可行路径[58]。热电材料是一种利用固体内部载流子运动实现热能和电能直接相互转换的功能材料，能实现温差发电，尤其是利用工业废热、余热发电，具有系统体积小、可靠性高、无运动部件、无噪声等优点，在温差发电、通电制冷等领域中展现出强大竞争力[59]。

热电性能的高低常用无量纲参数——热电优值 zT 来衡量，zT 值越高，材料的热电转换效率就越高。其值可由式（14-2）计算获得：

$$zT = \frac{\sigma S^2}{\kappa} T \tag{14-2}$$

式中，σS^2 被称为"功率因子"（PF），σ 为电导率，S 为 Seebeck 系数，κ 为热导率，T 为绝对温度。为获得高 zT 值，需增大 PF 值或减小 κ 值，故优异的热电材料应具有高电导率、高 Seebeck 系数和低热导率。同时，为满足大规模工业应用需求，热电材料也应尽可能选用低成本、低毒元素制备。然而，在 600℃ 以下的中低温度，Bi_2Te_3、PbTe 和 $(Bi_{1-x}Sb_x)_2(Se_{1-y}Te_y)_3$ 等性能较好的热电材料大多含有毒性或稀土元素[60]；800℃ 以上的高温环境中，P 型热电材料性能不稳定，绝大部分 N 型热电材料则 zT 值较低，zT 值较为理想的 N 型 half-Heusler 化合物又因高热导率在工业应用中受阻[61]。

如 14.4.1 小节提到，高熵合金的热导率值较低，能为获得高 zT 值发挥有利作用。高熵合金稳定的高对称性单相晶体结构不仅削弱了相界电子散射，从而改善了电传输特性，还因能谷倾向于向费米能级收敛具有高 Seebeck 系数[62]。有赖于以上特点，基于高熵合金设计的熵工程策略对优化热电材料的电输运与热输运特性具有重要价值[63]。

首个被报道的高熵热电合金体系为 Al_xCoCrFeNi（$0.0 \leqslant x \leqslant 3.0$），通过增加

Al 元素添加量改变合金系统的 VEC 值，使 Seebeck 系数从 $x=0$ 时的 $1\mu V/K$ 增加到 $x=3$ 时的 $23\mu V/K$，热导率值从 $x=0$ 时的 $15W/(m\cdot K)$ 减小到 $x=2.25$ 和 3 时的 $12.5\sim13W/(m\cdot K)$，但电导率也从 $x=0$ 时的 $0.85MS/m$ 降低到了 $x=3$ 时的 $0.36MS/m$[64]。如图 14-7（a）所示，该体系表现出不同的热电性能，zT 上限值为 0.015，对应于 778K 下 x 为 2.25 时。同样的 VEC 值降低导致电输运和热输运特性同时降低的现象也在 $Ni_2CuCrFeAl_x$（$x=0.5$、1.0、1.5 和 2.5）合金体系中得到了再次证实[65]。为确定有效标准预测并筛选出高性能高熵热电材料，Liu 等认为熵可从电子和声子的输运等多方面指引热电材料的性能优化，建立起的不同热电体系中高熵热电材料最大 zT 值与初始非多组元材料最大 zT 值的比值、热导率、Seebeck 系数与熵值间关系分别如图 14-7（b）～（d）所示[66]。从图 14-7（b）可看出，高熵设计的引入使几种材料的 zT 值显著高于基质化合物，如（Cu/Ag）（In/Ga）Te_2 的最大 zT 值高达 1.6。图 14-7（c）表明多种典型高熵热

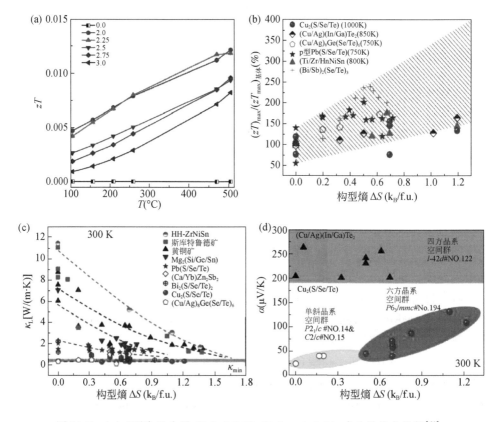

图 14-7　（a）不同 Al 含量 $Al_xCoCrFeNi$（$0.0\leqslant x\leqslant3.0$）合金的热电性能[64]；
（b）、（c）、（d）分别为不同热电体系中高熵热电材料最大 zT 值与初始非多组元材料最大 zT 值的比值、热导率、Seebeck 系数与熵值间关系[66]

电合金的晶格热导率值随混合熵值的增加而减小。图 14-7（d）中，随着组元数增加引起的混合熵值增加，Cu_2（S/Se/Te）材料的晶格对称性增加，显著增加了电子态密度和有效质量，从而提高了 Seebeck 系数，而对初始就具有高晶体对称性的（Cu/Ag）（In/Ga）Te_2 合金，Seebeck 系数变化不明显。这些结果都证实了"熵"这一具有类似基因特性的基础参量作为热电材料的性能表征参数促进热电材料设计的可行性。

基于高熵设计优势，目前关于高性能高熵热电合金的研究接连取得突破与进展。这些合金的组成元素多集中于过渡金属与第四、第五主族元素，不同的合金种类与额外元素掺杂都对合金热电性能影响重大。利用密度泛函理论的第一性原理计算表明，CoFeCrAl 合金在室温下具有高的 Seebeck 系数与高 PF 值，800K 时达到最高 zT 值 0.75[67]。$Nb_{0.8}M_{0.2}FeSb$（M = Hf、Zr、Mo、V 和 Ti）高熵 half-Heuslers 合金在 873K 下具有低的晶格热导率[2.5W/(m·K)]，故该温度下达到最大 zT 值 0.88[68]。多晶 PbSnTeSe HEA 在 300K 低温下晶格热导率低[<0.6W/(m·K)]，加入少量 La 后不仅提高了 Seebeck 系数与高温电导率，也一定程度上降低了双极热导率，La 掺杂量为 1.5% 时合金在 873K 的 zT 值高达 0.8[69]。具有纳米结构的 $BiSbTe_{1.5}Se_{1.5}$ HEA 中，高熵化与纳米结构协同作用降低了晶格热导率[<0.2W/(m·K)]与热扩散率（0.5mm²/s），在 523K 时实现了超低热导率[0.667W/(m·K)]，获得了 $5.51×10^{-4}$ W/(m·K) 高 PF 值与 0.43 的高 zT 值[70]。Luo 等通过等量混合 SnSe 和 $AgSbSe_2$ 得到了新型窄带隙半导体 $AgSnSbSe_3$，并利用 Te 取代 Se 得到了五元高熵热电合金 $AgSnSbSe_{3-x}Te_x$，获得了 PF 值和 zT 值的同步提升。其中 $AgSnSbSe_{1.5}Te_{1.5}$ 合金在 400~773K 的平均 zT 值约 1.0，优于大部分 SnTe、PbSe 基热电材料，表现出极大的应用价值[71]。Jiang 等通过高熵策略在 GeTe 基材料的 Ge 原子位置上引入多种元素，导致晶格扭曲使电子发生重排，调控电子与声子局域化程度分别提高电性能与降低晶格热导率，明显提升了 GeTe 基材料的 zT 值，获得的 $Ge_{0.61}Ag_{0.11}Sb_{0.13}Pb_{0.12}Bi_{0.01}Te$ 在 750K 时 zT 值高达 2.7，基于该材料开发的热电发电器件在 506K 能量转换效率为 13.3%，为目前最高的实验热电转换效率[72]。

14.5　化　学　功　能

14.5.1　催化作用

化学工业生产过程中，催化剂扮演至关重要的角色，它能有效降低化学反应能垒、提高反应选择性与速率以加速整个反应动力学过程。为了推动绿色和可持续能源的转化，开发高效、清洁的新型催化剂具有重要意义。目前，传统的催化剂通常依赖于成本高昂的贵金属，且存在反应活性受限以及产物选择性低等掣肘。为了解决这些问题，高熵合金作为一种新型材料，通过在贵金属元素基础上添加低成本的过渡族元素，不仅降低制备成本，而且因熵稳定形成的单相成分复杂固溶结构又赋予了它活性可调、稳定性增强等特点，这在催化领域快速受到研究者关注[73]。

当高熵合金用于催化领域时，常需制备到纳米级别来实现催化剂的高比表面积，从而提供大量的催化活性位点加速反应进程。为实现高熵合金纳米颗粒的均匀单相和可控快速合成，除了高熵合金的常规制备方法外，研究者提出了许多优势各异的先进合成策略，如碳热冲击（CTS）法[74]、快速移动床热解法[75]、电冲击法[76]、脱合金法[77]、基于连续流反应器的液相还原法[78]、激光扫描烧蚀法[79]、电沉积法[80,81]等。

CTS 法由 Hu 及其合作者首次提出，该方法通过对均匀混合的多金属盐采用 10^5 K/s 的快速加热冷却速率，在 2000K 的高反应温度持续 55ms 后冷却，在富氧碳载体上成功合成了高达八组元 PtPdCoNiFeCuAuSn 高熵纳米颗粒[74]。若调控载体、温度、持续时间、加热或冷却速率等 CTS 参数，将影响各组成元素间的非平衡程度和结构有序性，改变所合成纳米颗粒的成分、尺寸与相组成。

激光扫描烧蚀法是在大气温度和压力下，每个脉冲仅需 5ns 就能烧蚀纳米颗粒前驱体，这一超快速过程能不受元素间热力学溶解度的影响，确保不同金属元素间的结合[79]。同时，由于激光脉冲能将能量限制在所需的微区，即使在热敏感基底上也能成功负载高熵纳米颗粒，相较于其他方法工艺简单、普适性高。使用该方法制备的 PtIrCuNiCr 高熵合金纳米颗粒，因严重晶格畸变与不饱和配位，在水裂解的电催化反应中能达到优异的电化学性能。

如图 14-8（a）所示，液态金属环境辅助合成法是基于易与其他金属元素呈负混合焓的液态金属 Ga 纳米粒子作为理想动态混合储层，与各种金属盐混合为前驱体，金属盐发生热分解与氢还原后，各金属元素在液态金属环境下混合，在 923K 时形成均匀的高熵合金纳米颗粒，以相对较低的冷却速率自然冷却至室温而不发生相分离[80]。液态金属环境所提供的稳定热力学条件能在温和反应条件下实现高熵合金纳米颗粒的合成，如覆盖 303～3683K 熔点范围的 GaPdWCuMg 合金、1.24～1.97Å 原子半径区间的 GaCuCoCaNi 合金，两合金的 STEM 结果［图 14-8（b）、（c）］均证实了获得的高熵纳米颗粒高度结晶且元素分布均匀。

电沉积法是一种基于电化学原理的技术，涉及将特定金属离子从电沉积液中通过外加电场作用下获得电子，沉积到与电源负极相连接的导电基底表面。相比于其他表面处理技术，电沉积法具有操作工艺简单、成本低廉以及对环境污染程度小等优点。通过电沉积法制备的高熵合金薄膜表现出优异的电催化析氧反应（OER）性能，这种性能可以通过改变沉积参数（如组元元素比例、电流密度、

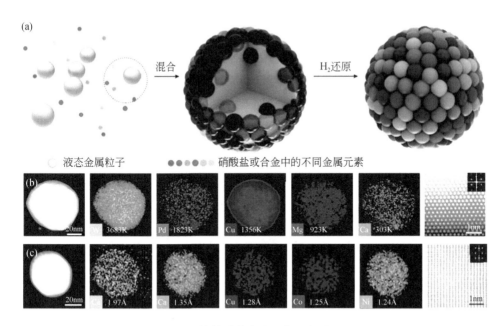

图 14-8 （a）液态金属环境辅助合成法工艺示意图；（b）GaPdWCuMg 和
（c）GaCuCoCaNi 高熵合金纳米颗粒的 STEM 结果[80]

沉积 pH 等）进行优化。此外，高熵合金薄膜的结构特性对催化性能也起着决定性作用，与晶态结构相比，非晶态结构由于其无序的原子排列方式造成大量结构缺陷，促进电解质离子的扩散和反应，从而形成大量活性位点，这种特性在碱性溶液中特别有利于提高电催化析氧反应的催化活性。因此，通过精细调控电沉积参数和薄膜的结构，可以显著提升高熵合金薄膜在催化领域的应用潜力[82]。

采用合适的合成制备方法，据催化性能要求，调整不同金属元素的配比与组合，理论预测与实验探索筛选出具有高催化活性、优异产物选择性、良好耐久性的高熵合金催化剂，已成功于氨氧化、一氧化碳氧化等热催化过程与液体燃料电化学氧化、析氢反应（HER）、析氧反应（OER）、氧还原反应（ORR）、二氧化碳还原反应（CO_2RR）等电催化反应中展现出突出潜力。

太原理工大学研究团队通过在晶态 FeCoNi 薄膜中添加 Cr 元素，通过恒电流电沉积得到非晶态 FeCoCrNi 高熵合金薄膜，测试其优异的电催化性能。如图 14-9（a）、（b）、（c）所示，当 Cr 含量为 200g/L 时薄膜表现出最优异的 OER 性能，在 $10mA/cm^2$ 的电流密度下具有 295mV 的过电位，Tafel 斜率为 69.52mV/dec。与此同时，该成分的薄膜还具有最大的电化学活性面积、最小的电荷转移电阻以及良好的稳定性［图 14-9（d）、（e）和（f）］。高熵合金薄膜中的 Cr 元素调节了其他元素的电子结构，生成的氢氧化物作为活性位点，同时非晶态的原子排列结构使其更容易暴露，这对析氧反应的电催化活性尤其有利。此外，非晶态催化剂在催化过程中进行表面重构，导致存在更多的氧缺陷，这往往会促进金属氧化物/氢氧化物的形成，并优化含氧中间体在活性位点的吸附，进一步提高催化性能[83]。

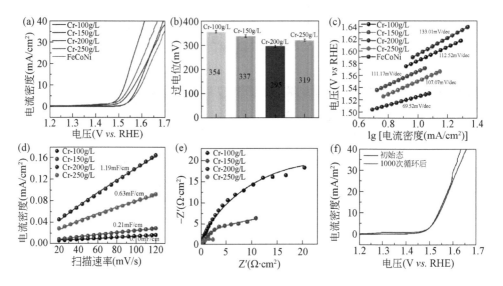

图 14-9　（a）LSV 曲线；（b）10mA/cm² 电流密度下的过电位值；（c）FeCoNi 薄膜和不同 Cr 含量的薄膜催化剂的 Tafel 斜率；（d）电化学活性面积；（e）不同 Cr 含量的薄膜催化剂的 EIS 谱图；（f）Cr-200 薄膜催化剂在 1mol/L KOH 溶液中经过 1000 次循环后的 LSV 曲线[83]

　　Xie 等通过精确控制 Co/Mo 原子比来合成 CoMoFeNiCu 纳米粒子，这些纳米颗粒显示出显著增强的氨分解催化活性与稳定性，与目前商用贵金属 Ru 催化剂相比，改善因子达 20 以上，更优于传统 Co-Mo 催化剂，而催化活性与动力学与 Co/Mo 比率无关，高熵化赋予了催化剂合金成分与表面吸附性能的稳健可调性，在不同反应条件下拥有高催化活性[84]。

　　由 PtBiPb 中熵核和 PtBiNiCo 高熵外壳构成的 PtBiPbNiCo 六边形纳米板的特殊核/壳结构与多元素协同作用极大促进了甲酸分子的直接脱氢途径，抑制了 *CO 的形成，在甲酸氧化反应中面积比活性和质量比活性分别高达 27.2mA/cm² 和 7.1A/mg$_{Pt}$，是 Pt 基催化剂有史以来取得的最高纪录[85]。

　　Tao 等通过模板辅助技术使多种热力学不混溶元素通过置换途径在 Ag 纳米线表面可控成核及晶体生长，再结合脱合金技术，首次实现液相合成厚度仅为 0.8nm 的五至八元二维高熵合金亚纳米带材料，其形貌特征如图 14-10（a）所示[86]。图 14-10（b）揭示出五元 PtPdIrRuAg 合金中元素均匀分布，由图 14-10（c）、（d）的电化学结果得出与商用 Pt/C 相比，该合金纳米带在碱性电解质中表现出优异的 ORR 电催化活性。此外，六元 PtPdIrRuAuAg 亚纳米带材料在金属–空气电池中能显著降低充电过电位并提升循环性能。在二氧化碳转化为碳氢化合物过程中，曾使用 AuAgPtPdCu 纳米晶体高熵合金作为 CO_2RR 催化剂，即使在低的施加电压（-0.3V）下，气体产物（CO、CH_4、C_2H_4 和 H_2）获得接近100%的高法拉第效率[87]。究其原因，认为高的电催化活性是由于 $^*OCH_3$ 和 $^*O$ 在 Cu（111）和高熵合金表面的吸附趋势，主要依赖于氧化铜金属（Cu^{2+}/Cu^0）的存在，其他元素仅发挥协同作用。

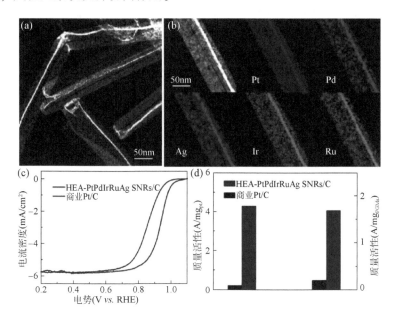

图 14-10　五元 PtPdIrRuAg 亚纳米带材料的（a）形貌特征和（b）元素分布图；（c）、（d）HEA–PtPdIrRuAg SNRs/C 的 ORR 电催化性能[86]

14.5.2　储氢性能

　　作为储量丰富、来源广泛、能量密度高的绿色清洁能源，氢能的开发与利用引起了世界各国的高度重视。储氢材料是氢气储存与运输过程中的重要载体，能可逆地吸收与释放氢气，对于加速氢能发展十分关键。合金材料因单位储氢密度高、安全性好、可逆性好等优点，在氢气储存中发挥着重要作用，而商用规模占比最大的稀土储氢材料成本偏高使应用受限。由多种非贵金属元素组成的高熵合金不仅降低了生产成本，更因元素间原子半径差异导致的显著晶格畸变产生了较大的空隙位置，有利于氢气的储存，被视为一种有潜力的储氢合金。

　　与传统储氢合金相同，储氢高熵合金也由和氢原子亲和力较大的 A 类元素

（Ti、Zr、Mg、V、Nb、Re 等）与和氢原子亲和力较小的 B 类元素（Fe、Co、Ni、Cr、Cu、Al 等）多元混合组成。两类元素构成的多种可能晶格结构中，BCC 相与 Laves 相型合金具有更高的储氢容量与吸氢性能，是储氢高熵合金中存在的主导晶格类型。

　　研究之初，学者们主要致力于改变元素组成来改善合金的储氢能力。Kao 等首次发现具有 C14 Laves 单相的 CoFeMnTiVZr 系高熵合金在 25℃下最大氢气储存容量为 1.80wt%，对应于 CoFeMnTi$_2$VZr 合金，实验证实了高熵合金的储氢潜力。在不改变晶体结构的前提下调控 Ti、V、Zr 的含量，发现合金成分对储氢能力的影响与晶格参数、元素偏析、氢化物形成焓的变化相关[88]。由高能球磨法制备的为 BCC 单相 Mg$_{12}$Al$_{11}$Ti$_{33}$Mn$_{11}$Nb$_{33}$ 高熵合金，最大析氢量可达 1.75wt.%，尽管 H/M 值为 1，但因轻质元素的加入，其重量容量与 H/M 值为 2 的同样具有 BCC 相的难熔高熵合金相当[89]。Kunce 等采用激光近净成型技术先后制备出 ZrTiVCrFeNi[90] 和 TiZrNbMoV 合金[91]，分别为 C14 Laves 相与少量 α-Ti 固溶体的两相结构和 BCC 相与富 Zr、富 Ti 等析出相的多相结构。其中，ZrTiVCrFeNi 合金的初始态和退火态的最大储氢容量分别为 1.81wt.% 和 1.56wt.%，而平衡压力不足以完全解吸，导致压力–成分–温度（PCT）吸收/解吸测试后合金中存在 C14 氢化物相[90]。对于 TiZrNbMoV 合金来说，采用低激光功率合成的样品储氢能力相对更好，初始态和热处理态的最大储氢容量分别为 2.3wt.% 和 1.78wt.%，氢化后合金中出现了 δTiH$_x$ 型 FCC 相、NbH$_{\sim0.4}$ 型 BCC 相和富 αZr 相，这表明原始相中所含的 Ti、Nb 元素吸收了氢气[91]。向具有高储氢容量的 Ti、V、Cr 元素中加入 Fe、Mn 廉价金属，获得的 V$_{35}$Ti$_{30}$Cr$_{25}$Mn$_{10}$ 合金有低的吸氢平台压力和快的吸氢速率，吸氢容量为 3.65wt.%，晶胞体积更大的 V$_{30}$Ti$_{30}$Cr$_{25}$Fe$_{10}$Nb$_5$ 因第二相的存在氢吸收相对缓慢，吸氢容量为 3.38wt.%，但它具有更高的可逆容量[92]。

　　在吸放氢这一热力学过程中，所合成高熵合金的元素结构可能处于不稳定状态，因此，评估合金的氢气吸收/解吸循环特性与过程中的微观组织转变十分重要。具有 BCC 单相的等原子比 TiVZrNbHf 高熵合金的 H/M（氢原子与金属原子比）值高达 2.5，完全氢化后合金中形成了畸变的 FCC 或 BCT 结构，与稀土化合物中形成的结构类似，认为优越的储氢能力可能是因为畸变晶格中应变的影响，有利于氢同时占据四面体和八面体位置[93]。HfNbTiVZr 合金循环实验后的原位观察表明氢化后 BCC 相转变为 BCT 氢化物相，H/M 值至少可达 2.5，真空中达到 500℃能发生完全解吸，反应速率仅随着循环次数的增加而略有增加（约20%），说明该合金的活化能较低[94]。TiZrNbTa 合金在氢化过程中的微观形貌转变揭示出氢诱导了纳米尺度的相分离，BCC 单相中形成了层状纳米析出物，1123K 解吸后又转变为球状[95]。Chen 等基于价电子浓度方法设计了为 C14 Laves 单相的新型 TiZrFeMnCrV 高熵合金，如图 14-11 所示，该合金在 30℃温和条件下，能实现超快吸氢（1.80wt.%），在吸氢/解吸过程中未发生相变，50 次循环过程中吸氢能力稳定保持在 1.76wt.% 左右，具有超快的吸/放氢循环动力学和优异的循环容量保持率[96]。高能球磨法获得的 BCC 单相 MgAlTiFeNi 合金经氢气气氛下反应性球磨后变为 BCC、FCC 和 Mg_2FeH_6 的多相，具有 0.94wt.% 的储氢能力，在比商业 MgH_2 的解吸温度低 100℃ 的温度下，氢气可以在几秒钟内完全解吸，体现出该合金高的氢气吸收和解吸动力学和储氢可逆性[97]。

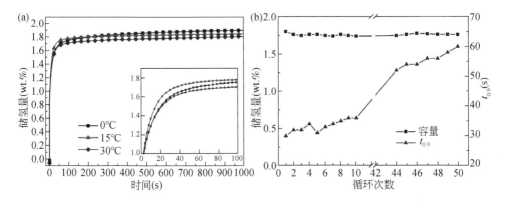

图 14-11　TiZrFeMnCrV 高熵合金的（a）吸氢动力学曲线；（b）50 次吸氢/脱氢循环中的吸氢能力[96]

除了用于化学储氢外，高熵合金作为金属–氢气电池中工作电极在电化学储氢中也取得了一定进展。Zhang 等采用静电纺丝法成功制备了 AB_2 型 $La_{0.8-x}Ce_{0.2}Y_xMgNi_{3.4}Co_{0.4}Al_{0.1}$（$x = 0$、0.05、0.10、0.15 和 0.20）合金，均由 $LaMgNi_4$ 相和 $LaNi_5$ 相组成，两相的相对含量受 Y 含量和纺丝速度的影响[98]。电化学测试表明样品表现出优越的活化能力，放电容量随纺丝速度的增加先增加后减小，Y 的添加改善了循环稳定性，但降低了放电容量。同时，随着 Y 含量和纺丝速率的增加，导致了合金结构变化，使电化学动力学参数先增加后降低。

14.5.3　能量存储

化石燃料的大量消耗与温室气体的持续积累，催生了对高效可持续储能设备的探索与研究。超级电容器、电池等设备具有高能量密度、长使用寿命、优异安全性等优势，被视为极具前景的储能装置。然而，对于其中的关键部件——电极材料，现采用材料或循环寿命差、功率密度低，或能量密度低，开发具有导电性、高能量密度、高功率密度和长期稳定服役性能的电极材料面临挑战[99,100]。这些性能需求使研究者将目光转向了高熵合金这一新型材料，并探索其用作储能设备电极材料的潜力。

在超级电容器材料开发中，Kong 等通过在 H_2SO_4 溶液中选择性溶解富 Al-Ni 相并通过钝化保留剩余的富 Cr-Fe 相，合成了无黏合剂的纳米多孔 AlCoCrFeNi HEAs，制备过程如图 14-12（a）所示[101]。随后研究了高熵合金电极在 2mol/L KOH 电解液中的电化学性能，图 14-12（b）、（c）中的循环伏安（CV）曲线和恒电流充放电（GCD）曲线表明高比电容归因于纳米多孔高熵合金表面 Cr-Co-Fe 氧化物和细小孔带来的单位体积内高有效表面积的协同作用。当用作无黏合剂电极时，该结构表现出 $700F/cm^3$ 的高体积容量和超过 3000 次循环的优异稳定性，说明多组分纳米多孔 HEA 可以作为电极材料的候选之一。Xu 等采用均匀碳热冲击法在超定向电纺碳纳米纤维上合成了 FeNiCoMnMg（30nm）和 FeNiCoMuCu（50nm）高熵合金纳米颗粒，氯化物前驱体浓度为 5mmol/L 的 FeNiCoMnMg HEA NPs/ACNFs 电极表现出 203F/g 的高电容和 21.7Wh/kg 的比能量密度，并保持 85% 以上的容量保持率[102]。

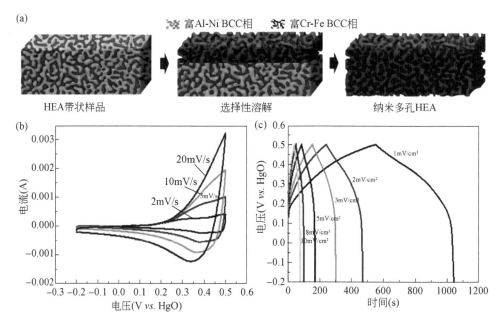

图 14-12　纳米多孔 AlCoCrFeNi HEA 的制备过程（a）；在 2mol/L KOH 电解液中的循环伏安曲线（b）和恒电流充放电曲线（c）[101]

高性能电池阴极构建时，Wang 等采用回流处理和高温煅烧过程将 $Fe_{0.24}Co_{0.26}Ni_{0.10}Cu_{0.15}Mn_{0.25}$ 高熵合金纳米晶体均匀分布在氮掺杂碳（NC）衬底上，首次引入这一合金作为核心催化主体来激活锂硫电池硫阴极的电化学性能，发现该晶体对可溶性中间多硫化锂将固体硫转化为固体放电产物表现出高的电催化活性[103]。得益于高熵合金纳米晶体的加速动力学和氮掺杂碳的协同吸附，阴极表现出 1079.5mAh/g 的高可逆容量（89.4% 的高利用率）。即使在贫电解质（3μL/mg）和超高硫负载（27.0mg/cm²）条件下，硫阴极仍可达到 868.2mAh/g 的高放电容量，体现出高熵合金的引入对于提高电池体系储能性能的重要作用。

14.6　生物医用高熵合金

随着生物医用材料的原料创新与技术发展，医疗健康领域对医用金属材料的生物性能提出了更高要求。高熵合金不仅有优异的生物相容性，还兼具与骨骼相似的硬度、高比强度、良好的腐蚀性和耐磨性，能很好地满足生物医学金属材料的性能需求，是具有极大应用潜力的未来生物医用候选材料。

生物医用高熵合金是从难熔高熵合金研究发展而来的，故多含有 Ti、Ta、Nb、Hf 和 Zr 等具有高安全性的难熔金属元素，有时也为降低合金密度向其中添加 Al、Si 等轻质元素，或为改善耐磨性而加入 Cr 元素。基于这些合金元素与高熵合金成分设计准则或模拟计算方法，研究者开发出多种系列的生物医用高熵合金，并研究了与生物体临床植入需考虑因素相关的合金性能，如生物相容性、力学性能、抗腐蚀性、耐磨损性能等。

在合金体系设计上，Todai 等基于混合焓（ΔH_{mix}）、Ω 参数、原子间半径差值（δ）与价电子浓度（VEC）成功设计开发了等原子比 TiNbTaZrMo，与纯 Ti 相比，其具有相当大的强度、可变形性和生物相容性，证实了高熵合金作为医用金属的可行性[104]。之后，Mo 当量也被成功应用于合金设计计算中，结合 VEC 值，开发的 $\text{Ti}_{28.33}\text{Zr}_{28.33}\text{Hf}_{28.33}\text{Nb}_{6.74}\text{Ta}_{6.74}\text{Mo}_{1.55}$ 表现出与 CP-Ti 相当的生物相容性、更高的强度以及较好的室温拉伸塑性[105]。为实现更高效的合金开发，Ching 等使用先进的大型超胞建模方法研究了 13 种生物高熵合金的电子结构、原子间键合和力学性能，提出总键序密度（TBOD）和部分键序密度（PBOD）作为评估多组分合金基本性能的关键指标，不受高熵合金原子种类、组成或大小的影响，都可以直接将它们进行相互比较[106]。与基于基态能量的焓值计算方法相比，这一方法巧妙利用了键序密度，在保证计算精度的同时大幅压缩了计算成本，有助于具有优异性能的生物医用高熵合金的发现与制造。

对于相关性能研究，调整等原子比 TiNbTaZrMo 合金的成分为非等原子比 $\text{Ti}_{2-x}\text{Zr}_{2-x}\text{Nb}_x\text{Ta}_x\text{Mo}_x$（$x=0.6$）和 $\text{Ti}_{2-y}\text{ZrNbTaMo}_y$（$y=0.3，0.5$）合金，如图 14-13（a）、（b）所示，发现合金室温可变形性显著提高[107]。图 14-13（c）中不同合金在样品上成骨细胞黏附的荧光图像中，$\text{Ti}_{1.4}\text{Zr}_{1.4}\text{Nb}_{0.6}\text{Ta}_{0.6}\text{Mo}_{0.6}$ 生物高熵合金具有显著更长的原纤维黏附结构，对应于更优异的生物相容性，这是由于富含 Ti、Zr 的非等原子比组成刺激了生物细胞与高熵合金之间的分子相互作用。使用高压扭转方法进一步对铸态 TiAlFeCoNi 医用高熵合金进行加工，由于纳米晶、位错的引入与有序、无序转变，合金获得了 880HV 的超高硬度，还具有 123 ~ 129GPa 的低弹性模量值[108]。生物相容性检测发现，该合金的细胞代谢活性比纯 Ti 和 Ti-6Al-7Nb 合金好 260 ~ 1020% 。Motallebzadeh 等系统研究了 TiZrTaHfNb 和 Ti$_{1.5}$ZrTa$_{0.5}$Hf$_{0.5}$Nb$_{0.5}$合金的耐磨性、润湿性与耐蚀性，并与 316L、CoCrMo 和 Ti6Al4V 合金进行性能对比，两高熵合金均纳米压痕堆积更少，具有良好的耐磨性，润湿性好于 316L 和 CoCrMo 合金，略差于 Ti6Al4V 合金，因表面形成的稳定钝化膜耐蚀性优于其他几种合金，尤其 Ti$_{1.5}$ZrTa$_{0.5}$Hf$_{0.5}$Nb$_{0.5}$合金中 Ti 和 Zr 等电负性元素的含量更高、晶格应变更低，能形成更耐腐蚀的屏障氧化膜[109]。在模拟生理环境下，由于具有均匀钝化膜，TiZrHfNbTa 在 310K 的 Hank's 溶液中具有与 Ti-6Al-4V 合金相同的抗生物腐蚀性能，出现了自钝化行为，钝化电流密度约为 10^{-2}A/m^2，腐蚀速率约为 10^{-4} mm/a，电化学阻抗高[110]。MC3T3-E1 前成骨细胞在 TiZrHfNbTa HEA 上良好的黏附、存活和增殖行为，表明其具有良好的体外生物相容性。良好的生物耐腐蚀性和体外生物相容性表明 TiZrHfNbTa HEA 具有生物医学应用的潜力。

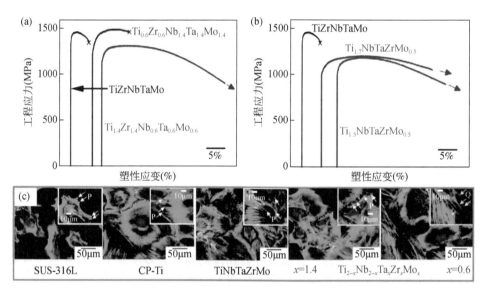

图 14-13 （a）TiNbTaZrMo 和 Ti$_{2-x}$Zr$_{2-x}$Nb$_x$Ta$_x$Mo$_x$的室温力学性能，（b）TiNbTaZrMo 和 Ti$_{2-y}$ZrNbTaMo$_y$的室温力学性能，以及（c）多种合金在样品上成骨细胞黏附的荧光图像[107]

14.7　其他功能

14.7.1　形状记忆效应

合金领域中，形状记忆效应指发生马氏体相变（MT）的合金形变后，被加热到奥氏体相变结束温度（A_f），使低温的马氏体逆变为高温母相而恢复到形变前固有形状，或在随后的冷却过程中通过内部弹性能的释放又返回到马氏体形状的现象。常见的 NiTi 形状记忆合金因具有良好的力学性能与功能特性，被广泛用于航天航空与生物医疗领域，然而，较低的相变温度（100℃）限制了它们在高温服役条件下的应用。研究者开始逐步向其中添加 Zr、Hf、Pd、Au、Co 和 Cu 等元素来提高 NiTi 形状记忆合金的相变温度以改善其性能，但仍存在加工成型难、易发生塑性弛豫等问题，获得兼具高相变温度、优力学性能的形状记忆合金依旧面临挑战。基于此，Firstov 及其合作者于 2014 年首次将高熵设计理念引入形状记忆材料中[111]。高熵形状记忆合金因高构型熵与特殊的微观结构特点，不仅显著提升了 MT 温度，还具有高强度、良好的高温相稳定性、超弹性、高阻尼等特性，能作为高温形状记忆合金在汽车、航天航空、能源勘探等领域的能量转换设备中发挥重大应用潜力。

以等原子比二元 NiTi 合金为基础，Firstov 等[111]将高熵形状记忆合金构成元素分为 A 型（Ti、Zr、Hf、Nb、Ta）与 B 型（Co、Ni、Cu、Ru、Rh、Pd、Ir、Pt、Au）两类，按照 $A_{50}B_{50}$ 的化学计量比，交替排列组合 B 型元素，使用真空电弧熔炼方法成功制备出具有 B2 结构的 $Ti_{16.667}Zr_{16.667}Hf_{16.667}Ni_{25}Cu_{25}$ HEA，其 MT 开始温度（M_s）与 A_f 分别为 500K 和 610K，并伴随着完全形状恢复的形状记忆效应。为进一步改善合金功能特性，他们继续向其中加入能完全稳定高温奥氏体 B2 相的 Co 元素，又合成制备了 $Ti_{16.667}Zr_{16.667}Hf_{16.667}Co_{10}Ni_{25}Cu_{15}$ HEA，与系列合金相比，该合金表现出高热值、窄磁滞，且在 800℃ 以上有最高的可逆形状记忆应变值（1.63%）[112]。

之后，围绕着更换 A 型与 B 型元素来探索化学复杂度对微观组织、MT 和形状记忆功能影响的研究依旧层出不穷。Canadinc 等[113]设计的（Ni，Pd）$_{50}$（Ti，Hf，Zr）$_{50}$合金的 A_f 值高达 1053K，是首个不含贵金属 Pt 和 Au 但 A_f 值超过 973K 的 NiTi 基高温形状记忆合金，他们将这一原因归结于高混合熵提高了相变温度、转变应力与强度并改善了应变恢复。Piorunek 等[114]则以从二元 NiTi 到六元 NiCuPdTiZrHf合金为研究对象探究了记忆合金组元数对微观组织分布的影响，认为各组元不同的分配系数使元素化学分布不均匀，但凝固时组元间再分配稳定了各元素的亚晶格位点，保障合金能均匀转变为马氏体；并认为化学成分对相变温度的影响体现为对价电子浓度的依赖性，如图 14-14 所示，二元、三元、五元合金处于 Zarinejad 等提出的 95% 置信区间内，价电子浓度与 M_s 值成反比，而低价电子浓度的四元、六元合金却具有低的 M_s 值，这可能是由于 Cu、Pd 添加加速了B19'相的失稳。同时，开发出的新型 NiCuPdTiZrHf 表现为 B2 与 B19'双相微观组织，具有最大的形状记忆应变值（15%）。Li 等[115]将高熵设计概念应用于 $Ni_{45.3}Ti_{29.7}Hf_{20}Cu_5$ 中，且为提高 A_f 值设计了以 B2 相为主、含少量 B19'双相的 $Ti_{20}Hf_{15}Zr_{15}Cu_{25}Ni_{25}$ 高熵高温形状记忆合金，即使在高达 285℃ 以上仍有 4.0% 的大的完全可恢复应变，也表现出优异的形状记忆效果，在 450MPa 应力下可恢复应变为 2.6%，为开发高性能高温功能材料提供了一种策略。此外，由 Ti-Nb 传统记忆合金出发制备的富 Ti 高熵合金（$Ti_{50}Zr_{20}Hf_{15}Al_{10}Nb_5$ 和 $Ti_{49}Zr_{20}Hf_{15}Al_{10}Nb_6$）由亚稳 β 相和马氏体 α''相组成，β 相与 α''相间的可逆应力致马氏体相变赋予了合金超弹性，从而使合金实现了最大总可恢复应变（5.2%）、完全可恢复应变（4.0%）、高抗拉强度（900MPa）的组合[116]。

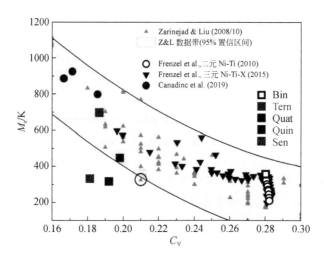

图 14-14　不同形状记忆合金价电子浓度与马氏体相变温度间的相关性［Bin：NiTi；
Tern：$Ni_{50}(TiHf)_{50}$；Quat：$(NiCu)_{50}(TiHf)_{50}$；Quin：$(NiCu)_{50}(TiZrHf)_{50}$；
Sen：$(NiCuPd)_{50}(TiZrHf)_{50}$］[114]

14.7.2　阻尼合金

工程材料应用中总会不可避免地产生振动、冲击与噪声等危害，开发减振降噪的防护材料对国防工业与日常生活都有重要作用。阻尼合金是能迅速将振动能量转变成热能而迅速衰减的功能材料，通过结构阻尼、系统阻尼、材料阻尼三种方式实现振动与噪声的控制。然而，现常用阻尼合金因性能缺陷在特定工程环境中应用受限, 如 Mg 合金强度和耐蚀性较差, Fe-Cr 铁磁阻尼合金对应力与磁场敏感, Mn-Cu 孪晶阻尼合金对马氏体相变温度极为敏感等, 引起合金中晶界缺陷和界面的重排, 发生不可逆弛豫过程, 恶化阻尼性能[117]。高熵合金优异的力学性能与良好的高温阻尼特性, 逐渐吸引了广泛关注。

高熵阻尼合金的探索, 主要是对于合金元素、微观组织与阻尼性能间相关性的揭示, 也试图理解相应合金体系的阻尼机制。$CrMn_xFeVCu_{0.2x}$ ($x = 0.3$、0.5、0.7、1) 高熵合金中, 随着 Cu 含量的增加, 富 Cu-Mn FCC 相的体积分数增加, 且该相形貌由颗粒状转变为长条状或块状[118]。合金中 FCC 相的位错密度和分布是提高 HEA 阻尼能力的关键因素, 具有颗粒状 FCC 相的 $CrMn_{0.3}FeVCu_{0.06}$ 合金较高的位错和界面阻尼效应而表现出良好的阻尼能力。Wu 等选择主要由 B19′马氏体变体与 B2 马氏体相构成的 $Ti_{16.7}Zr_{16.7}Hf_{16.7}Ni_{30}Co_5Cu_{15}$ 和 $Ti_{25}Zr_8Hf_{17}Ni_{30}Co_5Cu_{15}$ 合金来探究高构型熵对阻尼行为的影响, 结果表明 $Ti_{25}Zr_8Hf_{17}Ni_{30}Co_5Cu_{15}$ 合金由于马氏体相变、形状记忆效应和超弹性而具有优异的阻尼性能, 认为具有高不均匀内应力和严重晶格畸变的高熵合金的高构型熵是控制其独特阻尼性能的潜在机制[119]。Lei 等向难熔高熵合金中分别掺杂 O 或 N, 获得 $(Ta_{0.5}Nb_{0.5}HfZrTi)_{98}O_2$ 和 $(Ta_{0.5}Nb_{0.5}HfZrTi)_{98}N_2$, 如图 14-15 所示, 该高熵合金的阻尼能力高达 0.030, 阻尼峰值可达 800K, 优于此前所报道的阻尼材料的性能, 这是归因于 Snoek 弛豫和有序间隙复合物介导的应变硬化[120]。此外, 合金还具有高达 1400MPa 的拉伸屈服强度和 20% 的大拉伸塑性, 高温阻尼特性与优异的力学性能使该高熵合金在减振降噪中极具吸引力。具有 FCC 与 HCP 双相的 $Fe_{65-x}Mn_{20}Cr_{15}Co_x$ ($x = 5$、10、15、20) 高熵阻尼合金, 随着 Co 含量的增加, ε 马氏体逐渐向 γ 奥氏体转变, 孪晶数量逐渐增加, 峰值阻尼 (Q^{-1}) 从 0.0442 增加到 0.0595, 增加 34.6%[121]。合金在

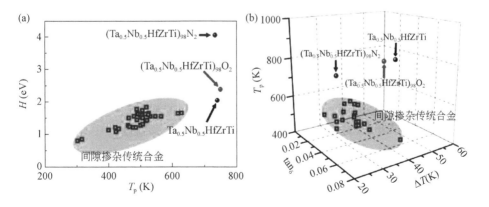

图 14-15　$(Ta_{0.5}Nb_{0.5}HfZrTi)_{98}O_2$ 和 $(Ta_{0.5}Nb_{0.5}HfZrTi)_{98}N_2$ 高熵合金与传统
Snoek 型阻尼合金的阻尼性能比较[120]

200℃左右具有较高的 ε→γ 相变阻尼内摩擦峰，Co20 合金具有更好的阻尼和高温稳定性。磁-力学滞回、孪晶界面运动和相界面运动的耦合作用使合金具有优异的阻尼性能。

14.7.3　光热转换材料

光热转换功能材料是通过反射、吸收或其他方式把光能集中起来，转变为足够高温度的热能的一类材料，在淡水处理、光热治疗等领域前景广阔。然而，Au、Ag、Al、Ni 等金属纳米颗粒或衍生物通过等离子体共振的光吸收带宽有限，难以覆盖整个太阳光谱（250~2500nm）。高熵合金则能在太阳光谱的所有频率区域实现有效的光吸收，为提高光热转换效率提供了新的发展潜力。

目前，对光热转换高熵合金的研究较少，还处于起步阶段。Zhang 等利用 d-d 带间跃迁优化光热转换材料的策略，采用超快冷却电弧放电方法制备了新型 FeCoNiTiVCrCu 高熵合金纳米颗粒，该粒子在费米能级（±4eV）上下的能量区域被 3d 过渡金属完全填充，在整个太阳能光谱范围内的平均吸光度大于 96%，体现出良好的太阳能收集性能[122]。此外，由于显著的全光捕获与超快的局部加热，对光热转换效率和蒸发速率的计算结果表明颗粒太阳能蒸汽发生器在一次太阳照射下的效率超过 98%，蒸发率高达 2.26kg/($m^2 \cdot$ h)。随后，为进一步增强光热转换能力，他们又借助电弧放电过程中甲烷的原位分解，将一系列具有不同 3d 过渡金属组元的高熵合金纳米颗粒原位封装于高缺陷密度石墨壳中，利用石墨包覆壳的光吸收性能及其高缺陷密度带来的热导率降低，进一步提升了高熵合金纳米颗粒的光热转换性能。获得的 FeCoNiTiVCrMnCu@C 复合材料在整个太阳能光谱范围内的平均吸收率超过 95%；在 1 个太阳光（1kW/m^2）辐照下，可在 90s 内从室温迅速升高至 105℃，太阳光水蒸发速率和能量转换效率分别高达 2.66kg/($m^2 \cdot$ h)和 98%，具有优异的光响应和光热转换特性[123]。同年，该课题组还利用锯木基质独特的各向异性多孔结构，设计了 FeCoNiTiVCrMnCu 纳米颗粒与锯木的复合材料，构造出如图 14-16（a）所示的可持续 HEA 纳米颗粒-锯木（HEA-BW）复合蒸发器，图 14-16（b）表明整个太阳光谱上实现了超过 97% 的平均光学吸收效率。并且，表面温度为 80℃时的蒸发率为 2.58kg/($m^2 \cdot$ h)，在平均蒸发速率为 1.65kg/($m^2 \cdot$ h) 的高盐水（20wt.% 盐度）中具有稳定的太阳能脱盐性能[124]。

利用高熵合金的光热转换能力，在肿瘤治疗中也取得了一定进展。Ai 等基于通用金属配体交联策略设计了超细 PtPdRuRhIr 高熵纳米颗粒双功能纳米平台，合成的高熵纳米酶具有优异的类过氧化物酶活性，可高效催化内源性过氧化氢产生高细胞毒性的羟基自由基[125]。该高熵纳米酶还具有很好的光热转换效果，在 808nm 激光照射下含纳米酶的溶液温度能快速升高到 50℃。体内和体外实验表

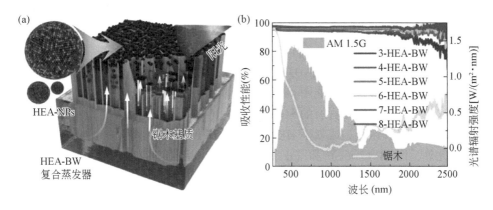

图 14-16　（a）FeCoNiTiVCrMnCu 纳米颗粒–锯木（HEA-BW）复合蒸发器和
（b）HEA-BW 的光吸收特性（灰色为太阳辐射光谱）[124]

明，在类过氧化物酶性和光热作用的协同作用下，该高熵纳米酶有望有效地诱导
癌细胞死亡而实现治疗肿瘤的目标。

14.7.4　环境净化材料

环境净化材料是指能够用于降低或去处理环境中污染物质的材料，对环境的
修复至关重要。这种材料包括吸附剂、光催化剂以及生物材料等。近年来，高熵
合金因其多样的制备方法和独特的功能特性展现出在环境净化领域的潜力，优异
的耐腐蚀性和耐磨性使其能够在废气污水处理和土壤修复等环境下作为高效的催
化剂或吸附材料。

随着现代工业的快速发展，形形色色的染料被广泛应用于纺织、印刷、食品
及化妆品工业等多个领域，便利了生活的同时也产生了大量废水。偶氮染料
（Direct Blue 6：DB6）是一类含有偶氮基团（—N $=$ N—）的有机化合物，因其
化学结构稳定，发生化学反应分解的同时可能会产生致癌物，所以其在污水中的
降解具有重大的现实意义。近年来，人们通过物理降解、生物降解及零价金属降
解等多种方法对偶氮废水进行处理，其中应用最广的零价金属在氧化还原反应中
电子转移速率较慢而受限，为了解决这一问题，研究人员通过机械化合金法制备
出均质化的 AlCoCrTiZn 高熵合金粉末来增强结构活性及电子转移能力。经过一
系列测试发现 AlCoCrTiZn 高熵合金粉末因其独特的固溶体结构产生严重的晶格
畸变，同时独特的成分活性降低了降解反应的活化能垒（30kJ/mol），使得偶氮
键（—N $=$ N—）更易分解，其降解效率不仅高于市售零价离子粉末，而且与效
率最佳的金属玻璃相当[126]。但是，高熵合金可处理的污染物种类并不全面，这
也引起人们的猜想，将高熵合金与其他具有降解或吸附作用的物质相结合会产生

怎样的结果呢？Miao 等尝试将高熵合金负载在生物炭上，开发出 HEA@ BC/PMS 系统，对典型的抗生素污染物氧氟沙星（OFX）进行降解，在90min 内达到了 98.2% 的降解率。如图14-17（a）所示，MA 的加入对 OFX 的去除有明显的抑制作用，表明 SO_4^- 或 ·OH 参与了 OFX 的降解，作为载体的生物碳来源丰富，成本低廉，而且具有丰富含氧官能团，能够与金属产生协同作用，加速了电子在界面处的传递。同时，系统中含有的 SO_4^-、·OH、O_2^- 及 $^1O_2$ 等活性氧形成了自由基/非自由基联合降解途径，成就了 HEA@ BC/PMS 极高的降解率，如图14-17（b）所示。此外，图14-17（c）和（d）可以清晰地观察到 TEMP-$^1O_2$ 和 DMPO-O_2^- 加合物的信号。较高的 $^1O_2$ 强度证实了非自由基过程的主导作用，这与淬火实验和阴离子效应的结果一致[127]。除了将高熵合金与其他物质相结合的方式，改变其作用的环境条件也可以使高熵合金表现出优异的抗生素降解能力。Das 等制备了基于 MnFeCoNiCu 的高熵合金纳米粒子，并将其置于可见光照射下，对磺胺甲

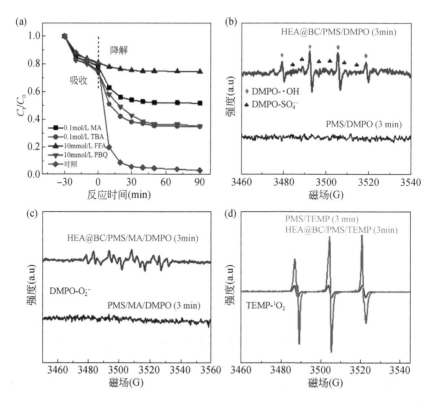

图14-17 （a）淬火实验：HEA@ BC 在不同体系中降解 OFX 的 EPR 光谱；（b）DMPO- ·OH 和 DMPO-SO_4^-；（c）在 DMPO-MA 溶液和（d）TEMP-$^1O_2$ 中获得的 EPR 光谱 ｛条件：[OFX]$_0$ = 20mg/L，[PMS]$_0$ = 0. 45mmol/L，[HEA@ BC] = 100mg/L，25℃，pH=6｝[127]

噁唑（SMX）、氧氟沙星（OFX）和环丙沙星（CFX）等抗生素进行降解，分别实现了95%、94%和89%的高降解率，极大减少了二次污染的可能性。并且，通过外加磁场即可对纳米粒子进行回收，其微观结构和性能不会发生显著变化，对分散式水处理系统提供了可靠的支撑[128]。总而言之，高熵合金作为净化废水及有机物的催化剂表现出优异的高活性、经济及耐用性，大大拓宽了应用范围，在该领域表现出巨大的潜力。

参 考 文 献

[1] Chou H P, Chang Y S, Chen S K, et al. Microstructure, thermophysical and electrical properties in Al$_x$CoCrFeNi（0≤x≤2）high-entropy alloys. Materials Science and Engineering: B, 2009, 163（3）: 184-189.

[2] KaoY F, Chen S K, Chen T J, et al. Electrical, magnetic, and hall properties of Al$_x$CoCrFeNi high-entropy alloys. Journal of Alloys and Compounds, 2011, 509（5）: 1607-1614.

[3] Zhang K, Fu Z. Effects of annealing treatment on properties of CoCrFeNiTiAl$_x$ multi-component alloys. Intermetallics, 2012, 28: 34-39.

[4] Jin K, Sales B C, Stocks G M, et al. Tailoring the physical properties of Ni-based single-phase equiatomic alloys by modifying the chemical complexity. Sci Rep, 2016, 6: 20159.

[5] Bag P, Su Y C, Kuo Y K, et al. Physical properties of face-centered cubic structured high-entropy alloys: Effects of NiCo, NiFe, and NiCoFe alloying with Mn, Cr, and Pd. Physical Review Materials, 2021, 5（8）: 085003.

[6] Shkodich N F, Kuskov K V, Sedegov A S, et al. Refractory TaTiNb, TaTiNbZr, and TaTiNbZrX（X=Mo, W）high entropy alloys by combined use of high energy ball milling and spark plasma sintering: Structural characterization, mechanical properties, electrical resistivity, and thermal conductivity. Journal of Alloys and Compounds, 2022, 893: 162030.

[7] Uporov S A, Ryltsev R E, Sidorov V A, et al. Pressure effects on electronic structure and electrical conductivity of TiZrHfNb high-entropy alloy. Intermetallics, 2022, 140: 107394.

[8] Uporov S A, Ryltsev R E, Estemirova S K, et al. Stable high-entropy TiZrHfNbVCrMoMnFeCoNiAl Laves phase. Scripta Materialia, 2021, 193: 108-111.

[9] Chikova O A, Il'in V Y, Tsepelev V S, et al. Electrical resistivity of liquid CuSn, CuSnBi, CuSnBiIn, CuSnBiInCd alloys of equiatomic compositions. Physics, Technologies and Innovation（PTI-2019）: Proceedings of the VI International Young Researchers' Conference, 2019.

[10] Lu Y, Tang Z, Wen B, et al. A promising new class of plasticine: Metallic plasticine. Journal of Materials Science & Technology, 2018, 34（2）: 344-348.

[11] Bai J, Wang Z, Zhang M, et al. Effects of tailoring zn additions on the microstructural evolution and electrical properties in GaInSnZn$_x$ high-entropy alloys. Advanced Engineering Materials, 2023, 25（11）: 2201831.

[12] Kozelj P, Vrtnik S, Jelen A, et al. Discovery of a superconducting high-entropy alloy. Phys Rev Lett, 2014, 113（10）: 107001.

[13] von Rohr F, Winiarski M J, Tao J, et al. Effect of electron count and chemical complexity in the Ta-Nb-Hf-Zr-Ti high-entropy alloy superconductor. Proc Natl Acad Sci USA, 2016, 113（46）: E7144-E7150.

[14] von Rohr F O, Cava R J, Isoelectronic substitutions and aluminium alloying in the Ta-Nb-Hf-

Zr-Ti high-entropy alloy superconductor. Physical Review Materials, 2018, 2 (3): 034801.

[15] Marik S, Varghese M, Sajilesh K P, et al. Superconductivity in equimolar Nb-Re-Hf-Zr-Ti high entropy alloy. Journal of Alloys and Compounds, 2018, 769: 1059-1063.

[16] Ishizu N, Kitagawa J. New high-entropy alloy superconductor $Hf_{21}Nb_{25}Ti_{15}V_{15}Zr_{24}$. Results in Physics, 2019, 13: 102275.

[17] Stolze K, Cevallos F A, Kong T, et al. High-entropy alloy superconductors on an α-Mn lattice. Journal of Materials Chemistry C, 2018, 6 (39): 10441-10449.

[18] Stolze K, Tao J, von Rohr F O, et al. Sc-Zr-Nb-Rh-Pd and Sc-Zr-Nb-Ta-Rh-Pd high-entropy alloy superconductors on a CsCl- type lattice. Chemistry of Materials, 2018, 30 (3): 906-914.

[19] Motla K, Soni V, Meena P K, et al. Boron based new high entropy alloy superconductor $Mo_{0.11}W_{0.11}V_{0.11}Re_{0.34}B_{0.33}$. Superconductor Science and Technology, 2022, 35 (7): 074002.

[20] Marik S, Motla K, Varghese M, et al. Superconductivity in a new hexagonal high-entropy alloy. Physical Review Materials, 2019, 3 (6): 060602.

[21] Nelson W L, Chemey A T, Hertz M, et al. Superconductivity in a uranium containing high entropy alloy. Sci Rep, 2020, 10 (1): 4717.

[22] Liu B, Wu J, Cui Y, et al. Superconductivity in Cubic A15-type V-Nb-Mo-Ir-Pt High-Entropy Alloys. Frontiers in Physics, 2021, 9: 651808.

[23] Liu B, Wu J, Cui Y, et al. Formation and superconductivity of single-phase high-entropy alloys with a tetragonal structure. ACS Applied Electronic Materials, 2020, 2 (4): 1130-1137.

[24] Wu J, Liu B, Cui Y, et al. Polymorphism and superconductivity in the V-Nb-Mo-Al-Ga high-entropy alloys. Science China Materials, 2020, 63 (5): 823-831.

[25] Sarkar N K, Prajapat C L, Ghosh P S, et al. Investigations on superconductivity in an equiatomic disordered Hf-Nb-Ta-Ti-V high entropy alloy. Intermetallics, 2022, 144: 107503.

[26] Yuan Y, Wu Luo Y H, et al. Superconducting $Ti_{15}Zr_{15}Nb_{35}Ta_{35}$ high- entropy alloy with intermediate electron-phonon coupling. Frontiers in Materials, 2018, 5: 72.

[27] Wu K Y, Chen S K, Wu J M. Superconducting in equal molar NbTaTiZr-Based high-entropy alloys. Natural Science, 2018, 10 (03): 110-124.

[28] Liu N, Wu J, Cui Y, et al. Superconductivity in hexagonal Nb-Mo-Ru-Rh-Pd high-entropy alloys. Scripta Materialia, 2020, 182: 109-113.

[29] Zhu Q, Xiao G, Cui Y, et al. Structural transformation and superconductivity in carbon-added hexagonal high-entropy alloys. Journal of Alloys and Compounds, 2022, 909: 164700.

[30] Liu B, Wu J, Cui Y, et al. Superconductivity and paramagnetism in Cr- containing tetragonal high-entropy alloys. Journal of Alloys and Compounds, 2021, 869: 159293.

[31] Xiao G, Zhu Q, Yang W, et al. Centrosymmetric to noncentrosymmetric structural transformation in a superconducting high-entropy alloy due to carbon addition. Science China Materials, 2022, 66 (1): 257-263.

[32] Lee Y S, Cava R J. Superconductivity in high and medium entropy alloys based on MoReRu. Physica C: Superconductivity and its Applications, 2019, 566: 1353520.

[33] Kim J H, Hidayati R, Jung S Q, et al. Enhancement of critical current density and strong vortex pinning in high entropy alloy superconductor $Ta_{1/6}Nb_{2/6}Hf_{1/6}Zr_{1/6}Ti_{1/6}$ synthesized by spark plasma sintering. Acta Materialia, 2022, 232: 117971.

[34] Wang X, Guo W, Fu Y, High-entropy alloys: Emerging materials for advanced functional applications. Journal of Materials Chemistry A, 2021, 9 (2): 663-701.

［35］ Guo J, Wang H, von Rohr F, et al. Robust zero resistance in a superconducting high-entropy alloy at pressures up to 190GPa. Proc Natl Acad Sci USA, 2017, 114 (50): 13144-13147.

［36］ Sun L, Cava R J. High-entropy alloy superconductors: Status, opportunities, and challenges. Physical Review Materials, 2019, 3 (9): 090301.

［37］ Liang Y F, Lin J P, Ye F, et al. Microstructure and mechanical properties of rapidly quenched Fe-6.5wt.% Si alloy. Journal of Alloys and Compounds, 2010, 504: S476-S479.

［38］ Sundar R S, Deevi S C. Soft magnetic FeCo alloys: Alloy development, processing, and properties. International Materials Reviews, 2013, 50 (3): 157-192.

［39］ Liu C, Peng W, Jiang C S, et al. Composition and phase structure dependence of mechanical and magnetic properties for AlCoCuFeNi high entropy alloys. Journal of Materials Science & Technology, 2019, 35 (6): 1175-1183.

［40］ Zuo T T, Li R B, Ren X J, et al. Effects of Al and Si addition on the structure and properties of CoFeNi equal atomic ratio alloy. Journal of Magnetism and Magnetic Materials, 2014, 371: 60-68.

［41］ Zuo T T, Gao M C, Ouyang L, et al. Tailoring magnetic behavior of CoFeMnNiX (X=Al, Cr, Ga, and Sn) high entropy alloys by metal doping. Acta Materialia, 2017, 130: 10-18.

［42］ Uporov S, Bykov V, Pryanichnikov S, et al. Effect of synthesis route on structure and properties of AlCoCrFeNi high-entropy alloy. Intermetallics, 2017, 83: 1-8.

［43］ Shivam V, Shadangi Y, Basu J, et al. Evolution of phases, hardness and magnetic properties of AlCoCrFeNi high entropy alloy processed by mechanical alloying. Journal of Alloys and Compounds, 2020, 832: 154826.

［44］ Duan Y, Sun X, Li Z, et al. High frequency magnetic behavior of FeCoNiMn$_x$Al$_{1-x}$ high-entropy alloys regulated by ferromagnetic transformation. Journal of Alloys and Compounds, 2022, 900: 163428.

［45］ Zhang B, Duan Y, Wen X, et al. FeCoNiSiAl$_{0.4}$ high entropy alloy powders with dual-phase microstructure: Improving microwave absorbing properties via controlling phase transition. Journal of Alloys and Compounds, 2019, 790: 179-188.

［46］ Lan D, Zhao Z, Gao Z, et al. Porous high entropy alloys for electromagnetic wave absorption. Journal of Magnetism and Magnetic Materials, 2020, 512: 167065.

［47］ Zhang B, Duan Y, Cui Y, et al. Improving electromagnetic properties of FeCoNiSi$_{0.4}$Al$_{0.4}$ high entropy alloy powders via their tunable aspect ratio and elemental uniformity. Materials & Design, 2018, 149: 173-183.

［48］ Duan Y, Cui Y, Zhang B, et al. A novel microwave absorber of FeCoNiCuAl high-entropy alloy powders: Adjusting electromagnetic performance by ball milling time and annealing. Journal of Alloys and Compounds, 2019, 773: 194-201.

［49］ George E P, Raabe D, Ritchie R O. High-entropy alloys. Nature Reviews Materials, 2019, 4 (8): 515-534.

［50］ Tsai M H. Physical properties of high entropy alloys. Entropy, 2013, 15 (12): 5338-5345.

［51］ Kumar S, Patnaik A, Pradhan A K, et al. Effect of cobalt content on thermal, mechanical, and microstructural properties of Al$_{0.4}$FeCrNiCo$_x$ (x=0, 0.25, 0.5, 1.0mol) high-entropy alloys. Journal of Materials Engineering and Performance, 2019, 28 (7): 4111-4119.

［52］ Sun Z, Shi C, Gao L, et al. Thermal physical properties of high entropy alloy Al$_{0.3}$CoCrFeNi at elevated temperatures. Journal of Alloys and Compounds, 2022, 901: 163554.

［53］ Abere M J, Ziade E, Lu P, et al. A predictive analytical model of thermal conductivity for aluminum/transition metal high-entropy alloys. Scripta Materialia, 2022, 208: 114330.

[54] Yang J, Ren W, Zhao X, et al. Mictomagnetism and suppressed thermal conduction of the prototype high-entropy alloy CrMnFeCoNi. Journal of Materials Science & Technology, 2022, 99: 55-60.

[55] Kim I H, Oh H S, . Lee K S, et al. Optimization of conflicting properties via engineering compositional complexity in refractory high entropy alloys. Scripta Materialia, 2021, 199: 113839.

[56] Lu C L, Lu S Y, Yeh J W, et al. Thermal expansion and enhanced heat transfer in high-entropy alloys. Journal of Applied Crystallography, 2013, 46 (3): 736-739.

[57] Laplanche G, Gadaud P, Horst O, et al. Temperature dependencies of the elastic moduli and thermal expansion coefficient of an equiatomic, single-phase CoCrFeMnNi high-entropy alloy. Journal of Alloys and Compounds, 2015, 623: 348-353.

[58] Kraemer D, Sui J, McEnaney K, et al. High thermoelectric conversion efficiency of MgAgSb-based material with hot-pressed contacts. Energy & Environmental Science, 2015, 8 (4): 1299-1308.

[59] Tan G, Zhao L D, Kanatzidis M G. Rationally esigning high-performance bulk thermoelectric materials. Chem Rev, 2016, 116 (19): 12123-12149.

[60] Poudel B, Hao Q, Ma Y, et al. High-thermoelectric performance of nanostructured bismuth antimony telluride bulk alloys. Science, 2008, 320 (5876): 634-638.

[61] Chen S, Lukas K C, Liu W, et al. Effect of Hf concentration on thermoelectric properties of nanostructured n-type half-heusler materials $Hf_xZr_{1-x}NiSn_{0.99}Sb_{0.01}$. Advanced Energy Materials, 2013, 3 (9): 1210-1214.

[62] Pei Y, Shi X, LaLonde A, et al. Convergence of electronic bands for high performance bulk thermoelectrics. Nature, 2011, 473 (7345): 66-69.

[63] Jiang B, Yu Y, Chen H, et al. Entropy engineering promotes thermoelectric performance in p-type chalcogenides. Nat Commun, 2021, 12 (1): 3234.

[64] Shafeie S, Guo S, Hu Q, et al. High-entropy alloys as high-temperature thermoelectric materials. Journal of Applied Physics, 2015, 118 (18) .

[65] Kush L, Srivastava S, Jaiswal Y, et al. Thermoelectric behaviour with high lattice thermal conductivity of Nickel base $Ni_2CuCrFeAl_x$ ($x = 0.5, 1.0, 1.5$ and 2.5) high entropy alloys. Materials Research Express, 2020, 7 (3): 835704.

[66] Liu R, Chen H, Zhao K, et al. Entropy as a gene-like performance indicator promoting thermoelectric materials. Adv Mater, 20017, 29 (38): 1702712.

[67] Bhat T M, Gupta D C. Effect of High pressure and temperature on structural, thermodynamic and thermoelectric properties of quaternary CoFeCrAl alloy. Journal of Electronic Materials, 2017, 47 (3): 2042-2049.

[68] Yan J, Liu F, Ma G, et al. Suppression of the lattice thermal conductivity in NbFeSb-based half-heusler thermoelectric materials through high entropy effects. Scripta Materialia, 2018, 157: 129-134.

[69] Fan Z, Wang H, Wu Y, et al. Thermoelectric performance of PbSnTeSe high-entropy alloys. Materials Research Letters, 2016, 5 (3): 187-194.

[70] Raphel A, Vivekanandhan P, Kumaran S. High entropy phenomena induced low thermal conductivity in $BiSbTe_{1.5}Se_{1.5}$ thermoelectric alloy through mechanical alloying and spark plasma sintering. Materials Letters, 2020, 269: 127672.

[71] LuoY, Hao S, Cai S, et al. High Thermoelectric performance in the new cubic semiconductor

AgSnSbSe$_3$ by high-entropy engineering. J Am Chem Soc, 2020, 142 (35): 15187-15198.

[72] Jiang B, Wang W, Liu S, et al. High figure-of-merit and power generation in high-entropy GeTe-based thermoelectrics. Science, 2022, 377 (6602): 208-213.

[73] Kumar Katiyar N, Biswas K, Yeh J W, et al. A perspective on the catalysis using the high entropy alloys. Nano Energy, 2021, 88: 106261.

[74] Yao Y, Huang Z, Xie P, et al. Carbothermal shock synthesis of high-entropy-alloy nanoparticles. Science, 2018, 359 (6383): 1489-1494.

[75] Gao S, Hao S, Huang Z, et al. Synthesis of high-entropy alloy nanoparticles on supports by the fast moving bed pyrolysis. Nat Commun, 2020, 11 (1): 2016.

[76] Glasscott M W, Pendergast A D, Goines S, et al. Electrosynthesis of high-entropy metallic glass nanoparticles for designer, multi-functional electrocatalysis. Nat Commun, 2019, 10 (1): 2650.

[77] Yao R Q, Zhou Y T, Shi H, et al. Nanoporous surface high-entropy alloys as highly efficient multisite electrocatalysts for nonacidic hydrogen evolution reaction. Advanced Functional Materials, 2020, 31 (10): 2009613.

[78] Minamihara H, Kusada K, Wu D, et al. Continuous-flow reactor synthesis for homogeneous 1 nm-sized extremely small high-entropy alloy nanoparticles. J Am Chem Soc, 2022, 144 (26): 11525-11529.

[79] Wang B, Wang C, Yu X, et al. General synthesis of high-entropy alloy and ceramic nanoparticles in nanoseconds. Nature Synthesis, 20221 (2): 138-146.

[80] Cao G, Liang J, Guo Z, et al. Liquid metal for high-entropy alloy nanoparticles synthesis. Nature, 2023, 619 (7968): 73-77.

[81] Shojaei Z, Khayati G R, Darezereshki E. Review of electrodeposition methods for the preparation of high-entropy alloys. International Journal of Minerals, Metallurgy and Materials, 2022, 29 (9): 1683-1696.

[82] Ren H, Sun X, Du C, et al. Amorphous Fe-Ni-P-B-O nanocages as efficient electrocatalysts for oxygen evolution reaction. ACS Nano, 2019, 13 (11): 12969-12979.

[83] Li Y, Liu Y, Shen J, et al. High-entropy amorphous FeCoCrNi thin films with excellent electro-catalytic oxygen evolution reaction performance. Journal of Alloys and Compounds, 2024, 1005: 176089.

[84] Xie P, Yao Y, Huang Z, et al. Highly efficient decomposition of ammonia using high-entropy alloy catalysts. Nat Commun, 2019, 10 (1): 4011.

[85] Zhan C, Bu L, Sun H, et al. Medium/high-entropy amalgamated core/shell nanoplate achieves efficient formic acid catalysis for direct formic acid fuel cell. Angew Chem Int Ed Engl, 2023, 62 (3): e202213783.

[86] TaoL, Sun M, Zhou Y, et al. A general synthetic method for high-entropy alloy subnanometer Ribbons. J Am Chem Soc, 2022, 144 (23): 10582-10590.

[87] Nellaiappan S, Katiyar N K, Kumar R, et al. High-entropy alloys as catalysts for the CO$_2$ and CO reduction reactions: Experimental realization. ACS Catalysis, 2020, 10 (6): 3658-3663.

[88] Kao Y F, Chen S K, Sheu J H, et al. Hydrogen storage properties of multi-principal-component CoFeMnTi$_x$V$_y$Zr$_z$ alloys, International Journal of Hydrogen Energy, 2010, 35 (17): 9046-9059.

[89] Strozi R B, Leiva D R, Huo J, et al. An approach to design single BCC Mg-containing high entropy alloys for hydrogen storage applications. International Journal of Hydrogen Energy,

2021, 46（50）: 25555-25561.

[90] Kunce I, Polanski M, Bystrzycki J. Structure and hydrogen storage properties of a high entropy ZrTiVCrFeNi alloy synthesized using laser engineered net shaping（LENS）. International Journal of Hydrogen Energy, 2013, 38（27）: 12180-12189.

[91] Kunce I, Polanski M, Bystrzycki J. Microstructure and hydrogen storage properties of a TiZrNbMoV high entropy alloy synthesized using laser engineered net shaping（LENS）. International Journal of Hydrogen Energy, 2014, 39（18）: 9904-9910.

[92] Liu J, Xu J, Sleiman S, et al. Microstructure and hydrogen storage properties of Ti-V-Cr based BCC-type high entropy alloys. International Journal of Hydrogen Energy, 2021, 46（56）: 28709-28718.

[93] Sahlberg M, Karlsson D, Zlotea C, et al. Superior hydrogen storage in high entropy alloys. Scientific Reports, 2016, 6（1）: 36770.

[94] Karlsson D, Ek G, Cedervall J, et al. Structure and hydrogenation properties of a HfNbTiVZr high-entropy alloy. Inorg Chem, 2018, 57（4）: 2103-2110.

[95] Zhang C, Wu Y, You L, et al. Nanoscale phase separation of TiZrNbTa high entropy alloy induced by hydrogen absorption. Scripta Materialia, 2020, 178: 503-507.

[96] Chen J, Li Z, Huang H, et al. Superior cycle life of TiZrFeMnCrV high entropy alloy for hydrogen storage. Scripta Materialia, 2022, 212: 114548.

[97] Cardoso K R, Roche V, Jorge Jr A M, et al. Champion, hydrogen storage in MgAlTiFeNi high entropy alloy. Journal of Alloys and Compounds, 2021, 858: 158357.

[98] Zhang Y H, Huang G, Yuan Z M, et al. Electrochemical hydrogen storage behaviors of as-cast and spun RE-Mg-Ni-Co-Al-based AB2-type alloys applied to Ni-MH battery. Rare Metals, 2018, 39（2）: 181-192.

[99] Zhao X, Ma Q, Tao K, et al. ZIF-derived porous CoNi$_2$S$_4$ on intercrosslinked polypyrrole tubes for high-performance asymmetric supercapacitors. ACS Applied Energy Materials, 2021, 4（4）: 4199-4207.

[100] Mohamed S G, Hussain I, Shim J J. One-step synthesis of hollow C-NiCo$_2$S$_4$ nanostructures for high-performance supercapacitor electrodes. Nanoscale, 2018, 10（14）: 6620-6628.

[101] Kong K, Hyun J, Kim Y, et al. Nanoporous structure synthesized by selective phase dissolution of AlCoCrFeNi high entropy alloy and its electrochemical properties as supercapacitor electrode. Journal of Power Sources, 2019, 437: 226927.

[102] Xu X, Du Y, Wang C, et al. High-entropy alloy nanoparticles on aligned electronspun carbon nanofibers for supercapacitors. Journal of Alloys and Compounds, 2020, 822: 153642.

[103] Wang Z, Ge H, Liu S, et al. High-Entropy alloys to activate the sulfur cathode for lithium-sulfur batteries. Energy & Environmental Materials, 2022, 6（3）: e12358.

[104] Todai M, Nagase T, Hori T, et al. Novel TiNbTaZrMo high-entropy alloys for metallic biomaterials. Scripta Materialia, 2017, 129: 65-68.

[105] Iijima Y, Nagase T, Matsugaki A, et al. Design and development of Ti-Zr-Hf-Nb-Ta-Mo high-entropy alloys for metallic biomaterials. Materials & Design, 2021, 202: 109548.

[106] Ching W Y, San S, Brechtl J, et al. Fundamental electronic structure and multiatomic bonding in 13 biocompatible high-entropy alloys. Computational Materials, 2020, 6（1）: 45.

[107] Hori T, Nagase T, Todai M, et al. Development of non-equiatomic Ti-Nb-Ta-Zr-Mo high-entropy alloys for metallic biomaterials. Scripta Materialia, 2019, 172: 83-87.

[108] Edalati P, Floriano R, Tang Y, et al. Ultrahigh hardness and biocompatibility of high-entropy

alloy TiAlFeCoNi processed by high-pressure torsion. Mater Sci Eng C Mater Biol Appl, 2020, 112: 110908.

[109] Motallebzadeh A, Peighambardoust N S, Sheikh S, et al. Microstructural, mechanical and electrochemical characterization of TiZrTaHfNb and $Ti_{1.5}ZrTa_{0.5}Hf_{0.5}Nb_{0.5}$ refractory high-entropy alloys for biomedical applications. Intermetallics, 2019, 113: 106572.

[110] Yang W, Liu Y, Pang S, et al. Bio-corrosion behavior and in vitro biocompatibility of equimolar TiZrHfNbTa high-entropy alloy. Intermetallics, 2020, 124: 106845.

[111] Firstov G S, Kosorukova T A, Koval Y N, et al. High entropy shape memory alloys. Materials Today: Proceedings, 2015, 2: S499-S503.

[112] Firstov G S, Kosorukova T A, Koval Y N, et al. Directions for high-temperature shape memory alloys' improvement: Straight way to high-entropy materials? . Shape Memory and Superelasticity, 2015, 1 (4): 400-407.

[113] Canadinc D, Trehern W, Ma J, et al. Ultra-high temperature multi-component shape memory alloys. Scripta Materialia, 2019, 158: 83-87.

[114] Piorunek D, Frenzel J, Jöns N, et al. Chemical complexity, microstructure and martensitic transformation in high entropy shape memory alloys. Intermetallics, 2020, 122: 106792.

[115] Li S, Cong D, Chen Z, et al. A high-entropy high-temperature shape memory alloy with large and complete superelastic recovery. Materials Research Letters, 2021, 9 (6): 263-269.

[116] Wang L, Fu C, Wu Y, et al. Superelastic effect in Ti-rich high entropy alloys via stress-induced martensitic transformation. Scripta Materialia, 2019, 162: 112-117.

[117] Sakaguchi T, Yin F. Holding temperature dependent variation of damping capacity in a MnCuNiFe damping alloy. Scripta Materialia, 2006, 54 (2): 241-246.

[118] Song R, Ye F, Yang C, et al. Effect of alloying elements on microstructure, mechanical and damping properties of Cr-Mn-Fe-V-Cu high-entropy alloys. Journal of Materials Science & Technology, 2018, 34 (11): 2014-2021.

[119] Wu W Q, Zhang L, Song K K, et al. Influence of high configuration entropy on damping behaviors of Ti-Zr-Hf-Ni-Co-Cu high entropy alloys. Journal of Materials Science & Technology, 2023, 153: 242-253.

[120] Lei Z, Wu Y, He J, et al. Snoek-type damping performance in strong and ductile high-entropy alloys. Science Advances, 6 (25): eaba7802.

[121] Xu Y, Xiong W, Luo T, et al. Twinning damping interface design and synergistic internal friction behavior in FeMnCrCo high-entropy alloys. Materials Science and Engineering: A, 2022, 857.

[122] Li Y, Liao Y, Zhang J, et al. High-entropy-alloy nanoparticles with enhanced interband transitions for efficient photothermal conversion. Angew Chem Int Ed Engl, 2021, 60 (52): 27113-27118.

[123] Liao Y, Li Y, Ji L, et al. Confined high-entropy-alloy nanoparticles within graphitic shells for synergistically improved photothermal conversion. Acta Materialia, 2022, 240: 118338.

[124] Li Y, Ma Y, Liao Y, et al. High-entropy-alloy-nanoparticles enabled wood evaporator for efficient photothermal conversion and sustainable solar desalination. Advanced Energy Materials, 2022, 12 (47): 2203057.

[125] Ai Y, He M Q, Sun H, et al. Ultra-small high-entropy alloy nanoparticles: Efficient nanozyme for enhancing tumor photothermal therapy. Adv Mater, 2023, 35 (23): e2302335.

[126] Lv Z Y, Liu X J, Jia B, et al. Development of a novel high-entropy alloy with eminent

efficiency of degrading azo dye solutions. Scientific Reports, 2016, 6 (1): 34213.

[127] Miao L Z, Guo Y X, Liu Z Y, et al. High-entropy alloy nanoparticles/biochar as an efficient catalyst for high-performance treatment of organic pollutants. Chemical Engineering Journal, 2023, 467: 143451.

[128] Das S, Sanjay M, Kumar S, et al. Magnetically separable MnFeCoNiCu-based high entropy alloy nanoparticles for photocatalytic oxidation of antibiotic cocktails in different aqueous matrices. Chemical Engineering Journal, 2023, 476: 146719.